tredition®
www.tredition.de

AF386211

Dr. Ute Karnahl ist Biochemikerin, Systemische Sozialpädagogin und Feldenkrais-Pädagogin. Ihr besonderes Interesse gilt der Neurobiologie unseres Verhaltens und deren Einfluss auf unseren inneren Zustand, auf Wohlbefinden und Gesundheit sowie dem Einfluss der Kultur auf die Gehirnprozesse.

Ihr Arbeitsschwerpunkt liegt in Beratung und Coaching sowie der Entwicklungsbegleitung von Babys und Eltern. Sie arbeitet vor allem mit körperbasiertem Erfahrungslernen und systemischer Herangehensweise. Darüber ist sie als Weiterbildnerin vor allem zu den Themen „Neurobiologie und Lernen" bzw. „Neurobiologie von Liebe und Gesundheit" tätig.

Ute Karnahl ist verheiratet und hat zwei erwachsene Kinder.

Ute Karnahl

Den Liebescode begreifen

Wie die Biologie uns zur Liebe eingerichtet hat –
und was wir als Kultur daraus machen

© 2019 Ute Dr. Karnahl

Verlag und Druck: tredition GmbH, Halenreie 40-44, 22359 Hamburg

ISBN
Paperback: 978-3-7497-2193-1
Hardcover: 978-3-7497-2194-8
e-Book: 978-3-7497-2195-5

Das Werk, einschließlich seiner Teile, ist urheberrechtlich geschützt. Jede Verwertung ist ohne Zustimmung des Verlages und des Autors unzulässig. Dies gilt insbesondere für die elektronische oder sonstige Vervielfältigung, Übersetzung, Verbreitung und öffentliche Zugänglichmachung.

Inhaltsverzeichnis

Kapitel 1 – Einleitung

Warum dieses Buch?

Allerorts wird die Zunahme psychischer und gesundheitlicher Probleme durch Stress, Einsamkeit und Beziehungslosigkeit festgestellt. Fast jeder leidet darunter und sucht Abhilfe. Trotz Wohlstand und Frieden nehmen psychische und psychosomatische Stressfolgekrankheiten zu, misslingen viele Beziehungen und steigt die soziale Vereinzelung an. Pädagogen und Eltern stellen eine zunehmende Unruhe und Bindungslosigkeit bei Kindern fest.

Immer mehr Menschen machen sich Sorgen und Gedanken über diese Entwicklung in Hinblick auf die Zukunft. Immer mehr Menschen stellen sich dieselben Fragen, wie auch ich:

Was läuft schief?

Warum haben wir so viele Bindungsstörungen bei Kindern?

Warum sind Kinder schon häufig verhaltensauffällig, unruhig und schlaflos?

Warum nehmen psychische Störungen und Stresskrankheiten so zu?

Wieso sind viele Menschen einsam inmitten von großem Wohlstand'

Was ist die Ursache der vielen Beziehungsprobleme und Trennungen?

Gesundheitsprobleme, Beziehungsschwierigkeiten und Bindungsstörungen sind alle der Ausdruck desselben Mangels: Wir beachten den biologischen Liebescode nicht. Daher fehlen Selbstliebe, Paarliebe und Elternliebe. Sie haben alle dieselben Ursachen in einer fehlenden Liebesfähigkeit unserer heutigen Kultur, die die biologischen Bedingungen für gelingende Liebesfähigkeit nicht zur Verfügung stellt.

Wir leiden unter den Folgen des Klimawandels. Dieses Thema ist jetzt sehr publik, aber wir fragen kaum nach dem Zusammenhang zu uns selbst und unserer Liebesfähigkeit:

Wie liebevoll gehen wir mit der Natur um uns herum um und wie mit uns selbst?

Weshalb entwickeln wir nicht mehr Betroffenheit und Mitgefühl?

Wenn wir das Klima und unser Überleben als Art retten wollen, müssen wir diese Fragen beantworten und vor allem unseren Umgang mit uns selbst verändern. Wir sind als biologische Lebewesen Teil der

Umwelt. Wenn wir unsere Umwelt lieben und das Klima schützen wollen, müssen wir bei uns selbst als einem Teil davon beginnen und (wieder) lernen besser liebesfähig zu werden. uns selbst zu lieben und zu schützen.

Dieses Buch zeigt daher nötige und mögliche Veränderungen für eine bessere Liebesfähigkeit und Gestaltung der Lebensumwelt auf. Das betrifft die Fähigkeit zur Selbstliebe, Paarliebe und Elternliebe wie auch zur Liebe zum Leben ringsum. Drei Bereiche unseres Lebens lassen hauptsächlich diese Sehnsucht nach Veränderung entstehen. Das sind:

- die Liebe zu sich selbst - mit sich selbst zufrieden sein, sich wohlfühlen und gesund in einer gesunden Umwelt leben wollen
- Paarliebe - einen Partner finden, ihn lieben und erfüllte Sexualität genießen wollen
- Elternliebe - ein Baby lieben und begleiten wollen

Es sind unscheinbare Wünsche und Sehnsüchte gegenüber äußerem Status und Erfolg. Aber sie sind es, die letztlich ein erfüllendes Leben bedeuten, die uns gesund erhalten und uns zufrieden sein lassen. Nur Liebe heilt.

Liebe und Paarbindung sind biologische Notwendigkeiten und Grundbedingungen für unser individuelles und gesellschaftliches Überleben. Das wurde durch die neuesten wissenschaftlichen Forschungen klar belegt und soll in diesem Buch dargestellt werden. Es gibt klare biologische Kriterien für die Überlebensfähigkeit von Kulturen, die der Liebescode beschreibt.

Was ist der Liebescode?

Menschen haben sich innerhalb der Evolution so weit entwickeln können, weil sie zu tiefen und dauerhaften Bindungen auf der Basis von Liebe und Kooperation in der Lage waren. Diese Handlungen zur Erfüllung des Liebescodes, nämlich: Kooperation, Bindung, soziale Interaktion, Paarliebe, Sexualität und Elternliebe haben den höchsten biologischen Belohnungswert .Sie gewährleisen biologisches Gleichgewicht und Gesundheit des Einzelnen und das Überleben unserer Art.

Über die Hormone und Neurotransmitter der Liebe wird Wohlbefinden im sozialen Miteinander und damit der Drang zur Wiederholung solcher Handlungen neurobiologisch vermittelt. Diese kulturellen Bedingungen, der Liebescode, haben eine viel größere Bedeutung, als bisher gedacht wurde. Ohne sie kann weder Erholung und Regeneration stattfinden, was zwangsläufig zu Krankheit führt. Diese Beiträge des autonomen Nervensystems wurden bisher zugunsten der kognitiven Vorgänge weitgehend unterschätzt.

Dieses Buch leistet einen Beitrag zur Klärung der Ursachen für diese Probleme und stellt Ansätze zur Veränderung vor.

Für mich als Biologin tauchen immer wieder einige entscheidende Fragen auf, die sich mir bereits vor vielen Jahren im Biologiestudium stellten:
Wie hat die Evolution uns Menschen zu dem gemacht, was wir sind?
Wie geht es in Zukunft mit unserer biologischen Art Mensch weiter?
Wie verändert die Kultur, in der wir leben unser Gehirn und Gefühle?
Was macht die Kultur mit der Biologie?

Diese Themen sind heute drängender denn je. Mein Buch beschäftigt sich mit der gegenseitigen Wechselwirkung von biologischer und kultureller Evolution. Als Menschen werden unsere sozialen Beziehungen und unsere Liebesfähigkeit sowohl durch die Biologie bestimmt als auch durch die jeweilige Kultur beeinflusst. Die kulturellen Prinzipien können die biologischen Bedürfnisse überformen. Darin bestehen die Chancen, wenn sie die Biologie unterstützen, wie auch die Gefahren der kulturellen Evolution, wenn sie unseren biologischen Bedürfnissen entgegengesetzt verläuft.

Dieses Buch beinhaltet daher die Analyse der biologischen Evolutionsbedingungen, die unser Überleben als Art ermöglichen. Darüber hinaus werden systematisch die unterschiedlichen kulturellen Bedingungen in ihrem Einfluss auf die biologischen Überlebensbedingungen untersucht.

Am Beginn wird zunächst aufgezeigt, welches unsere biologischen Anlagen sind, die wir mit anderen Säugetieren bzw. unseren Primatenvorfahren teilen. Dabei wird die Frage aufgeworfen, ob die biologische Natur des Menschen aggressiv und konkurrierend oder eher kooperierend und liebevoll ist. Es wird dargestellt, welche Bedingungen des biosozialen Verhaltens einstmals günstig für die Entstehung und Entwicklung unserer Art waren. Anschließend enthalten Kapitel 3 und 4 die wichtigsten neurobiologischen Grundlagen für das Verständnis der weiteren Kapitel. Wer als Leser daran nicht so sehr interessiert ist, kann auch bei Kapitel 5 beginnen. Zahlreiche Querverweise ermöglichen es, bei Bedarf zu den früheren Kapiteln zurück zu blättern.

Es wurden Kriterien entwickelt, die die Einschätzung einer Kultur anhand aktueller neurobiologischer Erkenntnisse erlauben. Es wird gezeigt, ob die Regulation von Sicherheit und darauf aufbauend liebevolle Bindungsbeziehungen (der Liebescode) für Gesundheit und Wohlbefinden in einer Kultur verwirklicht werden. Damit wird eine Brücke zwischen biologischer und kultureller Evolution geschlagen. Im weiteren Verlauf werden gezielt die neurobiologischen Grundlagen der wichtigsten biosozialen Prozesse untersucht. Das ist die biologische Steuerung von Schwangerschaft, Geburt, frühe Bindung, Lernen der Kindheit, Pubertät, Geschlechtsidentität, Liebe, Sexualität, Paarbindung sowie Mutter- und Vaterschaft - also die Bereiche von gelingender Liebe zu sich selbst, Paarliebe und Elternliebe.

Es wird aufgezeigt, dass und weshalb Sicherheit, Bindung, Liebe und Kooperation als biologisches Säugetiererbe eine unbedingte Notwendigkeit für unser langfristiges Überleben als Art darstellen. Aufbauend auf den neurobiologischen Grundlagen werden im weiteren Verlauf des Buches die Einflüsse menschlicher kultureller Evolution auf die biologische Evolution beschrieben. Kulturelles Handeln wiederum beeinflusst und gestaltet die Arbeitsweise unseres Gehirns.

Diese Wechselwirkung von Biologie und Kultur in verschiedenen geschichtlichen Epochen wird erstmals ausführlich analysiert und gezeigt, welches Erbe wir in der heutigen Zeit verinnerlicht haben:

Wie werden die kulturellen Traditionen und Werte einer Kultur geprägt?

Wie begegnen sich biologische und kulturelle Evolution auf der Ebene der Neurobiologie/im Gehirn

Welche Beiträge kommen vom biologischen und welche vom menschlichen kulturellen System?

Wie weit und mit welchem Ergebnis haben wir unsere biologische Evolution kulturell überformt?

Im Buch werden die beiden Basismodelle der kulturellen Evolution, nämlich die frühe Partnerschaftskultur (Kapitel 5) sowie die darauf folgende Dominanzkultur (Kapitel 6) sowie unsere heutige Kultur (Kapitel 7), untersucht, inwieweit sie die biologischen Bedingungen des Liebescodes erfüllt haben. Anhand der eingangs entwickelten Evolutionskriterien wird analysiert, welche Traditionen und Vorstellungen als kulturelle Evolutionsbedingungen fördernd für die Weiterentwicklung und das Überleben unserer Art waren bzw. welche störend.

Die Analyse umfasst die Beiträge von verschiedenen Kulturen zu den biosozialen Prozessen von Geburt bis Elternschaft jeweils in Hinblick auf die unterschiedlichen kulturellen Traditionen. Veränderungen in der Denk- und Glaubenswelt der Kulturen führten zu großen Veränderungen in der Gestaltung dieser Abläufe. In diesem Buch werden die kulturellen Traditionen dabei aus der Perspektive des Evolutionsprozesses auf ihre Eignung für das Entstehen und Überleben der Art Mensch untersucht.

In der frühen partnerschaftlichen Kultur wurde dem Liebescode Rechnung getragen. Die Beziehungen waren von Sicherheit, Vertrauen und hoher Bindungsfähigkeit gekennzeichnet. Die kulturelle Evolution unterstützte liebevolle Beziehungen und verehrte das Leben. Große Veränderungen brachte der Übergang zur Dominanzkultur. Von da an bis heute wurden die biologischen Überlebensbedingungen von Liebe und Kooperation systematisch durch die kulturelle Evolution außer Kraft gesetzt. Seitdem herrscht die Meinung, der Mensch sei wegen seiner Denkfähigkeit die höchste Naturentwicklung und könne daher mit Recht über alles andere herrschen und die Natur für sich ausnutzen.

So finden wir uns wieder in einer Welt, die gar nichts mehr von den alten partnerschaftlichen Kulturen weiß. Diese Veränderungen führten zu einer Überbewertung logischen Denkens und daraus resultierend zu einer zutiefst von sich selbst entfremdete Menschheit, die sich ohne Zugang zum inneren Körpergefühl gerade die eigenen Lebensgrundlagen zerstört und ihr eigenes Aussterben herbeiführt.

Wie ist die heutige Kultur?
Kapitel 7 untersucht die heutige Kultur auf ihre Beiträge in Zusammenhang mit der biologischen Evolution.

Für unser Nervensystem ist die heutige Kultur nicht wirklich sicherer, als die Jahrhunderte der Vergangenheit. Wir erleben viel mehr Reize und nicht jeder davon bedeutet Gefahr, aber jeder aktiviert als Stressor das Nervensystem. Dadurch entsteht ein erhöhter Verbrauch von Ressourcen, einem ernsten Problem der gegenwärtigen Zeit, wie sich an der Zunahme von Stressfolgekrankheiten aller Art deutlich ablesen lässt. Wir überfordern die biologische Regulationskapazität unseres eigenen Organismus so, dass Gefahr für das Überleben unserer eigenen Art besteht. Aber wir überfordern ebenso die Regulationskapazität der Ökosysteme und des gesamten Klimasystems. Es besteht Gefahr für die Erde und uns selbst durch diesen Verlust Gleichgewichts der Selbstorganisation der Systeme. Wenn wir nicht rasch darüber nachdenken und unsere Lebensverhältnisse verändern, droht sowohl der Kollaps des Klimas als auch unserer Art selbst.

Was heißt es, in Einklang mit der biologischen Evolution zu leben?
Mit Hilfe der Evolutionskriterien des Liebescodes lässt sich ableiten, was wir lernen können und müssen, um die dringlichsten Menschheitsfragen in Zukunft beantworten zu können. Es wird untersucht, welche biologischen Bedingungen wir in Zukunft für die biosozialen Prozesse von Schwangerschaft, Geburt, Bindung, Paarliebe, Elternschaft für ein gesundes gelingendes Leben in Übereinstimmung mit der uns umgebenden Umwelt schaffen müssen (Kapitel 8).
Auf dieser Grundlage beschreibt das Buch praktikable Lösungsansätze für einige der häufigsten Probleme unserer Zeit: Stressfolgekrankheiten, Körperentfremdung, soziale Isolation, psychische Störungen, Beziehungsschwierigkeiten sowie Auffälligkeiten bei Kindern. Dabei wird die besondere Rolle von Sicherheit und Liebesfähigkeit als die zentralen biologischen Funktionen für das individuelle wie gesellschaftliche Überleben aufgezeigt. Anschließend werden konkrete Handlungsalternativen abgeleitet. Auf einer wissenschaftlich fundierten Basis wird dargestellt, was für Gesundheit und gutes (Über)Leben aus biologischer Sicht notwendig ist.
Anhand der eingangs entwickelten Kriterien der Biologie lassen sich die Bedingungen aufzeigen, die notwendig für unser weiteres Überleben in der Zukunft sind und wie die nötigen Veränderungen gelingen können.

Dabei betrachte ich die Kulturgeschichte aus dem Blickwinkel einer Biologin in Bezug auf die Evolution und verbinde geschichtliches mit neurobiologischem Wissen, um für die Frage „Wie wollen wir leben?" Anregungen zu geben. Das umfasst auch die Frage, welche Werte, Traditionen und Glaubensvorstellungen wir in Zukunft zur allgemeinen sozialen Wirklichkeit werden lassen wollen.

Die nötigen Veränderungen gelingen nur, indem wir den Liebescode begreifen und berücksichtigen und indem wir als Kultur wieder unsere biologischen Notwendigkeiten in den Vordergrund stellen.

Zu diesen Überlebensbedingungen gehört die Gefühls- und Liebesfähigkeit der Menschen als Selbstliebe, Paarliebe und Elternliebe. Elternliebe braucht als Voraussetzung Paarliebe - Paarliebe braucht als Voraussetzung Selbstliebe.

Dieses Buch sollte ursprünglich kein Buch über die Liebe werden. Während des Recherche- und Schreibprozesses bin ich jedoch auf eine weite Reise gegangen und letztendlich bei der Liebe gelandet. Nicht bei dem romantischen Begriff, sondern bei der wissenschaftlichen, neurobiologischen Bedeutung der Liebe und ihrer Funktion in der Evolution. Es wird gezeigt, dass und weshalb fehlende Liebesfähigkeit typisch für unsere jetzige Zeit ist und inwiefern auch die Ursache von Krankheit. Das Fehlen von Liebe macht langfristig krank.

Zur Liebe sind viele Bücher geschrieben worden, dennoch möchte ich noch dieses hinzufügen. Ich bin fasziniert, heute mehr denn je, von der Schönheit und Funktionalität der Evolution. Umso wichtiger ist es, wieder das zurückzugewinnen, was uns als Art ursprünglich in der Evolution hat entstehen lassen: Bindung, Fürsorge, Liebe und dadurch Wohlbefinden und Gesundheit. Diese umfassende Liebesfähigkeit gilt für die Liebe zu uns selbst, zu unseren Angehörigen und Mitmenschen genauso wie für die Welt um uns herum und unser Klima.

Daraus erwächst die emotionale Kraft, um sich für Veränderung einzusetzen und kluge Zukunftsvisionen mit Leben zu erfüllen – gesellschaftlich und persönlich.

Es bedeutet: Veränderung muss im Kleinen beginnen, in der Basis der Gesellschaft: bei Ihnen und mir.

Für meine Kinder und für unser aller Kinder!

Kapitel 2 – Wie ist die Natur des Menschen?

Vor einigen Milliarden Jahren entstanden die ersten Lebewesen. Es waren bereits komplexe biologische Strukturen, auch wenn sie am Beginn nur aus einer einzigen teilungsfähigen Zelle bestanden. Das Überlebensziel jedes Lebewesens war es und ist es bis heute, wirksam auf Störungen im Außenmilieu zu reagieren, um sein Gleichgewicht zwischen innen und außen aufrecht zu erhalten und dadurch am Leben zu bleiben. Das betrifft die Einzeller mit einfacher Nahrungsaufnahme durch die Zellwand, wie auch alle höheren Organismen in immer weiter ausdifferenzierterer Form.

Jeder biologische Organismus selektiert aus zufälligen genetischen Veränderungen diejenigen heraus, die für ihn hilfreich zum Überleben sind. Dieser Prozess, die Evolution, hat so im Verlauf von Milliarden von Jahren zur Entstehung all der Arten geführt, die wir heute kennen. Dabei haben sich zur Aufrechterhaltung des inneren Gleichgewichts immer kompliziertere Organe und Organsysteme entwickelt, wie z.B. das Gehirn und das Regulationssystem der Hormone und Neurotransmitter, welches die unbewusst bleibenden inneren Zustände reguliert. Komplex sind ebenso die Sinnesorgane, die über die Außenwelt informieren, um angemessen reagieren zu können.

Ein großer Entwicklungsfortschritt fand im Übergang von den Reptilien zu den Säugetieren statt. Während sich Reptilien noch durch eine einfache Erstarrungsreaktion vor Gefahr schützen, kam später in der Evolution bei den Säugetieren die aktive Kampf- und Fluchtreaktion dazu. Während Reptilien sich nicht weiter um ihren Nachwuchs kümmern, ihre Partnerwahl zur Fortpflanzung beliebig ist und sie keine sozialen Interaktionen und Gefühle zeigen, bildeten sich bei den Säugetieren enge soziale Beziehungen, Gefühle von Liebe und Zuneigung, spezifische Paarliebe und sorgende Elternschaft heraus. Alles das hat sich über Jahrmillionen zur Arterhaltung entwickelt und bewährt. So hat die evolutionäre Auslese zu immer besserer Anpassung an die jeweiligen Lebensumstände, ja sogar zur Kommunikation der Lebewesen untereinander und zur Entstehung sozialer Strukturen geführt.

Neben der wachsenden Differenzierung innerhalb eines Lebewesens zu immer komplexeren Regulationssystemen erweiterte die Entwicklung von Kooperation den Spielraum einer Art zum Überleben. So kooperieren z.B. Bienenstaaten sehr effektiv in der Nahrungssuche und Fortpflanzung. Es gelingt ihnen gemeinsam leichter, das überlebensnotwendige Gleichgewicht jedes einzelnen Organismus und der Art insgesamt aufrecht zu erhalten. Aber ihr Verhalten ist kaum variabel, sie verhalten sich nach genetisch festgelegten Mustern.

Diese Einschränkung wurde im weiteren Verlauf der Evolution überwunden, als sich Arten mit stärker lernfähigen Gehirnen entwickelten und die Individuen innerhalb einer Art sozial miteinander kooperierten, um ihre Nachkommen besser angepasst großziehen zu können. Lernfähige Gehirne sind in der Lage, sich sehr viel schneller zu verändern, als dies evolutionär durch Veränderungen der Gene möglich ist. Aber Tiere, die Nachkommen mit unfertigen Gehirnen zur Welt bringen, müssen diese Nachkommen länger schützen bis die Gehirne fertig ausgereift sind.

Schutz und Versorgung über einen vergleichsweise langen Zeitraum der Kindheit – das gelang den Säugetieren im Verlauf der Evolution deshalb erfolgreich, weil sie eine soziale Bindung zueinander eingehen können. Vermittelt wird diese Bindung durch das Empfinden von Gefühlen der Liebe und Verbundenheit. Außerdem können sie einander mitteilen, wann soziale Interaktion gefahrlos möglich ist, wann sie ungefährdet z.B. Nachkommen füttern, mit ihnen spielen, wann sie zärtlich sein oder schlafen können.

Diesem Ziel dient die unablässige Überwachung der Umgebung auf Gefahren hin, um Freund und Feind unterscheiden zu können. Dafür interpretiert das Nervensystem die Gesichtsausdrücke und Bewegungen Anderer als vertraut und sicher oder unvertraut und nicht sicher. Durch mimischen, gestischen und stimmlichen Ausdruck von Affekten, wie Angst, Wut, Ekel, Schmerz oder aber Liebe und Zuwendung, vermögen es Säugetiere, ihren Artgenossen Befinden und Sicherheit der Umwelt mitzuteilen. Nur in als sicher wahrgenommen Situationen erfolgt soziales Verhalten und wird Verteidigungsverhalten herab geregelt. (1) Dadurch erreichen Säugetiere den nötigen Schutz für eine vergleichsweise lange Entwicklungszeit, für soziale Kooperation, für den Aufbau von Bindungen und damit ein besseres Überleben als Gruppe.

Die Arten, die das erreichten, konnten noch anpassungsfähigere Gehirne entwickeln. Mit den Säugetieren entstanden erstmals Tiere, die eigene innere Gefühlszustände signalisieren und steuern, ihren Artgenossen mitteilen und die der Artgenossen erkennen können. Sogar zwischen verschiedenen Arten vermittelt sich der Zustand von innerem Gleichgewicht und Wohlbefinden oder aber von Angst. Wir Menschen erkennen den Ausdruck einer zufrieden schnurrenden Katze als genau das, aber auch sehr präzise den Gefühlszustand eines aggressiv knurrenden Hundes. Auf diese Weise wurde den Säugern erstmals in der Evolution eine gegenseitige Einstimmung durch den Ausdruck von Gefühlen und die Mitteilung von Sicherheit für soziale Handlungen möglich. Dadurch gelang es ihnen immer besser, eine enge Bindung zwischen Eltern und Nachkommen zu entwickeln, Aggressivität unter Artgenossen zu minimieren sowie Sicherheit für die säugetierspezifischen Lernerfahrungen der Nachkommen zu kommunizieren. So konnten sie sich im Verlauf der Evolution immer weiter entwickeln und an die Umwelt anpassen.

Bereits bei Ratten lässt sich eine frühe Bindungsphase zeigen, in der die Rattenmütter eine Bindung an ihre Jungen aufbauen. Bei Schafen und Ziegen findet man ein noch weiter entwickeltes Bindungsverhalten. Sie haben bereits stark individualisierte Bindungen, so dass sie nach einer kurzen Prägungsphase jedes fremde Junge wegstoßen. Diese Bindungsphase ist bei den meisten Säugern nur kurz und sie haben kein enges soziales Band untereinander. Primaten jedoch haben bereits ein hochentwickeltes soziales Leben und einen individuellen langfristigen Bindungsaufbau zu ihren Babys und den anderen Mitglieder der Gruppe. Daraus lassen sich Hinweise für die Entstehung des menschlichen sozialen Lebens im weiteren Verlauf der Evolution ableiten. Die mit Wohlbefinden verbundenen Fähigkeiten zu Bindung, Nähe und Zärtlichkeit haben sich ursprünglich zur Sicherung der Aufzucht der Nachkommen entwickelt. Im weiteren Verlauf der Evolution wurde das Wohlbefinden in Bindung und Nähe mehr und mehr auch auf die Beziehungen der Artgenossen untereinander und zwischen weiblichen und männlichen Tieren als Paarliebe übertragen.

Eine weitere, erst mit den Säugetieren auftauchende Eigenschaft ist die Fähigkeit zur bewussten, willentlichen Steuerung und Lenkung der Aufmerksamkeit, um anstehende Probleme oder Störungen nicht reflexhaft wie Reptilien zu beantworten, sondern durch bewusste Lenkung der Aufmerksamkeit auf eine Lösungssuche. Je nach dem Ergebnis dieser Suche stehen den Säugetieren neue Möglichkeiten zur Abwehr einer Gefahr zur Verfügung, nämlich Kampf oder Flucht.

Kapitel 2.1 – Woher kommen wir?

Menschenaffen zeigen das größte Maß an Flexibilität und Anpassung an sich verändernde Umweltbedingungen und das am weitesten entwickelte soziale Leben unter den Säugetieren. Vor mehr als 10 Millionen Jahren lebten Vorfahren der heutigen Menschenaffen. Aus ihnen entwickelten sich Orang-Utan, Gorilla, Schimpanse, Bonobo und später auch der Mensch. Der Mensch steht unter den Menschenaffen von seiner Erbsubstanz her besonders den Bonobos, den Rhesusaffen und den Schimpansen nahe. Rhesusaffen haben ca. 95 % der genetischen Erbsubstanz DNA mit uns Menschen gemeinsam. (2)

Wissenschaftler haben in den letzten Jahren die Gene mehrerer Menschenaffen analysiert. Dabei zeigte sich, dass Schimpansen, Bonobos und Menschen am engsten verwandt sind. Schimpansen und Bonobos sind noch enger zueinander verwandt, als der Mensch mit beiden Arten. Allerdings gibt es Genbereiche, in denen Mensch und Bonobo einander ähnlicher sind sowie Bereiche, in denen Mensch und Schimpanse einander ähnlicher sind. Bei 1,6 % der untersuchten Stellen ähnelt sich die Erbinformation von Mensch und Bonobo mehr als die von Schimpanse und Bonobo. Bei 1,7 % ist das menschliche Genom dem Schimpansen ähnlicher. (3) Aus der Untersuchung geht hervor, dass vor ca. 4,5 Millionen Jahren die menschliche Evolution sich von dem gemeinsamen Vorfahren abtrennte und separat weiter verlief. Der Stammbaum von Bonobos und Schimpansen trennte sich erst vor ca. 2 Millionen Jahren.

Trotz der Ähnlichkeiten in der Erbsubstanz und der relativ späten evolutionären Trennung zeigen Bonobos und Schimpansen unterschiedliche Verhaltensweisen. Beide Arten leben in kleinen Gruppen von Artgenossen, pflegen soziale Beziehungen und kooperieren bei der Nahrungssuche. Leittier ist bei den Schimpansen fast immer ein Männchen. Schimpansen konkurrieren aggressiv um Weibchen, dabei richtet sich ihr aggressives Verhalten auch öfter gegen die Weibchen. Bei der verwandten Art der Bonobos werden die Gruppen meist von Weibchen geführt. Die Anwesenheit empfängnisbereiter Weibchen lässt auch bei den Bonobos die Männchen mit einer gewissen Zunahme von Aggressivität um die Weibchen konkurrieren, aber das führt niemals zu einer Aggressivität gegen Weibchen. (4) Bonobos gelten als friedlicher, im Gegensatz zu Schimpansen konkurrieren sie nicht so intensiv um den Rang in der Gruppe. Sie zeigen keine tödlichen Aggressionen und sind verspielter. (5, 6) Außerdem wurden sie dadurch bekannt, dass sie ein intensives sexuelles Interesse zeigen, welches nicht mehr nur der Fortpflanzung dient, sondern vorrangig dem sozialen Zusammenhalt und dem Wohlbefinden. (7)

Mit der Trennung von den gemeinsamen Vorfahren der Menschenaffen ging vor ca. 4,5 Millionen Jahren die biologische Gattung des Urmenschen (*Homo*) aus der Affengattung *Australopithecus* in Afrika hervor. Forscher gehen derzeit von sieben verschiedenen Arten aus: *Australopithecus afarensis*, hierzu zählt das 1974 in Äthiopien ausgegrabene Teilskelett von Lucy. Es ist 3,2 Millionen Jahre alt. *Australopithecus afarensis* soll der letzte gemeinsame Vorfahr mehrerer Abstammungslinien der *Hominiden* sein. (8) Vor 2,1 bis 1,8 Millionen Jahren lebte der *Homo rudolfensis*. Er hatte bereits ein größeres Gehirn als die anderen Vormenschen und nutzte Werkzeuge. Etwa gleichzeitig, vor 2,1 bis 1,5 Millionen Jahren, lebte *Homo habilis* in Ostafrika. Vor ca. 2 Millionen Jahren begaben sich diese Frühmenschen zum ersten Mal auf den Weg in die Welt und entwickelten dabei in der Anpassung an ihre jeweiligen Lebenswelten verschiedene Arten: den *Homo neanderthalensis* (Europa, Westasien), *Homo soloensis* (Indonesien), *Homo rudolfensis* (Ostafrika), *Homo erectus* (Asien), *Homo sapiens* (Afrika).

Bis auf den *Homo sapiens* sind alle anderen Urmenschenarten ausgestorben. (9) Sie hinterließen jedoch ihre Spuren. In Georgien fanden Forscher seit 1999 mehrere 1,75 Millionen Jahre alte menschliche Überreste, die dem *Homo erectus* (vor ca. 300 000 Jahren ausgestorben) zugerechnet werden. 1907 wurde ein ca. 500 000 Jahre alter Unterkiefer des *Homo heidelbergensis* nahe Heidelberg ausgegraben und 1995 wurden in Spanien 780 000 Jahre alte Überreste von vier Menschen dieser Art sowie ihre Werkzeuge gefunden. Sie zählen zu den frühesten Menschen Europas. Neuere Datierungen sprechen dafür, dass einige Gruppen des *Homo heidelbergensis* noch vor 35 000 Jahren lebten. (10) Ein Fund von 1856 in der Feldhofer Grotte im Neandertal bewies die Existenz des *Homo neanderthalensis, der* von ca. 400 000 bis 40 000 Jahre v.u.Z. gelebt hat. 2004 wurden auf der Insel Flores Überreste eines nur einen Meter großen indonesischen Urmenschen, *Homo floresiensis*, gefunden, der zwischen 120 000 und 10 000 v.u.Z. lebte. In Sibirien fanden Archäologen 2008 versteinerte Fingerknochen und einen Backenzahn, dessen Erbgut weder zu dem der Neandertaler noch zu dem der *Homo sapiens* passt und bezeichneten ihn als Frühmenschen *Denisova hominins,* der vor ca. 35 000 Jahren lebte. (11)

Seit ca. 350 000 Jahren gibt es den *Homo sapiens*. Die bislang ältesten Überreste des modernen Menschen wurden in einer Höhle bei Jebel Irhoud in Marokko entdeckt. Die analysierten Schädel- und Kieferknochen untermauern die Vermutung, dass die Menschen sich im afrikanischen Raum entwickelt und von dort aus in die ganze Welt ausgebreitet haben. Am interessantesten ist jedoch, wie das Fundalter belegt, dass der *Homo sapiens* gleichzeitig mit primitiveren Frühmenschenformen auf der Erde lebte. (12) Es muss eine Vermischung mit den anderen Frühmenschen, wie z.B. den Neanderthalern stattgefunden haben, denn die heutigen Europäer tragen noch 3 % seines Erbgutes, Menschen in Südostasien noch ca. 4 % Erbgut des Denisovans. Forscher gehen davon aus, dass in Afrika verschiedene Gruppen von Frühmenschen lebten, die sich begegneten, tauschten und auch fortpflanzten, bis allmählich der Homo sapiens entstand. (13)

Kapitel 2.2 – Was hat diese Entwicklung ermöglicht?

Im Vergleich zu den anderen Frühmenschenarten hat der *Homo sapiens* sich zu beispiellosen kognitiven Leistungen entwickelt. Die Genanalyse gibt eine Erklärung, was dazu beigetragen hat: Immer wieder im Verlauf der Evolution gab es spontane Veränderungen im Erbgut, die einen entscheidenden Vorteil für die jeweilige Art im Überleben darstellten.

Ein Beispiel für solche Mutationen, die die weitere Entwicklung der geistigen Fähigkeiten des Menschen begünstigten, wurde im Erbgut der Menschenaffen bei einem Gen des Eisenstoffwechsels gefunden. Ein Eiweiß ist als Bestandteil der roten Blutkörperchen für die Sauerstoffversorgung im Körper zuständig. Von dessen Gen BoIA2 besitzen alle Tiere zwei Kopien (1mal mütterlich, 1mal väterlich). Der Mensch hat davon jedoch mehr Kopien, manche Menschen besitzen sechs, manche 12 oder sogar 16 Kopien. Wie sich herausstellte, geschah diese zufällige Vervielfältigung des Gens vor 282 000 Jahren. Sie verbreitete sich rasch im Genom der Menschen und erlaubte die Entwicklung solcher großen Gehirne, wie sie die Evolution der Menschen in den letzten 300 000 Jahren hervorgebracht hat. Das frühmenschliche Gehirn hatte bereits das dreifache Volumen der Affenvorfahren. (14) Aber erst durch diese Mutation gelang eine Sauerstoffversorgung, die ein so enormes Gehirnwachstum ermöglichte, wie es in der Entwicklung des Menschen von da an stattgefunden hat. Der Energieumsatz des Gehirns ist 10mal größer als der anderer Organe. Es verbraucht bei Erwachsenen ca. 20 % der gesamten Energie, bei Kindern sogar fast 80 %. Diese bessere Sauerstoffversorgung ermöglichte die Entwicklung von räumlichem Vorstellungsvermögen, den Beginn des abstrakten Denkens und als einen entscheidenden Faktor: die weitere Entwicklung von sozialen Interaktionen zur Kooperation in großen Gruppen über Sprache.

Die ersten Frühmenschen ernährten sich vermutlich direkt von den Bäumen, Sträuchern und anderen Pflanzen, die sie unterwegs vorfanden. Allmählich entwickelten vor allem die Frauen ihre Hände dazu, Nahrung anzufassen, einzusammeln und mitzunehmen, während sie gleichzeitig ihre Babys mit sich trugen. (15) Dadurch entstand der aufrechte Gang, der die Hände frei ließ für das Sammeln und Wegtragen. Das wiederum bedeutete, Nahrung aufbewahren und teilen zu können.

Ein wichtiger Impuls zur weiteren Entwicklung bestand darin, Gefäße zum Transportieren und Werkzeuge zur Bereitung von Nahrung zu entwickeln. Insbesondere Frauen, die Nahrung für die Kinder aufbereiteten, haben zur Entwicklung dieser Werkzeuge beigetragen. Es wurde gezeigt, dass bei Primaten die Mütter Nahrung mit den Jungen teilen. Bei Schimpansen machen mehr die Weibchen als die Männchen Gebrauch von Werkzeugen. Da im Allgemeinen die Nahrungsmittelbeschaffung Aufgabe der Frauen war, ist anzunehmen, dass auch die Domestizierung der ersten Pflanzen und Tiere durch sie erfolgte.

Ein weiterer Impuls für die Gehirnentwicklung bestand in der raschen Vermittlung von Informationen über die Herstellung von Werkzeugen, über die besten Nahrungsplätze, über das soziale Leben in der Gruppe sowie in der Kommunikation zur Bindung zwischen Müttern und Kindern. Die Nachkommen überlebten eher, wenn ihre Mütter ihnen genug Nahrung beschaffen und teilen konnten. Diese Ergebnisse zeigen, dass die wesentlichen Grundlagen sozialer Ordnungen von

Müttern stammen, die mit ihren Kindern Nahrung teilten. Das wird durch Untersuchungen an Primaten bestätigt, wonach Bonobos Futter bereitwillig teilen, sowohl mit Verwandten als auch mit fremden Artgenossen und dafür soziale Belohnung in Form von Zärtlichkeiten erhalten. (16)

Die Frühmenschen entwickelten in enger Kooperation untereinander umfangreiches Wissen über ihre Umwelt, über das Verhalten der Natur, über Orte mit reicher Nahrung, zur Werkzeugherstellung und zur ersten Herstellung von Kleidung. Alles das führte zur immer weiteren Ausdifferenzierung des Gehirns, zur Entwicklung von Sprache und in gegenseitiger Wechselwirkung zu noch größeren Gehirnen, mehr nachgeburtlichem Lernen und noch besseren Anpassungen.

Nachkommen mit immer größeren Gehirnen brauchen nach der Geburt noch sehr lange intensive Pflege und Schutz. Menschliche Babys können im Gegensatz zu anderen Säugetierbabys nicht bereits nach wenigen Stunden stehen und laufen, sondern brauchen eine viel intensivere und längere Fürsorge und Bindung. Dies hat während der Entwicklung der Frühmenschen zu einer weiteren sozialen Entwicklung zu noch mehr Bindung und Schutzverhalten geführt.

Durch die Entstehung von Sprache und abstrakten Begriffen hielt eine neue Art des Erkenntnisgewinns Einzug in die entstehende Menschheit. Nur einige hochentwickelte Menschenaffenarten sind teilweise zu leichten Abstraktionen in der Lage. (17)

Innerhalb dieser Entwicklung begann der Mensch vor ca. 100 000 - 70 000 Jahren v.u.Z. andere Gebiete der Welt zu besiedeln. In dieser Zeit wurden in Afrika bereits Schneckenschalen zu Schmuck gestaltet und Ritzzeichnungen auf Steinen hinterlassen. (18) Ca. 70 000 v.u.Z. wanderte der Mensch von Ostafrika in Richtung östliches Mittelmeer. Die weiteren Wanderungen gingen ca. 60 000 v.u.Z. höchstwahrscheinlich zur arabischen Halbinsel und von dort weiter nach Südasien. In weite Teile von Europa erfolgten die Wanderung ca. 45 000 v.u.Z. Etwa 13 000 v.u.Z. erreichten die Menschen von Nordostsibirien aus den Kontinent Amerika. Diese frühen Menschen verfügten bereits über eine entwickelte Sprache, über Werkzeuge und Schmuckgegenstände und ein hoch entwickeltes soziales Leben, also eine eigene Kultur. (19)

Kapitel 2.3 – Welche Bedeutung hatte Sprache?

Wie oben ausgeführt, sind nur Menschen zur Nutzung abstrakter symbolischer Sprache und Bilder fähig. Damit wurde der Austausch nicht nur über reale, sondern auch über vorgestellte Dinge möglich. So entstanden Geschichten, Mythen, Religionen sowie gemeinsame Vorstellungen von der Welt. Es wurden Traditionen, Werte, Erklärungen und Glaubensvorstellungen entwickelt, die größere Gruppen von Menschen zu einer Einheit verbanden. Auf dieser Grundlage entwickelten sich Bindung und Kooperation als Voraussetzung für bessere Anpassung und Überleben immer weiter.

Der soziale Austausch über die Welt und die Vorstellungen der frühen Menschen davon schafften neue Begriffe und Abstraktionen, mit andern Worten „soziale Realitäten". Diese Weiterentwicklung erfolgte durch den Einbezug der Sprache als Medium zur Konstruktion von Wirklichkeiten sozialer Systeme. Denn durch den Austausch erzählter Vorstellungen und Überzeugungen von der Welt erschaffen wir Menschen unsere jeweilige persönliche Realität und gleichen diese individuellen Vorstellungen untereinander sowie mit der kulturellen Allgemeinheit ab. Demnach ist „Realität" ein Begriffskonstrukt das durch menschlichen Austausch darüber zur allgemein akzeptierten Realität Aller wird. Allgemein akzeptierte Ansichten und Realitäten erlauben die Kooperation von Menschen in großen Gruppen und sind die Basis jeglicher Kultur. So erschufen sich unsere Vorfahren mit zunehmender Sprachfertigkeit allmählich ihre Kultur. Neben der eingangs erwähnten biologischen Kopplung von Organsystemen innerhalb eines Lebewesens sind wir Menschen dadurch in der Lage, sprachliche Kopplungen zwischen vielen Lebewesen herzustellen.

Allein wir Menschen vermögen es, durch unsere kulturellen Vorstellungen Einfluss auf unsere biologische Evolution zu nehmen: auf unsere eigene soziale Wirklichkeit, auf die Art, wie wir denken und erkennen und auf die Art, wie wir unsere eigenen Geschichte schreiben. Dieser Prozess markiert das Auftauchen einer sich immer weiter entwickelnden kulturellen Evolution zusätzlich zur biologischen Evolution. Im Folgenden wird dargestellt, wie in menschlichen Kulturen in der Vergangenheit Einfluss auf die biologische Evolution genommen wurde und noch wird und welche Konsequenzen das für die Menschen als Individuen und als Gesellschaft hatte und hat.

Dazu ist es jedoch nötig, die Arbeitsweise unseres menschlichen Gehirns zu beleuchten, um besser zu verstehen, was die biologischen Grundlagen der Entwicklung des Menschen sind. Es wird gezeigt, was wir mit anderen biologischen Lebewesen gemeinsam haben und was uns als Menschen unterscheidet. Davon handelt das nächste Kapitel.

Kapitel 3 – Wie funktioniert das Nervensystem?

Im vorigen Kapitel wurden die Grundzüge der Menschwerdung und deren wesentliche Ergebnisse beschrieben: der aufrechte Gang sowie die Entwicklung von Werkzeugen, Sprache, engen sozialen Bindungen und einer gemeinsamen Kultur. Dadurch gelang es den frühen Menschen, sich zu größeren sozialen Verbänden mit gemeinsamen Zielen zu einigen und zu organisieren.

In diesem Kapitel wird es um das Nervensystem gehen, welches alle diese Leistungen ermöglicht. Die größte menschliche Errungenschaft ist die Fähigkeit, sich auf rasch verändernde Situationen und Umwelten durch Lernen einstellen und sich dadurch anpassen zu können. Damit nahmen die Möglichkeiten der Reaktionen auf die Umwelt durch Lernen und eigene Problemlösungsfähigkeit unaufhörlich zu.

Um diese Prozesse verstehen zu können, sind Antworten auf viele Fragen nötig. Glücklicherweise konnte die Neurobiologie in den letzten Jahren und Jahrzehnten sehr viele dieser Fragen beantworten. Davon handelt das folgende Kapitel und beschäftigt sich u.a. mit diesen Fragen:
Wie gelingt die Aufrechterhaltung des inneren Gleichgewichts?
Wie gelingen gleichzeitig Veränderungen und Lernen?
Wozu brauchen wir überhaupt Gefühle?

Kapitel 3.1 – Evolutionsziel Wohlbefinden?

Zu den bahnbrechenden Arbeiten für ein Verständnis der Evolution gehören die Erkenntnisse der Biologen Maturana und Varela über selbstorganisierende Systeme, zu denen auch die biologischen Organismen gehören. Das Ziel selbstorganisierender Systeme, vom Einzeller bis zum Menschen, ist es, ihr inneres und äußeres Gleichgewicht, zu bewahren und es nach Störungen möglichst rasch wieder herzustellen. So werden das Überleben, Wachstum und Fortpflanzung ermöglicht. (1) Wenn z.B. unser inneres Gleichgewicht durch Hunger oder Durst gestört wird, haben wir den dringenden Wunsch, unser Gleichgewicht wieder herzustellen, indem wir essen oder trinken. Wenn unser inneres Gleichgewicht gestört wird, weil wir uns bedroht fühlen, haben wir den dringenden Wunsch, uns zu wehren oder wegzulaufen.

Allgemein lässt sich daher sagen, dass es oberstes Handlungsziel eines jeden Organismus ist, das eigene psychobiologische Wohlbefinden aufrecht zu erhalten. Dieses Wohlbefinden bzw. inneres Gleichgewicht umfasst bei uns Menschen so einfache Prozesse wie Blutdruck, Körpertemperatur, Muskelspannung, Nahrungsversorgung oder Hormonspiegel. Aber auch so komplexe Prozesse wie die Regulation von Aufmerksamkeit, Angst, Erregung und Liebe gehören dazu. Das Nervensystem reagiert auf alle Abweichungen mit dem Ziel, das alte Gleichgewicht wieder herzustellen bzw. ein neues Gleichgewicht zu finden, also mit Lernen. Unser Gehirn erzeugt Verhalten stets auf der Grundlage solcher selbstorganisierender Prozesse. Der Umgang mit jeder neuen Erfahrung wird im Gehirn immer wieder am Evolutionskriterium „brauchbar zur Sicherung psychobiologischer Gesundheit bzw. zur Wiederherstellung oder Aufrechterhaltung des inneren Gleichgewichts oder nicht" gemessen, also mit dem Vermerk „suchen" oder „meiden" abgespeichert.

Diese Überlegungen zur selbstorganisierenden Herstellung eines Gleichgewichts werfen natürlich sofort die Frage auf, wie das gelingt. Um diese Frage zu beantworten, ist es nötig, die Organisation des Nervensystems genauer betrachten.

Kapitel 3.2 – Wie sind Nervensystem und Gehirn aufgebaut?

Unser Gehirn und Nervensystem sind grundsätzlich wie bei allen anderen Säugetieren aufgebaut. Zum Nervensystem gehört das periphere Nervensystem, also die Nervenfasern die zu den Muskeln (somatisches Nervensystem) sowie zu Körperorganen und Sinnesorganen (autonomes vegetatives Nervensystem) ziehen bzw. von dort zum Gehirn führen.

Autonomes Nervensystem

Das autonome Nervensystem (ANS) vermittelt die wesentlichen Erfahrungen über das innere Gleichgewicht der inneren Organe (Homöostase), über Störungen des Gleichgewichts und Wohlbefindens, über Sicherheit und Abwesenheit von Gefahr bzw. bevorstehende Kampf- und Fluchtmobilisierung. Es besteht aus dem *sympathischen* Teil (SNS), über den eine allgemeine Mobilisierung und Aktivierung bis hin zur Kampf- und Fluchtreaktion vermittelt werden kann, sowie dem älteren und dem neueren *parasympathischen* Teil (PNS) für Erholung und Regeneration. Die parasympathischen Regulationen werden durch den Nervus Vagus vermittelt. Neuere Forschungen zeigen, dass es sich dabei nicht um einen einzigen Nerv handelt, sondern um eine Familie von Nervenbahnen, die an mehreren Orten des Hirnstamms entspringen. (2) Der neue, in der Evolution nur bei Säugern entstandene parasympathische Zweig des autonomen Nervensystems (neuer Vagus) reguliert den Ausdruck und das Empfinden von Körpergefühlen, Affekten sowie Herzfrequenz und Atmung im Zustand von Sicherheit. Der alte Zweig des Vagus ermöglicht die Aufrechterhaltung des inneren Gleichgewichts, vor allem der inneren Organe unterhalb des Zwerchfells, sowie die Notreaktion der Erstarrung bei Gefahr. (3) Das sympathische und parasympathische System leiten die emotionalen Bewertungen von Handlungen und Umweltreizen an die Zielorgane im Körper weiter und Rückmeldungen von dort in den Hirnstamm zurück. Die jeweilige Aktivierung wird nach dem Bedarf des Organismus über Neuromodulatoren (Hormone und Botenstoffe) reguliert, die vorrangig in der Hypophyse (Hirnanhangsdrüse) des Gehirns, aber auch im Nebennierenmark gebildet werden.

Zentrales Nervensystem

Zum zentralen Nervensystem gehören das Gehirn sowie das Rückenmark. Innerhalb des Gehirns werden mehrere Teile unterschieden: Den Übergang vom Rückenmark zum Gehirn bildet die Medulla oblongata (verlängertes Mark). Daran schließen sich das Mittelhirn, Kleinhirn, Zwischenhirn und Großhirn (Cortex) an. Der evolutionär älteste, innen liegende Teil des Gehirns wird als Hirnstamm bezeichnet (Verlängertes Mark und Mittelhirn). Im Bereich des verlängerten Rückenmarks treten die Hirnnerven aus bzw. ein. Zu ihnen gehören die Nervenbahnen des autonomen Nervensystems sowie Gesichts- und Kopfnerven. Sie dienen der Regulation des inneren Zustands durch soziale Kommunikation (Kapitel 3.12.). Hier befindet sich die Formatio Reticularis. Sie umgibt die Hirnstammgebiete netzartig und hat wichtige Funktionen bei der Kontrolle von Aufmerksamkeit und Erregung, aber auch für die Regulation von Schlaf, Blutkreislauf und Atmung besitzt. Ihre Informationen werden im Hypothalamus verarbeitet.

Im Zwischenhirn ist der Hypothalamus als zentrale Regulationsstelle zwischen Hormonsystem und Nervensystem lokalisiert. Vermittelt werden diese Funktionen hauptsächlich über Hormone und Neuromodulatoren aus der zugehörigen Hirnanhangsdrüse (*Hypophyse*), die über das autonome Nervensystem ihre Zielorte erreichen. Hier erfolgen die Regulation von Herzschlag, Blutdruck, Atmung, Hunger, Durst, Ausscheidung, Temperatur sowie das Gefühl von innerer Sicherheit oder Gefahr. Die Wirkungen der einzelnen Hormone müssen immer genau an die Bedürfnisse des Organismus angepasst sein. Um das zu erreichen, gibt es übergeordnete neuromodulatorische Regelkreise, die das steuern. Dazu zählt vor allem das Hypothalamus-Hypophysen-System. Der Hypophyse kommt eine zentrale Rolle bei der Regulation des Hormonsystems im Körper zu. Sie ist eine Art Schnittstelle, mit der das Gehirn über die Freisetzung von Hormonen wichtige Vorgänge wie Stoffwechsel, Wachstum und Fortpflanzung reguliert, aber auch die Reaktion auf Stress.

Die entsprechenden Informationen führen durch die Wirkung von Hormonen zu einer Aktivierung des sympathischen bzw. der beiden parasympathischen Zweige des autonomen Nervensystems. In dieser Funktion stellt die Hypophyse einen zentralen Bestandteil des limbischen Systems dar, welches für emotionale Bewertungen zuständig ist. Ihre Funktionen werden über das autonome Nervensystem an die Zielorgane (Herz, Atmung u.a.) vermittelt und deren Rückmeldungen in das limbische System zurückgeführt. Hormone und Neurotransmitter haben hemmende und erregende Einflüsse auf das autonome Nervensystem. Die Strukturen des Hypothalamus-Hypophysen-Systems bündeln die Informationen von Augen, Ohren, Gleichgewichtssystem und die eingehenden motorische Informationen, aber sie empfangen auch Impulse der Großhirnrinde, die auf Nervenzellen der unteren Ebene von Hirnstamm und Rückenmark weiter geleitet werden. Sie haben damit eine zentrale Umschaltfunktion für Ein- und Ausgänge des Großhirns. An dieser Stelle vermag das Großhirn willentlich die untergeordneten Ebenen der Regulation zu beeinflussen.

Das limbische System vermittelt bei Säugetieren die emotionalen Komponenten vieler Gehirnprozesse. Die limbischen Zentren sind Teil eines allgemeinen Bewertungssystems im Gehirn. Es gestattet uns die Entscheidung, ob ein Ereignis vorteilhaft und lustvoll ist und demzufolge wiederholt werden sollte, oder ob es sich schlecht und schmerzhaft anfühlt und demzufolge gemieden werden sollte. Diese Körperempfindungen, Affekte und Emotionen, die uns über angenehm und „suchen" oder unangenehm und „meiden" informieren, bilden die Grundlage für Wohlbefinden und Entspanntheit bei Sicherheit oder von Kampf- oder Fluchtreaktionen bei gefühlter Gefahr (Kapitel 3.12.). Das limbische System bildet damit die Grundlage der psychischen Vorgänge im Organismus. Dieses System sichert das innere biologische Gleichgewicht sowie das äußere Gleichgewicht in den Beziehungen zur belebten und unbelebten Umwelt. Es durchzieht sowohl die älteren Teile des Gehirns als auch das Großhirn.

Zum limbischen System gehört das oben beschriebene Hypothalamus-Hypophysen-System zur Aufrechterhaltung der Grundfunktionen des Lebens. Als Reaktion auf lebensbedrohliche Situationen wird der Totstellreflex von dieser Ebene des limbischen Systems ausgelöst bzw. bei Sicherheit erfolgt die Freisetzung von Serotonin oder Oxytocin (Kapitel 3.9.). Die basalen Teile des limbischen Systems im Hirnstamm und Hypothalamus regulieren das vegetativ-affektive Verhalten. Sie beeinflussen insbesondere die Funktion der Stressreaktion und der Erholung, also die Regulation des inneren Zustandes über den alten und neuen Vagusnerv sowie die Mobilisierungsreaktion des sympathischen Nervensystems. Übergeordnet zur basalen Struktur gehören zum limbischen System jene Zentren, die die Entstehung von Emotionen hervorrufen und die Bewertung aller Erfahrungen in „suchen" und „meiden" ermöglichen. Das sind einige Bereiche des Großhirns wie der Mandelkern (Amygdala), der Hippocampus, die Basalganglien sowie einige Teile der Großhirnrinde.

Der Mandelkern erhält u.a. Eingänge aus Geruchszentren, Informationen aus den Eingeweiden über den alten Teil des Vagus – unser „Bauchgefühl" sowie Informationen des Großhirns über Sicherheit oder Gefahr in der Umgebung und löst entsprechende hormonelle Reaktionen im Hypothalamus aus. Der Mandelkern verarbeitet den emotionalen Kontext positiver wie negativer Situationen in Hinblick auf eine Risikoeinschätzung. Frühere Erfahrungen, insbesondere der frühen Kindheit, werden als affektive Vermeidungs- oder Annäherungswünsche (Kapitel 3.8) abgespeichert, als Gefühl der Angst oder des Wohlbefindens, „suchen" und „meiden". Die genaue Abspeicherung der Kontextinformationen erfolgt im Hippocampus. Wir erleben die Gefühle als Körperempfindungen, z.B. das Herz hüpft vor Freude oder öffnet sich liebevoll, Furcht schlägt auf Magen, Angst schnürt die Kehle zu etc. Diese Empfindungen werden u.a. von den Neuromodulatoren Oxytocin, Dopamin, Vasopressin und Serotonin (Kapitel 3.8.) hervorgerufen.

Teile der Basalganglien spielen die wesentliche Rolle bei Belohnung und bei Belohnungserwartungen. Die Nervenzellen reagieren mit der Freisetzung von Dopamin vor allem auf unerwartete Belohnungen im Sinne erfolgreicher Handlungen. Der besondere Wert einer unerwartet erfolgreichen Handlung treibt zur Wiederholung mit erneuter Belohnung an und unterstützt die Einspeicherung dieses Lerninhaltes. An einer emotionalen Bewertung sind neben den Basalganglien ebenso der Hippocampus für die Kontextbewertung, die Amygdala für die Bewertung von Gefahr oder Sicherheit beteiligt.

Das Ergebnis dieses Abgleichs auf der unbewussten Ebene wird dann an die bewusstseinsfähige limbische Ebene des Großhirns vermittelt. Der limbische Cortex stellt die Ebene unserer bewussten Motive und Gefühle dar, wie sie im Verlauf der Entwicklung eines jeden Menschen über Sprache durch die jeweilige Kultur und Gesellschaft vermittelt werden. Diese Zentren reifen sehr langsam im Verlauf der Kindheit und insbesondere der Pubertät heran. Hierzu zählen Teile des frontalen Cortex, die mit der Planung von Handlungen und mit dem Vorhersehen von positiven der negativen Konsequenzen zu tun haben. Die Cortexbereiche des limbischen Systems vermitteln die Informationen der unteren Zentren von Empfindungen des autonomen Nervensystems (Körperempfindungen und Bauchgefühle, Herzrasen, Freude etc.) und von allen anderen emotionalen Zuständen an die bewusstseinsfähigen denkenden Cortexbereiche, um bewusste Handlungen des Annäherns oder Vermeidenns auszulösen. Diese Übermittlung kann verhindert werden indem die willentliche obere Ebene die körperlichen Signale unterdrückt oder ignoriert. Das Fehlen bzw. Nichtwahrnehmen der Körperempfindungen wird als sensomotorische Amnesie bezeichnet.

Großhirn

Das Großhirn (Cortex) ist die in der Evolutionsgeschichte jüngste und beim Menschen besonders entwickelte Hirnstruktur. Innerhalb des Großhirns ist der präfrontale, hinter der Stirn gelegene Teil in der Evolution am meisten gewachsen. Er ist beim Menschen 29 % größer als bei Ratten, beim Schimpansen 17 %. größer. (4) Dieser enorme Größenzuwachs wurde dank einer besseren Sauerstoffversorgung möglich. Der präfrontale Cortex ist hauptsächlich zuständig für Handlungskontrolle, Handlungsplanung, das Abschätzen von Konsequenzen und soziale Interaktion - also Moral, Regeln und Vernunft der kulturellen Evolution.

Kapitel 3.3 – Was machen Synapsen?

Das gesamte Nervensystem besteht aus untereinander verbundenen Nervenzellen. Innerhalb des Gehirns sind ca. 100 Milliarden Nervenzellen miteinander vernetzt. Diese Zahl entspricht etwa der Menge an Bäumen im Amazonaswald. (5) Dabei haben die Nervenzellen untereinander etwa so viele Vernetzungen, wie dort Blätter an den Bäumen sind. Eine einzige Nervenzelle hat bis zu 100 000 Verzweigungen.

Die Informationssignale der Nervenzellen werden als elektrische Impulse übertragen, ähnlich wie die Bits eines Computers. Die Übertragungsstellen für diese Impulse zwischen zwei Zellen werden als Synapsen bezeichnet. Von einer Nervenzelle werden Informationen als Impulse auf andere Nervenzellen, Muskelzellen oder Sinneszellen übertragen und wirken von dort aus als Feedback-Information wieder auf das Nervensystem zurück, um die jeweilige Handlung zu steuern und zu optimieren. Eine Nervenzelle besitzt viele verzweigte Fortsätze (Dendriten). An diesen Dendriten befinden sich die Kontaktstellen anderer Nervenzellen (Synapsen), die Informationen übertragen. Darüber hinaus besitzt jede Nervenzelle einen langen Fortsatz (Axon), der sich an seinem Ende verzweigt und damit einen Informationsimpuls auf viele Zielzellen überträgt.

Der Informationsaustausch von einer Nervenzelle auf die nächste erfolgt dabei an den Synapsen zwischen den zwei eng aneinander liegenden Zellwänden durch die Freisetzung verschiedener neurochemischer Botenstoffe (Neurotransmitter). Sie wirken in dem schmalen synaptischen Spalt zwischen zwei Nervenzellen auf Transportkanäle der nachgelagerten Zelle ein, indem sie an spezifische Rezeptoren dieser Zelle binden. Dadurch wird der elektrochemische Informationsimpuls auf diese Zelle übertragen. Nach erfolgter Informationsübertragung werden diese Neurotransmitter (z.B. Adrenalin, Noradrenalin, Serotonin) entweder abgebaut oder von der Ursprungszelle wieder aufgenommen. Auf diese Weise kann jede Nervenzelle mit Tausenden anderer Zellen verbunden sein und ihre jeweils hemmende oder erregende Information an viele Zielzellen verteilen. Entscheidend für die Hemmung oder Erregung der Zielzelle sind der spezifische Neurotransmitter sowie die Struktur des Rezeptors. Er erkennt nur einen bestimmten Transmitter und erlaubt die Bindung nach einem Schlüssel-Schloss-Prinzip. Diese außerordentlich schnelle Erregungsleitung erfolgt innerhalb von Millisekunden. Über Neurotransmitter werden sämtliche Prozesse der Informationsübertragung mit dem gleichen Funktionsprinzip gesteuert, von einer einfachen Beugebewegung des Armes bis hin zu komplexen Aktionen wie Sprechen, Denken, Auto fahren etc.

Kapitel 3.4 – Was bedeutet Lernen neurobiologisch?

Lernen bedeutet immer eine Veränderung in der synaptischen Übertragung der beteiligten Nervenzellverbände. Wie Lernen als neurobiologisches Geschehen abläuft, lässt sich am Beispiel des Greifenlernen des Babys Flora betrachten.

Flora und ihr Freund Paul werden uns durch dieses Buch begleiten und wir werden an ihnen beobachten, wie das Gehirn sich entwickelt, wie sie mit ihrer Umwelt interagieren und wie sie in den verschiedenen Kulturen leben.

Flora sieht ein Spielzeug, welches sie haben möchte. Dieser Wunsch weckt die Aufmerksamkeit des Gehirns nach dem Spielzeug und das setzt die nötige Aktivität für den Problemlösungsprozess frei. Dann probiert Flora aus, danach zu greifen, was ihr bei den ersten Versuchen nicht gleich gelingt. Aber Flora probiert es immer und immer wieder aus. Wenn eine Aktivität erlernt wird, wird das Ergebnis eines jeden Versuchs in die Nervenverbindungen als Feedback-Rückmeldung im Gehirn eingespeist. Über die Muskelspannung der

Armbeuger, der Hand und der Finger, über die Stützmotorik des Rumpfes, über die optischen Informationen zu Entfernung des Spielzeugs und über die haptischen Informationen zur Oberfläche des Spielzeugs. Alle diese Informationen werden in unglaublicher Geschwindigkeit ausgetauscht, mit bereits vorhanden einfachen Mustern abgeglichen und in einem neuen besseren Bewegungsversuch umgesetzt. Jeder Versuch verändert die synaptische Verbindung aller beteiligten Nervenzellen. Sie werden entweder mehr oder weniger erregt. Je nachdem, ob Flora z.B. den Arm etwas mehr strecken oder beugen muss, werden alle Armmuskeln unterschiedlich stark über die Synapsen erregt oder gehemmt, bis die Gesamtheit der synaptischen Verbindungen untereinander genügend gut in ihrer Aktivität abgestimmt ist.

Wenn Flora immer besser und immer öfter das Spielzeug erfolgreich erreicht, werden diese Erfahrungen gelernt. Gelernt bedeutet in dem Fall, dass alle miteinander aktiven Nervenzellen mit ihren Feedbackschleifen vernetzt und zeitgleich aktiviert werden. Erfolgreiche Handlungen führen zur Ausschüttung von Dopamin und werden dadurch bevorzugt abgespeichert. Lernen bedeutet in dem Fall für Flora, dass in einem ersten raschen Schritt bereits vorhandene synaptische Übertragungsstellen verstärkt werden, indem z.B. mehr Rezeptoren mehr Neurotransmitter ausscheiden können. Als nächsten Schritt, dass innerhalb einiger Stunden mehr synaptische Verbindungen zwischen den beteiligten Zellen entstehen und dass 3. innerhalb einiger Tage bei den entsprechenden Wiederholungen der Handlung neue Nervenzellen in das Netzwerk eingebaut werden. Auch die bei einem erfolgreichen Versuch ausgeschütteten Belohnungsstoffe werden dann immer mehr ausgeschüttet und ebenfalls gebahnt.

Der Prozess hat eine enorme Eigendynamik und ist nicht – wie früher angenommen – in den Genen festgelegt. „Stellen Sie sich das Verhalten eines Organismus als die Darbietung eines Orchesterstückes vor, dessen Partitur während der Aufführung erfunden wird." (6)

Kapitel 3.5 – Was Hänschen nicht lernt – Wie geschieht Anpassung?

In jeder Körperregion wird zunächst ein erheblicher Überschuss an synaptischen Vernetzungen spontan und zufällig gebildet. Später werden funktionierende Verbindungen verstärkt und funktionslose Verbindungen wieder gelöst. Es gilt das Grundprinzip: Use it or loose it.

Die große Formbarkeit (Neuroplastizität) des menschlichen Gehirns ist der entscheidende Mechanismus, der Lernen ermöglicht. Folgende Lernabfolgen lassen sich unterscheiden: die Verstärkung vorhandener alter Synapsen, die Ausbildung neuer Fortsätze sowie die Integration neuer funktionstüchtiger Nervenzellen in das bereits gebildete Netzwerk. So können komplexe neue Erfahrungen langfristig gespeichert werden. Solche erfahrungsabhängigen Veränderungen in der Vernetzung der Nervenzellen des Gehirns sind die biologische Basis von jeglichem Lernen – sei es die Selbstorganisation der grundlegenden Lebensvorgänge wie Muskelspannung, Bewegung, Blutdruck oder aber das Erlernen von Sprache und Mathematik. Jedes Lernen verändert die Struktur des Gehirns. Jedes Lernen umfasst: ausprobieren, Rückmeldungen einarbeiten, neu ausprobieren.

Wer sich davon ein Bild machen will, braucht sich nur Flora bei ihren unentwegten Versuchen und Irrtümern und neuen Versuchen anzuschauen. So lernt Flora aus vielen zufälligen und fehlerhaften Greifversuchen allmählich die richtigen Muskeln zur rechten Zeit zu aktivieren und mittels Versuch und Irrtum langsam die korreketen Verbindungen im Gehirn zu stabilisieren. Auf diese Weise konstruiert Flora ihre eigenen Gehirnverbindungen entsprechend ihrer Erfahrungen.

Babys bilden bzw. konstruieren ihre ersten und wesentlichsten Lernerfahrungen mit Hilfe ihrer Mutter, d.h. die beiden ko-konstruieren die Lerninhalte. Immer dann, wenn z.B. ihre Mutter ihnen hilft, sich zu beruhigen, wenn sie ihnen ein Bilderbuch zeigt oder mit ihnen spricht, laufen Ko-Konstruktionsprozesse zwischen beiden ab. Das ermöglicht ihnen, sich über die Bedeutung von Dingen, Worten, Gefühlen und Vehaltensweisen zu verständigen und ihre soziale Realität abzugleichen. Einen vergleichbaren Prozess stellt die gegenseitige Ko-Regulation von Sicherheit und innerer Befindlichkeit dar, der fortwährend gegenseitig stattfindet. Auf diese Bedeutung der Ko-Regulation von Lernprozessen und Ko-Konstruktion von Lerninhalten zwischen Flora und ihrer Mutter bzw. anderen Bindungspersonen wird im Verlauf des Buches immer wieder eingegangen.

Aus der Tatsache, dass das Nervensystem sich erst durch eigenes Lernen vernetzt, lässt sich die hohe Bedeutung der Umwelt für vielfältige Lernerfahrungen und demzufolge ein umfangreich entwickeltes

Gehirn ableiten. Nur eine Umwelt, die reichhaltige Erfahrungen ermöglicht, unterstützt den Lernprozess ausreichend. Wir bekommen die Gehirne, die wir uns selbst schaffen können bzw. die unsere Eltern uns schaffen lassen. Untersuchungen haben gezeigt, dass bei einer angereicherten sozialen und materiellen Umwelt das Gehirn eine größere Masse erreicht, die Großhirnrinde dicker ist und die Nervenzellen untereinander dichter verzweigt sind. Zur Umwelt gehört immer auch die soziale Umwelt. Auch hier bestimmt das Angebot seitens der Mutter und anderer Bindungspersonen die Art der Erfahrungen, die Flora, wie jeder andere Mensch auch, macht. Flora und ihre Mutter, aber auch Affenweibchen und ihre Jungen, konstruieren gegenseitig ihre Erfahrungen von Sicherheit, Wohlbefinden und Willkommensein in der Welt. In ihrer Interaktion ko-konstruieren sie gemeinsam ihre soziale Realität.

Nach dem Nobelpreisträger Gerald Edelman, der auf dem Gebiet der Neuroplastizität bahnbrechend forschte, kann man das Nervensystem mit einem dichten Straßennetz vergleichen: Intensiv genutzte Straßen werden ausgebaut und schneller. Sie funktionieren wie eine Dreispurdatenautobahn, die wir ganz automatisch und selbstverständlich benutzen. Wenig genutzte Wege wachsen allmählich zu und werden unbenutzbar. Neue Handlungen und Verhaltensweisen zu erlernen, gleicht dem Anlegen eines kleinen Wiesenpfades, der erst durch vielfache Benutzung ausgetreten und zu einer Straße verbreitert wird. Ähnlich verhält es sich mit den Bahnen im Gehirn. Hier verändern neue Erfahrungen die Bahnen und Vernetzungen im Nervensystem. Sie ersetzen oder überlagern oder ergänzen ältere vorhandene Bahnen. „Lernen besteht in der Verstärkung synaptischer Verbindung zwischen Neuronen." (7)

Bei häufig benutzten Vernetzungen werden die Verbindungen von der Nervenzelle zu ihrer Zielzelle allmählich myelinisiert, das heißt mit einer Isolationsschicht umgeben, die zu einem schnelleren und effizienteren Informationsfluß führt. Dieses hohe Maß an erfahrungsabhängiger Vernetzung des Nervensystems ist typisch menschlich. Andere Säugetiere kommen mit einem weitgehend ausgereiften Gehirn zur Welt.

Kapitel 3.6 – Der Reiz des Neuen – wozu dient Neugier?

Wie organisiert es das Gehirn, aus der Flut von ständig einströmenden Reizen, wichtige von nebensächlichen Informationen zu unterscheiden?

Diese Organisations- und Filterungsfunktion übernimmt das Aufmerksamkeitssystem des Hirnstamms. Wenn ein neuer Reiz in der Umgebung auftaucht, wechseln wir aus der Entspannung in eine äußere Aufmerksamkeit und Wachheit mit einem höheren Muskeltonus. Der ganze Organismus wird über die Neurotransmitter Adrenalin und Noradrenalin wacher und handlungsbereiter. Die Fähigkeit zur bewussten Lenkung der Aufmerksamkeit ist bei den Säugetieren erstmals innerhalb der Evolution aufgetaucht. Sie erlaubt das bewusste, willentliche Hinwenden zu einem Problem oder einem Reiz oder einem Gegenüber.

Damit wurden die typisch menschlichen Fähigkeiten zur bewussten Problemlösung und geplanter Erfüllung von Aufgaben möglich. Diese Fähigkeit wird durch eine Mobilisierung des Stoffwechsels über das sympathische Nervensystem vermittelt, bei gleichzeitiger abgestufter Hemmung des neuen Vagus der sozialen Interaktion. (8)

Neben der Filterung ist die Aufgabe des Aufmerksamkeitssystems die ausreichende Aktivierung des Gehirns zur Bearbeitung wichtiger Reize sowie die Herabsetzung der Aufmerksamkeit zum Schutz vor einer Informationsüberflutung. Damit gewährleistet es seine Hauptaufgabe bei der Sicherung des biologischen Gleichgewichts des Organismus. Es ist ein ökonomisches Prinzip, nicht jederzeit und auf alles aufmerksam zu sein, denn das Gehirn verbraucht mehr als 20 % der Nahrungsenergie, wenn es dauerhaft im Einsatz ist. Das Abziehen der Aufmerksamkeit ist vor allem bei Babys eindrucksvoll zu beobachten. Sie wenden spontan den Blick ab, wenn ihre Aufmerksamkeit ermüdet ist und gehen spontan wieder in Kontakt, nachdem sie sich ausreichend regeneriert haben.

Die Wechselwirkung zwischen neuem parasympathischen Vagus und sympathischem Nervensystem ermöglicht ein rasches Hin und Her zwischen Mobilisierung und Erholung, je nach einwirkenden visuellen, optischen, akustischen Außensignalen (Kapitel 8.2.2). Die erfahrungsabhängige Vernetzung des Gehirns steht immer unter dem Einfluss von Aufmerksamkeit und Motivation. Das Aufmerksamkeitssystem schafft eine Verbindung zum Großhirn und kann dadurch die Aktivität der

Großhirnrinde beeinflussen und modulieren, je nach Bedeutung des Reizes. (9)

Die Organisation der Aufmerksamkeit beeinflusst die Lernfähigkeit, indem sie die Aktivität des Gehirns so steuert, dass eine Handlung optimal koordiniert und dadurch situationsangemessen und erfolgreich ausgeführt werden kann. Das gilt sowohl für unser Beispiel des Greifens nach einem Spielzeug als auch für die Zuwendung einer Mutter zu ihrem Baby, wenn es weint. Die Fähigkeit, aufmerksam zu sein, ist abhängig vom inneren Erregungsniveau des Nervensystems, vom Gefühl der inneren Sicherheit und vom Grad des Wachbewusstseins. Im Schlaf, wo das parasympathische Nervensystem dominiert, ist sie sehr niedrig, dann nehmen wir die äußere Welt nicht wahr. Im Zustand eines hohen inneren sympathischen Erregungsniveaus sind wir unaufmerksam, ziellos, ruhelos mit fahrigen, nervösen Bewegungen und Handlungen.

Am leistungsfähigsten sind wir in einem mittleren Erregungsniveau, wenn sowohl der neue Vagus sichere Entspanntheit vermittelt (Kapitel 3.12), als auch eine gewisse Mobilisierung durch das sympathische Nervensystem erfolgt. Aufmerksamkeit bewirkt eine selektive Aktivierung gerade dieser Areale und Strukturen des Gehirns, in deren Bereich gelernt wird. Gleichzeitig werden nicht benötigte Bereiche deaktiviert. Die Aktivierung und Lenkung der Aufmerksamkeit, insbesondere der zielgerichteten selektiven Aufmerksamkeit ist ein Lernprozess wie die meisten menschlichen Handlungen auch. Sie ist eng verbunden mit den anderen Lernaufgaben der frühen Kindheit: Sicherheit erkennen und herstellen; den inneren Zustand regulieren lernen; Affekte und Emotionen verständlich dem Gegenüber mitteilen; den Umgang mit Stress regulieren und sich mehr und mehr selbst beruhigen können.

Aber die Beantwortung dieser Frage wirft schon die nächsten auf:
Wann beginnt ein Baby damit?
Woher kommt das erste Netzwerk?
Wie kann ein ganzes Nervensystem selbstorganisierend sein?

Kapitel 3.7 – Wie geht das Gehirn online?

Der Beginn des menschlichen Lebens ist von einer unglaublichen Entwicklungsgeschwindigkeit gekennzeichnet. Bereits 30 Stunden nach der Befruchtung einer Eizelle beginnt diese sich zu teilen. Ab dem 6. Tag beginnt sich das winzige Ungeborene in die Gebärmutterwand einzunisten und besitzt zu der Zeit bereits zwei Zellschichten, wobei die Wandschicht die Ernährung aus der Gebärmutterwand gewährleistet. Ab dem 12. Tag sorgen biochemische Signalstoffe für die Differenzierung einiger Zellen in die ersten Nervenzellen (Vorläuferneuronen). Um den 20.-23.Tag beginnt sich das Neuralrohr zu bilden, aus dem später Rückenmark und Gehirn hervorgehen. Zu dieser Zeit herrscht ein unglaublich schnelles Zellwachstum vor, so dass die Zahl der entstehenden Nervenzellen sich alle 90 Minuten verdoppelt. (10)

Neben der raschen Vermehrung der Nervenzellen erfolgen bereits die ersten Spezialisierungen zu den späteren Gehirnteilen (Hirnstamm, Kleinhirn, Großhirn u.a.). Aus der Erbsubstanz kommt dabei nur ein bestimmtes Repertoire an Signal- und Botenstoffen, die ihrerseits andere Zellen erreichen und zu bestimmten Differenzierungen veranlassen. So werden bestimmte DNA-Sequenzen kaum noch benutzt, andere vermehrt abgelesen und dadurch spezielle Nerven-, Haut-, Muskel- und Knochenzellen gebildet.

Ebenso ist die Wanderung der Neuronen zu ihren Zielorganen im gesamten Körper ein hochkomplexer Prozess. Er wird u.a. durch die Aktivierung bestimmter Gene für Signalstoffe, Zellerkennungsrezeptoren und Wachstumsfaktoren gesteuert. Ein großer Teil wird aber auch hier funktionell durch Versuch und Irrtum entwickelt. (11)

Sehr frühzeitig, noch während der Entwicklung der Grundstrukturen, werden Nervenzellen elektrisch erregbar und spontan aktiv. Diese elektrische Aktivität und Transmitterausschüttung trägt zur Stabilisierung der ersten Nervenverbindungen bei. Dieser Selbstorganisationsprozess macht es möglich, dass sich solche Strukturen wie das menschliche Nervensystem trotz der relativen Beschränktheit der im Genom speicherbaren Information entwickeln können. Um die 5. Schwangerschaftswoche herum lassen sich im vorderen Bereich des Neuralrohrs zwei Schwellungen beobachten, woraus im weiteren Verlauf der Entwicklung die rechte und linke Großhirnhälfte werden. Dort erfolgen extrem rasche Zellteilungen. Mit Beginn des 2. Monats sind schon die verschiedenen Gehirnregionen unterscheidbar. Mit 16 Wochen werden die Synapsen für Schmerzempfindungen aufgebaut und in das sich entwickelnde Nervensystem hinein vernetzt.

Der Herzschlag beginnt in der 5. Schwangerschaftswoche. Genau zu dieser Zeit wird auch das erste beruhigende Serotonin vom Embryo selbst produziert. Das Kreislaufsystem entwickelt sich bis zur 11. Woche. Im letzten Drittel der Schwangerschaft beginnt die Regulation von Herzschlag und Blutdruck durch den Hirnstamm und das vegetative Nervensystem des Ungeborenen selbst. Insulin und Glucagon werden ab der 8. Schwangerschaftswoche, Schilddrüsenhormone ab der 10. Schwangerschaftswoche synthetisiert. Das eigene hormonelle System des Ungeborenen arbeitet ab der Mitte der Schwangerschaft, z.T. bereits viel eher. Bis zur 28. Woche wird nahezu die Gesamtzahl aller Neurone erreicht. Sie beginnen, sich immer weiter zu differenzieren und in den ersten Bereichen bereits zu myelinisieren. Zu dieser Zeit sind bereits Milliarden von Synapsen vorhanden.

Zum Zeitpunkt der Geburt sind die meisten Nervenzellen am Bestimmungsort angelangt, viele von ihnen bereits funktionstüchtig vernetzt. Sie senden ständig Ausläufer aus, nehmen damit den Kontakt zu Nachbarzellen auf und vernetzen sich weiter. Ein Großteil der Größenzunahme des Gehirns nach der Geburt entsteht durch eine immer intensivere Vernetzung. Dieser Prozess von Produktion und funktioneller Ausdünnung ist zum Geburtszeitpunkt schon für Hirnstamm, Thalamus und Hypothalamus weitgehend abgeschlossen. Das ermöglicht die Regulation von einfachen Bewegungsmustern sowie die Regulation des autonomen Nervensystems für das innere Gleichgewicht. (12) Das gilt auch für die Koordination von Herz und Gesichtsmuskeln sowie die Saug-, Schluck- und Atemreflexe. Sie erlauben die soziale Kommunikation (Kapitel 3.13.) von Geburt an und stehen zur Nahrungsaufnahme zur Verfügung. (13)

Wie bereits beschrieben, erfolgt die Auslese der optimalen Nervenverbindungen durch Versuch und Irrtum. Dieser Prozess geschieht bereits während der ersten spontanen Bewegungen des Embryos. So erlernt das ungeborene Baby unter dem regulierenden Einfluss des mütterlichen Blutkreislaufs die eigene Steuerung und Regulation. Bereits um die 7. Schwangerschaftswoche finden die ersten noch unkontrollierten Bewegungen des Embryos statt.

Die ersten Nervenzellen haben bereits mit ihren Axonen an Muskelzellen Synapsen gebildet und spontan zu arbeiten begonnen. Ihre ersten sensorischen Feedbackinformationen über diese Zuckungen werden ins

Gehirn zurückgemeldet und davon die nächste Kontraktion beeinflusst. So entstehen allmählich eine gewissen Abstimmung und zunehmende synaptische Verknüpfungen zwischen Muskulatur, sensorischer Rückmeldung und Gehirn. Das betrifft mehr und mehr koordinierte Bewegungen der Arme und Beine des sich entwickelnden Embryos.

Und irgendwann im Verlauf der Schwangerschaft gelangt zufällig einige Male der Daumen des Embryos in seinen Mund. Nachdem das mehrmals zufällig geschehen ist und sich gut angefühlt hat, steckt das Ungeborene immer öfter und zielgerichteter den Daumen in seinen Mund und lutscht daran. Diese zielgerichtete Bewegung erfordert bereits eine hohe Koordination aller daran beteiligten Muskeln des Armes – es ist die Folge unzähliger spontaner Bewegungsversuche.

Hierzu wurden bereits verschiedene einfache Regelkreise innerhalb des Gehirns miteinander zu einem komplexen Handlungsablauf verschaltet, so z.B. die Koordination der einzelnen Beuge- und Streckmuskeln des Arms zusammen mit der Steuerung der optimalen Kraftentwicklung und Geschwindigkeit sowie mit der Koordination der Handbewegungen, mit den Lutschbewegungen, den Geschmacksempfindungen und den entsprechenden Rückmeldung von Wohlbefinden. Alle diese verschiedenen Informationen werden gemeinsam als eine Aktion koordiniert im Gedächtnis abgespeichert. Auf dieses erste vorgeburtliche Greifmuster kann ein Baby dann nach seiner Geburt bereits zurückgreifen und es erweitern.

Diese frühen Reaktionsmuster sind noch sehr undifferenziert. Die Kooperation der verschiedenen Hirnteile und ihre Hierarchie in der Kontrolle des inneren Gleichgewichts muss erst noch gelernt werden. Ebenso müssen die Beiträge des limbischen Systems zur emotionalen Regelung des Verhaltens im Sinne von „suchen" oder „meiden" über die entsprechenden Körperempfindungen noch integriert werden. Beim Menschen dauert diese Reifung erfahrungsabhängig im Cortex limbischen Systems z.T. lange an.

Die Entwicklung des Nervensystems folgt immer einem grundsätzlichen Entwicklungsprinzip, wonach neue synaptische Verbindungen nur auf Grundlage bereits vorhandener früherer Strukturen ausgebildet und stabilisiert werden. Also entwickelt sich das Gehirn nur dann weiter, wenn neuartige Bedingungen auftreten, die an bereits vorhandene ähnliche Erfahrungen anknüpfen können, die aber als Reiz die Stabilität der vorhandenen Verbindungen infrage stellen und eine Neuanpassung des Gleichgewichts erfordern. Lernen ist demnach immer Anschluss-lernen.

Kapitel 3.8 – Wer lernen will, muss fühlen?

Eine Bewertung aller Erfahrungen im Sinne von „suchen" oder „meiden" ist die Grundlage der Selbstorganisation von psychobiologischem Wohlbefinden und Gleichgewicht. Diese Funktion wird vom limbischen System übernommen. Sie gelingt durch eine emotionale und körperliche Bewertung aller neuer Erfahrungen für zukünftiges Annäherungs- oder Vermeidungsverhalten durch das limbische System. Aufgrund der großen Veränderbarkeit des menschlichen Gehirns, können alle Erfahrungen im Sinne von „suchen" bzw. „meiden" zeitlebens im Gehirn gespeichert, also gelernt werden. Sie ermöglichen dadurch eine erfolgreiche Anpassung des zukünftigen Verhaltens. (14)

Durch den mimischen, gestischen, stimmlichen Ausdruck von Angst, Schmerz, Gefahr, Liebe und Zuneigung gelang es Säugetieren, solche Emotionen im Sinne von potentieller Gefahr, aber auch Freude, Sicherheit oder Zugewandtheit mitzuteilen. (15) Die wesentlichen Grundgefühle sind dabei Liebe und Angst als die Qualitäten von „suchen" und „meiden". Affekte und Emotionen werden durch die Muskeln des Gesichts und die Reaktion innerer Organe an das autonome Nervensystem vermittelt und zum Ausdruck gebracht. Es war ein großer Vorteil in der Evolution, Mitteilungen von Emotionen und Affekten mit ihren entsprechenden Körperzuständen als Annäherungs- oder Verteidigungsverhaltens machen zu können. Es war nötig, um das Verhalten als Gruppe sozial zu koordinieren, sich zu binden bzw. schnell vor Gefahr warnen zu können.

Die Möglichkeit, Annäherungs- oder Vermeidungsverhalten einzuspeichern, um zu überleben, ist in der Evolution weit vor der Menschwerdung entstanden, wie sich an entsprechenden Beispielen aus dem Tierreich zeigen lässt. Tiere fressen schlechtes Futter nicht. Wenn etwas nicht gut schmeckt, bleibt es auf der Weide stehen, auch wenn diese ansonsten gänzlich abgegrast ist. Nicht schmeckendes Futter wird im Futternapf zur Seite geschoben, wie sicher viele von ihren Haustieren kennen. Schlecht schmeckende Dinge können sehr nachhaltig Ekel oder Übelkeit erzeugen, eine beinahe unüberwindbare Abneigung.

Diese Bewertung „schmeckt nicht, meiden" wird über Vasopressin als Neuromodulator vermittelt. Sie ist sehr effektiv und überlebensnotwendig. Oder umgekehrt: Ein Futter schmeckt besonders gut, also löst es Annäherungsverhalten aus. Das sieht man an Kühen, die die saftigsten Gräser durch die Zäune hindurch zu zupfen versuchen oder bei einer Hauskatze, die die Leckerbissen fein säuberlich heraussucht. Zu den nachhaltigsten Belohnungen, die mit „suchen" im Gehirn abgespeichert werden, gehören die Glücksgefühle im zärtlichen Kontakt zu Babys oder bei der Paarliebe.

Wichtige Erfahrungen, die dringend gemieden oder gesucht werden sollen, erhalten sogar Eingang in die Vererbung als epigenetische Markierungen. Solche epigenetischen Markierungen bestehen oft in einer durch die Erfahrungen hervorgerufenen Veränderung der chemischen Struktur eines Gens. (16) Der biologische Vorteil epigenetischer Markierung ist es, in Zukunft schnell besser angepasst zu sein. Bei lange anhaltender atypischer Ausschüttung von einigen Neuromodulatoren, wie z.B. Cortisol, das den Stoffwechsel stark mobilisiert, können jedoch negative gesundheitliche Folgen entstehen (17) oder sozial herausforderndes Verhalten.

Auch hier geht es vor allem um das Meiden unangenehmer oder potentiell giftiger Stoffe bzw. Situationen. So wurde an Mäusen gezeigt, dass bei einem Schmerz auslösenden unangenehmen Geruch noch die Nachkommen der nächsten Generation darauf mit Furcht und Vermeidung reagieren. Das Zustandekommen dieser vererbten Geruchsaversion wurde untersucht. Die Forscher fanden, dass das Gen für den spezifischen Geruchsrezeptor durch eine epigenetische Markierung verändert und über die Spermien der männlichen Tiere an die Nachkommen weitergegeben wurde. Diese Veränderung des Gens sorgte dafür, dass die Nachkommen eine größere Menge des Geruchsrezeptors produzierten. Dadurch konnten sie empfindlicher reagieren, um den auslösenden Reiz zu vermeiden. (18) Solche epigenetischen Veränderungen in Genen erlauben eine nachhaltigere Anpassung an die Umwelt, als erfahrungsabhängiges Lernen. Sie ermöglichen die Weitergabe wichtiger Erfahrungen an die nächsten Generationen schneller, als es evolutionär durch zufällige hilfreiche Genveränderungen möglich ist.

Dieser Prozess erklärt auch die transgenerationale Weitergabe bestimmter prägender Erfahrungen bei Menschen. Erfahrungen können durch epigenetische Markierungen dafür sorgen, dass bestimmte Gene (meist die Rezeptoren von neuromodulatorischen Hormonen und Transmittern) vermehrt produziert, weniger abgebaut oder aber auch nicht abgelesen werden, sie also abschalten. Beispielsweise wurde in Studien gezeigt, dass solche epigenetischen Markierungen abhängig von der mütterlichen Fürsorge erfolgen und für eine intensivere Stressreaktion junger Ratten sorgten, die wenig Fürsorge von ihren Müttern erhielten. (19)

Bewertungen im Sinne von „suchen" oder „meiden" sichern den Organismen stimmige Entscheidungen und Verhaltensweisen. Sie sind ein Mittel, um aus gemachten Erfahrungen dauerhaften Nutzen ziehen zu können. Das erlaubt, aus Körpererfahrungen Handlungsstrategien für die Zukunft ableiten zu können. Auch für uns als Menschen gilt, dass unsere Wahrnehmungen und Handlungen immer unter dem Einfluss vorher gemachter Erfahrungen und Bewertungen stehen. Alle Erfahrungen werden strukturell über neuronale Vernetzungen verkörpert. Sie sind auf Körperebene als Reaktionsmuster im emotionalen Erfahrungsgedächtnis (Kapitel 3.14) eingespeichert. Alle diese Erfahrungen werden über Neuromodulatoren (Transmitter und Hormone) vermittelt, die bestimmte Wirkungen auf das Gehirn bzw. auf das sympathische und parasympathische autonome Nervensystem haben. Diese Neuromodulation erfolgt entweder nur lokal oder aber große Bereiche des Gehirns werden davon betroffen.

Kapitel 3.9 – Wie wirken Neuromodulatoren?

Für die Aktivierung des Gehirns spielen die Neurotransmitter Adrenalin und Noradrenalin die entscheidende Rolle.

Noradrenalin

Noradrenalin bewirkt eine generelle Aktivierung des Gehirns. Diese Aktivierung bringt über das sympathische Nervensystem den Körper und das Gehirn in einen Zustand mit schnellerem effizienterem Informationsfluss mit einer allgemein erhöhten Aufmerksamkeit und Reaktionsbereitschaft für neue bedeutungsvolle Reize. Es ist der Neurotransmitter, der in der Formatio Reticularis (Kapitel 3.2.) für eine Aufmerksamkeitsfokussierung und das Herausfiltern neuer Reize zuständig ist. Aufmerksamkeit erfordert eine niedrige Grunderregung, also keine

Überreizung, aber auch keine Müdigkeit. Dann werden einfließende Informationen intensiver und nachhaltiger verarbeitet. Das ermöglicht eine raschere Verarbeitung sensorischer Informationen sowie raschere motorische Antworten. Bei Stressreizen erhöht sich die Aktivität des Systems. Dadurch wird der Organismus zur Lösungssuche aktiviert bzw. in Alarmbereitschaft versetzt.

Adrenalin

Adrenalin wird bei jeder Aktivierung auf einen Reiz hin ausgeschüttet. Es bewirkt über die Freisetzung von Cortisol eine Aktivierung und Energiebereitstellung in kürzester Zeit sowie eine gesteigerte mentale Aktivität.

Acetylholin

Acetylholin wirkt im Gehirn sowie im peripheren Nervensystem. Es ist ein Transmitter des sympathischen Zweiges des Vagus. Im Gehirn steigert es die selektive Aufmerksamkeit sowie Wachsamkeit und unterstützt das Einspeichern gelernter Inhalte.

Cortisol

Dem Thema Stress und Cortisol kommt eine ganz entscheidende Rolle in Bezug auf das innere Gleichgewicht, Wohlbefinden und Gesundheit zu. Cortisol hat die Aufgabe, alle nötigen Energiereserven für die Stressantwort des Körpers zur Verfügung zu stellen. Es stellt die Gefäße eng, beschleunigt den Herzschlag und erhöht die Muskelspannung. Diese Prozesse werden über das sympathische autonome Nervensystem vermittelt und als körperliche Reaktionen wie z.B. beschleunigten Herzschlag und Muskelanspannung deutlich spürbar. Bei intensiverem Stress kommt zusätzlich zur regulären Cortisolausschüttung, die einem Tagesrhythmus mit Höchstkonzentration am Morgen folgt, eine aktuelle Cortisolproduktion dazu. Mehr Cortisol führt dann zur zunehmenden Erregung im sympathischen Nervensystem bis hin zur Kampf-Flucht-Reaktion.

Dabei wirkt es gleichzeitig unterdrückend auf alle im Moment nicht benötigten Systeme: das Immunsystem, die Verdauungstätigkeit sowie Fruchtbarkeit. Bei sympathischer Aktivierung und Mobilisierung wird die Regeneration und Erholungsfunktion des parasympathischen Nervensystems abgeschaltet, was bei anhaltender Aktivierung zu Ressourcenknappheit führt. Nach Beendigung der auslösenden Situation erfolgt ein Abklingen der Cortisolreaktion durch eine negative Rückkopplung. Im Gehirn wird normalerweise der hohe Cortisolspiegel im Blut registriert und danach reduziert. Zu intensiver oder mittlerer chronischer Stress kann das komplexe Regelsystem der Cortisolausschüttung jedoch nachhaltig stören.

Dopamin

Dopamin ist der Botenstoff der Neugier und des Erkundungsverhaltens. Unter seiner Mitwirkung erfolgt die bevorzugte Einspeicherung erfolgreicher Handlungen. Dopamin fungiert als körpereigenes Belohnungssystem, es ist verantwortlich für das Verhalten in Erwartung einer Belohnung. 1998 wurden die ersten Befunde veröffentlicht, wonach durch Dopamin eine hohe Belohnungs- und Risikostimulierung erfolgt - was wir als Motivation bezeichnen. Je höher und unerwarteter die Belohnung ist, desto mehr Dopamin wird ausgeschüttet, desto höher ist die Erwartung für die Zukunft. Damit beeinflusst Dopamin die Lust am Lernen und Ausprobieren neuer Handlungen. (20) Gleichzeitig aktiviert Dopamin die Einspeicherung dieses Reizes als besonders relevant. Eine Dopaminausschüttung im Gehirn führt zu besserer Klarheit des Denkens.

Dabei vermittelt Dopamin vor allem das „wollen" von etwas. Das neuromodulatorische System von Dopamin wirkt im limbischen System, welches die emotionalen Reaktionen der Bewertung steuert. Dopamin ist nicht der Stoff, der selbst glücklich macht, sondern er lässt die Erwartung von Glück zur Motivation werden, er motiviert sozusagen zur Glückssuche. So entsteht eine körpereigene innere Motivation, Dinge immer wieder zu tun. Eine Belohnung durch Dopamin sorgt für erfolgreiches Lernen und damit für die erfahrungsabhängige Veränderung von Nervenzellen und Synapsen im Gehirn.

Beide Geschlechter erleben eine Dopamin Spitze in der Pubertät, danach sinkt es auf die für Erwachsene üblichen Werte. Das erklärt das typische Risikoverhalten in der Pubertät durch ein aufgeputschtes Gehirn und hohe Belohnungssuche. (21) Dopaminmangel dagegen führt zu Antriebslosigkeit.

Endogene Opioide

Die Neuromodulatoren der endogenen Opioide, dazu zählen auch die Endorphine, wirken schmerzlindernd, beruhigend, angstlösend und teilweise sogar euphorisierend. In Kooperation mit Dopamin sorgen sie für das Wohlgefühl und damit für die Wiederholung solcher Handlungen. Erfolgreiches Handeln führt zur Produktion endogener Opioide, so dass ein gutes Gefühl und Wohlbefinden erlebt wird, der Anteil des „mögen" einer Situation. Sie vermitteln als Körperempfindungen und -gefühle (somatische marker, Kapitel 3.8.) die körperliche emotionale Bewertung.

Über endogene Opioide wird auch das Wohlbefinden im sozialen Miteinander und damit die Belohnung solcher Handlungen neurobiologisch vermittelt. Verringerte oder fehlende Aktivität des Systems führt dementsprechend zu Gefühlen von Traurigkeit, Einsamkeit und Sehnsucht. Die Ausschüttung von Opioiden zusammen mit Oxytocin ist eine wesentliche Grundlage des Bindungssystems.

Serotonin

Ein weiterer Neuromodulator, der an den Synapsen der Nervenzellen ausgeschüttet wird und Lernen beeinflusst, ist Serotonin. Es wird im Hirnstamm synthetisiert und sorgt für eine gesteigerte parasympathische Aktivität des neuen Vagus. Es löst das ruhige entspannte Gefühl aus, wenn der neue Vagus Sicherheit vermittelt und gegenüber dem sympathischen System dominiert. Über die Ausschüttung von Serotonin wird u.a. das Einschlafen erleichtert, denn am Beginn der Einschlafphase wirkt Serotonin beruhigend. Aber auch das Sättigungsgefühl und die Körpertemperatur werden durch Serotonin reguliert. Je nach innerem Erregungszustand verändert sich z.B. unsere Hauttemperatur, wir schwitzen z.B. vor Aufregung oder Angst. Normalerweise wird Serotonin in einem langsamen gleichmäßigen Puls ausgeschüttet, bei Stress jedoch vermehrt.

Es wirkt beruhigend, reizabschirmend, antiaggressiv, stimmungsaufhellend und harmonisierend. Eine wichtige Funktion von Serotonin im parasympathischen Nervensystem ist es, unter Stress die Stressantwort so weit herab zu regulieren, dass eine Lösung gesucht werden kann und nicht sofort die Notreaktion Kampf-Flucht ausgelöst wird. Damit ist Serotonin ein Gegenspieler zur Erregung des sympathischen

Nervensystems und reduziert stressbedingte Angstzustände. Bei häufigem oder hohem Stress kann das zu einem Verbrauch von Serotonin führen. Eine verminderte Serotoninkonzentration geht meist mit vermehrt impulsivem Verhalten einher. ADHS ist oftmals mit einer solchen verringerten Serotoninkonzentration verbunden.

Oxytocin

Das Hormon Oxytocin wird von der Hypophyse bei Berührungen, freundlichen Blicken, sozialem Kontakt, beim Teilen von Nahrung, bei Geburt und Stillen sowie Liebe und Sexualität ausgeschüttet. Oxytocin wird sowohl im zentralen als auch im peripheren Nervensystem freigesetzt. Seine periphere Freisetzung ermöglicht u.a. Milchfluss und Uteruskontraktion. Außerdem ist es gemeinsam mit Vasopressin an der Regulation der Sexualität beteiligt. (22) Oxytocin bewirkt das Gefühl von Zufriedenheit, Vertrautheit, Zärtlichkeit und Lust, von sozialer Verbundenheit und mütterlicher Liebe. (23, 24) Oxytocin vermittelt allgemein das Gefühl von sozialer Sicherheit im Paar, in der Familie und sozialen Gruppen über den neuen Zweig des Vagus des autonomen Nervensystems. (25) Untersuchungen an der Präriemaus zeigen, dass Oxytocin eine große Rolle bei sozialer Interaktion und elterlichem Verhalten spielt. (26, 27, 28)

Oxytocin hat ebenso eine Funktion bei der sozialen Wiedererkennung vertrauter Personen und vermittelt dann die Sicherheit in der Beziehung, die für Entspannung und Wohlbefinden sorgt. (29) Bei intranasaler Gabe erhöht es soziale Verhaltensweisen, wie z.B. Augenkontakt und soziale Erkennung. (30) Es ist daran beteiligt, emotionale Zustände zu regulieren, die gesund erhalten. So reguliert es das Gleichgewicht (Homöostase) der inneren Organe bei Sicherheit, indem es u.a. die Aktivität des alten Vagus auf ein optimales Niveau für Erholung und Regeneration zur Aufrechterhaltung des inneren Gleichgewichts bringt. (31) In Studien wurde gezeigt, dass Oxytocin in sehr stressenden Situationen stark ausgeschüttet wird, wahrscheinlich, um zu verhindern, dass der Organismus von Stress überwältigt und die Erstarrungsreaktion ausgelöst wird.

Enge soziale Bindungen werden durch Oxytocin vermittelt, indem es die Senkung der Cortisolproduktion hervorruft und Angst senkt. Es bewirkt eine verstärkte Ausschüttung von Serotonin und endogenen

Opioiden und regt die Produktion neuer Nervenzellen an. Oxytocin ist der natürliche Gegenspieler des Stresshormons Cortisol. Es wirkt über beide Zweige des Vagus des parasympathischen Systems blutdrucksenkend, immunstimulierend und vermindert Angst oder Schmerzen. Es hat entzündungshemmende Wirkung sowie antioxidative Eigenschaften. (32) Es beeinflusst auch die psychologischen Teile der Nahrungsaufnahme, wie Geruch, Aussehen und Geschmack, die Wohlbefinden hervorrufen. (33)

Oxytocin ist eine Komponente eines komplexen neurochemischen Systems, welches dem Körper erlaubt, sich an starke emotionale Zustände und Gefühle anzupassen, sie zu erleben und auszudrücken. Dieses System wird im Körper über dicht vernetzte neuronale Verbindungen zwischen dem Gehirn und dem autonomen Nervensystem während der Primärperiode des ersten Lebensjahres gebildet. Durch reziproke Interaktionen mit den Bindungspartnern wird es später weiter ausgebaut, z. T. auch verändert. Epigenetische Markierungen von Oxytocin-Rezeptoren durch positive Bindungserfahrungen führen zur Freisetzung von mehr Oxytocin. (34) Über Verbindungen zum Dopaminsystem und zum Opioidsystem werden diese sozialen Interaktionen belohnt. Solche Erfahrungen werden bevorzugt gelernt, d.h. diese neuronalen Vernetzungen im Erfahrungsgedächtnis abgespeichert. Damit motiviert es uns, solche Situationen wieder herbei zu führen.

Vasopressin
Vasopressin vermittelt Bindungsverhalten mit dem Bedürfnis, Nachkommen und Revier zu beschützen. Im Allgemeinen wirkt es antagonistisch zu Oxytocin, indem es die sympathische Aktivierung erhöht und wachsamer macht. Vasopressin verstärkt die Ausschüttung von Adrenalin und Cortisol der Stressreaktion. (35) Bei Männern wurde mehr Vasopressin im Mandelkern gefunden, daher reagieren evtl. Männer schneller sympathisch erregt. (36) Neue Ergebnisse verdeutlichen die Rolle von Vasopressin bei der Einspeicherung von Erinnerungen zur Vermeidung von Stress oder Gefahr. (37) Vasopressin reguliert in Wechselwirkung mit Cortisol, Serotonin und Dopamin verschiedene emotionale Zustände, auch die von Angst. Vasopressin und Cortisol können bei Angst und Aggression ihre Wirkung gegenseitig erhöhen, insbesondere bei starken Herausforderungen. (38) Vasopressin führt

mit der sympathischen Mobilisierung und Erregung zu Verhaltensweisen der Revierverteidigung, des Schutzes der Nachkommen sowie zu
anderen Formen der Selbstverteidigung (39, 40)

Es scheint auch gegen die physiologische Erstarrungsreaktion in
Gegenwart von Gefahr zu schützen und ermöglicht z.B., dass Mütter
aggressiv ihren Nachwuchs durch Interaktionen zwischen Oxytocin
und Vasopressin schützen. (41) In Kooperation mit Oxytocin, Testosteron und Östrogen ist es insbesondere bei Männern an der Paarbindung
beteiligt. (42) Vasopressin fördert eher sympathische Aktivierungspro-
zesse und spielt eine Rolle in der aktivierenden Komponente der Sexualität.

Oxytocin und Vasopressin

Wichtige soziale Prozesse werden durch Oxytocin und Vasopressin
gemeinsam in Wechselwirkung reguliert. Vasopressin und Oxytocin
können gegenseitig agonistisch und antagonistisch an ihre Rezeptoren
binden und dadurch vielfältige Effekte in komplexem neuronalen
Netzwerk an verschiedenen Orten ausüben. (43) Es konnte gezeigt
werden, dass das Oxytocin- und Vasopressinrezeptorgen gemeinsam
blockiert werden mussten, um soziales Verhalten von Erwachsenen
untereinander und zu ihren Nachkommen zu verringern. Die Blockie-
rung nur eines Rezeptors reichte nicht aus. (44) Für eine selektive Partnerwahl und feste stabiler Paarbindung sind beide Stoffe und beide
Rezeptoren notwendig. Sie beeinflussen und erhöhen die Wirkung von
Dopamin und Opioiden zur Stabilisierung der Bindung und zur bevorzugten Einspeicherung im emotionalen Erfahrungsgedächtnis als „suchen". (45) Oxytocin und Vasopressin in ihrer feinabgestimmten
Wechselwirkung erlauben bei Präriemäusen gleichzeitige Fürsorge wie
auch schützende Aggression. (46)

Das Oxytocin-Vasopressin-System spielt eine wichtige Rolle bei der
Speicherung emotionaler Inhalte zur Vermeidung bzw. für Annäherungsverhalten in der Zukunft, so z.B. für das Vermeidungslernen bei
Geschmacksaversionen. (47) Es beeinflusst ebenso soziale Wiedererkennung der Partner bzw. Kinder und verstärkt sowohl die Paarbindung
als auch die Eltern-Kind-Bindung. (48, 49) Dafür gibt es bestimmte
Regionen im Gehirn, die eine hohe Konzentration dieser Neuromodulatoren aufweisen. (50, 51)

„Wenn wir annehmen, dass selektive soziale Bindung und Partnerwahl, Elternschaft und Schutz der Nachkommen die biologische Basis von Liebe beim Menschen sind, stützt die Forschung an Tieren die Hypothese, dass Oxytocin und Vasopressin miteinander interagieren, um die zugehörigen Verhaltenszustände und Verhaltensweisen zu erlauben, die für die Liebe notwendig sind." (52) Das schreibt die Wissenschaftlerin Sue Carter, deren Lebenswerk die Erforschung beider Hormone ist.

Östrogen

Östrogen ist das mütterliche fürsorgliche Hormon der Toleranz und der Liebe. Es dämpft die Erregung im Gehirn und ermöglicht damit Eigenschaften wie Geduld, Kooperation und Verständnis. Es wird in den Nebennieren hergestellt. Seine Konzentration schwankt bei Frauen im Monatsverlauf sehr stark. (53) Viele Jahre lang war nur die Alpha-Variante des Östrogens bekannt, die die Östrogenproduktion im Eierstock auslöst. 1996 wurde eine Beta-Variante entdeckt, die an alle Areale des gesamten Gehirns bindet und eine typisch weiblich-mütterliche Realitätswahrnehmung erzeugt (54) Ein Teil des Testosterons wird auch bei Männern in Östrogen umgewandelt und wirkt dort ähnlich.

Testosteron

Testosteron ist verantwortlich für Sexualtrieb, Körperkraft, kämpferische Konkurrenz und Schutz der Nachkommen (Kapitel 4.4.). Seine Konzentration steigt mit Beginn der Pubertät an und fällt langsam über den Lebensverlauf ab. Es ruft kontextabhängig sowohl kooperatives als auch unkooperatives Verhalten bzw. Verhalten zum Statuserhalt bei Männern hervor (Kapitel 5.3.4).

Alle diese Regulationssysteme der Hormone und Neurotransmitter werden verstärkt ausgebaut, und schütten höhere Hormonmengen aus, wenn sie häufig benutzt werden. Auch hier gilt die erfahrungsabhängige Vernetzung: use it or loose it. Gleichzeitig gibt es für viele von ihnen auch genetische Prädispositionen in Form von Genvarianten sowie epigenetische Markierungen z.B. der Rezeptorproteine, die für eine verminderte Wirkfähigkeit der Neuromodulatoren verantwortlich sein können. Genetische Anlage und Umwelt stehen miteinander in Wechselwirkung.

Kapitel 3.10 – Welche Funktion haben Stress und Störungen?

Von Lebensbeginn an haben wir die Fähigkeit auf Störungen, d.h. auf Stressoren zu reagieren. Dafür wird mit Hilfe der Ausschüttung von Noradrenalin die Aufmerksamkeit des Nervensystems auf diesen Stressor gelenkt. Das unterstützt eine Lösung des Problems, sei es Hunger, Durst, Angst oder der Wunsch, nach einem Spielzeug zu greifen.

Auch alle anderen Situationen, die den Organismus in irgendeiner Weise zur Reaktion herausfordern, setzen die Stressreaktion in Gang, wie z.B. Temperaturschwankungen, Kälte, Verletzungen, niedriger Blutzucker, Infekte und Sauerstoffmangel. Auch Tätigkeiten, die Spaß machen, wie Sport, Arbeit oder Feiern lösen diese Reaktion aus. Die Aktivierung klingt erst dann wieder ab, wenn das Problem gelöst wurde, sei es, dass das Gleichgewicht von Hunger und Durst wiederhergestellt wurde oder dass durch das erfolgreiche Greifen nach dem Spielzeug ein neues Gleichgewicht gefunden wurde. Mit dem Abklingen der Stressreaktion werden endogene Opioide ausgeschüttet und eine allgemeine Beruhigung durch Serotonin tritt ein. Insofern ist Störung bzw. Stress ein evolutionär wichtiger Zustand, der eine Weiterentwicklung im Sinne von immer besserer Lösung bestehender Probleme erst ermöglicht.

Die Fähigkeiten zur Problemlösung durch Lernen bezeichnen wir auch als Anpassungsfähigkeit. Es ist gerade diese Fähigkeit, die die Art Mensch überhaupt erst entstehen ließ. Ohne Störungen durch Stressoren, also durch Reize aus der inneren oder äußeren Umwelt, gäbe es kein Lernen und keine Weiterentwicklung. Die Reaktion auf Stress mit der entsprechenden Lenkung der Aufmerksamkeit und Aktivierung des sympathischen Nervensystems ermöglicht die Suche nach effektiven Problemlösungen. Die wiederum werden je nach Erfolg mit „suchen" oder „meiden" eingespeichert und stehen dann als Handlungsmodelle für die Zukunft zur Verfügung.

Im Prozess der Lösungssuche wirkt Noradrenalin auf verschiedene Gehirnbereiche ein (Cortex, Amygdala, Hippocampus, Hypothalamus), um dort Aufmerksamkeit und Verhaltensbereitschaft zu erhöhen. Gleichzeitig wird über den Hypothalamus das sympathische Nervensystem aktiviert, so dass es zur Ausschüttung von mehr Adrenalin und Noradrenalin in die Blutbahn kommt. An der Stressantwort ist auch Cortisol beteiligt, das bei Stress vermehrt ausgeschüttet wird. Diese Stoffe erhöhen weiter die Verhaltensbereitschaft mit dem Ziel, im Nervensystem eine zur Lösung geeignete Verhaltensstrategie abzurufen.

Eine besondere Rolle im Prozess der Lösungssuche spielt der präfrontale Cortex für eine Interpretation von Reizen, bei der Entwicklung von Vorannahmen für Geschehnisse sowie bei der Speicherung früherer Erfahrungen. Eine weitere wichtige Funktion bei der Reaktion auf neue bzw. negativ belegte Reize hat die zugehörige frühere Bewertung von „meiden" (z.B. Futter ist giftig, vor Mathematik habe ich Angst). Sie wird innerhalb des limbischen Systems v.a. in der Amygdala (Mandelkern, Kapitel 3.2) gespeichert, dem Speicherort für erlernte Angst.

Wenn es zu stark ängstigende Vorerfahrungen gibt, die über die Amygdala aufgerufen werden oder wenn es keine angemessene Lösung für die Störung des Gleichgewichts gibt, schaltet das Nervensystem immer mehr in einen Notfall-Mechanismus von Kampf oder Flucht um (Kapitel 3.11) Unter diesen Umständen wird kreatives Denken bzw. Lösungssuche immer unmöglicher, wie wir es alle selbst kennen. Dabei entsteht immer mehr das Gefühl von Hilflosigkeit und Angst bis hin zur Panik, was die Notfallreaktion Kampf-Flucht oder Erstarrung auslöst. Physiologisch bewirkt es eine stark zunehmende sympathische Erregung, gefolgt von der Ausschüttung von immer mehr Noradrenalin und Adrenalin und der Stimulierung des hypothalamo-hypophyseo-adrenokortikalen (HPA) Systems mit Cortisol-Ausschüttung. In solchen Situationen wird das Kampf-Flucht-Muster durch die Cortisolausschüttung aktiviert. Dann können wir nicht mehr klar denken, es kommt zur Fehlinterpretation von Gesichtsausdrücken als bedrohlich, dann überreagieren wir aggressiv (Kapitel 3.11).

In Zuständen hoher innerer Erregung als sympathischer Mobilisierung wird der neue Vagus, der bei Sicherheit für Beruhigung und Erkennung von Gesichtsausdrücken und sozialen Gesten zuständig ist, abgeschaltet. Oftmals entstehen dadurch Verletzungen, wirklich körperliche oder seelische, die soziale Beziehzungen schwer beeinträchtigen. Deshalb ist eine Kontrolle der inneren sympathischen Erregung, des eigenen inneren Zustands, wesentlich für soziales Miteinander.

Entscheidend für ein schnelles Anspringen der Kampf-Flucht-Reaktion ist eine im emotionalen Erfahrungsgedächtnis (Mandelkern) abgespeicherte frühere „meiden"- oder Angst-Bewertung. Darauf wird in den folgenden Kapiteln ausführlich eingegangen.

Die negativen physiologischen Folgen einer länger dauernden oder häufig stattfindenden Aktivierung von Cortisol sind u.a. Veränderungen im Gehirn selbst in seiner Funktion unter Stress: z.B. Änderungen der Hirndurchblutung, fehlende Bereitstellung von Substraten für den Energiestoffwechsel, Abfall der Sexualhormonproduktion, Veränderungen in Verschaltungen von Nervenzellen, Abbau von Verschaltungen sowie Erschöpfung der Hormonproduktion in den Nebennieren. Bei einer vollständigen Überforderung des Organismus durch extreme Gefahr oder Hilflosigkeit, wird eine Totstellreaktion ausgelöst, bei der alle Körperfunktionen extrem minimiert werden, bis hin zu einer Ohnmacht (Kapitel 3.12).

Aber zurück zur allgemeinen Aktivierung des Nervensystems als Antwort auf einen neuen Reiz, der nicht als potenziell gefährlich eingestuft wird. Sobald eine Lösung gefunden wird, erlischt die sympathische Aktivierung. Gleichzeitig wird durch die Ausschüttung des belohnenden Dopamins das Lösungsverhalten in das neuronale Netzwerk eingespeichert. Zur besseren Einspeicherung wird z.B. die Durchblutung der entsprechenden Gebiete im Gehirn gesteigert. Es finden dort eine vermehrte Glukoseaufnahme und ein erhöhter Energiestoffwechsel statt, der die Abgabe wachstumsfördernder Substanzen stimuliert. Mit dem Abklingen der sympathischen Aktivierung normalisieren sich auch Puls und Herz. Mit der Ausschüttung von Dopamin und endogenen Opioiden stellt sich das Gefühl des Erfolges, der Entspannung und der Lust an der Wiederholung ein. Durch das Abklingen der sympathischen Aktivierung kommt das parasympathische Nervensystem wieder mehr in die Dominanz und ermöglicht Erholung und Regeneration.

Kapitel 3.11 – Raufen, Laufen oder Totstellen?

Es war innerhalb der langen Entwicklung der Säugetiere ein entscheidender Vorteil, sehr schnell auf potentiell gefährliche Situationen reagieren zu können. Deshalb hat sich die Gedächtnisstruktur des Mandelkerns (Amygdala) herausgebildet, in der alle ängstigenden bzw. zu meidenden Erfahrungen abgespeichert werden. Sie wird bei jedem neuen Reiz daraufhin abgefragt, ob Gefahr besteht. Eine solche Angst-Konditionierung, vermittelt durch Vasopressin, gelingt nur bei intakter Amygdala. Der Mandelkern hat Verbindungen zur sympathischen Aktivierung von Atmung, Kreislauf, Muskulatur etc., um blitzschnell Flucht oder Kampf zu ermöglichen.

Die Funktion der Amygdala lässt sich folgendermaßen beschreiben: Wenn einer unserer Vorfahren z.B. auf dem Waldboden eine Schlange sah oder etwas, was dem sehr ähnlich war, hatte er nicht die Zeit, um in aller Ruhe nachzudenken, ob es wirklich eine Schlange sei und ob diese Art wohl giftig wäre. Das hätte ihn mit hoher Wahrscheinlichkeit das Leben gekostet. Im Verlauf der Evolution hat sich daher bei Säugern der Mechanismus einer blitzschnellen Vorab-Bewertung mit Hilfe der Erfahrungen des Mandelkerns herausgebildet. Dazu erhält die Amygdala eine Kopie aller eintreffenden Sinnesinformationen in Eiltempo. Als unser Vorfahr die Schlange sah, ging sofort ein Impuls zum Mandelkern. Diese Eilmeldung wird als Information wie eine grobe Schwarz-Weiß-Kopie der Schlange unter Umgehung des Cortex sofort zum Hirnstamm geschickt und dort sofort der Fluchtmechanismus aktiviert. Erst hinterher werden alle Informationen vom Cortex verarbeitet und unser Vorfahr stellte vielleicht fest, dass es keine Schlange war, sondern ein täuschend ähnlicher Ast. Wir kennen solche Gelegenheiten aus unserem Alltag auch. Wenn wir uns erschrecken und instinktiv reagieren, können wir meist erst hinterher durchdenken, was gerade geschah, wie z.B. in sozialen Konfliktsituationen oder im Straßenverkehr. (55)

Der Prozess von Aktivierung und erfolgreicher Lösungssuche kann nur dann ungestört ablaufen und zum Lernen verhelfen, wenn sich das gesamte Nervensystem und damit der gesamte Körper in einem Zustand der Sicherheit befinden. Das Wiederherstellen von Sicherheit ist überlebensnotwendig für Säugetiere, damit es nicht zu der oben beschriebenen dauerhaften Aktivierung der HPA-Stress-Achse mit den entsprechenden Folgen kommt. Erst, wenn das Nervensystem Sicherheit erkennt, kann die sympathische Mobilisierung soweit herunter reguliert werden, dass Regeneration und soziale Interaktion wieder möglich werden. Für Menschen als Säugetiere sind das überlebensnotwendige Prozesse.

Kapitel 3.12 – Wer lernen will, muss sich sicher fühlen?

Säugetiere haben im Verlauf der Evolution soziale Interaktion und Kommunikation entwickelt und damit ihre Überlebenschancen erhöht. Soziale Interaktionen erfordern einen Zustand von Sicherheit. Im Augenblick der Gefahr sind weder ausgedehnte Kommunikation noch Nahrungsaufnahme oder Pflege der Nachkommen möglich. Deshalb muss das Nervensystem zuverlässig das Vorhandensein von Sicherheit oder Gefahr zu jeder Zeit einschätzen können. Dieser fortlaufend stattfindende Prozess der Gefahrenabschätzung wird als Neurozeption (56) bezeichnet. Dieser Prozess findet unbewusst ständig statt.

Der neuronale Mechanismus, der die Gefahren der Umgebung einschätzt, reagiert auf Bewegungen des Körpers und Gesichtsausdruck sowie auf Sprachklang, um zur Einschätzung einer Situation und der Vertrauenswürdigkeit einer Person zu gelangen. Dabei wurde ein Bereich im Schläfenlappen des Cortex entdeckt, der das Erkennen bekannter und vertrauenswürdiger Menschen sowie ihrer Absichten ermöglicht. (57) Das sind Mimik, Gestik, Sprachklang und –tempo, die Sprachmelodie und ihr Tonus, die Art der Atmung, Enge des Kehlkopfes, aber auch Augenausdruck, Blick, Körperhaltung, Gesten der Hände und Bewegungsart. Sie stellen die typischen Signale (Kapitel 3.13)dar, mit denen Säuger ihr Befinden und ihren Gefühlszustand mitteilen. Es sind genau diese Signale, an denen Menschen die Ungefährlichkeit eines Gegenübers einschätzen. (58)

Eine Einschätzung als vertrauenswürdig hemmt aktiv die Hirnareale von Kampf, Flucht oder Erstarrung. Bei gegenteiliger Einschätzung als potentiell gefährlich wird die Aktivität der für prosoziales Verhalten zuständigen Hirnareale gehemmt und die Verteidigungsreaktionen aktiviert. (59) Nur in sicheren Situationen werden die sympathische Mobilisierung und damit verbundene Defensivstrategien gehemmt, so dass sich soziales Verhalten spontan einstellen kann. Schätzt die Neurozeption jedoch die Situation als unsicher ein oder kommt sie durch ein hohes Erregungsniveau zum Erliegen, kann positive Annäherung Anderer auf aggressives Verhalten oder Rückzug treffen. (60)

Vagusbremse

Das autonome Nervensystem hat neuronale Verbindungen zur Amygdala und zu Teilen des emotionalen Erfahrungsgedächtnisses im limbischen System, die das Defensivverhalten hemmen, wenn Sicherheit wahrgenommen wird und keine negativen Vorerfahrungen aufgerufen werden. Dazu ist eine aktive Hemmung der sympathischen Mobilisierung notwendig, die Abwesenheit von Gefahr reicht nicht aus. Diese Hemmung übernimmt der neue Vagus, er wird deshalb auch als Vagusbremse bei wahrgenommener Sicherheit bezeichnet. (61)

Wenn das Nervensystem die Situation als sicher einschätzt, passt sich der Stoffwechsel an, indem eine stressbedingte sympathische Mobilisierung und der Cortisolspiegel verringert werden. Das unterstützt Heilungs- und Erholungsvorgänge im Körper. Es sorgt für die Wiederauffüllung von Energiespeichern durch Verdauung, Regeneration in Form von Schlaf, eine Erholung des Herzmuskels durch langsameres Schlagen, Entspannung viel beanspruchter Muskeln sowie eine aktivere Arbeit des Immunsystems. Diese Funktionen werden von Oxytocin in seiner Wirkung auf das autonomen Nervensystems vermittelt. Das sympathische System reagiert hauptsächlich auf äußere Reize als Folge der Neurozeption. Sympathisches und neues parasympathisches System wirken abgestuft miteinander zur entsprechenden Aktivierung oder Beruhigung des Organismus, je nach sozialer Absicht oder äußerer Einwirkung von Reizen.

Das autonome vegetative Nervensystem besteht aus hierarchisch gegliederten Bestandteilen, die sich zu unterschiedlichen Zeiten in der Evolution gebildet haben. Die Polyvagaltheorie (PVT) des amerikanischen Wissenschaftlers S. Porges erklärt, wie Gefahr und Bedrohung den inneren physiologischen Zustand von Säugetieren so beeinflussen, dass er Verteidigungsverhalten (die Kampf-Flucht-Reaktion) hervorruft bzw. wie Erholung bei dem subjektiven Gefühl von Sicherheit gelingt.

Schauen wir uns zunächst das Verteidigungsverhalten nochmals an. Wie bereits beschrieben, wacht das Aufmerksamkeitssystem der Neurozeption über eingehende Signale, insbesondere auf Bewegung und Gesichtsausdruck Anderer, und reagiert auf Meldungen der Gefahr mit Verteidigungsverhalten. Das kann entweder die Kampf-Flucht-Reaktion oder eine Erstarrung sein.

Ursprünglich in der Evolution bis zu den Reptilien hin war eine Erstarrungsreaktion das einzig mögliche System der Gefahrenabwehr, der sogenannte Totstellreflex. Er wird vom älteren Zweig des Vagusnervs als einem Teil des parasympathischen autonomen Nervensystems ausgelöst. Mit dieser Erstarrung geht ein drastisches Absinken des Blutdrucks, der Herzfrequenz, der Atmung und aller wichtigen Körperfunktionen bis hin zu Atemstillstand einher. Reptilien können bei Gefahr Stunden unter Wasser sein, ohne zu atmen. Da sie ein kleines Gehirn haben, welches wenig Sauerstoff braucht, ist diese Strategie für sie ausreichend.

Dieser alte Totstellreflex der Reptilien steht immer noch auch uns als Säugetieren für Notfallreaktionen zur Verfügung. Über den für diese Reaktion zuständigen älteren Teil des Vagusnervs werden elementare Lebensfunktionen z.B. Atmung, Kreislauf, Nahrungsaufnahme, Ausscheidung, Temperatur, Fortpflanzung etc. vermittelt. Der „alte" Vagus führt bei der Erstarrung bzw. Totstellreaktion zu stark sinkendem Herzschlag, Blutdruck, Atmung und Muskeltonus, eventuell sogar zur Ohnmacht. Eine solche Erstarrung wird z.B. bei Mäusen ausgelöst, wenn eine Katze sie gefangen hat und sie nicht mehr davonlaufen können. Bei Sicherheit moduliert bei Säugetieren das Vorhandensein von Oxytocin die Funktion des alten Vagus so, dass keine Erstarrungsreaktion mehr auftritt, sondern furchtlose Immobilisierung möglich ist bzw. die Erholung und Regenerationsprozesse der inneren Organe und der Muskulatur ablaufen können. (62)

Geringere Aktivitäten des „alten" Vagus beim Menschen, oft nach Trauma, führen zu Dissoziation oder sogenannter Verhaltensstarre. Sie sind gekennzeichnet durch einen schwachen Muskeltonus, niedrigem Blutdruck, verlangsamte Herzfrequenz u.a. Durch eine Hemmung von Bewegung werden der Stoffwechsel und damit der Sauerstoffverbrauch reduziert. Die Erstarrung ist eine potentiell tödliche Reaktion, wenn sie zu lange dauert. Bei hohem unkontrollierbarem Stress wird vom alten Vagus der Herzschlag und Blutdruck so verringert, dass ein plötzlicher Tod erfolgen kann. Der Volksmund kennt solche Ereignisse, dass jemandem das Herz bricht vor Kummer oder man vor Schreck tot umfallen kann.

Später in der Evolution entstand ein anderes Reaktionssystem: die uns bereits bekannte Kampf –und Fluchtreaktion, vermittelt durch das sympathische Nervensystem des Hirnstamms. Hierbei erfolgt eine hohe Aktivierung aller notwendigen Stoffwechselvorgänge. Damit erweiterte sich in der Evolution die Bandbreite möglicher rascher Reaktionen auf Gefahr. Noch später entstand mit den Säugetieren ein neues

Vagussystem, welches nicht zur Verteidigung dient, sondern soziales Verhalten ermöglicht. Es beinhaltet die parasympathische entspannende Reaktion auf Signale der Sicherheit, wie sie über Gesichtsausdruck, Stimme, Augenkontakt, Mimik und Gestik in sicheren sozialen Kontakten ausgedrückt werden.

Dieses System der sozialen Kommunikation von Sicherheit, von Gefühlen und der positiven Zuwendung Anderer dient der gemeinsamen Regulation der Säugetiergruppe. Es wird als social engagement system (Kapitel 3.13) bezeichnet. Bei Sicherheit erlaubt es eine starke Dominanz des parasympathischen Systems, die Entspannung und Erholung bei geringem Ressourcenverbrauch ermöglicht. Neuronale Strukturen des Gehirns, die dem Ausdruck von Affekten über die Gesichtsmuskulatur dienen, wurden in den Vagus integriert und dienten von da an der Regulation des neu entstandenen sozialen Verhaltens.

Durch die gemeinsame Regulation des Emotionsausdrucks und mit Herz und Atmung kann bei Gefahr oder Sicherheit eine gleichzeitig die Mitteilung dieser Zustände an Artgenossen sowie eine blitzschnelle entsprechende Stoffwechselanpassung erfolgen. (63) Die Aktivität dieses neuen Vagus, wie auch des alten Teils, wird wesentlich durch Oxytocin gesteuert. (64, 65) Oxytocin taucht erstmals bei den Säugetieren in der Evolution auf.

Das Gefühl der Sicherheit, vermittelt durch die Neurozeption, sorgt mit Hilfe von Oxytocin für eine Aktivierung und Dominanz des neuen parasympathischen Vagus, so dass wir in einen ruhigen, entspannten, die Regeneration fördernden Zustand gelangen. Er vermittelt Wohlbefinden, so dass wir die Umarmung eines vertrauten Menschen genießen und uns stark immobilisieren können, ohne in Verteidigungsverhalten zu verfallen.

Dabei werden ununterbrochen Informationen und Signale zwischen den verschiedenen Ebenen des Gehirns ausgetauscht und durch das autonome Nervensystem der innere Zustand zwischen sympathischer und parasympathischer Aktivität abgestuft reguliert. Gleichzeitig erfolgen fortlaufend Rückmeldungen des Körpers an das zentrale Nervensystem und beeinflussen dessen weitere Reaktionen. Vereinfacht ausgedrückt: Herz und Hirn kommunizieren ununterbrochen miteinander in beide Richtungen. (66)

Das neue Vagussystem ermöglichte so in der Evolution die Entwicklung säugetiertypischer sozialer Verhaltensweisen. Die Aktivität des neuen Vagus erlaubt das Herunterregeln der gesamten physiologischen Aktivität zugunsten von Entspannung, Zärtlichkeit und Schlaf, ohne dass der gesamte Organismus in die Erstarrung verfällt. Viele typische Handlungen der Säugetiere verlangen genau das: Bei Säugern ist eine gewisse Immobilisierung notwendig für die Versorgung der Nachkommen (um zu stillen und Nachkommen zu füttern), zur eigenen Regeneration (um zu schlafen und zu verdauen), zum Aufbau überlebensnotwendiger Bindungen (zu sozialen Kontakten und zur Liebe) sowie zum Lernen (für soziales Spiel). (67)

Nur so konnten Säugetiere und Menschen im Verlauf der Evolution als soziale verbundene Gruppe überleben, sich binden und Nachkommen mit lernfähigen Gehirnen großziehen.

Die neue parasympathische Vagusfunktion ermöglicht das alles, da sie die sympathische Aktivität in abgestimmter Weise senkt - vorausgesetzt, das Nervensystem empfängt entsprechende Sicherheitssignale. Dieser „neue" Vagus dämpft die innere Erregung auf ein jeweils angemessenes Niveau, wenn er bestimmte Sicherheitssignale empfängt.

Er sorgt damit für die Schonung von Energieressourcen, denn das große und komplexe Nervensystem von Säugern verbraucht sehr viel Sauerstoff. Nur, wenn unbedingt nötig, wird eine schnelle Mobilisierung aller Reserven für Verteidigungsverhalten bzw. eine gewisse Mobilisierung für die Lösung anstehender Probleme durch die sympathische Aktivierung bereitgestellt. Zu allen anderen Zeiten arbeitet der neue Vagus als eine „Bremse", die den Stoffwechsel auf „Sparflamme" drosselt.

Das bedeutet dass die Aktivität des neuen parasympathischen Systems in Zuständen der Sicherheit am höchsten ist. Bei Tätigkeiten, die höhere Stoffwechselaktivität erfordern, wie körperliche Tätigkeit, Informationsverarbeitung, Aufmerksamkeit, Stress, Problemlösung oder Gefahr, wird diese Bremse abgestuft gelöst und die spontane sympathische Aktivität dominiert. Die Bedeutung der Ressourcenschonung wurde mit der Weiterentwicklung und Vergrößerung der Gehirne und komplexeren Verhaltensmuster immer wichtiger in Evolution.

Damit war die Entstehung des evolutionär neuen parasympathischen Vagussystems für Sicherheit eine der entscheidenden Voraussetzungen für die hohe Lern- und Anpassungsfähigkeit der Säugetiere. Lernen, Erkundung, Problemlösung sowie Spiel sind nur im Zustand der Sicherheit möglich, weil dann das sympathische Nervensystem zwar etwas aktiviert ist, aber in einem mittleren Erregungsniveau ist, ohne in die Kampf-Flucht-Reaktion zu verfallen.

Dies ermöglicht der neue Vaguszweig durch neuronale Verbindungen zwischen der Herzregulation und den Gesichtsnerven. Er erlaubt Säugetieren damit, die Erregung oder Entspannung des Herzens im Gesicht auszudrücken und umgekehrt eine Beruhigung des eigenen Herzens und durch Spiegeln des Gesichtsausdruckes eines Gegenübers. Diese Beruhigung erfolgt durch die Neuromodulatoren Serotonin, Oxytocin, endogene Opioide und Dopamin. Serotonin sorgt für eine gesteigerte parasympathische Aktivität. Der Prozess verläuft in Ko-Regulation zwischen zwei Individuen im sozialen Kontakt.

Kapitel 3.13 – Wie erfolgt eine Koordination der Sicherheitssignale?

Im Evolutionsverlauf wurden die Hirnnervenfasern des Kopf- Gesichtssystems gemeinsam mit denen der neuronalen Kontrolle des Herzschlages in den neuen parasympathisch wirkenden Vagusnerv integriert, so dass sich bei erfolgreichem sozialem Engagement gleichzeitig der Herzschlag beruhigt. Als Reaktion auf die Neurozeption von Sicherheit über Mimik, Augen und Stimme sinken die sympathische Mobilisierung, also Wachsamkeit und Verteidigungsreaktionen. Das zeigt deutlich, dass bei allen Säugetieren eine Kommunikation zwischen Gehirn und Körper elementar für das Wohlbefinden und das innere Gleichgewicht ist. Das Gefühl von Sicherheit wird körperlich erfahren, über Neurozeption. Es setzt die Integration der Informationen über „suchen" oder „meiden" voraus und wird uns normalerweise gar nicht bewusst.

Sicherheit wird gegenseitig durch das social engagement system vermittelt und abgestimmt. Dazu gehören u.a. die Muskeln des Gesichts, die Augen, die uns einen Eindruck von Zugewandtheit, Offenheit, Interesse und Erreichbarkeit des Gegenübers vermitteln. Außerdem die Sprache in ihrer Melodik und Ausdruckskraft, das Sprechtempo und die Atmung, die uns gleichermaßen Signale der Sicherheit geben. Sie werden ebenso wie die Muskeln des Halses, Muskeln zum Kopfwenden, die des Mundbodens und Rachens sowie der Kehle, die zum Kauen, saugen, Schlucken zuständig sind über den neuen Teil des parasympathischen Systems gesteuert. Diese Prozesse funktionieren am besten im entspannten Zustand, sie koordinieren die Aktivität von Herz und Atmung, Nahrungsaufnahme sowie die soziale Kommunikation von Gefühlen und inneren Zuständen.

Interaktionen in Sicherheit ermöglichten Säugern erstmals, abhängig voneinander in sozialen Gruppen zu leben, sich gegenseitig zu schützen und zu warnen, sich zu vertrauen und zu kooperieren, sich zu binden und in Liebe Nachkommen aufzuziehen. Damit hatten Säuger erstmals in der Evolution Zugang zu Lernen und Spiel, Liebe und Bindung. Und sie hatten die Möglichkeit zu einer schnellen Kampf-Flucht-Reaktion, wenn eine Gefahr erkannt wurde, sowie zu Erstarrung der Reptilien als allerletzte Rettung bei Überwältigung und Unmöglichkeit zu Kampf oder Flucht.

Kapitel 3.14 – Wer lernen will, muss sich erinnern?

Die Ergebnisse aller Lernerfahrungen werden in neuronalen Netze verschiedener Areale des Gehirns abgespeichert. Ein wichtiger Unterschied betrifft dabei die Art der Inhalte und die Zugangsweise zu diesen Erinnerungen. Der Psychologie bereits lange bekannt ist das kognitive, explizite Gedächtnis. Es umfasst Faktenwissen und bewusst aufgenommene und sprachlich reproduzierbare episodische Inhalte. Auch autobiographisches Wissen wird dort abgelegt. Dabei werden Ereignisse in räumlichem und zeitlichem Zusammenhang abgerufen. Die ersten bewussten Erinnerungen entstehen im expliziten Gedächtnis am Ende des Kleinkindalters mit dem Spracherwerb.

Daneben gibt es ein zweites Gedächtnissystem. Alle Bewertungen von „ suchen" oder „meiden" werden im emotionalen Erfahrungsgedächtnis abgespeichert. Es nimmt seine Arbeit bereits vor der Geburt auf. Wesentliche Beziehungsmuster, die vor dem 3. Lebensjahr erlernt werden, d.h. bevor das sprachgebundene explizite Gedächtnis arbeitet, werden ausschließlich implizit abgespeichert. Das betrifft auch die frühen Erfahrungen von Angst, Gefahr und Überwältigung. Aber ebenso die Erfahrungen von Freude, Liebe und Vertrauen.

Das implizite Gedächtnis erzeugt aus vielfältigen Erfahrungen Prototypen und Regeln, allgemeine Kategorien und Arbeitsmodelle für die Erwartungen an die Welt und an sich selbst. Dieses Gedächtnis arbeitet unbewusst und unabhängig von bewusster Erinnerung. Es entsteht vorsprachlich und beinhaltet nichtsprachgebundenes Wissen über Handlungen und Prozesse. Es wird benutzt bei raschen fehlerfreien Leistungen. Ein bewusstes Erinnern an entsprechende Vorerfahrungen ist nicht nötig, oftmals auch gar nicht möglich, denn es speichert nicht die konkreten Inhalte sondern das „wie" etwas getan wird.

Es fungiert als der innere Autopilot für Gewohnheiten, die automatisiert ablaufen, denn dort werden alle Fähigkeiten abgespeichert, die nach dem Erlernen automatisiert durchgeführt werden. Seine untere Ebene ist unbewusst, aber bewusstseinsfähig durch Aufmerksamkeit, Langsamkeit und Selbstwahrnehmung. Sie beinhaltet primäre Affekte, Stimmungen, Antriebe etc. Die Cortex-Ebene kann die untere Ebene modulieren. Sie ist bewusstseinszugänglich und enthält alle bewussten handlungsleitenden Normen, Ziele, Gebote und Verbote, also die sozialen Konstruktionen der Kultur.

Den überwiegenden Teil der Organisation und Funktion unseres Gehirns teilen wir mit anderen Vorfahren, insbesondere den Säugetieren. Typisch menschlich ist die enorme Lernkapazität des Großhirns, welches aus erlebter Erfahrung Schlussfolgerungen einspeichern sowie neue, differenziertere Handlungs- und Lösungsmöglichkeiten erlernen kann und unsere Fähigkeit, darüber zu kommunizieren.

Im nächsten Kapitel wird es darum gehen, wie auf der Basis dieser biologischen Funktionen die Entwicklung vom Ungeborenen zum Erwachsenen sowie weite Aspekte unseres menschlichen Sozialverhaltens gesteuert werden

Kapitel 4 – Wie die Evolution uns zur Liebe eingerichtet hat – Wie funktioniert der Liebescode?

In diesem Kapitel werden die grundlegenden biosozialen Prozesse beschrieben, die unser Leben bestimmen. Dabei steht hier ihr biologischer Ablauf und Funktion im Mittelpunkt. In den weiteren Kapiteln werden dann auf dieser Grundlage die kulturellen Einflüsse auf die biologische Funktion dargestellt.

Kapitel 4.1 – Wie beginnt Bindung bereits vor der Geburt?

Die meisten biologischen Prozesse finden bereits in der Schwangerschaft in direkter Wechselwirkung mit der Umwelt statt, vermittelt über die Mutter. Es sind Ko-Regulationsleistungen zwischen Mutter und ungeborenem Baby. Solche gegenseitigen Abstimmungen von Verhaltensweisen zwischen Menschen sind für das gesamte weitere Leben typisch.

Bereits während der Schwangerschaft wird das innere Gleichgewicht des noch ungeborenen Babys immer wieder durch physiologische Veränderungen im Körper der Mutter beeinflusst und muss sich daran anpassen. Beispielsweise kommen Blutdruckschwankungen, Veränderungen des Herzschlages der Mutter, ihre Stimmung und Befindlichkeit und die dementsprechend unterschiedlichen Hormone in ihrem Blutkreislauf schon lange vor der Geburt im Gehirn des Embryos an.

Das Ungeborene muss sich mit dem Einfluss dieser Störungen auseinandersetzen und sich durch eigene regulative Einflüsse anpassen. Das sind die ersten aktiven gegenseitigen Ko-Regulationen von körperlichen und emotionalen Zuständen zwischen Ungeborenem und Mutter. Auch Gefühle von Freude, Stress, Sicherheit oder Unsicherheit seitens der Mutter sind für den Embryo bereits wahrnehmbar und fordern seine eigene Regulationsfähigkeit heraus. Allerdings werden die meisten solcher Störungen stark abgemildert durch das Vorhandensein von Oxytocin im Kreislauf der Mutter. Oxytocin ist stressmildernd wirksam. Außerdem stellt die Plazenta eine gewisse Barriere gegenüber dem Stresshormon Cortisol dar. Zusätzlichen Schutz bietet eigenes Oxytocin des Ungeborenen, das es ab der 2. Hälfte der Schwangerschaft ausschütten kann, wenn es ihm und der Mutter gut geht.

Durch Oxytocin, aber auch Serotonin und endogene Opioide, die durch beruhigende Erfahrungen vom Ungeborenen ausgeschüttet werden bzw. über den mütterlichen Kreislauf kommen, vermitteln sich Erfahrungen der Sicherheit über das parasympathischen Erholungssystem des Vagus (Kapitel 3.12.). Der Herzschlag ist dann langsam und ruhig, die Muskulatur entspannt und ein Gefühl von Wohlbefinden herrscht bereits beim ungeborenen Baby vor.

Durch seine eigene Regulation des inneren Zustands in Wechselwirkung mit dem beruhigenden Einfluss der Mutter über den gespürten Hautkontakt mit der Gebärmutterwand, durch Lagewechsel im Leib, durch Geräusche und den Geschmack des Fruchtwassers entsteht im Gehirn des Embryos bereits ein zunehmend präzises Wissen über seinen eigenen Körper sowie über seinen inneren Zustand und dessen Regulation. Das sind ganz wesentliche erste Erfahrungen für das Gefühl eigener Fähigkeiten, die die allererste Basis für ein späteres Selbstbild und Beziehungserwartungen als Arbeitsmodelle für die Welt legen.

Das Ungeborene erlebt Gefühle von Sicherheit in der Interaktion mit der Mutter durch ihre Stimme und ihren Herzschlag. Beispiele zeigen ein frühes Lernen der gemeinsamen Regulation der inneren Befindlichkeit von Ungeborenen, Säuglingen und ihren Müttern. Mütter lasen im letzten Schwangerschaftsdrittel den Ungeborenen eine Geschichte laut vor. Als später den Neugeborenen zwei Geschichten vorgelesen wurden, stieg das Saugen bei der bekannten, vertrauten Geschichte bei 13 von 16 Neugeborenen stärker als bei der unbekannten Geschichte. Die Erinnerung an die vertraute Stimme als unterstützendes Signal des social engagement systems (Kapitel 3.12) rief eine Dominanz des parasympathischen Systems der Regeneration hervor.

Das förderte die Nahrungsaufnahme und das Wachstum. In einem weiteren Versuch wurden einigen von den Müttern getrennten Säuglingen die Herzschläge der Mutter vorgespielt. Dabei gewannen diese Säuglinge mehr Gewicht als die Kontrollgruppe. Auch hier wirkten die Herzschläge der Mutter als Sicherheitssignal beruhigend. Diese Beispiele belegen, dass bereits vorgeburtlich das biologische Sicherheits- und Bindungssystem zwischen Mutter und Ungeborenem gut ausgereift ist und dass vorgeburtlich entsprechende Erfahrungen im emotionalen Erfahrungsgedächtnis mit dem Vermerk „suchen" abgelegt worden sind. Sie stellen damit eine Basis der Vertrautheit für die ersten Momente nach der Geburt zur Verfügung, so dass der Übergang aus dem Mutterleib weniger stresserzeugend und ängstigend erlebt werden kann.

Kapitel 4.2 – Wie hilft Bindung einem Baby bei der Geburt?

Der Geburtsprozess wird aktiv vom Ungeborenen mitgestaltet. Durch seine Signale wird die Wehentätigkeit der Mutter ausgelöst. Es wurde in den frühen 80er Jahren nachgewiesen, dass während der Wehen und der Entbindung durch die Mutter endogene Opioide ausgeschieden werden und dass auch das Ungeborene selbst diese Opioide freisetzt. (1) Ebenso setzt das Ungeborene selbst Adrenalin zur Steigerung seiner eigenen Stoffwechselaktivität für die allerletzte Phase des Geburtsprozesses frei. Das Adrenalin erreicht am Ende der Geburt seinen Höchststand und sorgt damit für die nötige Energie in der allerletzten Austreibungsphase sowie für eine hellwache Begegnung nach der Geburt. (2)

Flora, die uns bereits im vorigen Kapitel begleitet hat, schüttet bereits ab der 27. Schwangerschaftswoche selbst Oxytocin aus. (3) Sie bringt also selbst ihre eigene Oxytocinausschüttung aktiv in den Geburtsprozess mit ein. Beide, die Mutter und ihr Baby Flora sind unmittelbar nach der Entbindung hellwach und haben die Augen weit geöffnet, so dass ihre Beziehung und ihre Bindung beginnen können. Von großer Bedeutung für den Bindungsaufbau ist dieser erste Kontakt nach der Geburt, wenn die Mutter ihr Baby Flora kennenlernt, sanft streichelt, in den Arm nimmt und die Augen beider sich finden. In dieser Phase beginnt die Prägung aufeinander. Sie prägen sich gegenseitig ihre Gerüche und Gesichter fest ein.

Studien haben gezeigt, dass Flora in dieser Phase darauf programmiert ist, ihren Blick auf alles zu richten, was Augenpaaren ähnlich ist und im Abstand von ca. 30 cm ins Blickfeld kommt. (4) Wenn beide ungestört sind, kann das Saugen Floras in der ersten Stunde nach der Geburt beginnen. Sowohl die Mutter als auch Flora werden nach der Entbindung von endogenen Opioiden geradezu überschwemmt. (5) Der Augen- und Hautkontakt zu Flora löst bei der Mutter den Plazenta-Ausscheide-Reflex sowie die Freisetzung des Hormons Prolactin für die Stillfähigkeit aus. (6) Flora selbst findet unmittelbar nach der Geburt innerhalb der ersten Stunde die Brust, wenn sie sich sicher fühlen kann und keine störenden Gerüche sie darin behindern. Sie riecht die Mutterbrust und ihre Mutter spürt Floras Suchbewegungen, so dass beide aktiv ihr Handeln so koordinieren, dass sie die Brust gut findet. (7)

Kapitel 4.3 – Wie wachsen Bindung und Liebe in der Kindheit?

Die Geburt stellt einen großen Einschnitt im Leben von Flora dar, denn plötzlich muss sie sich mit ganz anderen Umweltbedingungen auseinandersetzen. Sie muss sich z.B. an die Schwerkraft, an Luftzug und Außentemperatur, an weniger Berührungen, an Hunger, an eine veränderte Schallwahrnehmung und völlig neue visuelle Eindrücke anpassen. Es ist überlebensnotwendig für Flora, in dieser Zeit an vorgeburtliche Gefühle von Sicherheit und Wohlbefinden anknüpfen zu können. Das verhindert eine gefährliche Übererregung des vegetativen sympathischen Nervensystems mit begleitender Panik und Angst.

Daher sucht sie vertraute und Geborgenheit bietende Erfahrungen, nämlich bekannte Muster im Nervensystem, die bereits Sicherheit geboten haben. Dazu zählen die Stimme der Mutter, ihr Geruch, das Gefühl des Getragenwerdens, Mutters spürbarer Herzschlag sowie die Sicherheitssignale ihrer Mimik. Beim Stillen erfolgt ein Anstieg des Oxytocinspiegels der Mutter, sobald die Mutter Hungersignale von Flora empfängt, also lange vor dem eigentlichem Stillkontakt,. Er wird ausgelöst durch Gesten, Blicke und Mimik des social engagement systems von Flora. Die Funktion des social enagement systems (Kapitel 3.13) besteht darin, über den Gesichtsausdruck Bedeutungen und Gefühle auszudrücken, wie z.B. Freude, Liebe, Schmerz oder Unwillen. Während des Stillens werden über ihre Blicke und Mimik weiter Oxytocin und endogene Opioide bei beiden ausgeschüttet und festigen immer mehr die Bindung zwischen ihnen.

In verschiedenen Studien wurde dieser beruhigende Einfluss der Sicherheitssignale des social engagement systems gezeigt. Beispielsweise übte eine Mutter während der Schwangerschaft Flöte. Ihr Neugeborenes beruhigte sich nur durch ihre Flöte, nicht durch andere Flötenmusik. Das Gefühl von Sicherheit wird körperlich erfahren, es wird immer wieder gegenseitig zwischen Flora und ihrer Mutter vermittelt und abgestimmt. Der entspannte, wohlige Körperzustand von Sicherheit und Entspannung wird gegenseitig reguliert, wenn beide Beteiligte voneinander die nötigen Sicherheitssignale empfangen und dadurch ihre sympathische Aktivität herunter regulieren können. Neurobiologisch sind dafür die Systeme von Oxytocin, Serotonin und endogenen Opioiden zuständig. Sie lösen über die Aktivierung des neuen Vaguszweiges des parasympathischen autonomen Nervensystems das körperliche Wohlbefinden und die Zufriedenheit aus. Gleichzeitig hemmen diese Systeme die Aktivität des sympathischen Nervensystems und die Ausschüttung von Cortisol. Beide, Mutter und Baby, gelangen dann in einen entspannten Zustand, in dem sie einander begegnen und lernen, vertrauen und regenerieren können. Die Fähigkeit zur sozialen Interaktion und zum Aussenden von Sicherheitssignalen ist zum Geburtszeitpunkt bei Babys schon ausreichend entwickelt.

Babys kommen mit einem weit ausgereiften System zur sozialen Kommunikation auf die Welt und stellen selbst aktiv die Bindung zur Mutter her. Von Anbeginn an ist das eine gegenseitige Interaktion, die durch die Ausschüttung von Oxytocin, Dopamin und endogenen Opioide des Belohnungssystems für das entsprechende Wohlgefühl sorgt. Dieses Glücksgefühl ruft bereitwillige beglückende Fürsorge für das Baby seitens der Bindungspersonen hervor. Darin wird die ursprüngliche Entwicklung der oxytocinbasierten Handlungen innerhalb der Evolution gesehen. Diese Verhaltensweisen entsprechen dem Liebescode der Biologie.

Alle wichtigen sozialen Handlungen gehen mit der Ausschüttung von Oxytocin und endogener Opioiden und einem entsprechenden Glücks- und Liebesgefühls für den Aufbau einer engen Bindung einher. Sie wurden innerhalb der Evolution ausgelesen, weil sie die Aufzucht lange hilfsbedürftiger Nachkommen begünstigten. Jede Bindungserfahrung wird durch soziale Interaktion des Sicherheitssystems ermöglicht, bei Babys wie auch Erwachsenen. Das ist die neurobiologische Basis der ersten Bindungserfahrungen. Dieser Mechanismus gilt für alle Säugetiere wie auch für uns Menschen gleichermaßen und wird durch die allerersten Erfahrungen als Prototyp zukünftiger Beziehungserwartungen angelegt.

Mit zunehmendem Alter und damit zunehmender willentlicher kortikaler Kontrolle über Gesichts- und Kopfmuskeln erfolgt aus der anfangs spontanen Aktivität der Gesichtsmuskeln eine mehr und mehr willentliche Kommunikation. Jede Mutter kennt den Übergang vom zunächst spontanen Lächeln des Babys zum bewussten willentlichen Lächeln. Dementsprechend nehmen auch die neuronale Vernetzung und die Aktivität des parasympathischen Beruhigungssystems über den neuen Vagusnerv in der kindlichen Entwicklung zu. Sie wird begleitet von besserem visuellen Wiedererkennen, differenzierterer Mimik und Affektausdruck des Babys. Es kann immer klarer seine Wünsche und Empfindungen mitteilen und beginnt, sich besser selbst regulieren zu können durch fortlaufende Sicherheitserfahrungen und die Ausschüttung der Bindungshormone. (8) Etwa 6 Monate nach der Geburt ist das System des neuen Vagus vollständig ausgereift, dann sind auch die Verbindungen des Cortex in das System funktionstüchtig, so dass die Mimik und Gestik willentlich gesteuert werden kann. (9) Kinder mit einem sehr aktiven und gut vernetzten ausgereiften neuen Vagus waren schneller mit neuen visuellen Reizen vertraut sowie zu länger anhaltender Aufmerksamkeit befähigt. (10)

Neben der Aktivität und Ausreifung des neuen Vagus in den Interaktionen spielt auch die Verfügbarkeit der Neuromodulatoren (Oxytocin, Serotonin, endogene Opioide etc.) sowie der entsprechenden Rezeptoren im Bindungsprozess eine wichtige Rolle. Auch hier erfolgt eine erfahrungsabhängige Entwicklung der Anzahl der Rezeptoren, der Menge der Modulatoren sowie der Intensität der neuronalen Vernetzung als das Ergebnis von Interaktionen mit der Mutter und Bezugspersonen eine wichtige Rolle – use it or loose it. Neben diesen Umweltfaktoren verringern bzw. verstärken epigenetische Veränderungen und Genpolymorphismen die Wirkung der Neuromodulatoren und ihrer Rezeptoren (Kapitel 3.9.)

Diese Systeme werden in der Primärperiode des ersten Lebensjahres herausgebildet. (11) Als primär wird sie sowohl zeitlich als auch von der Bedeutung her bezeichnet, weil sie die Basis für alle weiteren Regulationsvorgänge im Lebensverlauf legt. Regulationsfähigkeit und Bindung entwickelt sich je nach den Erfahrungen, die der Säugling in dieser Zeit machen kann. Die Fähigkeit, Vertrauen und Sicherheit zu erleben und selbst zu regulieren sowie die Fähigkeit eine innere sympathische Übererregung von Kampf-Flucht zu verhindern, ist entscheidend für das Wohlbefinden und Gleichgewicht im weiteren Leben.

Die wichtigste Lernaufgabe der Primärperiode umfasst die Fähigkeit zur Ko-Regulation mit Unterstützung der Mutter bzw. Bindungspersonen in Bezug auf die Verarbeitung von Stress (Kapitel 3.10.). Konkret bedeutet das, bei eintreffendem Stress ein mittleres sympathisches Erregungsniveau zu bewahren, um erfolgreich Lösungen finden zu können. Eine sympathische Übererregung muss durch den dämpfenden Einfluss von Oxytocin und Serotonin der Bindung vermieden werden, so dass das Baby sich mit Hilfe der Bindungsperson gut wieder beruhigen und mit Hilfe des neuen Vagus über sein Sicherheitsgefühl die Bindung weiter festigen kann.

Entscheidend für Säugetiere und Menschen ist, dass diese Beruhigung und das Wiederfinden von Sicherheit innerhalb enger sozialer Bindungen ko-reguliert wird. Babys, aber auch noch Kinder und oftmals sogar wir als Erwachsene sind auf diese Ko-Regulation angewiesen. Während der frühen Kindheit werden diese Systeme erst entwickelt und es braucht feinfühlige Bindungspersonen, die dem Baby bei dem Lernen der Regulation des eigenen inneren Zustandes helfen.

Jede Trennung von ihren Bindungspersonen, insbesondere von der Mutter, bedeutet extreme Gefahr und Angst für Flora und ihren gleichaltrigen Freund Paul. Wenn ihre ersten Rufe nach der Mutter nicht beantwortet werden, aktiviert das sofort die sympathische Notreaktionen von Kampf oder Flucht mit einer starken Ausschüttung von Cortisol. Das bedeutet, dass Floras und Pauls Herz viel schneller schlägt, ihr Blutdruck steigt, sie hochrot im Gesicht werden, ihre Muskelspannung steigt und ihre Körperreaktionen ihre Angst spiegeln. Flora, aber auch Paul, werden bei einer Trennung in ihrer Not alles unternehmen, um diesen Zustand schnellstmöglich zu beenden. Sie rufen ihre Mutter durch Schreien herbei. Wenn das erfolgreich ist, lernen und speichern sie in ihrem emotionalen Erfahrungsgedächtnis ein, dass sie selbst eigenaktiv ihre Sicherheit wiederherstellen konnten. Dann sind der weitere Bindungsaufbau und die Bewältigung von Ängsten im weiteren Lebensverlauf immer besser möglich.

Flora lernt durch die Wiederherstellung von einem guten inneren Zustand, durch die Ausschüttung der Belohnungssubstanzen Dopamin und Oxytocin im sozialen Kontakt, dass sie ihre Probleme selbst lösen kann. Je häufiger sie diese Erfahrung macht, desto sicherer wird sie, desto öfter erlebt sie die angenehme Wirkung von Dopamin und Oxytocin, desto intensiver lernt das innere Belohnungssystem und Bindungssystem zu arbeiten und desto besser gelingt Flora die Regulation ihrer eigenen Befindlichkeit.

Zunächst brauchen Flora und Paul dazu noch die soziale Ko-Regulation durch ihre Mutter, später wird ihnen das allmählich auch ohne sie gelingen. Diese allerersten sozialen Interaktionen bilden in Floras und Pauls emotionalem Erfahrungsgedächtnis immer stabilere neuronale Verschaltungen. Aus ihnen konstruieren sie unbewusst ihre Erwartungen an andere Beziehungspartner im späteren Leben und ihr Gefühl von eigener Wirksamkeit in ihren Handlungen. Die ersten Lebensmonate von Flora und Paul sind wesentlich geprägt von solchen elementaren Lernerfahrungen. Mit Hilfe ihrer Bindungspersonen müssen sie lernen, ihren inneren Körperzustand zu regulieren, d.h. ihren Schlaf- und Wachrhythmus, ihre Gefühle von Hunger und Durst, ihre Aufmerksamkeit, ihre innere Erregung aufgrund von neuen Reizen und der Reizintensität.

Angst, Neugier und Lust, liegen als Empfindungsqualität nahe beieinander. Allmählich in der sozialen Interaktion bei Sicherheit lernen Flora und Paul die entsprechende Aktivierung des sympathischen Nervensystems zu mehr und mehr Erregung, ohne in Angst und die Kampf-Flucht-Reaktion umzuschlagen. Die Funktion von Oxytocin und Serotonin im parasympathischen Nervensystem ist es, unter moderatem Stress das sympathische System so weit herab zu regulieren, dass eine Lösung gesucht werden kann und nicht sofort die Notreaktion Kampf-Flucht ausgelöst wird. In langsam steigender Erregung wird die Angst geschwächt und Lust und Neugier entwickelt. Das gilt lange Zeit für neue Arten von Interaktion zwischen Flora und Paul und ihren Bindungspersonen immer wieder neu.

Im sozialen Spiel bei Sicherheit lernen sie z.B. das Hochhebenlassen, das Verstecken sowie mit lauten Geräuschen umzugehen. Um das Niveau der Erregung zu steuern, braucht es ein gut abgestimmtes Verhalten zwischen Flora bzw. Paul und ihren Eltern im sozialen Spiel. Es finden dabei immer wieder Pausen satt, in denen mimische und gestische Sicherheitssignale ausgetauscht werden, bis beide sich beruhigt haben und wieder neugierig sind. Flora wie auch Paul lernen dadurch ihre inneren Zustände, wie z.B. das Herzklopfen, das aufregende Gefühl im Magen und auch den Umschlag in beklemmende Angst wahrzunehmen und für Annäherungs- oder Vermeidungsverhalten in der Intensität zu steuern. Es kann auch geschehen, dass sie auf fremde Gesichter oder tiefe männliche Stimmen mit Herzklopfen oder flauem Gefühl im Magen reagieren und sich abwenden oder vielleicht sogar weinen. So werden sie zunächst auf die meisten neuen und unbekannten Reize reagieren. Wenn sie aber lernen, unterstützt durch ihre Familie, die bei der Spannungsregulation hilft, dass die Situation ungefährlich ist oder besser als erwartet, weil der Vater mit ihnen spielt, sie hochhebt und durch die Luft schaukelt, werden sie mehr davon wollen. Dann werden sie den Kontakt zu ihm mit dem Gefühl der Lust zusammen unter „suchen" im erfahrungsabhängigen Gedächtnis abspeichern. Bei der nächsten Begegnung werden sie voller Neugier und Risikoerwartung auf die Begegnung mit ihm warten.

Daraus wird deutlich, dass auch die Entwicklung von Neugier und von lustvollen oder ängstigenden Gefühlen erlernt wird. Sie sind nicht im Nervensystem genetisch festgelegt, sondern werden aus erfolgreich bewältigten Handlungen entwickelt. Je mehr Gelegenheiten dazu bestehen, desto intensiver vernetzt und stärker ausgeprägt werden auch diese Schaltkreise im Gehirn angelegt.

Alle eben beschriebenen Lernprozesse benötigen die Sicherheit des Liebescodes. Menschen, wie allen Säugetieren, gelingt es nur dann, Sicherheit zu erleben, wenn sie gegenseitig aktiv Sicherheitssignale austauschen. So erfolgt eine hohe Ausschüttung von Oxytocin und eine verminderte Ausschüttung von Cortisol immer dann, wenn Kinder in Stresssituationen die Mutter oder andere Bindungspersonen bei sich haben. Das Motiv zu sozialen Kontakten wird biologisch durch das damit verbundene Wohlbefinden und Glücksempfinden bei der Ausschüttung von Oxytocin und endogenen Opioiden angeregt. Wenn eine Erfahrung, wie eben bei Flora und Paul, erfolgreich ist, kommt es zur Ausschüttung von Dopamin, so dass sie immer wieder Kontakt suchen werden.

Im sozialen Kontakt wiederum werden durch das Wohlbefinden und die Freude, miteinander verbunden zu sein, mehr Sicherheitssignale ausgetauscht. Sie führen zur Freisetzung von Serotonin und damit zur inneren Beruhigung und zu parasympathischer Aktivität der Erholungsfunktionen. Unter diesen Bedingungen werden verstärkt neue Nervenzellen produziert und die anderen Lernvorgänge induziert, also synaptische Verstärkung und Neuvernetzung.

Im Zustand der sozialen Sicherheit und Bindung herrschen damit ideale Lernbedingungen für das Gehirn. Solches früh erlerntes Annäherungs- oder Vermeidungsverhalten bleibt als Grundgefühl bestehen und wird durch spätere Lebenserfahrungen bestätigt, ausgebaut oder überlagert. Die Sicherheits- und Bindungskonstruktionen entstehen hauptsächlich in der frühen Kindheit, bei den erstmaligen Begegnungen mit verschiedenen Situationen und Handlungen. Sie erweisen sich als stark für das Selbstgefühl im weiteren Leben bestimmend.

Zum Selbstgefühl gehören wesentliche Erfahrungen, wie z.B. das Gefühl der Urheberschaft. Babys haben Bewegungsintentionen, wie z.B. nach dem Spielzeug greifen zu wollen und sensorische Rückmeldungen darüber. Zunächst sind das spontane Bewegungen mit unterschiedlichen Ergebnissen. Wenn das Ergebnis erfolgreich und mit der Ausschüttung von Dopamin verbunden ist, wird die erfolgreiche Handlungsfähigkeit eingespeichert als die Erkenntnis, Urheber von etwas sein zu können. Zum Selbstgefühl gehören aber auch die körperlichen Rückmeldungen in Bezug auf emotionale Erfahrungen und innere Zustände.

Ein ebensolcher Ko-Regulationsprozess ist die Regulierung der Aufmerksamkeit, die Flora oder Paul mit Hilfe der Mutter und Familie allmählich immer besser zu steuern lernen. Bereits bei der Geburt ist das Gehirn zahlreichen Reizen ausgesetzt. Daraus wählt das Nervensystem von Flora oder Paul anschlussfähige Reize aus, die an ihre bereits vorhandenen Erfahrungen anknüpfen können. Das ist z.B. die Sprache der Mutter mit einer bestimmten Melodie und einem Rhythmus, den Flora oder Paul jeweils wiedererkennen. Wenn sie nicht an Bekanntes anknüpfen können, weil fremde Personen mit ihnen sprechen und dafür noch keine neuronalen Verbindungen vorliegen oder aber die Sprache zu komplex und zu aufgeregt ist oder die Reize zu schnell erfolgen, werden Flora oder Paul ihre Aufmerksamkeit abwenden. Das kennt jede Mutter und so wird ihre Mutter in ihrer Interaktion nur eine vereinfachte, langsame Sprache mit viel Melodie verwenden, mit der sie erreicht, dass Flora und vor allem Paul länger und länger aufmerksam bleiben können. Ähnlich ist es beim motorischen Lernen. Flora und Paul brauchen, wenn sie gerade erst laufen lernen, ihre vollständige Aufmerksamkeit für ihre Aufrichtung und das Gleichgewicht. Lenken sie ihre Aufmerksamkeit gleichzeitig auf ein Spielzeug, das sie greifen wollen, fallen sie dabei häufig hin. Das passiert, weil sie ihre Aufmerksamkeit noch nicht gut genug steuern und beiden Prozessen widmen können.

Kapitel 4.4 – Wie entwickeln sich Mädchen und Jungen in der Pubertät?

Erst mit den bildgebenden Verfahren der 90er Jahre wurden Untersuchungen zur Entwicklung gesunder Gehirne von Heranwachsenden möglich. Damit ließ sich die Wirkung der Geschlechtshormone auf die Gehirnstruktur zeigen.

Bis zur 8. Schwangerschaftswoche ist jeder Embryo weiblich. Danach beginnt durch einen starken Testosteronschub, der bis zum Ende des 9. Lebensmonats anhält, die Entstehung der männlichen Geschlechtsanlagen. Dieser Zeitraum wird Säuglingspubertät genannt, weil die Testosteronkonzentration der männlichen Babys genauso hoch ist, wie bei einem erwachsenen Mann. (12) Durch das Testosteron des Embryos entstehen zwischen der 8. und 18. Schwangerschaftswoche die typisch männlichen neuronalen Verbindungen, während weibliche verkümmern bzw. aktiv abgebaut werden. (13) Zusätzlich zum Testosteron wirkt das Anti-Müller-Hormon (AMH) und beseitigt gemeinsam mit Testosteron die weiblichen Merkmale von Körper und Gehirn. (14) Männliche Mäuse, denen AMH fehlt, entwickeln sich wie Weibchen. (15)

Durch die Einwirkung von Testosteron und AMH werden Zellen im Kommunikationszentrum abgetötet, während in den Gehirnzentren für Sexual- und Aggressionsverhalten intensiv Zellen wachsen. (16) Bereits in diesem frühen Stadium der Schwangerschaft beginnen die ersten Unterschiede zu entstehen, die im weiteren Leben die spezifische Art prägen, wie jedes Geschlecht die Welt wahrnimmt und dadurch hervorbringt. (17)

Jedes Baby betrachtet unmittelbar nach der Geburt Gesichter, wobei aber Mädchen wie Flora über diese Fähigkeit in höherem Maße verfügen als Jungen. Floras neuronale Netze für Kommunikation sind bei Geburt viel weiter ausgereift, als die von Jungen wie Paul. Flora ist geschickter darin, über Blicke, durch Zuwenden und Lächeln den Kontakt herzustellen sowie aus Stimmen und Gesichtern Bedeutung herauszulesen. (18) Auf die weitere Bindungsentwicklung nimmt Flora aktiveren Einfluss durch ein intensives Studium von Gesichtern sowie durch aktivere eigene Kommunikation. Jungen wie Paul verfolgen bereits im Alter von 24 Stunden mehr bewegte Dinge und sind z.B. an

Mobiles genauso interessiert wie an Gesichtern. Außerdem schauen sie ihre Mütter kürzer an und unterbrechen den Blickkontakt häufiger. (19) Hier hat wiederum das Bindungshormon Oxytocin einen großen Einfluss, denn bei einer höheren Oxytocinkonzentration durch gute Bindung wird mehr Serotonin ausgeschüttet und führt durch seine beruhigende Wirkung zu einer besseren Gesichtswahrnehmung und Interpretation der Signale des social engagement systems. Das ist besonders für Paul wichtig.

In den weiteren Monaten nach der Geburt entwickelt sich Floras Fähigkeit zu einem intensiven Studium von Gesichtern weiter, was Beziehungsaufbau, Kommunikation und Bindung erleichtert. Auch dabei wurden große Unterschiede zwischen Flora und Paul gezeigt. Bei Flora wächst die Fähigkeit zum Ansehen und zum Halten des Blickkontakts in ersten 3 Monaten um 400 %, bei ihrem Freund Paul dagegen gar nicht. (20) Erhebliche Unterschiede bestehen auch im Bewegungsdrang. So ist bei Paul schon als Baby der Drang, sich selbst ständig zu bewegen und Dinge in Bewegung zu setzen sowie diesen bewegten Dingen nachzuschauen, stärker im Gehirn verankert. (21) Bereits während der Embryonalentwicklung sind die angelegten Bewegungsareale von Jungen größer und während der Kindheit werden sie noch mehr ausgebaut. (22)

Zusätzlich zu diesen Unterschieden in den neuronalen Netzwerken, die durch die Wirkung der Geschlechtshormone entstehen, spielen kulturelle Einflüsse eine große Rolle. Dennoch wurde in Studien gezeigt, dass unabhängig von der Kultur stets Jungen lieber wettbewerbsorientiert spielen und Mädchen eher kooperative Spiele suchen. (23) Eine Präferenz für Puppen ließ sich auch bei weiblichen Rhesusaffen zeigen. Die Männchen dagegen spielten mit Fahrzeugen. (24) Jungen mit ihrer höheren motorischen Geschicklichkeit und Kraft können der biologischen Funktion von Schutz der Nachkommen und des Nahrungsreviers besser genügen. (25) Das bedeutet, dass auch das geschlechtsspezifische Verhalten zu einem Teil biologisch durch die Geschlechtshormone bestimmt und nur zum Teil kulturell geprägt erlernt wird.

Flora und Paul erwerben im Verlaufe ihrer Kindheit eine immer größere motorische Geschicklichkeit. Floras anfängliche Versuche, nach einem Spielzeug zu greifen werden immer geschickter, bis ihre Greif-

und Feinmotorik so weit entwickelt ist, dass sie mit kleinen feinen Werkzeugen umgehen kann. Paul entwickelt seine Fähigkeiten im Klettern und anderen sportlichen Aktivitäten. Flora und Paul haben beide viel Freude und Aufregung beim Schaukeln, beim Klettern auf Bäume und bei sportlichen Wettspielen. Dabei lernen sie immer wieder, ihre innere Aufregung und Erregung über das sympathische Nervensystem zu steigern und danach wieder ausreichend herunter zu regeln für Entspannung und Regeneration. Neben vielen Aktivitäten, die Flora und Paul beide gleichermaßen erlernen, gibt es einige Unterschiede, die durch die Geschlechtshormone bedingt sind. Das betrifft vor allem das Lernen der sozialen Fähigkeiten, wie die Kontaktaufnahme und das Erkennen und Deuten von Gesichtsausdrücken.

Im Verlauf der nächsten 10 Jahre bis zur Pubertät sinkt der Testosteronspiegel bei Paul ab, aber das Anti-Müller-Hormon bleibt weiterhin in hoher Konzentration vorhanden. Jungen wie Paul entwickeln daher ihr wildes Forschen und Bewegen weiter. (26) Schon mit zweieinhalb Jahren geht Paul höhere Risiken ein als die gleichaltrige Flora. Er ignoriert häufiger Verbote und Bestrafungen und übertritt die Regeln mehr als Flora. (27) Bei Flora liegt am Lebensbeginn bis etwa zum 2. Lebensjahr eine sehr hohe Östrogenkonzentration vor. Sie ist ähnlich hoch wie im Erwachsenenleben. Nach dem 2. Jahr fällt der Hormonspiegel stark ab bis zum Eintritt der Pubertät. Die Folge des Einflusses von Östrogen ist, dass kleine Mädchen wie Flora in ihrem weiteren Leben viel Zeit und Energie in die Aufrechterhaltung harmonischer Beziehungen investieren. (28) Flora setzt Sprache ein, um Konsens zu finden, wobei Stress, Konflikte und Statusgehabe auf das Minimum reduziert werden. (29) Jungen wie Paul können das auch, aber normalerweise setzen sie nicht so stark Sprache ein, um Konsens zu finden. Ein Konfliktrisiko kümmert Paul nicht in gleichem Maß wie Flora. (30) Dementsprechend unterscheidet sich auch der Charakter ihrer sozialen Spiele.

Eine zentrale Aufgabe der Kindheit ist es, zu mehreren Personen Bindungen aufbauen zu können und das soziale Miteinander zu regulieren. Diese Aufgabe stellt sich mit dem Beginn der Pubertät erneut, greift dann aber auf die entsprechenden Vorerfahrungen der davorliegenden Zeit zurück. Während die frühe Kindheit von der Ko-Regulation der Prozesse mit Hilfe der Mutter und des Vaters gekennzeichnet ist, steht in der mittleren Kindheit die zunehmende Regulation im Beisein Gleichaltriger oder anderer Erwachsener im Mittelpunkt.

Die Prinzipien des Bindungsaufbaus der Mutter-Kind-Bindung werden übertragen auf das soziale Spiel, auf Lerntätigkeiten und auf die Herstellung von Bindungen. Dazu zählt vor allem auch die gemeinsame Regulation von Sicherheit.

Kapitel 4.5 – Wie gestaltet das Gehirn unsere geschlechtliche Realität?

Die Pubertät beginnt bei beiden Geschlechtern gleichermaßen mit der Wirkung von Genen, die die Hemmung der Geschlechtshormone im Hypothalamus beenden. Sie beginnt bei Flora mit ca. 8 Jahren, bei Paul mit etwa 10 Jahren. Von da an steigen die Hormonspiegel ständig an.

Das Wissen von der menschliche Pubertät wurde Ende der neunziger Jahre mit einer Entdeckung verändert: Das Gehirn ist in der Pubertät eine große Baustelle, ähnlich wie in den ersten zwei Lebensjahren, mit einer enormen Synapsenüberproduktion (Kapitel 3.7)

Dabei kommt es zu vielen Umbauten, zur Auflösung bestehender Verbindungen und zur Neuvernetzung vor allem in folgenden Bereichen des Großhirns: Im Scheitellappen, dem Zentrum für Logik und räumlichem Vorstellungsvermögen, im Schläfenlappen mit dem Sprachzentrum sowie im Stirnlappen, der für Planung und Impulskontrolle zuständig ist. Der Wachstumshöhepunkt der neuen Verbindungen liegt bei Flora mit 11, bei Paul mit 12 Jahren. Die Ausdünnung erfolgt bei beiden erst später mit ca. 16 Jahren. (31) Während dieser Ausdünnung schrumpft der präfrontale Cortex bis 5 % und in einigen Arealen noch mehr. Die Myelinisierung (Kapitel 3.5) dieser Areale wird sogar erst in den 20er Jahren beendet. (32)

Das bedeutet, dass eine effizientere Reaktion mit mehr Großhirnkontrolle erst ab ca. 20 Jahren regelmäßig wie bei einem Erwachsenengehirn möglich ist. Es war evolutionär von Vorteil das Gehirn so lange noch strukturell an die Bedingungen der kulturellen Evolution anpassen und verändern zu können.

Rhesusaffen gehören zu den klügsten Affenarten. Sie besitzen eine sehr ähnliche hormonelle Ausstattung wie die Menschen. Auch bei ihnen wachsen im Jugendalter die Stirnlappen aus und werden stärker mit anderen Bereichen der Gefühlszentren des Gehirns verknüpft, so dass sie sich emotional besser selbst steuern und hochentwickelte soziale Bindungen eingehen können. (33) Weitere Veränderungen erfolgen im Hippocampus (Kapitel 3.2), der dicht mit Östrogenrezeptoren besetzt ist. Er reift bei Mädchen schneller heran und ist größer, so dass sie sich mehr Worte merken und intensiver mit Sprache umgehen können. Dagegen reift bei Paul der Mandelkern, der sehr dicht mit Testosteronrezeptoren besetzt ist, schneller heran. Das könnte eine Ursache für die stärkere Rauflust und Aggressivität in der Pubertät sein und erfordert, eine gute soziale Regulation zu lernen.

Größere Umbauten finden ebenso im Kleinhirn statt. Das Kleinhirn zeigt den größten Geschlechtsdimorphismus. Es ist bei Jungen bis 14mal größer als bei Mädchen und zeigt die am wenigsten genetisch beeinflusste Strukturierung. (34) Wahrscheinlich entstand dieser Größenunterschied in der Evolution für räumlich-zeitliche Bewegungskoordinationen.

Erst neu wurde die Funktion des Kleinhirns für soziale Interaktionen und zwischenmenschliche Signale entdeckt. Das Kleinhirn reift als allerletztes, noch später als der Stirnlappen. (35) Hier wurde die Bildung neuer synaptischer Vernetzungen bis weit in die 20er Jahre hinein nachgewiesen. Diese Funktionen helfen, komplexe soziale Zusammenhänge zu durchschauen und soziale Rangordnungen zu erkennen. Das Kleinhirn vermittelt bei der Impulskontrolle und hat dabei eine Hemmungsfunktion. (36) Damit unterstützt es friedliches soziales Verhalten als Voraussetzung für das Leben in menschlichen sozialen Verbänden. Außerdem wird während der Pubertät der limbische Cortex entwickelt und repräsentiert dann die bewussten Motive und Gefühle, die durch die Gesellschaft vermittelt werden. Diese Zentren reifen sehr langsam im Verlauf der Kindheit und insbesondere der Pubertät heran.

Neben den großen Umbauten im Gehirn, die beide, Flora und Paul, gleichermaßen betreffen, setzt die Pubertät bei Paul die von Testosteron dominierten neuronalen Netze in Funktion. Diese neuronalen Netze wurden bei der Geburt und in den ersten 9 Monaten danach grob angelegt. Sie waren inaktiv, solange der Testosteronspiegel niedrig war. Jetzt werden sie intensiv vernetzt und myelinisiert. Bei Paul steigt der Testosteronspiegel im Verlauf der Pubertät um das 25fache. (37) Im Hypothalamus werden die sexuellen Zentren aktiviert, die bei Paul ca. 2,5mal so groß sind, wie bei Flora. Die Folge ist, dass Paul viel öfter an Sex denkt und dass dies zeitweise alles andere überlagert. (38) Unter

Testosteron kommt es in der Pubertät zu riskantem konkurrierenden Verhalten und Rivalitäten. Der Testosteronspiegel steigt abrupt an, wenn Paul sich herausgefordert sieht.

Bei Flora steigt der Spiegel von Östrogen und Progesteron kontinuierlich an. Der Östrogenspiegel steigt bei Mädchen zwischen dem 8. und 14. Lebensjahr etwa um das 10-20fache, ihr Testosteronspiegel nur um das 5fache. (39) Damit verbunden sind Veränderungen in vielen Gehirnteilen, die die emotionale Feinabstimmung fördern. (40, 41) Im Lauf der Pubertät wird Flora stressempfindlicher, während diese Empfindlichkeit bei Paul abnimmt. (42) Diese Hormone sind mit der Steuerung im Großhirn noch nicht ausreichend vernetzt. Daraus resultieren ihre zuweilen starken Stimmungsschwankungen. Ebenso wirkt die höchste Konzentration von Östrogen und Dopamin in der Mitte des Zyklus, dann ist Floras Aufmerksamkeit und ihre Bereitschaft zur Fortpflanzung am größten. Nur in dieser Zyklusphase wurden Östrogen-Beta-Rezeptoren in den serotoninproduzierenden Gehirnzellen nachgewiesen und sorgten für eine innere Beruhigung und Dämpfung der Stimmungsschwankungen. (43, 44)

Die Gehirnzentren für Sprache und Hören enthalten bei Flora 11 % mehr Neuronen als bei Paul. (45) Ihr für die Erinnerung expliziter sprachgebundener Inhalte zuständiger Hippocampus sowie auch die neuronalen Vernetzungen für Sprache und Beobachten von Emotionen sind bei Flora größer. (46) Das bedeutet, dass Flora, wie alle Frauen, besser in der Lage ist, Gefühle auszudrücken und sich an emotionale Ereignisse in allen Einzelheiten zu erinnern. Bei Flora ist eine Erinnerung viel intensiver mit dem emotionalen Erfahrungsgedächtnis (Kapitel 3.14.), verknüpft, so dass diese mit der Erinnerung zusammen wieder aufgerufen werden. Ihre emotionalen und sprachlichen Erinnerungen sind vielfältiger und detailreicher als bei Paul. (47) Das Gehirn von Flora reagiert sensibler auf sozialen Stress und Konflikte. (48) Je stärker die Amygdala durch negative Erfahrungen aktiviert wurde, desto mehr Einzelheiten der Situation wird Flora im Hippocampus abspeichern. Bei ähnlichen Situationen in der Zukunft wird sie diese Erinnerungen wieder aufrufen, zusammen mit der emotionalen Bewertung von „unbedingt meiden". Frauen haben einen größeren Hippocampus als Männer und speichern dort viel mehr Details ab. (49)

Kapitel 4.6 – Warum kooperieren wir?

Neben der Kommunikation und dem Austausch von gestischen Sicherheitssignalen gehört bei Primaten und Menschen auch der Austausch von Zärtlichkeit, gemeinsames Essen u.a. zum Bindungsaufbau und zur Entwicklung von Kooperation durch die Ausschüttung von Oxytocin und endogenen Opioiden.

Eine Bindung zu anderen Beziehungspartnern aufzubauen, gelingt Schimpansen nach wenigen Minuten der Fellpflege. Dann wird bei ihnen mehr Oxytocin ausgeschüttet. Die Menge an Oxytocin ist abhängig davon, wie eng die Beziehung ist. Sie ist aber nicht abhängig von einer Verwandtschaft. Das ursprünglich für die Mutter-Kind-Bindung entstandene Oxytocinsystem hilft auch, Bindungen zu fremden Menschen herzustellen. (50) Ein ähnliches Ergebnis zeigen Forschungen zur Kooperation von Schimpansen, die Futter miteinander teilten.

Die Funktion des Teilens von Nahrung besteht vermutlich darin, dass das erlebte Bindungsgefühl von Mutter und Kind beim Stillen und Nahrung teilen auf nicht verwandte Beziehungspartner übertragen wird, um Kooperation zu ermöglichen. Die Oxytocinkonzentration ist nach dem Teilen von Nahrung bei Spender und Empfänger höher als nach einer Nahrungsaufnahme in Gesellschaft, bei der nicht geteilt wurde. Der Oxytocinspiegel ist sogar höher als nach der gegenseitigen Fellpflege. (51)

Oxytocin hemmt die sympathische Erregung des Kampf-Flucht-Systems und aktiviert die parasympathische Entspannung. Personen mit stärker aktiviertem parasympathischen System zeigen eine stärkere Tendenz zu positivem Sozialverhalten und Sinn für Verbundenheit. (52) Solche Zustände von Sicherheit, Wohlbefinden und Verbundenheit, wie sie durch Kooperation und Bindung ermöglicht werden, sind die wichtigste Voraussetzung für soziales Verhalten. Sie erlauben die Nutzung der höheren Gehirnstrukturen, die es den Menschen ermöglichen, kreativ und produktiv zu sein. (53) Sie werden aufgrund der inneren Belohnung mit Wohlbefinden immer wieder gesucht.

Kapitel 4.7 – Liebe und Sexualität – Luxus der Evolution?

Liebe ist, biologisch betrachtet, ein Anpassungssystem der Säugetiere, das Fortpflanzung und Kooperation fördert durch den Belohnungswert von Glück, Zufriedenheit und Wohlbefinden. (54) Das Gefühl von Liebe wird stark durch Hormone geprägt, wobei wir unterschiedliche Gefühlsanteile mit unterschiedlichen Hormonwirkungen erklären können.

Das Gefühl von Verlangen und Begierde wird hauptsächlich von Testosteron und Dopamin bei Paul ausgelöst. Bei Flora entsteht es auch unter Beteiligung von Testosteron, mehr aber noch durch Östrogen. Eine Wechselwirkung zwischen Östrogen und Dopamin lässt den Dopaminspiegel steigen, so dass Floras Sehnsucht und Verlangen auch steigen. (55) Östrogen- und Testosteron-Rezeptoren wurden bei beiden Geschlechtern im gesamten Gehirn, vor allem aber in der Großhirnrinde und im Kleinhirn nachgewiesen. Dort wirken sie hauptsächlich auf das geschlechtliche Verlangen. Mit steigendem Begehren wird bei Paul zunehmend Testosteron ausgeschüttet, es kommt zu einer 10-100mal höheren Konzentration. (56) Diese Testosteronausschüttung wird wesentlich durch die Signale der sozialen Interaktion ausgelöst, über freundliche zugewandte Mimik, Gestik und Blicke. Dafür wird das neue Vagussystem bei Sicherheit benutzt, um die Aktivierung zu regulieren, ohne sich herausgefordert zu fühlen und ohne, dass die Kampf-Flucht-Reaktion des sympathischen Nervensystems anspringt. (57)

Werbungsverhalten, Kommunikation und Nähe finden physiologisch als Aktivitäten des neuen Vagus nur dann statt, wenn seitens der Neurozeption Sicherheit gemeldet wird, also Defensivstrategien nicht nötig sind (Kapitel 3.12.). Eine in Sicherheit mögliche abgestufte sympathische Aktivierung sorgt für eine Mobilisierung von Energie, um körperlich aktiv zu werden. So wurde es im Verlauf von Kindheit und Pubertät für jedes spielerische Verhalten und Kommunikation immer wieder neu gelernt.

Verliebtheit wird wesentlich durch Körperkontakt, vor allem durch Sexualität ausgelöst. Sexualität setzt eine große Menge Dopamin frei, welches ein starkes Glücksgefühl auslöst und gleichzeitig Vorfreude und Sehnsucht nach der nächsten Belohnung erzeugt. Zusätzlich zu Dopamin werden zahlreiche andere bioaktive Substanzen freigesetzt: Oxytocin, Östrogen, Testosteron und Vasopressin, dazu andere endogene Opioide und Serotonin (Kapitel 3.9.). Alle Zentren für Lustempfindung werden dadurch stark aktiviert. (58) Das ergibt insgesamt einen energiereichen Cocktail, der einen starken Drang zur Wiederholung auslöst. (59)

Voraussetzung dafür ist, dass die Angst- und Alarmzentren im Gehirn weitgehend ausgeschaltet sind. (60) Vasopressin beeinflusst die

Ausschüttung von Adrenalin und Cortisol für die nötige Aktivierung bei der Sexualität. (61, 62)

Kapitel 4.8– Wie ermöglicht der Liebescode Paarliebe?

Der biologische Liebescode gibt eine bestimmte Abfolge vor: Zuerst wird von der Neurozeption Sicherheit gemeldet, dann wird der neue Vagus dominant und dann erst erfolgt eine Annäherung. Das ermöglicht die physiologischen Prozesse von Sexualität mit einer vertrauensvollen Immobilisierung ohne Angst. (63) Dieser Ablauf ist die Voraussetzung für einen tiefen befriedigenden Orgasmus. Diese Abfolge wird deshalb als biologischer Liebescode bezeichnet, um die Reihenfolge zu betonen.

Biologisch notwendig ist: erst Sicherheit, dann Oxytocin und Bindung bzw. Liebe. Dann entsteht aus Verliebtheit und Verlangen allmählich Bindung und Liebe. Bindung ist ein biologisches Grundbedürfnis zur Arterhaltung in der Evolution. Es wird bei Sicherheit durch Oxytocin und das Hormon Vasopressin vermittelt. Bindung erfolgt nicht nur zwischen Mutter und Kind, sondern genauso zwischen Frau und Mann, Vater und Kind als Liebe.

Paarliebe lässt ein dauerhaftes Gefühl von Zusammengehörigkeit entstehen. Dieses Gefühl wird weniger von Dopamin und Endorphinen begleitet, sondern von sehr viel Oxytocin und Vasopressin. Sie werden regelmäßig ausgeschüttet durch regelmäßige gemeinsame Kontakte und Erlebnisse. Auch hier wird die Ausschüttung der Hormone und Transmitter erfahrungsabhängig ko-reguliert und folgt dem allgemeinen Prinzip von use it or loose it. Sie ist jedoch z.T. auch epigenetisch beeinflusst.

Oxytocin wird von der Hypophyse bei Hautkontakt, freundlichen Blicken, im Gespräch, im sozialen Kontakt, dem Teilen von Nahrung, bei den biologischen Prozessen von Geburt, Stillen und Sexualität ausgeschüttet. Es macht neben der Belohnung durch Dopamin vor allem das Gefühl des Glücks, der Zufriedenheit, des Wohlbefindens im sozialen Kontakt und bei einer Weiterentwicklung der Kern der Paarliebe und Elternliebe aus.

In einem Gespräch zwischen zwei Menschen senden beide Partner viele subtile Signale aus, mit deren Hilfe sie sich gegenseitig Sicherheit geben und empfinden können: ausdrucksvolle Augen und Mimik, eine modulierte Stimme, Körpergesten, also die Signale des social engagement systems. Erst wenn ein Gesprächspartner diese Signale erwidert, entsteht eine gefühlte Nähe, erst dann kann auch die physische Distanz abnehmen. (64)

Das körperlich empfundene, neurophysiologisch begründete Empfinden von Sicherheit ist die Voraussetzung für Bindung bei allen Säugetieren wie auch bei Menschen. Und erst, wenn dieses Gefühl, die allmähliche Verringerung von Distanz, so oft als Sicherheit erfahren wird, dass durch Oxytocin vermitteltes Vertrauen entsteht, ist eine Immobilisierung ohne Furcht möglich. Erst dann beginnen wir, Zärtlichkeiten auszutauschen und erleben dabei allmählich immer mehr und öfter das wohlige liebevoll verbundene Gefühl, das entsteht, wenn Oxytocin und Opioide ausgeschüttet werden. Oxytocin erhöht das Vertrauen in den Partner und unterstützt das Abschalten von Angst und Vorsicht. Es wird bereits bei längeren Umarmungen ausgeschüttet, aber auch Blicke, emotionale Gesten und Küsse regen die Oxytocinproduktion an. Östrogen und Progesteron verstärken diesen Prozess. (65)

Gleichzeitig wirkt Vasopressin sympathisch erregend auf das autonome sympathische Nervensystem ein. Bereits kleinste Erhöhungen an Vasopressin führen bei Sicherheit und Angstfreiheit einerseits zur Stimulation von Immobilisierung und Entspannung sowie andererseits zu einer abgestuften sympathischen Erregung. Die gleichzeitige Freisetzung von Oxytocin und Vasopressin, von denen Oxytocin beruhigend und Vasopressin aktivierend wirkt, führen zur ungewöhnlichen Situation von gleichzeitiger sympathischer und parasympathischer Aktivität bei der Sexualität. (66) Damit wird eine Immoblisierungsreaktion ohne Furcht bei gleichzeitiger sexueller Aktivität möglich, die in der Evolution entstanden sein könnte, um das Paarungsverhalten zu fördern. Das beschreibt abermals die Wirkung des Liebescodes.

Diese Liebe, verbunden mit der Ausschüttung von Oxytocin ist überlebensnotwendig, weil Oxytocin der wirksamste Gegenspieler zum Stresshormon Cortisol ist und durch seine Wirkung auf das parasympathische System den Organismus beruhigt, dämpft und damit Regeneration ermöglicht. Durch seine Wirkung entsteht immer wieder neu das biologisch notwendige Gleichgewicht zwischen Erregung und Erholung, in welchem Lernen und Heilung möglich sind.

Wenn der Liebescode nicht funktioniert, weil keine Sicherheit herrscht und demzufolge kein Oxytocin ausgeschüttet wird, jedoch Vasopressin freigesetzt wird, entsteht eine andere Reaktion: dann wird eher Furcht ausgelöst. (67) Dieser Zusammenhang könnte erklären, weshalb Lust und Angst, Freude und Schmerz manchmal eng beieinander liegen.

Sexuelle Interaktionen fördern das Entstehen von Nähe, was durch Oxytocin und Vasopressin vermittelt wird. (68) Sowohl Oxytocin als auch Vasopressin spielen eine Rolle bei erlerntem Verhalten, in diesem Fall beim Erlernen von Präferenzen für einen bestimmten Partner. (69) Das ausgelöste Wohlbefinden sorgt für die Einspeicherung als einen mit „suchen" assoziierten konditionierten Prozess im emotionalen Erfahrungsgedächtnis. Positive wie auch negative soziale Erfahrungen beeinflussen die Steuerung der jeweiligen Ausschüttung von Oxytocin und Vasopressin. (70)

Unter der Voraussetzung eines sicheren Gefühls können Flora und Paul sich soweit entspannen und immobilisieren, dass Sexualität und Orgasmus möglich sind. Dazu muss bei Paul wie auch bei Flora die Amygdala Angstfreiheit zeigen und das Großhirn ruhig sein. Oxytocin löst bei Paul die Kontraktion von Prostata und Samenblase aus. Im Orgasmus von Flora setzt es Kontraktionen der Gebärmutter frei, um den Samen in die Gebärmutter und zur Eizelle zu bringen. Das erklärt die biologische Funktion des weiblichen Orgasmus für die Fortpflanzung der Säugetiere. (71)

Mit Hilfe des Bindungshormons Oxytocin ermöglicht die Paarliebe eine stabile vertrauensvolle Bindung in einer ruhigeren Phase zur Versorgung der Nachkommen. Sie ist in der Evolution bei Säugern entstanden, um die lange Zeit der Pflege zu gewährleisten. Erfahrungen, die mit einer Oxytocinausschüttung verbunden sind, werden bevorzugt gelernt als Annäherungsverhalten („suchen"). Die Beta-Variante des Östrogens bindet an alle Areale des gesamten Gehirns, wo sie eine weiblich-mütterliche Realitätswahrnehmung erzeugt. (72) Es erzeugt bei Männern dasselbe mütterlich fürsorgliche Verhalten. Bei beiden Geschlechtern sind überall im Gehirn die Beta-Rezeptoren für Östrogen auch bei der Serotoninproduktion involviert und sorgen für ein beruhigendes Wohlbefinden. (73)

Ähnliche Beobachtungen wurden an Primaten gemacht. Bei den uns eng verwandten Bonobos, die sich durch eine fehlende Dominanz von Weibchen und Männchen auszeichnen, ist es so, dass Männchen eher von freundschaftlichen Beziehungen zu den Weibchen profitieren. Studien „zeigen, dass Paarbindungsverhalten sowohl mit verringerter männlicher Aggressivität als auch mit niedrigeren Testosteronwerten einhergeht. ... Im Gegensatz zu anderen Arten bei denen die Männer heftig um den Zugang zu Weibchen konkurrieren, gab es jedoch keinen Zusammenhang zwischen Dominanzstatus, Testosteron und Aggression. Außerdem zeigte sich, dass ranghohe Männchen viel häufiger in freundschaftliche Beziehungen zu Weibchen investieren als rangniedere Gruppenmitglieder, ein Hinweis dafür, dass die freundlichen Beziehungen zwischen den Geschlechtern mit niedrigeren Testosteronwerten der Männer in Verbindung stehen. ... Die an Bonobos gewonnenen Erkenntnisse deuten darauf hin, dass, ähnlich wie beim Menschen, zwischengeschlechtliche Freundschaften zu hormonellen Mustern führen können, wie sie von Arten bekannt sind, bei denen sich Männer aktiv an der Aufzucht der Jungen beteiligen oder wo die Geschlechter dauerhafte Paarbindungen eingehen." (74) Gleichzeitig sind die Bonobos für ihre hohe sexuelle Aktivität bekannt, insbesondere der ranghöheren Männchen. Das bedeutet, der niedrige Testosterongehalt führt eher zu mehr sexueller Aktivität.

Kapitel 4.9 – Was macht eine Frau zur Mutter?

Um die Forschungen zum Ablauf der Geburt beim Menschen hat sich insbesondere der französische Arzt und langjährige Leiter einer Entbindungsstation Michel Odent verdient gemacht. Zum biologischen Geburtsablauf schreibt er: "Um ihren Nachwuchs durch den Vorgang der Geburt zur Welt zu bringen, müssen Säugetier-Weibchen eine Reihe von Hormonen produzieren. Es sind dieselben Hormone, die auch bei der Geburt des menschlichen Nachwuchses zur Wirkung kommen. Sie werden von den primitivsten Strukturen des Gehirns gebildet – von jenen, die wir mit allen Säugetieren gemeinsam haben. Diese Gemeinsamkeiten sollten immer unser Ausgangspunkt sein, wenn wir versuchen, ein besseres Verständnis vom Geburtsvorgang beim Menschen zu bekommen." (75) Heute können wir diese Strukturen exakt benennen, er meint damit die parasympathischen Vaguszweige und das sympathische System des autonomen Nervensystems.

Bereits im 2.-4. Schwangerschaftsmonat schießt Floras Progesteronspiegel auf das 10-100fache hoch. Das Gehirn der Schwangeren ist von dem beruhigend wirkenden Progesteron überflutet. Gleichzeitig mit einer sehr hohen Östrogen- und Oxytocinkonzentration bildet es normalerweise Floras Schutz vor dem Stresshormon Cortisol, damit ihr Baby sich ungestört entwickeln kann. Bereits während der Schwangerschaft werden Nervenzellen für mütterliches Verhalten intensiv vernetzt. Durch die Bewegungen im Bauch, veränderte Hormonspiegel und gedankliches Einfühlen verändert sich die Gehirnstruktur der werdenden Mutter Flora. (76) Während der Schwangerschaft und unmittelbar nach der Geburt werden viele Neuronen neu vernetzt und Floras Gehirn für sehr lange Zeit verändert. (77) Das bleibt so, solange Flora regelmäßigen Körperkontakt zum Kind hat und regelmäßig Oxytocin und Östrogen ausgeschüttet werden. (78)

Kapitel 4.10 – Was bewirkt der Liebescode beim Geburtsablauf?

Der gesamte Geburtsvorgang wird vom Hirnstamm (Kapitel 3.2) gesteuert. Ausgelöst durch Signale des Babys sinkt unmittelbar vor der Geburt das Progesteron plötzlich stark ab und Oxytocin überschwemmt die Schwangere. Davon werden die ersten Wehen ausgelöst. Das Absinken von Progesteron beendet die vorherige Beruhigung. Daher sind Schwangere ganz kurz vor der Entbindung oftmals sehr wach und aktiv. (79)

Im Verlauf der Geburt wird eine Mischung verschiedener Hormone ausgeschieden. Während einer ungestörten Geburt schaltet die Frau dadurch etwas auf einen anderen Bewusstseinszustand um, wie in Trance. Das kommt durch massive Drosselung der sympathischen Aktivität des Großhirns im physiologischen Zustand der Sicherheit und durch die Dominanz des alten Vagus der Immobilisierung ohne Furcht zustande.

Im Geburtsprozess werden endogene Opioide ausgeschüttet. Sie wirken als körpereigene Schmerzmittel, aber vermitteln auch diese Euphorie. Sie unterstützen die Geburt und regen die Ausschüttung von Prolactin an. (80) Am Ende der Geburt erreicht Adrenalin einen Höchststand. Es sorgt für die nötige Aktivierung und Energie der letzten Austreibungsphase sowie für die Wachheit der Mutter nach der Geburt, um das erste Mal ihrem Baby zu begegnen, wie am Kapitelbeginn beschrieben.

Liebesgefühle entstehen immer durch ein hormonelles Gleichgewicht verschiedener Hormone. Durch Oxytocin und Prolactin richtet die Liebesfähigkeit sich auf Babys. Östrogene aktivieren die Oxytocin- und Prolactin-Rezeptoren. Die elterliche Liebe hat einen sehr hohen Prolactinspiegel, genitale Liebe dagegen einen niedrigen. (81) Prolactin ist ein entwicklungsgeschichtlich altes Hormon, welches für Stillen, Milchbildung, Nestbauinstinkt und Verteidigungsverhalten stillender Mütter zuständig ist, aber auch für ihr verringertes sexuelles Verlangen und ihre verringerte Empfängnisbereitschaft. (82) Es macht beide werdenden Eltern ausgeglichen, ruhig, entspannt und emotional empfindsamer. (83)

Beim Stillen ist nach 20 Minuten der Endorphinspiegel am höchsten. (84) Mütterund ihr Baby werden von der Natur durch Wohlbefinden bis hin zu orgasmischen Gefühlen für die Fürsorge des Stillens belohnt. Das Baby nimmt die endogenen Opioide über die Milch auf. Das erklärt die beruhigende, schmerzstillende Wirkung von Muttermilch. Die Versorgung der Säugetierjungen mit Muttermilch war ein großer Vorteil in der Evolution. In der Muttermilch sind alle Nährstoffe und vor allem Immunzellen sofort, leicht verdaulich, jederzeit verfügbar, unabhängig von der äußeren Versorgung.

Das frühe Saugen in den ersten Stunden nach der Geburt hat einen großen Einfluss auf das Gelingen des Stillens und die Stillmenge der gesamten Stillzeit, da in dieser Zeit die Prolactinrezeptoren gebildet werden. (85)

Kapitel 4.11 – Wie entsteht ein Vatergehirn?

In verschiedenen Studien wurde gezeigt, dass sich auch der gesamte Hormonhaushalt der Väter als Reaktion auf die Schwangerschaftspheromone der Mutter verändert. (86)

Insbesondere während der letzten Wochen vor der Geburt erleben viele werdende Väter einen „Nestbauinstinkt" infolge eines 20 % höheren Prolactinspiegel bei um 33 % gesunkenem Testosteron. (87) Darüber hinaus steigt ihre Cortisolproduktion für Empfindlichkeit und Wachsamkeit auf das Doppelte an. Bei Präriemäusen wurde eine vaspopressinbedingte erhöhte Aggressivität gegen Eindringlinge nach der Paarung gezeigt, besonders augenfällig war dies bei den männlichen Tieren.

In den ersten Wochen nach der Geburt geht das Testosteron der Väter um ein Drittel zurück. Gleichzeitig befindet sich ihr Östrogen auf einem ungewöhnlich hohen Wert. (88) Diese Werte beginnen sich erst ca. 6 Wochen nach der Geburt wieder einzupendeln und erreichen erst wieder die originalen Werte, wenn das Kind laufen kann. Das bestätigt eine Langzeitstudie an ca. 600 Männern in den Philippinen. Sobald ein Kind auf der Welt war, zeigten sich bei fast allen Männern signifikante Veränderungen des Hormonspiegels. Je mehr sich ein Mann um seinen Nachwuchs kümmerte, umso stärker sank das Testosteron. War das Kind gerade erst auf die Welt gekommen, zeigte sich zudem ein deutlicheres Absinken des Hormons, als wenn das Kind bereits über einen Monat alt war. (89)

Vaterschaft mindert die Testosteronfreisetzung, so dass bei Männern vermehrt liebevolles fürsorgliches Verhalten auftritt. Außerdem verbessert sich dadurch ihre Fähigkeit zur Gesichts- und sozialen Signalerkennung, was ihnen den Umgang mit Babys erleichtert. In der o.g. Studie wurde gezeigt, dass vor allem jene Männer mit den höchsten Testosteronwerten eine Partnerschaft eingegangen sind und dass sich ihre Testosteronwerte bereits durch diese Partnerschaft deutlich verringert hatten. Sie verringerten sich nochmals stark, als sie Vater wurden. Ebenso sank der Testosteronwert ab, wenn die Kinder bei den Eltern im Bett schlafen durften. (90)

Dadurch verbessert sich die Fähigkeit, Signale im sozialen Miteinander aufzunehmen und zu interpretieren sowie eine Bindung aufzubauen. Das verhindert eine überschießend starke Ausschüttung und zu schnelles aggressives Reagieren.

Eine Bindung zum Kind bauen Väter mit den gleichen Gehirnschaltkreisen und auch über Oxytocin auf wie die Mütter, wenn auch etwas langsamer. Die Belohnung des Bindungsverhaltens durch

Oxytocin, Opioide und Dopamin lassen die Sucht nach Wiederholung entstehen. Es sind die gleichen Verliebtheitssysteme des Liebescodes, nur jetzt in Bezug auf das Baby. Als Signal für die Entstehung einer Bindung im Vatergehirn fungiert das Lächeln des eigenen Kindes, nicht das fremder Babys. (91) Dabei werden Opioide und Oxytocin ausgeschüttet, so dass Freude und Empathie für das Kind im limbischen Cortex aktiviert werden.

Kapitel 4.12 – Was lässt sich daraus schlussfolgern?

Zusammenfassend lassen sich Kriterien entwickeln, an denen wir beurteilen können, ob eine Kultur die biologischen Notwendigkeiten des Liebescodes unserer menschlichen Entwicklung berücksichtigt und unterstützt oder ob sie das Gegenteil bewirkt.

Zu diesen biologischen Notwendigkeiten gehört die Berücksichtigung von Körperempfindungen und Gefühlen als Grundlagen für stimmige Entscheidungen und für Annäherungs- bzw. Vermeidungsverhalten. Nur durch die Bewertungen des limbischen Systems mit „suchen“ und „meiden“ können wir unser psychobiologisches Gleichgewicht und damit Gesundheit und Überleben bewahren.

Ein weiteres Kriterium ist die Frage, ob die Kultur es ermöglicht, ein positives Arbeitsmodell von der Welt und von liebevollen Beziehungen zu entwickeln und ob sie die notwendige Ko-Regulation des inneren Zustandes unterstützt. Genauso entscheidend ist es, ob in einer Kultur eine befriedigende geschlechtliche Identität ko-konstruiert werden kann, auf deren Grundlage tragfähige soziale Bindungen für Kooperation, Fürsorge, Friedfertigkeit, Paarliebe und Elternschaft gelebt werden können.

Weitere Kriterien umfassen die Fragen, wie gut eine Kultur es erlaubt, Sicherheit herzustellen, Aggressivität bzw. Stress niedrig zu halten sowie welchen Wert Bindung, Paarliebe und Elternschaft in der kulturellen Tradition genießen.

Kapitel 5 – Welche kulturellen Zeugnisse hinterließen uns unsere frühen Vorfahren der Partnerschaftskultur?

In diesem Kapitel geht es darum, wie sich die menschliche Kulturentwicklung im Übergang von den Frühmenschen zu den ersten Hochkulturen der Menschheit vollzogen hat. Außerdem soll gezeigt werden, inwieweit die Kultur Einfluss auf die biologischen Prozesse genommen hat.

Um ein menschliches Kind aufzuziehen, braucht es eine lange stabile Fürsorge. Das geht am besten in der Arbeitsteilung einer sozialen Gruppe und in engen Bindungen innerhalb der der Familie und der Gruppe. Arbeitsteilung und Bindung erfordern Kommunikation, wie sie auch unsere Säugetiervorfahren einsetzten. Jedoch allein die menschliche Sprache hat sich zu einem symbolischen System entwickelt, welches durch seine Flexibilität jegliche Bedeutung ausdrücken kann. Dadurch waren Menschen in der Lage, sich sehr schnell an ihre Umwelt anzupassen und Wissen direkt an die nächste Generation weiterzugeben.

Das soziale Leben wurde immer komplexer. Wer effektiv Informationen austauschen und in arbeitsteiligen sozialen Gruppen leben und lernen konnte, hatte bessere Chancen, zu überleben. Als die Frühmenschen aus Afrika in die Welt auswanderten, hatten sie bereits eine hochentwickelte Sprache und eine eigene Kultur.

Das wirft wiederum eine Reihe von Fragen auf, die in den nächsten Kapiteln beantwortet werden sollen.

Wie können wir uns die ersten Kulturen vorstellen, die sich nach der Einwanderung aus Afrika in Europa und Kleinasien entwickelten?

Welche Mythen und Traditionen bestimmten das Denken und Erkennen der Partnerschaftskultur?

Wie fühlten und liebten diese Menschen?

Wie waren die sozialen Verbindungen organisiert?

Um diesen Fragen nachzugehen, werde ich mich in meinen Erkundungen auf Europa, Mittelasien und den Nahen Osten beschränken, weil in diesen Regionen die Wurzeln unserer heutigen westlichen Kultur liegen. Ich beziehe mich dabei in weiten Teilen dieses Kapitels auf die Arbeiten von Riane Eisler. (1)

Eisler untersuchte in aufwändiger Forschungsarbeit die frühe Menschheitsgeschichte in ihren Traditionen. Sie bezeichnete die Kultur des Paläo- und Neolithikums entsprechend ihrer sozialen und gesellschaftlichen Strukturen als partnerschaftlich. Diesen Begriff werde auch ich im Folgenden verwenden. Der bekannte Anthropologe Ashley Montagu bezeichnete ihre Arbeit als „Das wichtigste Buch seit Darwins Entstehung der Arten." (2)

Als ca. 70 000 v.u.Z. Frühmenschen aus Afrika in Richtung Mittelmeer, Europa und Asien aufbrachen, hinterließen sie überall Funde einer weit entwickelten Kultur. Bereits 40 000 v.u.Z. datieren die ersten gefundenen Kunstgegenstände: Tierfiguren aus Elfenbein, Frauenfiguren mit überbetonten Geschlechtsmerkmalen (Venus in Willendorf Niederösterreich sowie aus Hohlefels in Schwaben) sowie Höhlenmalereien (aus Chauvet und Lascaux in Südwestfrankreich bzw. Altamira in Nordspanien). (3)

Sie alle zeigen eine hohe Detailtreue, hervorragende Beobachtungsgabe sowie erstaunliche Abstraktionsleistungen für Perspektive und räumliche Darstellung der Malereien. Ein bemerkenswerter Fund ist eine aus den Flügelknochen eines Geiers geschnitzte Flöte von vor 44 000 Jahren. Sie wurde vermutlich für rituelle Handlungen benutzt. (4) Aus der Höhle Hohlefels in Schwaben stammt eine Penisnachbildung aus grauem poliertem Stein, mit anatomischen Details eingeritzt, die ca. 30 000 Jahre alt ist. Vom gleichen Fundort stammt ein flaches Stück Elfenbein mit vier exakt gesetzten Löchern, welches als Werkzeug eines Seilers diente und in der Rekonstruktion heute schwerlasttaugliche Seile zu fertigen erlaubte. (5)

Außerdem wurden Grabausstattungen mit Muscheln von 30 000 v.u.Z. gefunden, die weite Handelswege für diese Art Muscheln aufzeigen. Das bedeutet, dass die Frühmenschen aus Afrika eine außerordentlich entwickelte Kunst vor 40 - 30 000 Jahren oder früher in Europa etablierten, also in der Altsteinzeit (Paläolithikum). Forscher reden von einer kulturellen Revolution in Europa um diese Zeit. (6) Dazu gehört auch eine 20 000 Jahre alte Figur aus behauenem Stein, die eine weibliche Göttin darstellt. (7)

Woran glaubten unsere Vorfahren?
In allen prähistorischen Grabungsstätten Europas vom Balkan bis zum Baikalsee, in den Fundstätten bei Wien, in Frankreich und in Spanien wurden zusammen mit den Höhlenmalereien Begräbnisstätten gefunden, die durch ihre Ausschmückung und Beigaben eine große Ehrfurcht unserer Vorfahren vor dem Leben sowie vor der Empfängnis bezeugen. „Sie weisen auf Sterberituale eines seiner Natur nach lebensspendenden Kults hin, der eng mit den weiblichen Statuetten und anderen Symbolen des Göttinnenkults zusammenhängt." (8)

Die Funde stehen in Zusammenhang mit organisierten Kulthandlungen und vermitteln uns die frühen kulturellen Vorstellungen von Wiedergeburt und einer Verehrung der lebensgebenden Frau. Sie zeugen von der Förderung der Fruchtbarkeit von Pflanzen und Tieren, also der Nahrungsquellen der Menschen der Altsteinzeit.

„Alle diese Höhlenheiligtümer, Idole, Bestattungen und Kulthandlungen scheinen mit der Vorstellung zusammenzuhängen, daß die Quelle, der das menschliche Leben entspringt, auch der Ursprung allen pflanzlichen und tierischen Lebens sei – dem Glauben an die große Muttergöttin oder Allesspenderin, den wir in späteren Perioden der europäischen Zivilisation wiederfinden. Sie sind Zeugnisse unserer Ahnen, daß wir und unsere natürliche Umwelt voneinander abhängige Bestandteile des großen Mysterium von Leben und Tod sind und daher die Natur in ihrer Gesamtheit mit Achtung zu behandeln haben." (9)

Eisler bezieht sich weiter auf die Funde der weiblichen Statuetten überall an den Fundorten der Altsteinzeit und deren rituelle und religiöse Funktion: „Eine kaum weniger zentrale Rolle innerhalb der Glaubenswelt in prähistorischer Zeit nehmen die offenkundige Ehrfurcht und das Staunen über das Wunder der Menschwerdung ein – das Wunder der Geburt, inkarniert durch den Leib der Frau." (10) Eine Auswertung Tausender von Wandmalereien und Objekten aus über 60 Höhlen führte zur Neuformulierung archäologischer Meinungen. Es wurde festgestellt, dass die weiblichen Figuren und Symbole in den untersuchten Höhlen eine zentrale Position einnehmen. Im Gegensatz dazu hatten männliche Symbole periphere Positionen inne oder waren um die weiblichen Figuren und Idole herum gruppiert. (11)

Eine nächste große Entwicklungsetappe der Kultur begann mit der Agrarrevolution im Neolithikum (Neusteinzeit). Ca. 18 000 v.u.Z. ging die letzte Eiszeit langsam zu Ende und die darauffolgende Erwärmung und mit einer Zunahme von Niederschlägen schufen die idealen klimatischen Voraussetzungen im Norden der arabischen Halbinsel (auf dem Gebiet des heutigen Irak, Nordsyrien, Libanon, Israel, Palästina und Jordanien) für das Wachstum von Getreide.

Aber auch in anderen Regionen des Mittelmeeres, der griechischen Halbinsel, der Türkei, Zyperns, und Ägyptens fanden sich ähnlich günstige klimatische Bedingungen. So konnten in einem längeren Prozess allmählich Wildgetreide angebaut und ertragreicher gezüchtet werden. Zu den Getreidearten zählten Weizen, Gerste und Einkorn. Ab ca. 12 000 v.u.Z. begann die Agrarrevolution. Ihr folgten die ersten domestizierten Tiere, nämlich Ziegen, Schafe und später Rinder und Schweine. Man geht davon aus, dass alle heute bekannten Arten um 6 000 v.u.Z. bereits domestiziert waren, dieses aber in verschiedenen Regionen zu unterschiedlichen Zeiten geschah.

Der entscheidende Vorteil der Landwirtschaft war, dass viel mehr Einwohner auf einer Fläche ernährt werden konnten. Eine bessere Versorgung und mehr Wohlstand ermöglichten größere Siedlungen. Gleichzeitig erlaubten sie die Freisetzung menschlicher Kreativität zur Weiterentwicklung von Handwerk und Technologie, für eine bessere Arbeitsorganisation und handwerkliche Spezialisierung. Ab ca. 10 500 v.u.Z. befanden sich überall im Nahen Osten feste Siedlungen mit Getreideanbau.

Besondere Berühmtheit erreichten zwei Städte in Anatolien (die Region entspricht größtenteils der heutigen Türkei). Das war Catal Hüyuk, 8 500 v.u.Z. gegründet und bis 5 700 v.u.Z. bewohnt. Es handelte sich dabei um eine Stadt, in der bis zu 10 000 Menschen lebten. Die zweite Stadt war Hacilar, in der von ca. 7 000 bis -4 700 v.u.Z. Menschen lebten. (12) Intensive Ausgrabungsarbeiten zeigen die Existenz einer über Jahrtausende hinweg stabil und kontinuierlich gewachsenen Zivilisation. Catal Hüyuk umfasst eine Fläche von ca. 13 Hektar und zeigt in ihrer Anlageform Überreste einer Stadtplanung.

Die Fundstücke mit ihren reichen bildhaften Darstellungen beweisen eine religiöse Kontinuität über die gesamte Zeitspanne, bei der eine Göttin im Zentrum der Verehrung stand. Sie stellen das lange gesuchte kulturelle und religiöse Bindeglied zu späteren Perioden der Kupfer- und Bronzezeit dar. Beide Städte belegen die religiöse Verehrung der Muttergöttin von der Altsteinzeit bis zu den großen „Muttergöttinen" der archaischen und klassischen Zeiten. (13) Bei den Ausgrabungen vorgefundene Tongefäße wurden oftmals für rituelle Handlungen verwendet. Sie haben die Form von Frauenkörpern und zeigen die ältesten und künstlerisch wertvollsten Schöpfungen als Werke, die von Frauen gefertigt wurden. (14)

Sie stehen für eine über Jahrtausende gewachsene Zivilisation, die eine Muttergöttin verehrte.

Wie waren die sozialen Verbindungen organisiert?

Ältere Frauen und Stammesmütter verwalteten den Anbau und die Verteilung der Feldfrüchte, die gemeinsames Gut Aller waren. Es gibt archäologische Hinweise auf eine Arbeitsteilung zum Wohle Aller, nicht auf Über- oder Unterordnung einzelner Mitglieder der Gesellschaft. Dafür wurden kulturelle Zeugnisse über Grablegung und -ausstattung, zahlreiche Bildinhalte von Frauen bei rituellen Handlungen, Frauen bei Fertigung ritueller Gefäße etc. ausgewertet.

Männer und Frauen taten beide Dienst für die Göttin in den Heiligtümern. (15) Rituale der gleichwertigen Verschmelzung beider Prinzipien wurden in einer „Heiligen Vermählung" gefeiert. (16) In der Neusteinzeit gab es noch keine Trennung zwischen weltlichem und religiösem Leben. Religiöse Handlungen durchzogen ganz selbstverständlich den gesamten Alltag. (17)

Zahlreiche Funde aus der gleichen Zeit stammen aus Jericho ca. 7 000 v.u.Z. Dort lebten die Menschen bereits in lehmziegelverputzten Häusern und hatten Türen mit Angeln, Öfen mit Kaminen, Wandmalereien, reichhaltige Töpferkunst und Skulpturen. (18) Ca. 6 000 v.u.Z. gab es bereits den ersten Beginn von Metallverarbeitung. Es wurden jedoch keine Waffen, sondern Schmuck, Gefäße, Kultgegenstände und Werkzeuge gefunden. (19)

Schon im Neolithikum waren weite Gebiete von der hochentwickelten partnerschaftlichen Kultur besiedelt. Sie reichte weit über den Nahen und Mittleren Osten hinaus bis hin nach Indien. nach Westeuropa, England und bis nach Malta.

Dazu schreibt Eisler: „So zeichnet sich allmählich ein neues Bild der Entstehung von Zivilisation und Religion ab. Die neolithische Agrarwirtschaft schuf die Basis für eine Entwicklung, die im Verlauf von Jahrtausenden unsere unmittelbare Gegenwart formte. Nahezu weltweit hatten all jene Stätten, an denen die technische und soziale Entwicklung ihre ersten Gehversuche unternahm, ein gemeinsames Charakteristikum: die Verehrung der Göttin." (20)

Die Entstehung der Landwirtschaft ermöglichte eine sehr schnelle technologische Entwicklung und Handel sowie die Gründung von Städten. Sie hat Zeit freigesetzt und erlaubte damit die Entstehung bzw. Weiterentwicklung von Handwerken wie Töpferei, Weberei, Gerberei, Schmuckherstellung, Holzschnitzerei, Malerei und Steinbearbeitung. Um 6 000 v.u.Z. war die Landwirtschaft bereits weit entwickelt und es kam zur Besiedlung neuer Gebiete in Mesopotamien, Transkaukasien, Südeuropa sowie auf dem Seeweg in Zypern und Kreta.

Die Wiege der Zivilisation ist also nicht Sumer, wie allgemein gelehrt, sondern sie stand mehrere Tausend Jahre früher in der Kultur der Muttergöttin. Dabei „dominiert bis heute die Ansicht, dass männliche Vorherrschaft ebenso wie Privatbesitz und Sklaverei Nebenprodukte der Agrarrevolution gewesen seien – trotz aller Beweise dafür, daß in der Jungsteinzeit die Gleichberechtigung der Geschlechter – sowie aller Menschen – allgemeine Norm war." (21)

Auch Europa war in dieser Zeit nicht rückschrittlich, wie zahlreiche Funde der Jungsteinzeit aus Griechenland, Italien, Polen, Tschechien und der Ukraine von 7 000 bis 3 000 v.u.Z. belegen. Es wurde gezeigt, dass fruchtbare Flusstäler bewirtschaftet wurden, dass alle Haustiere außer dem Pferd bereits vorhanden waren, dass Töpferei und Kupferbearbeitung existierten, Handel getrieben und Segelboote benutzt wurden. (22) Die Menschen lebten in komplexen sozialen Strukturen, sie nutzten spezialisierte Werkzeuge und besaßen eine rudimentäre Schrift (23)

„Wenn man Kultur als die Fähigkeit eines Volks definiert, sich an seine Umwelt anzupassen und eine angemessene Kunst, Technologie, Schrift und soziale Beziehungen zu entwickeln, dann steht außer Frage, dass das Alte Europa hierbei bemerkenswert erfolgreich war." und „Die alten Europäer versuchten niemals, ihre Siedlungen an ungünstigen Standorten, wie hohen Bergrücken mit steilen Abhängen, zu errichten – ganz anders als die späteren Indoeuropäer, die an unzugänglichen Stellen Bergfesten erbauten und ihre Niederlassungen oftmals mit zyklopisch anmutenden Steinmauern umgaben. ... Die alten Europäer wählten ihre Standorte nach der Schönheit der Lage, der Güte von Wasser und Boden sowie nach den verfügbaren Weideplätzen aus. Bei den Siedlungen von Vinca, Butmir, Petresti und Cucuceni fällt der wunderbare Ausblick auf die Umgebung auf, keinesfalls jedoch eine verteidigungsstrategisch günstige Lage. Auch der Umstand, dass massive Befestigungsanlagen sowie Hieb und Stichwaffen völlig fehlen, spricht für den überwiegend friedlichen Charakter dieser kunstliebenden Völker." (24) Das belegt die außerordentliche Friedfertigkeit dieser Kultur.

Verblüffende Ähnlichkeiten gibt es zwischen Darstellungen an ganz verschieden Orten, höchstwahrscheinlich wurde in allen frühen bäuerlichen Gesellschaften eine Göttin verehrt. Beweise für die Verehrung einer Göttin wurden in allen drei Gebieten der Hauptentstehungszentren des Ackerbaus gefunden, nämlich in Südosteuropa/Kleinasien, Thailand und Mittelamerika. (25)

Eine der größten archäologischen Entdeckungen war die technologisch sehr fortgeschrittene und gesellschaftlich weit entwickelte Kultur auf Kreta. (26) Der Besiedlungsbeginn Kretas war 6 000 v.u.Z. Die Einwanderer kamen höchstwahrscheinlich auf dem Seeweg aus Anatolien. Die Agrartechnologie und ihre kulturellen Zeugnisse der Göttinnenverehrung zeigen sie als Menschen der Jungsteinzeit, mit einer hohen kulturellen Blüte um 2 000 v.u.Z. bis 1 500 v.u.Z. (27)

Hervorzuheben sind hier neben der großen künstlerischen Schönheit die Zeugnisse für eine selbstverständliche religiöse Durchdringung des Alltags. Bemerkenswert ist aber auch die kretische Gesellschaftsstruktur. Es herrschte eine relativ gleichmäßige Güterverteilung mit einem hohen Lebensstandard vor. Darüber hinaus wurden Hinweise auf zentralisierte Verwaltungseinheiten gefunden.

Es gab bereits eine erste Schrift, eine geordnete Stadtplanung mit perfekter Kanalisation jedes Stadtteils sowie sanitäre Einrichtungen und gepflasterte Straßen, Viadukte, Brunnen, Staudämme und Bewässerungssysteme. Häuser, Wohnungen und Gärten wurden angelegt.

Alles zeigte sich als durchdrungen von tiefer Verehrung der Natur. (28) In Kreta wurden viele neue Technologien eingeführt, gleichzeitig aber die zentrale Rolle der Göttin beibehalten. (29)

Typisch für die Zivilisation auf Kreta ist außerdem, dass es keinerlei Informationen über Kriege oder Heldentaten gibt, keinen persönlicher Ehrgeiz zu großer Machtanhäufung, keine Unfreien und keine militärischen Schutzvorrichtungen in den Städten. Das Fehlen jeglicher Hinweise auf kriegerische Auseinandersetzungen mit Nachbarstaaten beweist eine große Friedfertigkeit und Respekt vor eigenen Gesetzen, die in Ratsversammlungen erarbeitet wurden.

Die Gestalt der segnenden Frau und Göttin erfasst das Wesen der minoischen Kultur als einer Gesellschaft, in der das ganze Leben vom Vertrauen in die Göttin, in den Ursprung der Natur und in Harmonie durchdrungen war. „Auf Kreta scheint zum letzten Mal in der Geschichte ein Geist der Harmonie zwischen Frau und Mann als zufriedene gleichberechtigte Partner geherrscht zu haben, ein Geist, der auch die künstlerische Tradition der Insel durchzieht" (30) Diese Kultur drückt die Freude am Schönen, an Anmut und Bewegung sowie Lebensfreude und Naturverbundenheit aus.

Was war unseren frühen Vorfahren wichtig?

Diese Auffassungen von der Göttin bestimmen die gesellschaftlichen Prozesse, was sich darin zeigt, dass es keine Trennung des Göttlichen von der Welt gibt. „Wenn alles göttlich ist, nämlich als Erscheinung und Ausdruck der Mutter Natur oder Frau Welt, dann ist auch alles mit allem verbunden." (31) Unter solchen Umständen ist keine Ausbeutung der Natur denkbar. Dann trägt die Mutter Erde alle Menschen und ernährt sie auch, daher gibt es folglich nur Nutzugsrechte, kein Eigentum: „wie könnte jemand auch die Mutter Erde, eine Göttin, besitzen?" (32)

Die materiellen Güter werden ausgetauscht und bei den großen gemeinsamen Festen verschenkt. „Religion ist Dialog mit der Göttin, die überall ist; Gebete, Lieder, Tänze sind hingebungsvolle Kommunikation mit ihr, empathisches in Übereinstimmung bringen mit ihr, mit dem Gefüge des Lebens, der Natur und der Welt." (33)

Die besondere Bedeutung der neolithischen Kultur liegt in ihrer Friedfertigkeit. Eisler schreibt darüber: „Ein scharfer Kontrast zur Kunst späterer Epochen liegt darin, daß in der Kunst des Neolithikums idealisierende Darstellungen bewaffneter Macht, von Grausamkeiten und Gewaltherrschaft fehlen. Es gibt keinerlei Darstellungen von „edlen Kriegern oder Schlachtenszenen, keinerlei „heldenhafte Eroberer", die ihre Gefangenen in Ketten legen, auch keine anderen Beweise für Sklaverei.

In den Ausgrabungsgebieten waren für einen Zeitraum von über 15 000 Jahren keine Anzeichen von kriegsbedingten Zerstörungen nachweisbar. Auch das vollkommene Fehlen prachtvoller Häuptlingsgräber … steht in krassem Gegensatz zu dem, was wir über die frühesten männerdominierten Kulturen wissen. Auch finden wir im Neolithikum – ebenfalls im Gegensatz zu späteren Gesellschaften – weder große Waffenlager noch Anzeichen für eine rohstoffintensive Waffentechnologie. … Noch mehr: Der Kunst jener Zeit fehlt in verblüffender Weise jede bildliche oder figürliche Darstellung von Herrschen und Beherrschen, von Herren und Untertanen, wie sie für dominatorisch orientierte Gesellschaften typisch sind." (34)

„Das legt den Schluss nahe, dass es im realen Leben dafür keine Vorbilder gab." (35) „Weitere Indizien dafür, daß es in der Frühzeit des Menschen Formen des Zusammenlebens gab, deren Organisation sich grundlegend von der unseren unterschied, sind die vielen, anders gar nicht zu erklärenden Darstellungen einer weiblichen Gottheit in der antiken Kunst und Mythologie, ja sogar in der Geschichtsschreibung. Die Göttinnenverehrung ist die Grundlage aller späteren Kulturen und Zivilisationen, in Asien wie Mittelamerika und Europa. Selbst, nachdem die jungsteinzeitliche Kultur zerstört worden war, lebten sie noch fort und waren Nährboden für die spätere kulturelle Entwicklung in Europa." (36)

Die Muttergöttin wurde in vielen Teilen der Welt verehrt. „Es ist durchaus plausibel, daß die früheste Darstellung göttlicher Macht in menschlicher Gestalt eher weiblichen als männlichen Geschlechts gewesen ist. Als unsere Vorfahren anfingen, die uralten Fragen zu stellen – Wo sind wir vor unserer Geburt? - muss ihnen aufgefallen sein, daß das Leben aus dem Körper der Frau hervorgeht." (37) Meist wird sie mit dem Begriff Frau Welt, Frau Venus o.ä. bezeichnet. Mittelhochdeutsch war Frau immer auch gleich Hohe Frau, Fürstin, so auch die Göttin als die höchste Frau. (38) Heutige Gesellschaften verehren sie unter diesen Namen noch immer: Die Hopi in den USA als Spinnenfrau (Schöpferin des Lebens auf dem Land), Türkisfrau (Schöpferin der Welt und Ozeane), Maisfrau (Allernährerin); die Irokesen in den USA verehren: Awenhai (Himmelsfrau und Groß-Mutter Mond, Schöpferin des Lebens und der Erde); in Alt-Tibet ist die höchste, umfassendste Göttin die Mutter des leeren Raumes (Universumsschöpferin, der Schoß aus dem alles hervorgeht) (39); für die Bantu in Afrika heißt sie Welt-Alte bzw. Erd-Alte (Urkraft von Allem). (40)

Die Mutter-Göttin erhielt sich bis weit in historische Zeiten als Magna mater im Nahen Osten, als die Gottheiten Isis, Nut und Maat in Ägypten, Ischtat, Astarte, Lilith im östlichen Mittelmeer, Demeter, Korte, Hera in Griechenland, Atargis, Ceres, Kybele in Rom sowie die katholische Jungfrau Maria, Heilige Mutter Gottes. (41)

Eine noch häufigere Bezeichnung für die Göttin ist der Begriff Mutter in allen Sprachen: Mut, lateinisch mater, englisch mother, Anat in Alt-Palästina, Ana-hita (Alt-Persien), In-anna (Sumer), Dana und Dikty-anna (Alt-Kreta), Tana-it (Alt-Karthago), Anna (Christentum), die alle ähnliche Silben haben. Im Christentum ist es ebenso die „Anna Selbdritt" als Große Mutter in drei Altersstufen, mit der Tochter Maria und dem Enkel Jesu (vermännlicht). In der Zeit davor war es die weise Alte, junge Mutter und Kind. Bei den Arawak in Südamerika ist es: Ama-na (Mondmutter, Große Schlange), bei den Kuna in Panama: Mu Olokurtsilisopp (Mondmutter), in Alt-Tibet: Klu-mo (Urmutter der Tiefe, die Krankheit und Heilung, Leben und Tod bringen kann), in West-China: Hsi Wang Mu (die Mutter auf dem Weltberg), in Japan: Ama-terasu (Mutter Sonne), in Südindien: Ammas (göttliche Mütter). (42)

Was lässt sich daraus schlussfolgern?
Zusammenfassend lässt sich feststellen, dass die kulturelle Evolution von den Frühmenschen ausgehend zu einer weit fortgeschrittenen Kultur im Neolithikum geführt hat. Unterstützt wurde diese Entwicklung durch die Weiterentwicklung von Sprache, Erkenntnis- und Denk-

fähigkeit und der Schaffung eines gemeinsamen kulturellen Mythos, der Verehrung des Lebens in der Göttin.

Damit wurde eine Verstärkung der natürlichen biologischen Bindungs- und Kooperationsbedürfnisse (des biologischen Liebescodes) zugunsten einer besseren Evolutionsanpassung möglich mit einem nie vorher dagewesenen Ausmaß an Kultur, technologischer Entwicklung und Wohlstand, wie sie Kreta beispiellos zeigt. Entscheidend für die Möglichkeit zu einer solchen kulturellen Entwicklung ist die Organisation von Bindung und Kooperation durch ein gemeinsames Glaubens- und Wertesystem der Menschen.

Diese neuen Entdeckungen und Interpretationen der Archäologie „legen Zeugnis ab von einer langwährenden Ära des Friedens und Wohlstands, in der die soziale, technologische und kulturelle Evolution große Fortschritte machte: viele Jahrtausende in denen die Grundtechniken unserer Zivilisation entwickelt wurden – und dies in Gesellschaften, die keine Männerherrschaft, keine Hierarchien und kaum Gewalt kannten." (43)

Kapitel 5.1 – Welche Mythen und Traditionen bestimmten das Denken und Erkennen?

Mit Hilfe von Sprache, also mit gemeinsamen Glaubensvorstellungen, mit den Geschichten und Mythen der gesamten kulturellen Welt, vermag es der Mensch, seine eigenen inneren biologischen Realitäten zu verändern. Menschen in sozialen Systemen sind in der Lage, durch einen sprachlichen Austausch gemeinsam eine Welt hervorzubringen, die dann zur gelebten Realität Aller wird (Kapitel. 2.3). Soziale und sprachliche Kopplungen zwischen Individuen erweiterten die Anpassungsmöglichkeiten der Menschen als einer biologischen Art. Diese Kopplungen und die damit verbundenen gemeinsamen sprachlichen Traditionen, Religionen und Wertvorstellungen, stellten die grundlegende Voraussetzung für die Herausbildung der Partnerschaftskultur dar.

Das Denken und alle Vorstellungen von der Welt waren in der partnerschaftlichen Kultur vom Bild der Muttergöttin bestimmt. Es handelt sich um eine komplexe Religion mit der Anbetung einer Muttergöttin als Quelle von Neubildung und Regeneration aller Arten von Leben. „Die Einheit aller natürlichen Dinge, wie sie in der Göttin personifiziert ist, scheint wie ein roter Faden die Kunst des Neolithikums zu durchdringen. Die höchste Macht, die hier das Universum regiert, ist eine göttliche Mutter, die ihrem Volk das Leben gibt, es mit materieller und spiritueller Nahrung versorgt und ihre Kinder selbst im Tod nicht verlässt, sondern sie wieder aufnimmt in ihren kosmischen Schoß." (1)

Dasselbe gilt für die am höchsten entwickelte Kultur auf Kreta. Die Gestalt der segnenden Göttin erfasst auch das Wesen der minoischen Kultur. Es war eine Gesellschaft, in der das gesamte Leben vom Vertrauen in die Göttin durchdrungen war. Bemerkenswert sind neben der großen künstlerischen Schönheit die Zeugnisse für eine selbstverständliche religiöse Durchdringung des Alltags sowie die gleichberechtigte Gesellschaftsstruktur.

Die Kultur Kretas war gekennzeichnet von der materiellen Gleichverteilung der Güter und einer tiefen gefühlsmäßigen Bindung an die gesamte Schöpfung. (2) Jeder Mensch hat sich eingebettet in Familienverbände in die Sippe, das Dorf und in den Schoß der Mutter Göttin fühlen können. Die Göttin als Erdmutter kehrte im Bild jeder menschlichen Mutter wieder. So, wie die Göttin der Ursprung von allem ist, ist die menschliche Mutter der Ursprung für alle Menschen, da sie durch die Geburt jedem das Dasein schenkt. (3) Wenn alle Menschen Kinder der Göttin sind, sind sie alle Geschwister und gleich viel wert, unabhängig von Rasse oder von Glauben. Demzufolge ist jede Über- oder Unterordnung nicht mit diesem Prinzip vereinbar. (4)

Aus der partnerschaftlichen Hochzivilisation stammen die Ursprünge von Ackerbau, Viehzucht, Stadtplanung und Handwerk, aber auch von Rechtspflege, Staatswesen, Verwaltung und Religion. Weit entwickelt waren auch Priesterschaft, Tanz und Architektur sowie Handel und Seefahrt, Erziehung, Bildung, Zukunftsvorhersage. Überall waren Frauen beteiligt bzw. brachten diese Leistungen hervor. (5)

Diese Kultur schuf optimale Bedingungen für die Weiterentwicklung von Erkenntnis, von Denken, Abstraktion und Technologie. Sie zeigte ein außerordentliches Tempo der kulturellen Evolution. Durch die Gesellschaftsstruktur der Muttergöttinnenkultur waren optimale Lernbedingungen dank tiefer, sicherer Bindungen unter ihren Mitgliedern möglich. Da die kognitive Entwicklung immer an eine erfolgreiche Bindung geknüpft ist, kann zu Recht von der „kognitiven Revolution" in der Kultur der Muttergöttin gesprochen werden. Viele der Entwicklungen handwerklicher und technologischer Art, wie auch der Beginn der Schrift, erfolgten durch Frauen.

In den Jahrtausenden, in denen die Große Göttin verehrt wurde, erfolgte Erkenntnis auf mehreren Wegen, nonverbal leiblich sowie verbal logisch. Dabei wurde zwischen beiden Wegen nicht unterschieden. Sie schlossen sich gegenseitig weder aus noch wurde einer davon höher bewertet. Wir können davon ausgehen, dass es in den frühesten Phasen der Menschheit zunächst vor allem nonverbalen Erkenntnisgewinn gab und allmählich mit der weiteren Ausdifferenzierung der Sprache verbale begriffsgebundene Erkenntnis- und Denktraditionen hinzukamen. Die frühen menschlichen Kulturen nutzten demnach erfolgreich mehrere Wege nebeneinander und benutzten offenbar beide Gehirnhälften gleichermaßen.

Für uns in der heutigen Zeit ist dieses Denken eher fremd. Aber in der partnerschaftlichen Kultur wurde nichts erlebt, was nicht auch am eigenen Leib gespürt wurde. (6) Es gab keinen Unterschied zwischen Denken und Fühlen als Quelle von Erkenntnis und Wissen. Körperempfindungen als Hinweise für stimmige Entscheidungen von „suchen" oder „meiden" (Kapitel 3.8.) wurden noch ganz selbstverständlich genutzt. In Untersuchungen dazu wurde an Homer-Textstellen gezeigt, dass sogar in seinen Schriften noch Denken und Erkennen sich als körperliche Empfindung bestimmter Leibesstellen ausdrückten, z.B. im Zwerchfell, im Herzen oder im Unterbauch. (7) Diese Orte im Körper entsprechen den Wirkungen der sympathischen Aktivierung bzw. der Erholung durch den Vagusnerv (Kapitel 3.12.). Damit beschreibt Homer die Wirkung der Körperempfindungen für Annäherungs- und Vermeidungsverhalten des emotionalen Erfahrungsgedächtnisses.

Diese Auffassungen der Muttergöttinnenkultur entsprechen den heutigen Vorstellungen der modernen Neurobiologie, wonach kein isolierter freier Wille unser Denken und unsere Entscheidungen bestimmt. Denken ist nur in Verbindung mit den zugehörigen Körperempfindungen und Bewertungen des limbischen Systems möglich (Kapitel 8.1).

Dabei nahmen die Frauen der Partnerschaftskultur sich selbst als eigene Personen wahr. Sie konnten bereits bewusst reflektieren und sich selbst als von der Natur getrennte Eigenwesen erfahren und als „Persönlichkeit" erkennen. (8) A. Stopczyk, die sich als Philosophin mit diesem Thema beschäftigt hat, untersuchte die Schriften der Sappho dazu. Sappho lebte 600 v.u.Z. im antiken Griechenland, 100 Jahre vor Sokrates. Sie war eine der letzten Frauen der partnerschaftlichen Tradition. Sie beschreibt Gefühle in ihrem leiblichen Ausdruck. Sie ist in der Lage, gleichzeitig zu fühlen, zu spüren und auf einer Abstraktionsebene dafür sprachlichen Ausdruck zu finden. (9) Sappho wollte sich ausdrücken, nicht erklären. Im sprachlichen Ausdruck wurde ihr ihre Empfindung vollständig bewusst.

Sie war somit bereits in der Lage, Inhalte des emotionalen Erlebens und des impliziten limbischen Erfahrungsgedächtnisses (Kapitel 3.14) mit dem expliziten Gedächtnis zu verbinden und es ganzheitlich reflektiert in Sprache umzusetzen. Hier herrschte eine Verbindung beider Gedächtnis- und Erkenntniswege vor. Dieses war die Sprache der mütterzentrierten Göttinnenkultur mit den entsprechenden kulturellen Leistungen.

In der Partnerschaftskultur war vor allem der Erkenntnisgewinn über die Betrachtung von Bildern üblich. Bilder gehen sehr viel unmittelbarer, direkter und tiefer in unsere Wahrnehmung ein. Verbales Denken dauert länger und oftmals lässt sich nicht die ganze Breite von Eindrücken und Erkenntnissen wiedergeben bzw. verändert sich durch die lineare Abfolge von Worten. Bilderdenken ist stark körperlich an Empfindungen und Gefühle gebunden. Es erlaubt eine schnelle, intuitive Erkenntnis. Die wichtigste Informationsquelle über das Leben, über Religion, Wertvorstellungen und die Gesellschaftsorganisation der Partnerschaftskultur ist nonverbaler Art.

Wir können die Antworten auf diese Fragen aus den bildhaften Darstellungen der überlieferten Kunst erkennen. Die Kunst: "ist in einem sehr realen Sinne eine Art Sprache oder Kurzschrift, die in Symbolen ausdrückt, was die Menschen damals erlebten und wie sie aus ihren Erlebnissen heraus das erschufen, was wir heute Realität nennen." (10) Der bildhafte Ausdruck als Mitteilung von Erkenntnis und Denkweise war damals selbstverständlich.

Sprache und Schrift mit ihren Begriffskonstruktionen aus Buchstabensymbolen erfordern eine hohe Abstraktionsleistung, zu der nur Menschen sich entwickelt haben. Sie ist die Voraussetzung für die Verständigung über hochkomplexe Sachverhalte und weit fortgeschrittenes mathematisches, astronomisches und ingenieurtechnisches Wissen.

Da die im Neolithikum entstandenen Städte, Viadukte und Stadtplanungen solches Wissen erforderten, können wir schlussfolgern, dass sich derartige sehr hoch entwickelte Abstraktions- und Logikleistungen bereits herausgebildet hatten. Je mehr ein Mensch sich so beschäftigt, z.B. als Handwerker, Schreiber, Buchhalter oder Konstrukteur, desto mehr entwickelt sich logisches Denken und wird an die nächste Generation über Lernen weitergegeben. Und das waren damals ganz häufig Frauen.

Dabei wird es Frauen leichter gefallen sein, eigenleibliches Empfinden in Sprache zu bringen, weil sie es durch ihre Sprachbegabung im Gehirn schneller lernen konnten und darin geübter waren. Aber durch die partnerschaftliche Arbeitsteilung und Kooperation waren Männern sicher auch gut in der Sprache zuhause und drückten eigenleibliche Empfindungen aus.

Was lässt sich daraus schlussfolgern?
Daraus lässt sich schließen, dass damals sowohl Frauen als auch Männer abstrakt-logisch und leiblich-emotional zu Erkenntnissen kamen. Offenbar konnten die Menschen beides Geschlechts auf beide Erkenntnisweisen zurückgreifen. Und nur diese Kombination, die stimmige förderliche Entscheidungen ermöglicht, war die Ursache der kognitiven Revolution. „In Gesellschaften, die die höchste Macht des Universums in einer Göttin als weiser und gerechter Quelle all unserer materiellen und spirituellen Gaben verkörpert sehen, dürften Frauen ein ganz anderes Bild von sich verinnerlicht haben. Bei einem so mächtigen Rollenmodell neigen sie vermutlich dazu, aktiv, ja sogar führend an der Entwicklung und Anwendung materieller und spiritueller Technologien teilzunehmen und dies nicht nur als ihr Recht, sondern auch als ihre Pflicht zu betrachten. Sie hielten sich selbst für kompetent und unabhängig, ganz gewiß für kreativ und erfinderisch." (11)

„Bei alledem erscheinen die zahlreichen Darstellungen der Göttin in ihrem Dualismus von Leben und Tod als Ausdruck einer Weltsicht, in der nicht die Eroberung, Plünderung oder Beutemacherei im Mittelpunkt des Lebens und der Kunst standen, sondern die Kultivierung des Bodens und die Versorgung der Gemeinschaft mit den für ein befriedigendes Leben notwendigen materiellen und spirituellen Gütern. Insgesamt gesehen, spricht die neolithische (und noch deutlicher die weiter fortgeschrittene minoische) Kunst für ein Weltbild, in dem die zentrale Funktion der mystischen Mächte, die das Universum regierten, nicht in der Erzwingung von Gehorsam, in Strafe und Zerstörung liegt, sondern vielmehr im Geben und Schenken." (12)

Kapitel 5.2 – Wie wurden die biosozialen Prozesses gestaltet?

In Kapitel 3 wurden die Grundzüge der Entwicklung und Funktion des Nervensystems besprochen sowie in Kapitel 4 die Regulation komplexer sozialer Handlungen mit deren Hilfe Sicherheit, Wohlbefinden, Kooperation und Bindung ko-reguliert werden.

Soziale sprachliche Kopplungen sind die Basis für unsere weit fortgeschrittene Evolution als Art Mensch gewesen. Durch den Austausch gemeinsamer verbaler Realitätsbeschreibungen, Religionen und Traditionen entstand innerhalb der biologischen Evolution die Möglichkeit einer eigenständigen kulturellen Evolutionsbewegung. Das hat es ermöglicht, wesentliche biosoziale Prozesse wie Schwangerschaft, Geburt, Liebe und Elternschaft durch die kulturellen Vorstellungen zu überformen.

Dieses Kapitel wird sich mit der partnerschaftlichen kulturellen Evolutionsrichtung beschäftigen und der Frage nachgehen, wie weit und auf welche Weise sie auf die biologische Evolution Einfluss genommen hat. Wir werden dazu wieder unsere Reise durch die Zeit und die Kultur mit Flora und Paul gemeinsam unternehmen.

Leider haben wir heutzutage nur noch begrenztes Wissen über die genauen kulturellen Traditionen von Bindung, Geburt, Liebe und Kooperation der frühen Menschen. Wir haben vermutlich mehr Wissen über diese Aspekte im Leben von verwandten Affenarten durch die Forschungen der letzten Jahre gewinnen können, als über das soziale Leben der frühen Partnerschaftskultur. Im Folgenden wird anhand des Wissens über Primaten sowie aus den vielen bildlichen und figürlichen Darstellungen ein Bild davon skizziert, wie diese frühe Kultur die biologischen Prozesse gestaltet und beeinflusst hat.

Aus den vorliegenden Zeugnissen lässt sich eine enge Verbindung mit und Hochachtung der Abläufe der Natur und insbesondere dem Werden und Schenken von Leben ersehen. Daraus lässt sich ableiten, dass die frühe Partnerschaftskultur diese Prozesse in ihrer biologischen Natur hat geschehen lassen und Schwangerschaft, Mutterschaft und Bindung unterstützt hat. Nach den vorliegenden Zeugnissen war die Gesellschaft durchgängig friedfertig und auf enge soziale Bindungen eingestellt.

Kapitel 5.2.1 – Welche ersten Erfahrungen machten Babys?

Bereits bei Menschenaffen und noch mehr bei den Menschen selbst zeigen sich enge soziale Bindungen als Überlebensvorteil in der evolutionären Auslese. Eine besondere Phase ist dabei neben der Schwangerschaft die unmittelbare Geburts- und Nachgeburtszeit, in der eine enge Bindung zwischen Mutter und Baby entsteht.

Es ist anzunehmen, dass bei der religiösen Verehrung des Lebens in der Partnerschaftskultur auch ein tiefes Wissen und ein tiefer Respekt vor dem Wunder von Schwangerschaft und Geburt herrschte. Dementsprechend wird der biologische Ablauf dieser Prozesse kulturell unterstützt worden sein. So dass das ungeborene Baby Sicherheit über die Stimme und den Herzschlag der Mutter erleben und erste Lernerfahrungen mit seiner eigenen inneren Zustandsregulation machen konnte.

In Kapitel 4.13 wurde dargestellt, wie die Komponenten des social engagement systems Sicherheit durch die Mutter vermitteln. Es ist bekannt, dass in der Kultur Gesang und Tanz eine große Rolle spielten. Daher können wir davon ausgehen, dass bereits das Ungeborene die singende beruhigende Stimme der Mutter tief in seinem Nervensystem als Quelle von Sicherheit und Beruhigung verinnerlicht hat. So konnte es die entsprechenden neuronale Netze ausbilden und im emotionalen Erfahrungsgedächtnis mit dem Vermerk „suchen" ablegen. Aufgrund der hohen Friedfertigkeit und ausgereifter sozialer Bindungen können wir auch davon ausgehen, dass die Ungeborenen nur sehr wenig dem mütterlichen Stresshormon Cortisol ausgesetzt waren und kaum Angstsituationen erleiden mussten.

Die Geburt ist eine der ersten und prägendsten Selbstwirksamkeitserfahrungen des Menschen. Wenn sie ungestört und komplikationslos

verläuft, entsteht beim Baby das unbewusste Gefühl von „Ich kann es",
was neben Oxytocin und Opioiden zu einer hohen Ausschüttung von
Dopamin der Belohnung führt. Unter solchen Umständen erleben Paul
und Flora eine hohe sympathische Aktivierung, denn eine Geburt ist
anstrengend, aber sie ist mit sehr wenig Angst verbunden. Während
des ersten Kontakts nach der Geburt, wo die Mutter und Paul bzw.
Flora einander kennenlernen, können sie Signale der Sicherheit empfangen und sich von der Geburtserfahrung erholen. Damit können sie
an die vertrauten Erfahrungen der vorgeburtlichen Zeit anknüpfen.
Durch eine massive Ausschüttung von Oxytocin und endogenen
Opioiden wird die Bindung unterstützt.

Dieser allererste Kontakt direkt nach der Geburt ist ein ausschlag-
gebender Moment für die gegenseitige Bindung zwischen Flora bzw.
Paul und ihrer Mutter. Er ermöglicht Flora das Saugen bereits in der
ersten Stunde nach der Geburt, wobei sie selbst aktiv die Brust sucht
und findet. Gleichzeitig vernetzen sich dabei in ihrem jungen Nervensystem die Schaltkreise für Dopamin und Oxytocin ganz intensiv. Positive Erfahrungen, die Flora und Paul mit ihrer Mutter in dieser ersten
Zweisamkeit und danach immer wieder machen, sorgen dafür, dass sie
auch in der Zukunft viele Oxytocinrezeptoren im Gehirn besitzen und
viel Oxytocin produzieren können. Für männliche Babys wie Paul ist
diese erste Interaktion mit einer starken Oxytocinausschüttung sogar
noch bedeutungsvoller, weil sie sich von selbst nicht ganz so aktiv um
Kontakt bemühen und es schwerer haben, die entsprechende Menge
an Oxytocinrezeptoren auszubilden. Oxytocin beruhigt und verbessert
damit die Fähigkeiten zur Interpretation der Signale des social engagement systems (Kapitel 3.13.).

Der frühe erste Kontakt bewirkt neben Oxytocin auch eine hohe Serotoninkonzentration, welche die Ausschüttung von Noradrenalin
hemmt, also auch für eine Beruhigung und für Sicherheit sorgt (Kapitel
3.10.). Damit fühlen sich Flora, Paul und ihre Mutter jeweils in ihrem
Beieinander wohl, glücklich und sicher. Diese frühe Erfahrung von Sicherheit und Fürsorge ist entscheidend für die Ausbildung von Vertrau-
en in die Welt. Es ist Voraussetzung für Floras und Pauls spätere Fähigkeit, ihre innere Befindlichkeit selbst zu regulieren und damit für die
Lernfähigkeit des Gehirns. Das Gefühl von Sicherheit wird körperlich
erfahren, es wird gegenseitig zwischen Flora bzw. Paul und ihrer Mutter abgestimmt. Das social engagement system sorgt was über seine
Verbindung zum Herzen für eine Entspannung durch Verlangsamung
des Herzschlags und der anderen vegetativen Körperfunktionen (Kapitel 3.1). Beide, Flora bzw. Paul und ihre Mutter, gelangen dadurch in

einen entspannten, parasympathisch dominierten Zustand, in dem sie einander begegnen, zärtlich sein können und in dem sie allmählich lernen, gefahrlos einzuschlafen und zu vertrauen.

Aufgrund dessen, was wir über die Bedeutung von Fürsorge und Liebe der Kultur wissen, können wir auch davon ausgehen, dass die Mütter auf Signale der Babys durch Hunger, Durst, Angst etc. schnell reagiert und ihnen keine frühen Trennungen zugemutet haben. Wenn Babys ihre Mütter durch Rufen herbeiholen können, bilden sich Vertrauen und Zuversicht als allererste soziale Erwartungen an zukünftige Beziehungen, an die Welt überhaupt, heraus. Von Müttern der !Kung, einer heute noch lebenden Kultur der Jäger und Sammler, ist bekannt, dass sie in 92 % der Fälle innerhalb von 15 Sekunden auf ein weinendes Baby reagieren. (1) So entwickeln sich vom ersten Tag an positive unbewusste Beziehungserwartungen und ein Gefühl von Selbstwirksamkeit. Je häufiger ein Baby diese Erfahrung macht, desto sicherer gelingt ihm die Ko-Regulation seines inneren Spannungszustandes.

Wir können davon ausgehen, dass die Mütter mit ihren besonderen Fähigkeiten zur Herstellung und Initiierung von Augen- und Mimikkontakt den männlichen Babys wie Paul beim Herstellen von Kontakt geholfen haben. Paul fällt die Kontaktaufnahme etwas schwerer als weiblichen Babys wie Flora. Er ist selbst weniger aktiv dabei, Kommunikation zu initiieren (Kapitel 4.2.2.). Deshalb dauert es länger für ihn, das Körpergefühl der Sicherheit auszulösen. Durch die Hilfe der Mutter gelingt jedoch die Kontaktaufnahme, so dass Paul sich sicher fühlen und beruhigen kann. Damit erlebt Paul gemeinsam in Ko-Regulation die erste soziale Regulierung von Angst.

Menschen haben nicht mehr das Fell, an das sich ihre Nachkommen anklammern können, wie unsere Vorfahren, die Primaten. Dennoch sind Babys entwicklungsgeschichtlich Traglinge. Sie suchen ständigen Kontakt, damit sie nicht unterkühlen, dursten und sich sicher fühlen - genauso wie kleine Äffchen im Fell der Mutter. In vielen Kulturen werden die Babys heute noch getragen. Wir können davon ausgehen, dass Babys viel am Körper ihrer Mutter, sicher auch anderer Mütter, getragen worden sind. So haben sie viel die warme Haut und ihre Bewegungen erfahren, sie ständig gespürt und gerochen.

Alles das hat für einen beständigen Strom des Wohlfühl- und Liebeshormons Oxytocin in ihrem Körper und damit für Wohlbefinden und Zufriedenheit gesorgt.

Wir können auch davon ausgehen, dass die Mutter sie schnell gestillt hat, weil sie durch das Tragen am Körper die Stillzeichen sofort bemerken konnte. Wenn ein Baby Hunger bekommt, wird es unruhig und beginnt die Brust zu suchen. Es schmatzt, spitzt die Lippen und versucht, sich bemerkbar zu machen. Danach erst wird es körperlich aktiv, beginnt zu zappeln, kaut an der eigenen Hand und erst noch später beginnt es zu schreien und wird unruhig trinken, wobei es nicht mehr schnell zu beruhigen ist. (2)

Flora und Paul werden überall hin mitgenommen, wo ihre Mutter im Alltag zu tun hat. Während des Getragenseins haben Paul und Flora sich an dem Lachen ihrer Mutter freuen können, wenn sie mit anderen Frauen gescherzt hat. Sie haben sie singen und tanzen gespürt, ihre Bewegungen miterlebt und deren Rhythmus. Sie haben ihre Stimme stets gehört und sich ruhig und sicher gefühlt. Sie haben den ganzen Tag über die Sicherheit ihrer Mutter zur Verfügung und konnten gleichzeitig viele andere Bezugspersonen kennenlernen. Beim Tragen können Paul und Flora aufrecht die Umgebung sehen, das macht sie wacher und aufgeschlossener. Daher sind sehr viele intensive Lernerfahrungen und neuronale Vernetzungen möglich. Das ermöglicht auch Paul viele und ausreichende Erfahrungen mit der Mimik und Gestik anderer Menschen in einem entspannten sicheren Zustand zu machen. Dies trägt dazu bei, seine Fähigkeit zur Interpretation von Gesichtern weiter zu entwickeln, um im zukünftigen Leben dadurch seine sozialen Beziehungen gut gestalten zu können.

Zahlreiche Studien der letzten Jahre belegen den förderlichen Effekt des Tragens auf die Babys: Es hat sich gezeigt, dass regelmäßig getragene Babys weniger weinen. (3) Babys im Tuch fühlen sich sicherer als wenn sie „abgelegt" sind, denn mit dem Tragen werden Erinnerungen an die sichere vertraute vorgeburtliche Zeit durch die mütterliche Bewegung, ihren Herzschlag und ihre Stimme geweckt. (4) Dadurch kommt es zur gegenseitigen Stimulierung von Sicherheit mit Oxytocin-, Serotonin- und Opioidausschüttung bei Mutter und Kind.

Kapitel 5.2.2 – Wie wurde die Kindheit gestaltet?

Bei den zärtlichen und spielerischen Begegnungen, von denen es in der von Fürsorge und Liebe gekennzeichneten Partnerschaftskultur viele gibt, werden sehr häufig bindungsförderliche Hormone und Neurotransmitter ausgeschüttet (Kapitel 3.9).

Oxytocin durch die Berührungen, Serotonin durch die beruhigende Aktivität der Mutter, Dopamin durch eine lustvolle spielerische Anpassung der Mobilisierung des sympathischen Nervensystems. Diese neuronalen Netzwerke werden intensiv stimuliert und gemeinsam abgespeichert. Später im Leben werden sie immer wieder gemeinsam aktiviert, als Handlungen mit den dazugehörigen Gefühlen.

Körperlich spürbar vermittelt werden sie über die Hormone und Neurotransmitter, die zu angenehmen Körperempfindungen führen: Freude, Lust, entspannte Muskulatur, Mimik, Gestik, ruhiger oder lustvoll aktivierter Herzschlag. Jede Wiederholung dieser Begegnungen setzt immer wieder und immer mehr diese Stoffe frei und vertieft das Lernen und „suchen" dieser Erfahrungen des biologischen Liebescodes.

Daher haben Kinder und Erwachsene in dieser Kultur mit Sicherheit hohe Spiegel der Wohlbefinden fördernden Neuromodulatoren Oxytocin, Dopamin, Serotonin und von endogenen Opioiden. Damit einher geht eine ausgeprägte Fähigkeit zur Ko-Regulation eines sicheren entspannten Gefühls und eine ebenso ausgeprägte Liebes- und Bindungsfähigkeit, was ihr soziales Verhalten und ihre Kultur geprägt hat.

Demzufolge können wir uns den Verlauf der weiteren Kindheit als eine Zeit vorstellen, in der Flora und Paul vielseitige soziale Erfahrungen mit vielen Mitgliedern der Familien und des Dorfes machten und sich dabei sicher fühlten auf der Grundlage vertrauensvoller Bindungsbeziehungen. Das Gefühl von Sicherheit und Bindung ist für alle Säugetiere notwendig, um in einen entspannten inneren Zustand von Wohlbefinden zu gelangen, der erst Lernen, Spiel, Kreativität und Gesunderhaltung ermöglicht. Gefühl und Denken sind untrennbar miteinander verbunden. Denken und Lernen läuft am besten bei positiver, spielerischer Grundstimmung, Entspannung und Angstfreiheit ab (Kapitel 3.5).

In der Partnerschaftskultur hat das soziale Spiel einen hohen Wert, wie aus zahlreichen bildlichen Darstellungen hervorgeht. Ebenso verbringen Primaten einen großen Teil ihrer Zeit mit Spielen – und das nicht nur als Kinder. Rhesusaffen z.B. sind nach dem Ende ihrer Kinderzeit nur noch zu 20 % bei ihrer Mutter. Ansonsten toben sie mit Gleichaltrigen herum und erfahren alles über die Struktur und Hierarchie der Gruppe, was sie für ein erfolgreiches soziales Verhalten wissen müssen. Dabei lernen sie auch, Verbündete und Hilfe zu suchen sowie bestimmte Strategien anzuwenden, um ihre Ziele zu erreichen. (5)

Beim sozialen Spiel lernen auch Flora und Paul vieles, was sie für ihr Leben brauchen. Sie lernen die sozialen Regeln ihrer Kultur und was von ihnen als Mädchen oder Junge, später als Frau und Mann, erwartet wird. Dabei gibt es geschlechtsspezifische Unterschiede, die sich auch bei Primaten finden lassen. Insbesondere Flora spielt bevorzugt mit Puppen und eher kooperativ. Damit verstärken sich die typisch weiblichen Gehirnstrukturen für Beobachtung und Kommunikation und ihre Fähigkeit zur Wahrnehmung zwischenmenschlicher Nuancen und Fürsorge. Es war ein evolutionärer Vorteil, wenn Mädchen in der Kindheit von den erwachsenen Frauen lernten, sich auf Andere einstellen zu können, um die Bedürfnisse der Nachkommen lesen und erfüllen zu können. Mädchen wie Flora entwickeln eher und mehr Mitgefühl, weil sie besser in anderen Menschen lesen können.

Außerdem lernen Flora und Paul sich selbst und ihre Körperkraft kennen, erlernen Wettbewerb und Kooperation, Fürsorge, Teilen, Gewinnen und Verlieren. Verlieren können ist besonders für Paul eine wichtige Lernaufgabe, um dabei nicht aggressiv zu werden, sondern den spielerischen Charakter wahrzunehmen, damit die Gruppe sich sozial regulieren kann. Bei vielen Spielen, beim Toben, beim Messen von Kraft und Geschicklichkeit und bei Wettbewerben kommt es zu einer erheblichen Mobilisierung des sympathischen Kampf-Flucht-Systems. Paul und Flora spüren das an ihrer Aufregung, ihrem Übermut, ihrer gesamten inneren Erregung mit schnellem Herzschlag, am Erhitztsein mit glühenden Wangen. Da sie aber gleichzeitig über mimischen Kontakt, über ihre Stimme untereinander in der Gruppe immer wieder Sicherheitssignale mit dem neuen Vagusnerv (Kapitel 3.12.) austauschen, spüren sie selbst in der übermütigsten Rauferei oder beim schwer erkämpften Sieg im Wettbewerbsspiel, dass es sich um freundschaftliche und keine wirkliche Rivalität oder Aggression handelt. Solche Spiele finden bei Kindern aller Kulturen, aber auch bei kleinen

Katzen, Hunden und anderen Säugetieren statt. Hierbei wird Paul sehr davon profitieren, dass seine Mutter, sein Vater und viele andere Bezugspersonen ihn immer wieder aktiv zur Kontaktaufnahme eingeladen haben, so dass er bereits reichhaltige Erfahrungen mit der Interpretation von Gesichtsausdrücken hat und Sicherheitssignale als solche erkennt.

Da in der Partnerschaftskultur Frauen an nahezu allen Tätigkeiten beteiligt waren, ist anzunehmen, dass auch Flora an den meisten Spielen beteiligt war. Aber dennoch ist das Spiel von Mädchen ruhiger und nicht gleichermaßen rivalisierend wie das der Jungen. In dieser Kultur waren Frauen und Männer gleichermaßen an der handwerklichen und bäuerischen wie auch religiösen Tätigkeit beteiligt. Demzufolge können wir davon ausgehen, dass Flora und Paul beide sowohl wettbewerbsorientiert als auch kooperativ spielen, beide sowohl ruhigere als auch lebhafte Spiele spielen und die Unterschiede im Spielverhalten beider Geschlechter nicht zu groß sind. Während ihrer Kindheit können Flora und Paul durch die Beteiligung an den Alltagstätigkeiten der Erwachsenen auch alle notwendigen Fertigkeiten entwickeln und zahlreiche neue Erfahrungen machen. Daher können Paul und Flora ihre Neugier und ihr Belohnungssystem Dopamin sicher oftmals nutzen. Ihr Gehirn wird umso größer und intensiver vernetzt, je reichhaltiger die Umwelt Lerngelegenheiten zur Verfügung stellt.

Experimente an Ratten haben den biologischen Sinn von Neugier eindrücklich belegt. Ratten wählen bevorzugt neue unbekannte Umgebungen und werden für die Erkundung mit Dopamin belohnt. Der Dopaminspiegel (Kapitel 3.9.) schießt in die Höhe, wenn Ratten neue, unbekannte Orte erkunden können. (6) Die Ausschüttung von Dopamin verstärkt das Erkundungsverhalten noch mehr. Auch dieses System wird durch häufige Benutzung immer mehr ausgebildet und verstärkt. Ratten verlieren ihr Neugierverhalten, wenn die Dopaminsynthese verhindert wird.

Erkundungsverhalten und Lösen von neuen Problemen war evolutionär hilfreich. (7) Durch den Lernprozess übernahmen die Kinder die Erfahrungen, Kompetenzen, Fähigkeiten und das soziale Verhalten ihrer Bindungspersonen zusammen mit den emotionalen Bewertungen in ihre synaptischen Verschaltungen des Nervensystems.

Kapitel 5.2.3 – Wie hat die Kultur die Pubertät beeinflusst?

Schauen wir uns zuerst wieder unsere Vorfahren, die Primaten an. Auch sie haben eine Pubertät. Bei Rhesusaffen verändert sich das Verhalten mit Beginn der Pubertät, indem die Weibchen viel Zeit mit Müttern und Tanten verbringen, anstelle ihrer Freundinnen. In dieser Zeit erlernen sie bei den erfahrenen Weibchen alles, was das Versorgen der Jungen betrifft. Die halbwüchsigen Jungen der Rhesusaffen verlassen das Rudel freiwillig. Sie bilden kleine Gruppen und suchen sich selbständig Nahrung, ehe sie sich anderen Rudeln anschließen. (8) Auch Primatenverändern ihr Verhalten in der Pubertät unter dem Einfluss von Testosteron, sie entwickeln eine übermäßige Empfindlichkeit gegen potentielle Bedrohungen.

Etwa 10 % der Halbwüchsigen zeigen ein eher aggressives Verhalten. Sie laufen Gefahr, sich in zu gefährliche Kämpfe zu verwickeln oder vom Rudel aufgrund ihrer Aggressivität verstoßen zu werden. (9) Ruhigere Temperamente werden besser toleriert und sind oft erfolgreicher durch ihre soziale Unterstützung. Das macht deutlich, wie wichtig eine sozialverträgliche Regulierung der eigenen inneren Befindlichkeit und Erregung bereits für Primaten ist.

Wenn Schimpansenmännchen in die Pubertät kommen, nehmen sie sich ältere Männchen als Vorbild. Sie wollen gern mit ihnen zusammen sein, trauen sich aber noch nicht an deren Gruppe heran. Sie suchen dann oft Schutz bei den Müttern, stehen auf halbem Wege und schauen hilfesuchend zur Mutter zurück, von denen einige auch hinterher gehen und achtgeben. Bei Rhesusaffen gibt es dominante Weibchen, die Streit beilegen und auf reibungslose Abläufe im Sozialverhalten achten. (10) Noch wichtiger ist diese Fähigkeit für Menschen in viel engeren sozialen Verbindungen.

Mit Beginn der Pubertät werden durch die steigende Testosteronmenge aggressive Impulse frei, die wichtig sind für die männliche Fortpflanzung und den Schutz der Nachkommen, aber auch grundsätzlich für die Annahme und Bewältigung von Herausforderungen des Lebens.

Aggressive und revierverteidigende Impulse entstehen in der Pubertät noch sehr unkontrolliert. Die Instanz des Großhirns zur Impulskontrolle und des Kleinhirns zum Erkennen komplexer sozialer Zusammenhänge und Rangordnungen befindet sich gerade in einer „Großbaustelle" (Kapitel 4.4). Wie wir gesehen haben, reift dagegen der Mandelkern als Ort der Erinnerung an potentiell gefährliche Erfahrungen schneller heran, als die Kontrolle dieser Impulse über das Großhirn.

Bei Maulwurfmännchen wurde unter der Gabe von Vasopressin (Kapitel 3.9) ein aggressiveres Revierverhalten beobachtet, verbunden mit einem intensiveren Bestreben, die Weibchen zu schützen. (11) Da in der neolithischen Kultur über Tausende von Jahren keinerlei Darstellungen von Waffen, Kriegen oder Gewalt dokumentiert ist, müssen die Mitglieder dieser Kultur gute Lösungen gefunden haben, mit aggressiven Impulsen umzugehen. Dazu trugen sicherlich die liebevollen zärtlichen Bindungsbeziehungen bei, die zu entsprechenden Hormon- und Transmittermengen von Oxytocin, Serotonin, Östrogen, Prolactin und Dopamin geführt haben.

Die Aufgabe von Paul ist jetzt die gleiche, wie die der männlichen Primaten. Für das Miteinanderleben in einer eng sozial verbunden Kultur muss Paul als heranwachsender Junge lernen, diese Impulse in einer sozial verträglich Weise zu kanalisieren. Paul hat aufgrund des friedlichen sozialen Lebens und der zuverlässigen Zuwendung seiner Bezugspersonen bisher in seinem Leben kaum ängstigende Erfahrungen abgespeichert. Insofern geschehen nicht zu viele und nicht zu stark überschießende Reaktionen. Er hat in seiner Kindheit bereits viele Erfahrungen mit der Regulation seiner inneren Erregung machen können, ohne dass das Kampf-Flucht-System aufgrund von Übererregung aktiviert wurde. Er hat also kaum mit Gefahr oder Angst verbundene Prototypen von Kampf-Flucht-Reaktionen im emotionalen Erfahrungsgedächtnis, die automatisch bei steigender Erregung abgerufen werden könnten. Gleichzeitig hat Paul sehr viele Erfahrungen von hoher innerer sympathischer Erregung und lustvoller Aufregung in sicherem sozialen Kontext gesammelt. Dank der frühen Ko-Regulation mit seiner Mutter und Familie weiß Paul die Sicherheitssignale in den Gesichtern der anderen Menschen gut zu lesen und sich dadurch selbst in Sicherheit zu fühlen.
Diese gute Einschätzung von Gesichtern geht zwar in der Pubertät vorübergehend zurück, aber sie bleibt umso mehr erhalten, je intensiver Pauls vorherige Erfahrungen zu einer neuronalen Vernetzung geführt haben. Wenn er also seine vom Testosteron ausgelösten aggressiven Impulse emotional steuern lernen will, heißt das für ihn, die Sicherheitssignale der Anderen bestmöglich aufzunehmen und zutreffend zu interpretieren, aber auch, sich selbst beruhigen zu können. Die

Gefahr der Fehlinterpretation von Gesichtsausdrücken wächst stark an mit dem inneren Gefühl von Erregung und Unsicherheit, also Stress. Dann verliert Paul eher die Fähigkeit zu ruhiger Beobachtung. Allerdings wirkt auch dann noch sein grundsätzlich hoher Oxytocinspiegel dämpfend auf das sympathische Nervensystem ein und hilft ihm, Vertrauen zu anderen Menschen auch in solchen Situationen aufrecht zu erhalten. Allerdings erfordert potentielle Sicherheit nicht nur Abwesenheit von Gefahr sondern gleichzeitig freundliche klare Sicherheitszeichen vom Gegenüber und kein „Pokerface". Das ist insbesondere für Männer untereinander wichtig, weil sie, wie Paul jetzt gerade erlebt, einen stärkeren aggressiven Schutzinstinkt ausbilden.

Diesem Lernprozess dient wiederum das soziale Spiel. Auch im Jugendalter schult soziales Spiel die Fähigkeit, zwischen verschiedenen physiologischen Zuständen von Erregung und Entspannung hin und her zu wechseln sowie unterschiedliche Gefühle und ihre Intensitäten im Zusammensein mit Anderen kennen und regeln zu lernen. Auch hier dienen Mimik und Gestik, Stimme und Augenausdruck zur Regulation der aggressiv lustvollen Aktivierung. Damit wird eine hohe testosteronbedingte Aktivierung ohne Kampf-Flucht-Reaktion möglich. So können die jungen Männer lernen, aggressive Impulse konstruktiv einzusetzen: ohne Angst positiv auf anstehende Herausforderungen zuzugehen und sich Konflikten konstruktiv zu nähern unter Vertrauen auf das Wohlwollen der Anderen.

Gleichzeitig hat die Kultur Regeln für den Umgang mit unvermeidlicher gelegentlich stattfindender Aggression entwickelt, um ein friedliches Zusammenleben zu ermöglichen. Dazu zählen Versöhnungsgesten. Dieses Verhalten teilen wir ebenfalls mit anderen Säugetieren. Es ist als biologisches Verhaltenssystem in der Evolution entstanden, um aggressive Impulse sozial zu kanalisieren. Es dient der Verringerung der Aggressivität innerhalb der Gruppe und damit der Bewahrung wertvoller, lebensnotwendiger Beziehungen.

Je intensiver die Bindung ist, desto häufiger erfolgen Versöhnungsgesten. Versöhnungsmaßnahmen spielen eine große Rolle bei der Kontrolle und Milderung von aggressiven Interaktionen bei Primaten. Die meisten Affenarten reagieren mit hoher Wahrscheinlichkeit nach aggressiver Interaktion so, dass Aggressor, Opfer oder auch beide eine positive körperliche Annäherung suchen. Diese Gesten stimulieren die

Ausschüttung von Oxytocin und unterstützen das Wohlbefinden bei gleichzeitiger Milderung der Furcht, die sonst über die Ausschüttung von Vasopressin das aggressive Verhalten anheizen könnte.

Solche Gesten sind z.B. küssen, umarmen, handausstreckende Einladungen, zärtliche Berührungen, symbolische Paarungsversuche. Dieses Sicherheit signalisierende Verhalten verringert die Wahrscheinlichkeit einer neuen Aggression. Es wird auch von einer dritten Person initiiert. Oft nähert das Weibchen eines der Gegner sich dem einen oder anderen und zieht sie aufeinander zu und entfernt sich dann unauffällig. Bei Schimpansen, deren ranghöhere Männchen viel Testosteron haben, gibt es oft Probleme, weil das Testosteron sie zu aggressiv macht mit einem hohen Verletzungsrisiko. Eine Gruppe von Makaken rannte immer, wenn die Spannungen untereinander zu groß wurden zu einem Teich und machte drohende Gesten gegen die eigenen Spiegelbilder zur Spannungsabfuhr. (12)

Dies zu lernen, ist Voraussetzung für den Aufenthalt in der Gruppe, also überlebensnotwendig. Gruppenausschluss bedeutet den Tod, sowohl bei den Primaten als auch bei den Menschen der Partnerschaftskultur.

Allerdings lernt Paul in der Pubertät nicht nur von Gleichaltrigen im sozialen Spiel. Wie oben für Primaten beschrieben, suchen die Heranwachsenden die Gesellschaft der erfahrenen Männer als Rollenvorbilder. Je mehr es Paul gelingt, die aggressiven und revierbehauptenden Impulse innerhalb der Gemeinschaft so umzusetzen, dass sie kreativen, sportlichen, künstlerischen, handwerklichen, technologischen Entwicklungen dienen, desto größer ist die soziale Anerkennung und desto mehr Dopamin, Oxytocin, Opioide und Serotonin werden ausgeschüttet. Das bahnt Gefühle von Glück, Liebe, Erfolg und Selbstvertrauen. Durch die innere Belohnung wird dieses Verhalten immer wieder von ihm gesucht. Folglich ist die Testosteronausschüttung der Motor für sehr positive aggressive Handlungen im Sinne von Herangehen und Heranwagen. Dies wird zusammen mit den begleitenden positiven Gefühlen abgespeichert und immer wieder zusammen aufgerufen.

Testosteron zusammen mit einem kulturbedingten hohen Östrogen- und Prolactinspiegel machen Paul sehr fürsorglich. Zusammen mit Vasopressin aktivieren sie seinen Beschützerinstinkt. Oxytocin als Gegenspieler zum Cortisol hält sein Stresslevel niedrig. Je öfter Paul die Fürsorge für sich selbst erlebt hat und je öfter er dieses Verhalten bei den erwachsenen Männern erlebt, desto mehr und desto öfter schüttet er Oxytocin, Östrogen und Prolactin aus und speichert das Verhalten mit der positiven emotionalen Bewertung von „suchen" ab. Die Fähigkeit zur Steuerung eines mittleren Erregungsniveaus mit einer für das Spiel typischen Balance von sympathischer Aktivität zugleich mit der Aktivität des neuen Vagussystems ist wichtig. Unter solchen Bedingungen kann Pauls Konzentration von Testosteron hoch sein, wird aber für Kreativität, Sexualität und friedlichen Wettbewerb benutzt. Das kann Paul gut, weil er bereits in der Kindheit oftmals erfolgreich ein mittleres, sogar hohes Erregungsniveau hergestellt hat, ohne die Kampf-Flucht-Reaktion auszulösen. Das erklärt, wie wichtig es ist, den eigenen inneren Zustand in der Gegenwart Anderer zwischen sympathischer Erregung und parasympathischer Entspannung steuern zu können, wie gut vernetzt und flexibel steuerbar beide Systeme durch die Vagusbremse sind.

Wie haben Flora und Paul ihre geschlechtliche Identität als Frau und Mann in der neolithischen Kultur entwickeln können?

Fürsorge ist in der neolithischen Kultur auch unter Männern sehr hoch angesehen. Auch Männer haben das Leben in Gestalt der Muttergöttin verehrt. „Logisch erscheint die Annahme, dass Frauen in Gesellschaften, die die das Universum beherrschenden Mächte in weiblicher Gestalt verkörpert sahen, nicht als untergeordnete Dienerinnen galten und dass weibliche Eigenschaften wie Fürsorge, Mitleid und Gewaltlosigkeit dort einen hohen Stellenwert besaßen." (13)

Unter der Wirkung von Oxytocin wächst die Fähigkeit, Mitgefühl zu empfinden und Gesichtsausdrücke zu erkennen. Durch die fortlaufende Übung in der Kindheit und Pubertät sowie durch die hohen Oxytocinspiegel können die Menschen der partnerschaftlichen Kultur Gefühle gut erkennen und spiegeln. Sie sind dann gut fähig, Gefühle Anderer durch Spiegelung nachzuempfinden und richtig zu interpretieren. Diese Fähigkeit ist bei männlichen Babys bei Geburt schlechter entwickelt, durch vielfältige soziale Interaktionen kann aber diese Empathie gelernt und erfahrungsabhängig die entsprechenden neuronalen Netze gebildet werden. Soziale Belohnung, nämlich das Gefühl von Sicherheit, gelungener Nähe und Wohlbefinden, haben immer wieder dazu motiviert. Auf diese Weise erlernten die Männer der Partnerschaftskultur Fürsorge, enge soziale Bindungen und Kooperation, in der Kultur hoch angesehene Werte.

Die sozialen Bedingungen der Kultur erlauben Paul, sich gut innerlich zu regulieren und eine hohe Erregung erleben zu können. Sie ermöglichen es, aggressive Impulse zu erleben, aber nicht als gefährlich zu missdeuten. Damit kann Paul seine aggressiven Regungen auf eine kreative und sozial verträgliche Weise steuern. Sie sind in der Partnerschaftskultur offenbar in sexuelle Begegnungen, in künstlerische Kreativität, in technologischen Fortschritt eingegangen. Paul hat gelernt, aggressive Impulse als ein Annehmen von Herausforderungen des Lebens auf eine gefahrlose Weise in sexuelles und kreatives zupackendes Verhalten umsetzen. Paul kann seinen inneren Erregungszustand auf ein mittleres Niveau regulieren, in dem Lernen und Problemlösung möglich sind und er sich wohlfühlen, erholen und entspannen kann. Durch Pauls positive frühe Bindungserfahrungen ist er in der Lage, zu vertrauen und Bindungen einzugehen und Liebe zu Frauen und seinen Kindern zu entwickeln.

Primaten gelingt es besser, aggressive Impulse sozial verträglich zu regulieren, wo ein Weibchen die Führung innehat und wo mehr Bindung mit mehr Oxytocin vorherrscht, wie z.B. bei den Bonobos. (14) Ähnliche Verhältnisse gab es in der partnerschaftlichen Kultur, auch dort gab es hohe Konzentrationen von Oxytocin durch enge Bindungen. Bereits bei Primaten, den Bonobos, sind die Weibchen in der Lage, durch Gesten und Pantomime ihre Wünsche anzuzeigen. Bonobo-Weibchen setzen Fingerzeige und pantomimische Gesten ein, um ihre Absichten zu verdeutlichen. Sie laden zu genitalstimulierenden Umarmungen ein, indem sie dorthin zeigen, wenn das andere Weibchen hinschaut. Sie wiederholen den Vorgang sogar bzw. zeigen ihre Absicht durch charakteristische Hüftbewegungen an. (15)

Flora entwickelt in ihrer Pubertät noch mehr Fähigkeiten zur Worterkennung und zum Erinnern an Worte im Hippocampus. Sie lernt, noch intensiver mit Sprache umzugehen und Sprache einzusetzen, um Konsens herzustellen. Flora bemüht sich um minimale Konflikte und Differenzen und um minimales Statusgehabe, um später innerhalb der Gruppe von Frauen bestmöglich für Absprachen und Arbeitsteilungen beim Aufziehen der Kinder sorgen zu können. Bei Flora nimmt im Verlauf der Pubertät die Empfindlichkeit für Störungen und Stress zu, auch das im Dienst der Sorge um die Nachkommen. Zum einen ist das eine Empfindlichkeit für die Signale von Babys, zum andern für möglichst harmonische Beziehungen der Menschen untereinander. Flora, wie alle

Frauen ist am Ende der Pubertät noch viel besser in der Benutzung von Sprache und im Beobachten von Emotionen bei Anderen. Das erlaubt ihr, eigene Gefühle sprachlich auszudrücken, sich in Andere einzufühlen und sich an emotionale Ereignisse detailreich zu erinnern. Alles das sind Fähigkeiten, die zur Sorge für ihre Kinder nötig sind. Frauen wie Flora haben Sprache, Kooperation und Nahrungsteilung hervorgebracht.

Es gelingt Frauen hervorragend, in den Gesichtern der Nachkommen zu lesen, sprachlich emotionale Nuancen herauszuhören, miteinander zu kommunizieren und alles zu tun, um die Bedürfnisse der Nachkommen vorauszusehen und berechenbar stressmindernd zu erfüllen. Das ist ein außerordentlich wichtiger Faktor, wahrscheinlich sogar der entscheidende Faktor für die Herausbildung der Menschheit. Bei Rhesusaffen lernen die Weibchen viel früher, sich zu verständigen und bedienen sich den ganzen Tag der 17 Laute, die sie als Art beherrschen. Männchen dagegen lernen nur 3-5 Laute überhaupt und kommen tagelang ganz ohne sie aus. (16) Ein durch Reden und Miteinandersein ausgelöster Dopamin- und Oxytocinschub sorgt bei Frauen für die nötige Motivation, nach Gesprächen immer wieder zu suchen. (17)

Bei Bonobos und Schimpansen müssen sich junge Weibchen in neue Gruppe integrieren. Daher entwickeln sie sehr hohe Fähigkeiten zu Integration, Versöhnung, Kooperation und Kommunikation. Vermutlich deshalb erreichen Bonoboweibchen bereits eher als Schimpansenweibchen die Pubertät. Sie bekommen jedoch nicht eher Kinder, sondern brauchen offenbar diese längere Lernzeit für ihr geschlechtsspezifisches soziales Verhalten. Bei Schimpansen werden neue Weibchen nicht sehr freundlich aufgenommen. Bei Bonobos dagegen werden neue Weibchen grundsätzlich positiv und mit Neugier empfangen. Bei ihnen ist die Sexualität ein zentrales soziales Element, mit dem viele Konflikte gelöst werden. (18)

Aufgrund ihrer frühesten Erfahrungen von Sicherheit und Selbstwirksamkeit hat Flora gelernt, Wohlbefinden, Sicherheit und Vertrauen mit anderen Menschen zu erleben und zu erwarten. Sie ist in der Lage, Nähe zuzulassen und eine hohe innere sympathische Erregung mit Spiel und Lust zu verbinden. Sie kann sich anvertrauen und Fürsorge geben, aber auch auf sich selbst und die Gemeinschaft der anderen

Frauen vertrauen. Flora hat gelernt, Konflikte möglichst friedlich beizulegen, indem sie Konsens sucht und vermittelt. Aufgrund ihrer eigenen Erfahrungen der liebevollen Fürsorge ihrer Mutter und durch viele Beobachtungen bei den andern Müttern im Dorf hat Flora ein tiefes intuitives Wissen davon, was kleine Babys brauchen. Zu ihren Körperempfindungen von Freude und Lust, aber auch denen der Gefahr hat sie guten Zugang und kann immer wieder mit den Menschen um sie herum ihr inneres Wohlbefinden durch den gegenseitigen Austausch von Sicherheitssignalen herstellen. Sie hat einen hohen Oxytocinspiegel, der sie vertrauensvoll, liebes- und bindungsfähig macht. Damit ist sie gut gerüstet, eine enge Paarbindung einzugehen und Kinder großzuziehen.

Außerdem hat Flora, wie auch Paul, im Verlauf der Pubertät gelernt, mit der Wirkung ihrer Geschlechtshormone in Bezug auf Sexualität und Menstruation umzugehen. Durch die Veränderungen der Hormone im Verlauf des Zyklus ist sie stärkeren Stimmungsschwankungen ausgesetzt, die sie oft selbst nicht versteht, da sie sie noch nicht über das Großhirn bzw. Kleinhirn entsprechend modulieren und steuern kann. In der Zyklusmitte ist ihre sexuelle Lust am größten und sie lernt bis zum Ende der Pubertät, damit umzugehen. Auch hier fungieren die erfahrenen Frauen als Rollenvorbilder.

Welche Kultur haben junge Erwachsene am Ende ihrer Pubertät in ihr Gehirn integriert?

Das Gehirn aller Menschen, nicht nur das von Flora und Paul und ihrer Eltern wird in der partnerschaftlichen Kultur reichhaltig vernetzt gewesen sein. Dazu haben vielfältige Erfahrungen in einer reichen Natur und in einer handwerklich und künstlerisch weit entwickelten Kultur mit reichen und gut regulierten sozialen Beziehungen beigetragen.

Wir können davon ausgehen, dass junge Erwachsene gut in der Lage sind, Sicherheitssignale zu senden und darauf zu reagieren. Das haben sie in unzähligen Spielen und sozialen Interaktionen geübt und hochdifferenziert im Nervensystem angelegt. Gleichzeitig haben sie eine gute Fähigkeit, sich zu entspannen und mit Hilfe des neuen Vagussystems parasympathische Dominanz herzustellen, verbunden mit hohen Spiegeln an Östrogen, Opioiden, Serotonin, Dopamin und Oxytocin. Damit haben sie alle nötigen Voraussetzungen für das erfolgreiche Eingehen von Liebesbeziehungen, dauerhaften sozialen Bindungen und friedlicher Kooperation. Sie haben die Erfordernisse des Liebescodes verinnerlicht.

Das Bild, das junge Erwachsene jeweils vom anderen Geschlecht haben, ist kulturell bedingt partnerschaftlich gleichberechtigt. Alle Mythen und Traditionen, die sie in sich aufgenommen haben und aus denen sie ihre eigene geschlechtliche Realität ko-konstruiert haben sowie ihre Vorstellung vom andern Geschlecht, gehen von Partnerschaftlichkeit aus. Die Realität, die sie durch sprachliche Ko-Konstruktion hervorbringen, ist eine partnerschaftliche lebensverehrende Kultur (Kapitel 5.1.).

Kapitel 5.2.4 – Wie wurden Liebe und Sexualität gelebt?

Testosteron wird bei beiden Geschlechtern bei Begehren und Verlangen ausgeschüttet und durch Sexualität kanalisieren beide ihre aggressiven Impulse sozial sehr wohltuend. Es ist anzunehmen, dass in der Kultur auch Frauen sich infolge ihrer angesehenen Rolle in der Partnerschaftskultur aktiv in ihrem Begehren und in der Sexualität verhielten. Damit waren die Unterschiede im Verhalten zwischen den Geschlechtern kulturell so beeinflusst, dass eine größere Harmonie erreicht wurde.

Die Männer sind fürsorglicher und friedfertiger wegen ihrer hohen Spiegel an Östrogen, Prolactin und Oxytocin, die Frauen aktiver und selbstbewusster, weil sie eventuell mehr Testosteron ausschütten. Beide Geschlechter haben wenig ängstigende Erfahrungen, so dass ihr Verhältnis von Oxytocin zu Vasopressin zugunsten des Oxytocins entwickelt ist und ihnen damit auch eine sexuelle Aktivierung und Annäherung ohne Furcht erlaubt.

Weibliche Tugenden wie Friedfertigkeit und Einfühlungsvermögen geniessen höchste Priorität. Liebe werden Paul und Flora häufig erlebt haben, denn die Liebe zum Leben und zum anderen Geschlecht zeichnet das Alltagsleben der Kelchkultur besonders aus. Oxytocin hat Jahrmillionen Säuger und Menschen als Paare zusammengehalten innerhalb von Großfamilien, Gruppen und Dörfern.

Sexualität wird in der Kultur als wichtig angesehen, weil aus der sexuellen Vereinigung Leben hervorgeht. „Die Kreter scheinen ihre Aggressivität durch freies ausgeglichenes Sexualleben abgelenkt und reduziert zu haben." Zusammen mit einer Begeisterung für Sport, Spiel,

Tanz und handwerkliche Kreativität war ihr Alltag durchdrungen von Lebensfreude. So „... trug offensichtlich auch ihre liberale Einstellung zur Sexualität zu der im allgemeinen friedlichen und harmonischen Atmosphäre bei, von der das Leben auf Kreta durchdrungen war." (19) Davon legen zahlreiche bildliche Darstellungen Zeugnis ab. Ebenso Skulpturen von Frauen mit vergrößerten Geschlechtsmerkmalen, ein aus Stein nachgebildeter Penis, beides aus der Altsteinzeit. (20)

Als junge Erwachsene werden Flora und Paul mit einer hohen Bindungs- und Liebesfähigkeit gute Voraussetzungen haben, sich zu verlieben und eine Paarbeziehung einzugehen. Aus allem, was wir von der Kultur wissen, haben sich Männer und Frauen gegenseitig viel berührt und geliebt, so dass der Oxytocinspiegel auch bei Männern sehr hoch gewesen ist. Dazu haben die Sicherheit und das hochentwickelte soziale Leben mit seiner aggressionsregulierenden Kraft ganz wesentlich beigetragen. Flora und Paul werden ihre Sexualität genießen können, denn beide Geschlechter haben lernen können, sich tief zu entspannen und dadurch ihre sympathische Erregung, die einen Orgasmus verhindern würde, zu reduzieren. Vasopressin sorgt in diesem sicheren Kontext dafür, die beglückenden Erlebnisse mit dem Partner tief im emotionalen Erfahrungsgedächtnis als „suchen" einzuspeichern und damit eine dauerhafte Bindung zwischendiesen zwei Partnern hervorzurufen.

Kapitel 5.2.5 – Wie war die Paarbindung organisiert?

Steven Porges, der Begründer der Polyvagaltheorie und seine Frau Sue Carter, die über Oxytocin forscht, haben die Bedingungen des Nervensystems für das Entstehen von Bindung und Paarliebe beschrieben und sie als Liebescode bezeichnet (Kapitel 4.7). Demnach müssen zuerst gegenseitig Sicherheitssignale ausgetauscht werden bis das sympathische Nervensystem seine Aktivität reduziert und Entspannung eintritt. Erst dann ist eine körperliche Nähe möglich und erst dadurch kommt es zur Oxytocinausschüttung und Bindung.

Flora und Paul sind seit ihrer Kindheit an lustvolle Erregung und zärtliche Berührungen gewöhnt. Das sind gute Bedingungen für Sexualität und Orgasmus und dafür, dass der Liebescode funktioniert. Orgasmuserfahrungen erfordern eine parasympathische Dominanz des Vagusnervs und gleichzeitig ein Abschalten des Großhirns mit dem sympathisch aktivierenden Denken. Das wird durch das Sicherheitssystem vermittelt, weil bei Sicherheit Oxytocin und andere Neuroregulatoren ausgeschüttet werden, die den alten Vagus der Reptilien-Erstarrung über Oxytocin-Rezeptoren im Hirnstamm regulieren. So wird ermöglicht, immobil zu sein, zu umarmen, zu liebkosen und einen tiefen Orgasmus zu erleben, ohne in Ohnmacht oder Trauma zu fallen.

Beim Orgasmus werden große Mengen Oxytocin und Endorphine ausgeschüttet. Erfahrungen des Orgasmus „… ermöglichen uns eine andere Realität, die die Begriffe von Raum, Zeit und Grenzen übersteigt. Die archaischen Hirnstrukturen sind unauflöslich verbunden mit unserem grundlegenden Anpassungssystem – dem Hormonsystem und dem Immunsystem. Unsere Emotionen und Instinkte beruhen auf der Aktivität dieser Hirnstrukturen." (21) Außerdem haben beide Geschlechter nach einem Orgasmus hohe Spiegel von Prolactin, dem Nestbau- und Fürsorgehormon.

Nach dem Orgasmus erfolgt eine intensive Ausschüttung von Oxytocin und endogenen Opioiden, die Flora und Paul aneinander binden und sie die häufige Wiederholung suchen lassen. Damit legen sie die Basis für die Paarbindung. Durch regelmäßige gemeinsame Erlebnisse von Zärtlichkeit, Sexualität und Orgasmus erleben Flora und Paul häufig eine reichliche Ausschüttung von Oxytocin und Vasopressin, die das Einspeichern dieser lustvollen beglückenden Erfahrungen in Verbindung mit genau diesem Partner ermöglichen. Auf der Grundlage von Oxytocin und Vasopressin entsteht eine tiefe gefühlsmäßige Bindung. Sie erlaubt eine ruhigere Phase der Paarbindung und gibt die nötige Sicherheit für die die Versorgung ihrer Nachkommen.

Unter solchen Bedingungen bewirkt Oxytocin jeweils auch eine verstärkte Ausschüttung von Serotonin und endogenen Opioiden. Es beruhigt und regt gleichzeitig die Produktion neuer Nervenzellen in der adulten Neurogenese an. Dadurch ermöglicht es Lernen und das Einspeichern neuer Erfahrungen.

„Bei Männern wie bei Frauen sorgt Oxytocin für Gelassenheit, Furchtlosigkeit und Bindungsgefühle – sie sind zufrieden mit dem Anderen. Damit seine Wirkung langfristig erhalten bleibt, braucht das Paarbindungssystem des Gehirns die nahezu täglich wiederholte Aktivierung durch Oxytocin, dessen Ausschüttung durch Nähe und Berührungen ausgelöst wird." (22) Dabei müssen aber Männer zwei- bis dreimal häufiger berührt werden, damit der gleiche Oxytocinspiegel aufrechterhalten wird. (23)

Diese intensive Zweisamkeit gelingt am besten in einer monogamen Lebensform. Wann genau die Familienstruktur mit Monogamie sich etabliert hat, wissen wir nicht. Aber viele Säuger, auch Primaten, sind monogam, z.B. Gibbons. Die Paarbindung hatte einen unmittelbaren Überlebensvorteil für unfertige Affen-, später Menschenjunge mit einer langer Lernzeit und Hilfsbedürftigkeit. Es ließ sich nachweisen, dass die Familien der Kelchkultur monogam lebten. Anhand von Details ausgegrabener Häuser wurden die Lagerstätten von Frau und Mann rekonstruiert.

Kapitel 5.2.6 – Was macht monogam?

Monogam ist auch die Präriewühlmaus, in 75 % der Fälle leben beide Partner monogam bis zum Tod. Ihre Monogamie hängt von der Konzentration der Hormone Oxytocin und Vasopressin ab.

Wenn Männchen mindestens 24 Stunden mit einem Weibchen verbringen, ist es ihnen vertraut und wird weiterhin bevorzugt. Vasopressin spielt die wesentliche Rolle bei der spezifischen Wiedererkennung und Bevorzugung des eigenen Bindungspartners. Neben der Paarbindung an ein bestimmtes Weibchen und ihre Nachkommen führt Vasopressin auch zu den hochentwickelten sozialen Fähigkeiten der Präriewühlmaus, dass nämlich beide Eltern gemeinsam die Jungen aufziehen.

Diese Tiere reagieren genauso auf Sicherheitssignale mit dem neuen Vagus wie Menschen. Es wurde ein bestimmtes längeres Vasopressin-Rezeptorgen bei Wühlmausmännchen als Auslöser der Monogamie entdeckt. (25) Dabei führt die längste Genvariante innerhalb der Genfamilie zu den zuverlässigsten und treuesten Männchen. (26)

Der Mensch hat 17 Längenvarianten. Auch bei Schimpansen und Bonobos sind verschiedene Längenvarianten mit entsprechend unterschiedlichem Sozialverhalten vorhanden. (27) Schimpansen haben die kürzeste Form - ihre Rudel werden von Männchen geführt, die z.T. Kämpfe gegen Nachbargruppen führen. Bonobos haben eine längere Version des Gens - ihre Gruppen werden von Weibchen geführt. Sie sind bekannt für ungewöhnlich intensive soziale und sexuelle Kontakte und für ihre ausgeprägte Friedfertigkeit. (28)

Bonobos nutzen Sex, um Spannungen aus der Welt zu schaffen und soziale Bindungen zu festigen. Bei Begegnungen mit fremden Gruppen zeigen sie zuerst etwas Angst, mehr aber noch Neugier. Dann aber kommen die Weibchen und laden die fremden Affen ein, sich zu lieben. (29) Das menschliche Gen ähnelt in Länge stärker den Bonobos als den Schimpansen.

Dieser Genpolymorphismus kann zu einem entscheidenden Fortschritt in der Entwicklung der Menschheit geführt haben, ähnlich, wie wir es bereits bei der Mutation in der Genfamilie für die Eisenversorgung gefunden haben. Eine Längenvergrößerung des Vasopressin-Rezeptorgens hat zu einer engen monogamen Paarbindung und starkem Schutz- und Fürsorgeinstinkt bei Männern geführt, was die Überlebenschancen der Nachkommen vergrößerte.

Und es hat dazu geführt, dass die weiblichen Eigenschaften von Liebe, Fürsorge und Friedfertigkeit als die wichtigsten in der sozialen Gruppe angesehen wurden, so dass Weibchen die Führung der Gruppen erhielten. Dank dieser Genvariante wurde es für Männchen möglich, enge soziale Beziehungen und Bindung zu leben. Das längere Vasopressin-Rezeptorgen führte im Verlauf der Evolution zu einer noch engeren Bindung und zur Beteiligung der Männchen an der Aufzucht der Nachkommen.

Dieses engverbundene soziale Leben von Primaten als Paar, mit beiden Eltern in der Sorge um den Nachwuchs und mit den fürsorglichen Frauen als Führerinnen hat in der Evolution den größten Erfolg gehabt, daher sind daraus Menschen hervorgegangen.

Kapitel 5.2.7 – Wie wurde Mutterschaft gestaltet?

Damit eine Geburt gut verläuft, muss die werdende Mutter sich ungestört und sicher fühlen können. Die Geburt ist einer der Prozesse, wie der Orgasmus auch, der eine starke Reduzierung der sympathischen Erregung verlangt. Voraussetzung für diese Reduzierung ist das Gefühl von Sicherheit. Nur dann kann das parasympathische System für eine tiefe Entspannung sorgen und nur dann kann die Mutter alle Gedanken und Sorgen abschalten und den Geburtsvorgang geschehen lassen, wie ihn die Natur vorgesehen hat.

Bei Rhesusaffen zieht die Schwangere von der Gruppe fort. Sie sucht am Rand des Waldes ein gut getarntes Versteck, in dem sie geschützt vor neugierigen Blicken und einer unerwünschten Aufmerksamkeit der Anderen ist. Säugetiere suchen dunkle, geschützte abgeschiedenen Plätze für die Geburt. Sie können aber durch Rufe im Notfall oder bei Gefahr durch andere Tiere Hilfe holen. (30) Bei den Säugern ist oft ein anderes erfahrenes Weibchen bei der Geburt anwesend, wie z.B. bei Elefanten und Delphinen. Die anderen Gruppenmitglieder in der Nähe und wehren Feinde ab. Die „Hebamme" hat vor allem eine Schutzfunktion. (31)

Beim Stamm der heute noch lebenden Eipos (Neu Guinea) ziehen sich Schwangere in den Busch zurück, sobald die Wehen einsetzen. Andere kleine Gruppen wurden noch vor ihrem Aussterben auf ihre Bräuche bei der Geburt untersucht, z.B. die Efe´-Pygmäen, die im heutigen Kongo lebten. Sie hatten die Überlebensstrategie, eine vollkommene Harmonie mit dem umgebendem Ökosystem zu erreichen. Sie besaßen eine tiefe Liebe zu „Mutter Erde" sowie eine hohe Achtung und Verehrung für die Natur, wie auch die Partnerschaftskultur. Deshalb liefen bei ihnen auch die Geburtsvorgänge in Abgeschiedenheit unter ganz natürlichen ungestörten Bedingungen ab. Ebenso ist es bei den !Kung San, afrikanischen Jägern und Sammlern üblich, dass Geburten in Abgeschiedenheit ohne fremde Hilfe stattfinden. (32) Ähnlich ist es bei den Turkomenen in Zentralasien und Indianerstämmen Kanadas. (33)

M. Odent hat alle diese Kulturen auf ihre Geburtspraxis hin untersucht. Er fasst seine Ergebnisse folgendermaßen zusammen: „Das Charakteristische, das alle diese Völker gemeinsam haben, ist ein tief verwurzelter Sinn für Ökologie, ... Die Pygmäen haben einen enormen Respekt vor Bäumen, die Maoris verehren Mutter Erde. Eine weitere Ähnlichkeit liegt darin, daß die ersten Anfänge der Mutter-Kind-Beziehung nicht gestört werden." (34) Er führt weiter aus: „Es ist bezeichnend, daß die Kulturen mit dem größten Respekt vor dem Leben und für Mutter Erde – wie die Maoris, die Pygmäen, die Huichols – auch die sind, die so wenig wie möglich in die Mutter-Kind-Beziehung eingreifen. ... Mit anderen Worten: es besteht anscheinend ein enger Zusammenhang zwischen der Beziehung des Menschen zu Mutter Erde und der Mutter-Kind-Beziehung." (35)

Daraus lässt sich schließen, dass in der neolithischen Kultur mit ihrer tiefen Verehrung der Muttergöttin Geburten ebenso ungestört und in Sicherheit ablaufen konnten. In vielen frühen mütterlichen Kulturen galt die Geburt als Wunder und erfolgte an einem heiligen Ort. In einer Kultur der Verehrung des Lebens können wir davon ausgehen, dass der Geburtsvorgang gut beschützt und die Mütter fürsorglich von älteren erfahrenden Müttern behütet wurden. In Gegenwart einer fürsorglichen anderen Frau, die ihr gut bekannt war, konnte die Mutter sich sicherer fühlen, als ganz allein.

Aus der neolithischen Kultur ist überliefert, dass die Frauen in die Tempel der Göttin gingen, um zu gebären. Hebammen hatten dort die Funktion der Priesterin im Zyklus von Leben geben und wiedergebären. Sie waren die ersten Heilkundigen. (36) Sie hielten sich eher nur beschützend und Sicherheit gebend im Hintergrund auf. Sie unternahmen keinerlei störende Eingriffe, besaßen aber sehr wohl nötiges Wissen.

Das Gefühl von Sicherheit ist deshalb so bedeutsam, weil die Schwangere nur bei einer ungestörten Geburt auf den etwas auf andern Bewusstseinszustand umschalten kann. Sie ist dann etwas wie in Trance durch eine massive Reduzierung der sympathischen Aktivität des Großhirns sowie der tiefen Entspannung und Ausschüttung von Endorphinen. Der Geburtsvorgang wird physiologisch vom Hirnstamm gesteuert und braucht nicht das Denken. Die nötige tiefe Entspannung, also parasympathische Aktivität setzt nur bei gefühlter Sicherheit ein.

Bei Primaten beaufsichtigen und versorgen die Weibchen ihre Jungen gegenseitig, sie tauschen Informationen über Nahrungsquellen aus und bilden gegenseitig Vorbilder für das Mutterverhalten. Bei Pavianweibchen wurde ein direkter Zusammenhang zwischen dem Ausmaß sozialer Bindungen und der Anzahl überlebender Jungtiere gefunden. (37) In einigen afrikanischen Kulturen werden z.T. noch heute die Kinder von allen Müttern des Dorfes versorgt, manchmal sogar gestillt. (38) Auch in der neolithischen Kultur zeigte sich eine gleichberechtigte Kultur ohne große Unterschiede, eine soziale Ordnung von Müttern, die mit Kindern teilen.

Flora, jetzt selbst eine junge Mutter, wird rasch auf die Signale ihres Babys reagieren, wie sie es von den anderen Müttern ihrer Kultur gesehen hat. Sie wird ihr Kind viel am Körper tragen und dadurch auch rasch die Stillzeichen erkennen. Durch die Verbindung zu anderen Müttern und Familienmitgliedern wird Flora Unterstützung und Hilfe erfahren, so dass sie sich nicht überfordert fühlt.

Kapitel 5.2.8 – Wie wurde Vaterschaft gelebt?

In den letzten Wochen vor der Geburt verändert sich Pauls Hormonspiegel erheblich zugunsten des Stillhormons Prolactin und von Östrogen, während sein Testosteron erheblich zurückgeht (Kapitel 4.11). Damit sogen die Hormone bereits im Gehirn für das Vaterwerden, für Pauls emotionale Bindung an das Kind. Eingeleitet wird dieser Prozess durch die Schwangerschaftspheromone der schwangeren Flora, die mit Paul in enger Bindung zusammenlebt. Sie leben monogam in einer engen Paarbeziehung miteinander, sonst kann Paul die Pheromone nicht aufnehmen. Paul als Vater ist auch schwanger. Studien haben gezeigt, dass der gesamte Hormonhaushalt der werdenden Väter sich verändert als biologische Basis für die entstehende Bindung. Paul wird hormonell auf eine größere Bindungsfähigkeit und Fürsorge sowie auf eine geringere Aggressivität eingestimmt. Pauls Gehirn arbeitet und verarbeitet die Realität zu dieser Zeit auch anders. Der Bindungsaufbau wird bei Paul über Oxytocin und Vasopressin vermittelt, die nach der Geburt durch den unvergleichlichen Geruch des Babys ausgeschüttet werden. Paul benutzt dazu die gleichen Gehirnschaltkreise und die gleichen Verliebtheitssysteme wie bei der Paarliebe.

Unter den Primaten haben Krallenaffen die aktivsten Väter, sie halten im ersten Monat das Junge bis zu 15 Stunden auf dem Arm. (39) Dadurch werden die Hormone Prolactin, Oxytocin und Vasopressin angeregt, mehr Rezeptoren zu bilden, so dass sich ihre Ausschüttung erfahrungsabhängig erhöht. (40) In allen Kulturen haben Väter, die sich aktiv an der Betreuung ihrer Kinder beteiligen, niedrigere Testosteronspiegel. (41) Jäger und Sammler, der Hazda, beteiligen sich stark an Kinderbetreuung. Sie haben einen deutlich niedrigeren Testosteronspiegel als Männer der Datoga, wo Männer sehr wenig Kontakt zu Kindern haben. Der Testosteronspiegel dieser Väter lag fast ebenso hoch, wie der von alleinstehenden Männern. (42)

Neben der Möglichkeit zu epigenetischen Veränderungen ist es hauptsächlich der erfahrungsabhängige Hormonspiegel, der das geschlechtliche Verhalten und die geschlechtliche Identität bestimmt. So

---

kommt es in einer gegenseitigen Verstärkung der kulturellen Vorstellungen und der biologischen Vorgänge dazu, dass diese Kultur friedfertig, fürsorglich und allem Leben verbunden ist.

Die Männer der partnerschaftliche Kultur waren wenig aggressiv, einerseits weil die liebevollen Bindungen ihren Oxytocinspiegel dauerhaft hochhielten, weil liebevolles Verhalten kulturell hoch angesehen und durch die Ausschüttung von Dopamin und endogenen Opioiden belohnt wurde. Anderseits weil sie als aktive Väter weniger Testosteron produziert und das vorhandenen Testosteron in Sexualität, Kreativität und Schutzverhalten gelenkt haben. Eventuell wurden genau diese Eigenschaften auch weitergegeben und ausgelesen durch die kulturelle Präferenz dieser Männer. Damit wurden die Erfordernisse des Liebescodes erfüllt und weitergegeben.

Paul gibt jetzt als Vater weiter, was er selbst von den erfahrenen Männern gelernt hat: Fürsorge, Bindung und Liebesfähigkeit und sozial angemessene Lenkung der aggressiven Impulse. Aufgrund seiner hormonellen Ausstattung für den Bindungsaufbau kann Paul sofort nach der Geburt beginnen, eine Bindung zu seinem Kind aufzubauen, indem er z.B. mit ihm spricht. Dann erkennt das Neugeborene auch ihn an seiner Stimme wieder als vertrautes, sicherheitsstiftendes Signal. Daher kann das Baby schnell seine innere Sicherheit auch mit Paul ko-regulieren.

Arten, in denen Väter sich aktiv um die Kinder kümmern, wie z.B. die Präriewühlmaus und mehrere Primaten, haben bessere Chancen, Nachkommen mit lange lernfähigen Gehirnen aufzuziehen. Die Väter oder Männchen der Gruppe geben den Müttern bzw. Weibchen die äußere Sicherheit und den Schutz, im Falle von Monogamie und Paarliebe auch die innere Sicherheit, dass sie in eigener Sicherheit diese den Nachkommen vermitteln können.

Dieser Weg hat sich als langfristig erfolgreich in der Evolution bewiesen. Wenn die Weibchen eher unter ihresgleichen die Jungen aufziehen, und Männchen als Gruppe für sich leben, ist keine so intensive Bindung gegeben wie zwischen Mann und Frau durch Paarliebe. Es ist keine so verlässliche Ko-regulation des Sicherheitsgefühls und des stressfreien Wohlbefindens zwischen den Eltern gegeben. Das gelingt nur bei der engen oxytocinvermittelten Paarliebe mit dem entsprechenden endogenen Belohnungssystem, welches ein Elternpaar so lange und so verbindlich zusammenhält, wie es immer größere Gehirne und immer längere Kindheiten erforderten.

Kulturell wurden alle biosozialen Prozesse weiter entwickelt, die dem Ziel der Partnerschaftskultur dienen: der Förderung von Sicherheit, Bindung, Kooperation, Fürsorge und Friedfertigkeit durch eine Bejahung und Förderung der Prinzipien der biologischen Evolution. Alle kulturellen Riten der Partnerschaftskultur waren förderlich für die Aufzucht der Nachkommen und für die Gesundheit und das Überleben Aller. Sie waren die Voraussetzung für ein hoch entwickeltes soziales, erfolgreiches Leben der Gesellschaft über Tausende von Jahren.

Die gegenseitige Regulation und Verstärkung positiver lebensförderlicher Eigenschafen innerhalb der kulturellen Evolution durch den gelebten friedfertig gestalteten Alltag prägte immer wieder die entsprechende Gehirnentwicklung der Menschen.

Auf diese Weise kommt eine Kultur in das Gehirn und prägt positiv die biologischen Anlagen und erfüllt die biologischen Bedingungen zum Überleben der Art bzw. Gesellschaft und des Individuums. Die Förderung aller biosozialen Prozesse für Kooperation, Sicherheit, Bindung, Liebe, Friedfertigkeit durch ausdrückliche Bejahung und Verehrung von Leben in Form der Muttergöttin als zentralem Mythos der Partnerschaftskultur sorgte für eine kontinuierliche kulturelle Tradierung dieser Werte.

Was lässt sich daraus schlussfolgern?
Zusammenfassend lässt sich sagen, dass die Partnerschaftskultur die Körperempfindungen und Gefühle wahrgenommen und als Grundlage für stimmige Entscheidungen und Regulationen genutzt hat. Die Menschen haben ein positives Modell von der Welt entwickeln können und positive Beziehungserwartungen ausgebildet. Sie unterstützten sich in der gegenseitigen Ko-Regulation von Sicherheit, Wohlbefinden und Gesundheit. Bei Stress konnten sie sich gegenseitig beruhigen und kooperativ Lösungen suchen. Sie nutzten reichhaltige Lernerfahrungen des sozialen Spiels für die Aneignung der notwendigen Kompetenzen, für Kooperation, Interaktion und soziale Regulation. Ihre geschlechtsabhängige Realität konnten sie von vielen Vorbildern positiv besetzt erleben und eine erwachsene Liebesfähigkeit entwickeln.

Damit hat die Partnerschaftskultur mit ihrem zentralen Mythos die biologische Evolution durchgängig unterstützt und die Entwicklung der Menschheit weiter vorangetrieben.

Kapitel 5.3 – Zwischenfazit:
Wie hat die Partnerschaftskultur den Liebescode begriffen?

Wie konnte sich eine solche friedfertige Kultur entwickeln?

Weil sie den Liebescode entdeckt haben: die kulturelle Förderung von Liebe, Bindung und Kooperation als Motor für Entwicklung.

Kapitel 5.3.1 – Welche Rolle hatten Frauen?

Die zunehmend differenzierten sozialen Beziehungen der frühen Menschen und der Partnerschaftskultur dienten einer längeren Lernzeit der Nachkommen. Insofern ist es naheliegend, dass die soziale Weiterentwicklung vorrangig von den Frauen und Müttern ausging, die immer bessere Bedingungen dafür suchten und schufen. Die Rolle der Frauen war daher hoch angesehen und weibliche Werte waren in der Evolution bedeutend. Dementsprechend hat sich auch ihr Gehirn herausgebildet mit den größeren Arealen für Sprache, Interpretation von Emotionen, mit einer intensiveren Oxytocinproduktion und mit den Fähigkeiten zur Fürsorglichkeit und Liebesfähigkeit. Vor allem die Mütter haben dadurch die Entwicklung der gesamten Gesellschaft vorangetrieben.

Ausgehend von diesen Veränderungen entstand ebenso bei den Vätern und Männern eine Entwicklung zu mehr Kooperation, besserer Regulation ihrer aggressiven Impulse und zur engen Paarliebe. Diese Fähigkeiten haben sich im Verlauf der Evolution der Menschheit von den Primaten über die Frühmenschen bis hin zur Partnerschaftskultur immer mehr verstärkt und wurden erfolgreich ausgelesen.

So lange eine Gruppe noch laufend in Kämpfe verwickelt ist, wie bei z.B. Schimpansen, herrschen schlechte Bedingungen für das Leben und Lernen kleiner immobiler Babys bzw. sogar Gefahr für ihr Leben. Daher kommt einer friedlichen Konfliktregulation große Bedeutung im Verlauf der voranschreitenden Evolution zu. Entscheidend für die Aufzucht von Jungen mit lernfähigen Gehirnen, die einer langen stabilen Fürsorge bedürfen, ist eine soziale Regulation in engen Bindungen mit hoher Friedfertigkeit und Partnerschaftlichkeit zwischen Männern und Frauen.

„Der Göttin, der Großen Mutter, stand ein Mann als Gefährte, Bruder und Sohn der Göttin gegenüber, der selbst auch göttlich war." (1)
„beide – Frauen *und* Männer – waren ebenso Kinder der Göttin, wie sie Kinder der Frauen waren, die ihren Familien und Sippen vorstanden. Und wenn davon auch die Macht der Frauen profitierte, so scheint es sich dabei - analog zu unserer heutigen Mutter-Kind-Beziehung - um eine Macht gehandelt haben, die weniger mit Unterdrückung, Privilegien und Angst gleichgesetzt wurde, als vielmehr mit Verantwortung und Liebe." (2)

Kapitel 5.3.2 – Wie gelang Konfliktvermeidung und Stressregulation?

Bereits bei Primaten finden sich die ersten Beispiele für eine friedliche Konfliktlösung bzw. Konfliktvermeidung. Bei Bonobos gehen die Weibchen auf die Gegner zu und initiieren Versöhnungsgesten, oftmals verbunden mit Sexualität als Mittel zur sozialen Regulation. Versöhnungsgesten und Sexualität besänftigen durch die Oxytocinausschüttung und besitzen damit eine starke stresssenkende vertrauensbildende Wirkung.

Bonobos scheinen bereits in der Lage gewesen zu sein, diese Wirkung wahrzunehmen und zur sozialen Konfliktvermeidung einzusetzen. In ihrer Entwicklung hat diese Art, wie auch die Menschen, irgendwann gelernt, Versöhnungsgesten gezielt einzusetzen. Vermutlich haben Weibchen die Versöhnungsgesten unter ihren Nachkommen eingesetzt, um dort für Versöhnung und Trost durch Zärtlichkeiten zu sorgen. Irgendwann werden sie es auf erwachsene Mitglieder und von Zärtlichkeit auf Sexualität übertragen haben. Dieses Verhalten wurde allgemein in der sozialen Gruppe anerkannt, weil es durch die Oxytocinausschüttung zufrieden macht, Furcht und damit Aggressivität senkt, beruhigt sowie das Vertrauen in das Gegenüber verstärkt.

Hilfreich ist dafür die weibliche Fähigkeit, die Emotionen des Gegenübers sehr genau spiegeln und interpretieren zu können sowie ihre hohe Empfindlichkeit im Mandelkern für sozialen Stress. Dadurch sind sie in der Lage, sehr zeitig sich anbahnende Konflikte wahrzunehmen und die Konfliktvermeidung sozial zu regulieren. Das senkt den Stresspegel und die Aggressivität in der ganzen Gruppe sowie zwischen Gruppen. Diese Strategien sind der Gesamtentwicklung einer Gruppe und damit der Aufzucht ihrer Kinder zuträglicher als aggressive Konfliktstrategien. Sie wurden deshalb auch von den männlichen Gruppenmitgliedern anerkannt bzw. übernommen.

Dadurch wiederum haben sich allmählich hormonelle Veränderungen entwickelt. Die Männer brauchen seltener Testosteron, sie fühlen sich seltener angegriffen und herausgefordert, erleben aber häufiger die Ausschüttung von Oxytocin im sicherer werdenden sozialen Miteinander. Hinzu kommen die Veränderungen des Vasopressin-Rezeptorgens, die Monogamie und Schutz der Familie fördern sowie die Rolle des Vasopressins bei der sexuellen Aktivierung und Paarbindung.

Es ist nicht mehr nötig, sofort zu kämpfen, wenn das Miteinander sozial gut reguliert wird über Freundlichkeit, Friedfertigkeit und Versöhnungsgesten. Damit vermeidet die Gruppe den Ausschluss zu aggressiver Männer. Diese Regulationen wurden in der frühen Menschheit und in der Partnerschaftskultur genutzt.

Der Vorteil der Frauen, rechtzeitig Freund und Feind zu erkennen und aus den Gesichtszügen die Sicherheit einer Begegnung voraussagen zu können, ist von großer Bedeutung für das Überleben der Nachkommen. So wurde gezeigt, dass bei Elefantenkühen die Zahl der überlebenden Nachkommen direkt zusammenhängt mit der Fähigkeit der weiblichen erfahrenen Leittiere, eine bekannte oder fremde Gruppe anhand ihrer Laute auf freundliche oder feindliche Absichten einzuschätzen und ihnen ggf. rechtzeitig aus dem Weg zu gehen. (3) Diese Fähigkeiten verdeutlichen, warum erfahrene Weibchen mit ihren besseren Fähigkeiten zur Interpretation sozialer Signale oftmals die Leittiere sind.

Es hat sich als vorteilhaft für das Überleben Aller erwiesen, Konflikten und Kämpfen rechtzeitig ausweichen sowie Versöhnungsgesten einsetzen zu können. Diese Fähigkeiten erhöhen die Sicherheit und senken Stress. Weibchen als Leittiere schaffen durch Friedfertigkeit und Konfliktreduktion die Bedingungen, die das Gehirn zum Lernen braucht. Sicherheit und Freiheit von einer Stressaktivierung ist, wie wir bereits gesehen haben, eine biologische Bedingung für soziales Leben, Lernen und für die Gesundheit von Säugern. Einige Mitglieder wachen und geben den Anderen Sicherheit für die säugetierspezifischen Tätigkeiten: gebären, stillen, lernen, lieben, soziales Spiel und Zärtlichkeit.

Das erlaubt, sich in Sicherheit weiter zu entwickeln, mehr zu lernen und soziale Interaktionen zu verändern. Durch mehr Sicherheit und Zeit für soziales Spiel, durch das Teilen von Nahrung und Zärtlichkeit sowie durch liebevolle Sexualität steigt der Oxytocinspiegel auch der Männer an und macht sie vertrauensvoller und fürsorglicher. Damit ändert sich das soziale Verhalten der Männer, so dass sie z.B. besser in der Gesichtserkennung werden und sozial zugewandter und vertrauensvoller sind. Diese Bedingungen eignen sich besser für die Aufzucht der Kinder und haben sich deshalb erfolgreich in der Evolution von den Primaten über die Frühmenschen bis hin zur Partnerschaftskultur ausgelesen.

Sie waren die Basis für weitere kulturelle Leistungen der Mütter und Frauen, nämlich die Entwicklung des aufrechten Ganges und von Werkzeuggebrauch, aber auch der Fähigkeit, zu teilen und zu kooperieren.

Kapitel 5.3.3 – Von Frauen, die teilen und sich mitteilen

Frauen, vor allem Mütter, haben zur Entwicklung der Menschheit entscheidend durch die Fähigkeit zum Teilen beigetragen. Je länger ihr Nachwuchs abhängig und selbst noch nicht zur Nahrungssuche in der Lage ist, desto mehr Bedeutung kommt dem Teilen von Nahrung zu. Mütter haben Nahrung gesammelt und gleichzeitig ihr Baby getragen, was zum aufrechten Gang führte. Aber sie haben auch gegenseitig ihre Nachkommen betreut und Nahrung nach Hause für die Anderen mitgenommen, was wohl zum ersten Fertigen von Gefäßen geführt hat.

Durch das Teilen von Nahrung erfolgt eine Ausschüttung des Bindungshormons Oxytocin, was als starker Belohnungsfaktor das Teilen begünstigt. Das soziale Teilen von Nahrung wird im emotionalen Erfahrungsgedächtnis mit dem Vermerk „suchen" abgespeichert und hilft damit dem Überleben der Nachkommen.

Der Oxytocinausstoss, der eigentlich zum Stillen gehört, hat sich im Verlauf der Evolution auch auf andere soziale Tätigkeiten übertragen und stimuliert sie. In Experimenten an Schimpansen wurde gezeigt, dass die Oxytocinkonzentration nach dem Teilen von Nahrung bei Spender und Empfänger höher ist, als nach einer Nahrungsaufnahme in Gesellschaft, bei der nicht geteilt wird. Der Oxytocinspiegel war sogar höher als nach der gegenseitigen Fellpflege, was darauf hindeutet, dass das Teilen von Nahrung für den Auf- und Ausbau sozialer Beziehungen sogar noch wichtiger sein könnte. „Die Funktion, kooperative Beziehungen zwischen nicht miteinander verwandten Individuen aufzubauen und zu erhalten, könnte dann später hinzugekommen sein." (4)

Noch interessanter und überraschender ist, wie stark dieser Belohnungsaspekt von Oxytocin und endogenen Opioiden bei Zärtlichkeiten bereits bei Primaten, in dem Fall Bonobos, prosoziale Handlungen stimuliert. Bonobos geben Fremden Nahrung ab, weil sie Gesellschaft und Zärtlichkeit suchen. Sie sind dabei nicht misstrauisch, sondern vertrauensvoll und lassen eingesperrte fremde Affen aus Käfigen frei, selbst wenn sie in der Minderzahl sind. Es kommt dabei nicht zu Aggressionen, sondern zu dem für Bonobos typischen Sozialverhalten, dass die Tiere ihre Genitalien aneinander reiben. (5)

Bonobofrauen haben eine wichtige Funktion in der Gruppe inne, sie sorgen für Versöhnung und Konfliktvermeidung. Sie teilen z.B. die Jagdausbeute auf. Genauso auch in der partnerschaftlichen Kultur, wo Frauen als Vorsteherinnen die Aufteilung der Vorräte vornahmen zum Wohle Aller. Bonobos leben in größeren, stabilen Gemeinschaften, was die Bildung von Frauengruppen und deren Kooperation begünstigt.

Eine weitere Ressource des Teilens, die die Entwicklung der Menschheit erst ermöglicht hat, ist das Teilen von Wissen und Hilfe, insbesondere der Frauen und Mütter untereinander, aber auch das der älteren Frauen für die Weitergabe von Wissen und Erfahrung. Aus diesen Bedürfnissen heraus entwickelte sich Sprache. Enge und starke soziale Beziehungen entstehen insbesondere bei erfolgreicher Kommunikation.

Die Weibchen haben einen größeren Abstimmungsbedarf wegen der Kinder, weil sie ihnen etwas zeigen oder erklären wollen, aber auch, um sich untereinander abzustimmen über Nahrungsplätze, arbeitsteilige Betreuung, Werkzeuge etc. Dazu müssen sie imitieren können, um anzuzeigen, was sie möchten. Sie müssen Laute oder Gesten symbolhaft benutzen können, also jeweils weitere Stufen höherer geistiger Leistung erreichen. Das haben außer den Menschen keine Arten erreicht.

Eine Vorstufe zu symbolhafter Kommunikation wurde bei Bonobos beobachtet, die eigene Wünsche gestisch anzeigen können. Forschungsarbeiten an weiblichen Bonobos zeigten, dass Weibchen dieser

Affenart bereits zur nichtsprachlichen symbolhaften Verständigung durch Gestik und Pantomime in der Lage sind. (6) Die Kommunikationszentren im Gehirn von Frauen sind geschlechtsspezifisch größer und differenzierter und enthalten auch die nonverbalen Aspekte von Sprache.

Sprache ist im lebendigen Gespräch von Körpersprache begleitet. Jedes Gespräch stellt ein wechselseitiges reziprokes Geben und Nehmen dar, das der Steuerung des sozialen Verhaltens dient. Sprachliche Verständigung hat bei Frauen einen hohen Belohnungswert in Form von Oxytocin, was dieses Verhalten biologisch fördert. Es dient der besseren Aufzucht der Nachkommen und wurde daher im Verlauf der Evolution ausgelesen.

Erfolgreiche Abstimmung und sozial friedliche Regulation durch Sprache führen zur Dopamin- und Opoioidausschüttung und werden daher besonders intensiv gelernt und weitergegeben. Gleichzeitig wird durch die erfolgreiche Nutzung von Sprache zur Abstimmung wiederum bessere Konfliktvermeidung möglich und damit eine geringere Aggressivität, geringerer Stress Aller, was die Entwicklung der Nachkommen begünstigt.

Das ist eine Evolutionsleistung von Frauen und Müttern. Sprache ermöglicht einen stimmigen sozialen Abgleich und die Bevorzugung dieser Wert

Kapitel 5.3.4 – Kooperation, weil es sich gut anfühlt?

Kooperation begann zuerst bei den Frauen bzw. Weibchen der Primaten zur gegenseitigen Unterstützung bei der Betreuung der Kinder, beim Sammeln von Nahrung und bei der Versorgung. Diese sozialen Kooperationen wurden, wie gerade beschrieben, durch hohe Freisetzungen von Oxytocin und Opioiden belohnt und damit als „suchen" zur Wiederholung gebahnt. Dabei diente die körperliche Wahrnehmung der Bewertungen durch somatische marker als Grundlage. Sie ermöglicht die hohen sozialen und kulturellen Fähigkeiten.

Entsprechende Experimente geben einen Aufschluss darüber, dass soziale Kooperation zu gegenseitigem sozialem Wohlbefinden führt. Deshalb wurde kooperatives Handeln wiederholt, nicht wegen materieller Vorteile oder Statusaufbesserung. Es wurde gezeigt, dass Menschen klare Übervorteilungen des Gegenübers ablehnen, also nach einer sozialen Logik handeln. Wenn Spielern in solchen Spielexperimenten Oxytocin als Nasenspray verabreicht wird, macht das die Spieler vertrauensvoller in die Aktion des Partners und sie selbst großzügiger. (7)

Bekannt geworden sind die Belohnungsexperimente des Forschers de Waal: Getrennt in zwei einzelnen Käfigen, sollten Affen den Forschern einen Stein hergeben und bekamen dafür Gurken als Belohnung. In einem 2. Teil erhielt ein Affe eine viel wohlschmeckendere Weinbeere, der andere weiter Gurken. Daraufhin warf der Affe seine Gurke in Richtung Versuchsleiterin, sprang im Käfig auf und ab und rüttelte an der Käfigtür. (8) Er war offensichtlich böse und fühlte sich schlechter behandelt als sein Nachbar.

Daraus können wir schließen, dass es bereits bei Primaten ein ausgeprägtes Empfinden für Gerechtigkeit und Gleichberechtigung bzw. Gleichbehandlung gibt.

Im Ultimatumsspiel zeigen Spieler unter der Gabe von Testosteron die Tendenz, ein unfaires Spielverhalten härter zu bestrafen, als ohne. Aber ebenso wird unter Testosteron ein faires Spielverhalten großzügiger belohnt. Testosteron reguliert also, je nach Kontext, auch Partnerschaftlichkeit. (9) Weitere Forschungen testen reziprokes Vertrauen: Vertrauensvolles Handeln wurde als Vertrauensvorschuss durch die Erwiderung des Vertrauens belohnt. Unter der Gabe von Testosteron wurde besser geteilt, dadurch wurde die Wirkung von Testosteron auf das Prinzip von Fairness und prosoziales Handeln anerkannt. (10) Außerdem wurde gezeigt, dass Frauen unter erhöhten Testosteronwerten anders reagieren. Sie verhandelten geschickt und machten von vornherein faire Angebote. Gerade Frauen sind entsprechend ihrer Gehirnstruktur auf Konsens und minimalen Status angelegt.

Kapitel 5.3.5 – Evolutionsvorteil der fürsorglichen Männer?

Wie an Primaten gezeigt wurde, nutzen Männchen Sprache sehr viel weniger. In der Partnerschaftskultur wird durch das enge und bezogene Zusammenleben eine Veränderung stattgefunden haben. Das männliche Gehirn ist nicht so stark für Sprache, Kommunikation und empathisches Einfühlen entwickelt, wie das der Frauen. Diese Fähigkeiten entwickeln sich abhängig von den Gelegenheiten zur frühen sprachlichen Interaktion und dafür brauchen Männer mehr Unterstützung seitens der Bindungspersonen als Frauen bzw. Mädchen. Diese Gelegenheiten hat die Partnerschaftskultur reichlich bereitstellen können, dank ihrer hoch entwickelten sozialen Kultur.

Entscheidend dafür ist die zunehmende Fähigkeit der Männer, ihre aggressiven Impulse steuern zu lernen, sich also nicht zu schnell angegriffen zu fühlen und die Sicherheitssignale richtig zu interpretieren. Männer sind zu diesen empathischen Interpretationen jeweils dann besser in der Lage, wenn ihr Stress niedrig ist, wenn sie wenig Furchtkonditionierungen erlebt haben und wenn ihr Oxytocinspiegel hoch ist.

Diese Funktion der Minderung von Aggressivität übernimmt bei den Bonobos u.a. der intensive sexuelle Kontakt. Dabei ist der Stress sehr niedrig bei gleichzeitiger hoher Aktivierung des neuen parasympathischen Vagus und der höchsten Opxytocinausschüttung.

Oxytocin, das beim Sex ausgeschüttete Dopamin und Prolactin, eine höhere Sicherheit, die Funktion von Vasoperessin zur Paarbindung und weniger Testosteron haben bei Bonobos dazu geführt, dass beide Eltern sich an der Aufzucht der Nachkommen beteiligen. Eine ähnliche Entwicklung hat vermutlich bei den Menschen stattgefunden, weil unter solchen kulturellen Bedingungen wiederum noch bessere Chancen für eine lange Lernzeit der Nachkommen bestehen.

Die männlichen Nachkommen der hoch entwickelten sozialen und friedlichen Kultur besaßen männliche Rollenvorbilder für dieses Verhalten. Je mehr Gelegenheiten für prosoziales Verhalten sie in der Kindheit erleben, desto intensiver wird ihr Belohnungssystem solche Gelegenheiten suchen und desto intensiver wird Oxytocin, Vertrauen, Zufriedenheit und Bindung in ihrem Gehirn vernetzt. Sie besaßen Rollenvorbilder für eine sozial angemessene Nutzung ihrer aggressiven männlichen Impulse.

Aggressivität entsteht meist aus Angst bzw. dient dem Arterhalt als Schutz und zur Revierverteidigung, evtl. auch zur Spannungsabfuhr bei Stress. Sie entsteht äußerst selten, wenn in der Kultur wenig Stress vorhanden ist und wenn Testosteron in Sexualität und Lebensbewältigung fließt. Männer in der Partnerschaftskultur haben sich durch das häufig ausgeschüttete vertrauensbildende Oxytocin den Frauen und Müttern anvertrauen können. Der hohe Belohnungswert von Paarliebe und Sexualität half beiden Geschlechtern, sich zu entspannen und wohlzufühlen. Er ermöglichte Lernen und wirkte stressmildernd.

Männer der Partnerschaftskultur, wie auch Bonobos, haben in ihrer Kindheit viel Zuwendung, Liebe, Fürsorge und Zärtlichkeit erleben können, mit der Bahnung von Oxytocin, Serotonin, Opioiden. Das ermöglicht ihnen, selbst sehr liebesfähig zu sein und eine hohe Achtung vor Frauen zu haben. Bei Bonobos wurden lebenslange enge Bindungen zwischen erwachsenen Söhnen und ihren Müttern gezeigt.

Gleichzeitig eröffnet das die Möglichkeit, über Liebe, Zärtlichkeit und Sexualität für eine gute Regulierung ihres inneren Zustandes zu Wohlbefinden und Zufriedenheit zu sorgen. Bei Bonobos, wie auch in der Partnerschaftskultur, hat die Veränderung im Vasopressin-Rezeptorgen zu Monogamie, hoch entwickelten sozialen Bindungen und Kooperation geführt sowie dazu, dass Frauen bzw. Weibchen die Gruppen anführten. Dementsprechend steigt die soziale Anerkennung der weiblichen Fähigkeiten innerhalb der Kultur.

Eine hohe Wertschätzung dieser Leistungen war für die Männer gewinnbringend im sozialen Miteinander. Die fürsorglichen und kooperativen Aktivitäten der Frauen sorgen für ein höheres Wohlbefinden auch der Männer und damit insgesamt für bessere Überlebenschancen der Nachkommen. Daraus resultiert sicher der hohe soziale Status der Bonobo-Weibchen, wie auch der Frauen in der partnerschaftlichen Kultur.

Auch innerhalb der Gruppe der Männer ist friedlicheres Verhalten sinnvoll. Je weiter entwickelt die soziale Kultur ist und je mehr Sicherheit die Aufzucht der Jungen erfordert, desto geeigneter sind friedliche Strategien und Impulskontrolle unter den männlichen Mitgliedern. Bei Bonobos werden die Männchen mit weniger Testosteron die Ranghöheren. Sie haben mehr Oxytocin, sind vertrauensvoller und zeigen eine geringere Stressreaktion.

Bonobos haben meist Weibchen als Leittier. Auch hier führt die Anwesenheit empfängnisbereiter Weibchen zu einer gewissen Zunahme der Aggressivität der Männchen, (11) aber sie wird nie gegen Weibchen gerichtet. (12) Bei einem hohen Rang der Männchen und der Anwesenheit von Weibchen fällt der Testosteronspiegel sogar ab und sie suchen eher die Beziehung durch Kooperation. Nur rangniedere Männchen haben bei Anwesenheit von Weibchen etwas mehr Testosteron. (13) Ranghöhere Männchen interpretieren Signale angemessen und reagieren nicht zu schnell aggressiv.

Dieses Verhalten ist besser für die längere Aufzucht von Nachkommen geeignet. Bei Menschen waren genau solche Eigenschaften notwendig, um eine beginnende Kooperation größerer Gruppen und über Gruppen hinweg zu erreichen. Hilfreich waren dabei biologische Veränderungen, die die Evolution ausgelesen hat, wie das veränderte Vasopressin-Rezeptorgen, das Monogamie und Paarliebe begünstigt sowie das Beta-Östrogen für Gefühle der Fürsorge, Schutz, Mütterlichkeit und Geduld bei Männern. Sexuelle Erfüllung, Monogamie, enge Paarliebe und gemeinsame Elternschaft innerhalb einer friedfertigen Gemeinschaft sind die besten Bedingungen für die Aufzucht von Nachkommen mit lange anpassungsfähigen Gehirnen.

Kapitel 5.3.6 – Sexualität als soziale und kulturelle Funktion?

Bonobos zeigen unter den Primaten einige ungewöhnliche Verhaltensweisen. Sie sind sehr friedlich und verspielt, wenig aggressiv und sehr fürsorglich. Das Leittier ist fast immer weiblich und weibliche fürsorgliche Verhaltensweisen bestimmen die Gruppe.

Sexualität dient bei ihnen nicht nur der Fortpflanzung, sondern stärkt auch soziale Beziehungen. Das wird möglich, weil bei Bonobos, wie auch Menschen, kein eindeutiger Zusammenhang zwischen Sexualität und Fruchtbarkeit mehr besteht. Zwar haben die Bonoboweibchen die für andere Affenarten auch charakteristischen Sexualschwellungen, aber diese zeigen nicht immer auch fruchtbare Tage an. Offenbar beginnt dort erstmals Sexualität sich von Fruchtbarkeit zu entkoppeln, so dass Sexualität jederzeit möglich ist und sozial regulierend wirken kann. (14) Die Funktion von Sexualität zur sozialen Regulation wurde bisher nur Menschen zugesprochen, aber offenbar hat sich dieses Verhalten auch bei den Bonobos als erfolgreich in der Evolution ausgelesen.

Alle Verhaltensweisen der Bonobos sind von Oxytocin bestimmt, es senkt Stress und Aggressivität und wirkt vertrauensbildend. Bonobos nutzen Sexualität nicht nur zur Fortpflanzung, sie nutzen sie für ihr Wohlbefinden. Ähnliche Funktionen hat Sexualität auch in der Partnerschaftskultur innegehabt. Liebevolle Sexualität ermöglicht eine tiefe parasympathische Dominanz und durch die Ausschüttung von endogenen Opioiden und Oxytocin das Gefühl von Glück, Zufriedenheit, Wohlbefinden und Liebe. Sie ermöglicht Regeneration und Erholung.

Weil alle mit Oxytocin verbundenen Handlungen biologisch so hoch belohnt werden, suchen auch die Männer diese fürsorglichen, liebevollen und sexuellen Begegnungen und bauen damit Stress ab. Oxytocin macht vor allem das Gefühl des Glücks und der Zufriedenheit im sozialen Kontakt und bei einer Weiterentwicklung den Kern der Paarliebe und Elternliebe aus. Unter der Voraussetzung von Sicherheit bildet es den Kern des biologischen Liebescodes. In der Partnerschaftskultur schütten bei vielen Gelegenheiten auch Männer Oxytocin aus. Das war war ganz offensichtlich vorteilhaft innerhalb der Evolution und half dem Überleben der Nachkommen.

Diese Liebe, ist überlebensnotwendig, weil Oxytocin der wirksamste Gegenspieler zum Stresshormon Cortisol ist und durch seine Wirkung auf das parasympathische System den Organismus beruhigt. Durch seine Wirkung entsteht immer wieder das biologisch notwendige Gleichgewicht zwischen Erregung/Anspannung und Dämpfung/Erholung, in welchem Lernen möglich ist. Nicht mehr die Körperkraft oder Aggressionskraft ist in der Evolution entscheidend. Sie bleibt sehr wichtig, aber durch Kooperation ist Bindung, Liebe, und der Zusammenhalt innerhalb der Gruppe viel vorteilhafter geworden. Gute Partnerschaftlichkeit zwischen beiden Geschlechtern hatte den größeren Vorteil in der Evolution und ermöglichte die Entwicklung der Menschheit.

Die sexuellen Kontakte der Bonobos gehen meist von den Weibchen aus. Frauen, wie die Weibchen der Bonobos, haben biologisch häufigere und intensivere Erlebnisse mit Oxytocin und einer tiefen parasympathischer Dominanz. Frauen schütten Oxytocin auch beim Reden mit anderen Frauen, beim Streicheln, in der Nähe bei Frauen untereinander, bei Zärtlichkeiten, bei der Geburt, beim Stillen aus. Erlebnisse bei der Geburt und beim Stillen haben oftmals einen orgasmischen Charakter. Daher haben sie ein tiefes Wissen über die Wirkung von Oxytocin sowie von orgasmischen Erfahrungen und ihrer Bedeutung für Gesundheit und Wohlbefinden.

In den alten Kulturen wurde dieses Wissen entwickelt und weitergegeben, wie z.B. im Tantra und im Taoismus. Solche Erfahrungen gehörten wahrscheinlich auch in der neolithischen Kultur zur Verehrung der Göttin. Durch die Frauen erfolgte die Ritualisierung der Sexualität zur „Heiligen Hochzeit" in der Partnerschaftskultur als Quelle umfassender kreativer Kräfte. Dazu zählten auch Erfahrungen der Transzendenz als Überschreiten und Sprengen der Ich-Grenzen. (15)

Damit wird Sexualität zu einem starken sozialen Mittel der Paarbindung und des Wohlbefindens. Daraus leitet sich nur folgerichtig die hohe kulturelle Verehrung der Mutter und Muttergöttin ab, die sich auf alle Frauen dieser Kultur übertrug.

Diese kulturellen Mythen waren förderlich für die Aufzucht der Kinder und für die persönliche Gesundheit Aller als die Voraussetzung für ein erfolgreiches Leben und Überleben der Menschheit über Zehntausende von Jahren.

Es gelang eine Verstärkung positiver und lebensförderlicher Eigenschafen innerhalb der kulturellen Evolution, nämlich eine Förderung aller biosozialen Prozesse für Kooperation, Sicherheit, Bindung, Liebe und Friedfertigkeit durch die ausdrückliche Bejahung und Verehrung des Lebens in Form der Muttergöttin als dem zentralem Mythos.

Kapitel 5.3.7 – Gemeinsame Elternschaft

Die gemeinsame Sorge zweier in Liebe verbundener Eltern hatte bessere Chancen für die Entwicklung der Nachkommen, weil sie auch bessere Chancen der sozialen Zustandsregulation hatte, z.B. der Kanalisierung von aggressiven Impulsen sowie der Ausschüttung des glücklich und friedlich machenden Oxytocins.

Dabei half insbesondere das verfügbare Rollenvorbild eines Vaters, der sich an der Erziehung beteiligt. Diese Väter wiederum waren durch ihre Paarbindung mit fortlaufender Oxytocinausschüttung besser gegen Cortisol und Stress geschützt. Sie waren selbst fürsorglicher, weil sie weniger eigenes Testosteron, dafür aber mehr Östrogen und Prolactin ausschütteten sowie besser mit der aktiven Testosteronregulation vertraut waren. Vasopressin stand bei ihnen im Dienst der sexuellen Aktivierung, der Paarbindung und des Schutzes der eigenen Familie. Es wurde nicht als Folge einer Furchtkonditionierung freigesetzt. Durch viel Zärtlichkeit waren sie in Sicherheit und nutzten aktiv ihre Vagusbremse.

Beide Geschlechter kannten Versöhnungsgesten und nutzten die soziale Funktion des Teilens von Nahrung und von Zärtlichkeiten bzw. sexuellen Kontakten. So wurde das soziale Verhalten der Menschen immer komplexer, vielschichtiger und friedlicher, was wiederum die weitere Gehirnentwicklung begünstigte. Eine weitere wesentliche Voraussetzung für immer längere Kindheiten, für immer größere Gehirne und Lernfähigkeit war die stabile soziale Vernetzung und Kooperation der Frauen untereinander zusammen mit stabilen Paarbindungen und Kooperation beider Geschlechter in ihren jeweiligen Funktionen als Elternteile und Rollenvorbilder.

Im Verlauf der Entwicklung von den Frühmenschen bis zur Partnerschaftskultur fanden wichtige Veränderungen zugunsten einer engen Paarbindung und zu einer intensiven sozialen Ko-Regulation mit dem social engagement system statt.

Durch bewusste kulturelle Riten für Liebe, Bindung und für sozial verträgliche Regulation aggressiver Impulse in Spiel, Sport, Sexualität und mit Hilfe aktiver Versöhnungsgesten wurde das soziale Miteinander friedfertig gestaltet.

Die enge Paarbindung sowie die Bindung an ihre Kinder sorgte bei den Männern für kulturbedingt höhere Spiegel von Oxytocin, Östrogen, Prolactin u.a. bei gleichzeitig niedrigeren Testosteronspiegeln. Das hatte zur Folge, dass auch die Männer sehr fürsorglich, liebevoll und friedfertig waren und schlug sich in der Kultur als Verehrung des Lebens und der Muttergöttin nieder.

Die kulturellen Traditionen gelangten durch die Erfahrungen des gelebten Alltags wiederum ins Gehirn zurück und formten es erfahrungsabhängig in gegenseitiger Verstärkung als Ko-Konstruktion der Realität dieser Kultur. Die gegenseitige Beeinflussung von biologischer und kultureller Evolution war für die Weiterentwicklung vorteilhaft.

Über Sprache und Kultur wurde eine Realität geschaffen, die Körperempfindungen als Entscheidungskriterium (Kapitel 5.1) nutzte. Das waren die Voraussetzungen für eine außerordentlich hohe Zivilisation über Tausende von Jahren. Frauen, mit der Entwicklung von Sprache, Schrift und Rechenkunst, als Verwalterinnen und Priesterinnen, durch die Entwicklung von Werkzeugen und Handwerken, mit der Fähigkeit zu sozialer Bindung und Fürsorge haben daran einen ganz entscheidenden Anteil gehabt.

Unter diesen Bedingungen konnte das Miteinander liebevoll, freudvoll und lustvoll sein, so dass beide Geschlechter von Oxytocin, Serotonin, Prolactin und endogenen Opioiden gesättigt waren. Das war viele Jahrtausende lang gelebte gesellschaftliche Realität des Lieebscodes.

Zusammenfassend lässt sich feststellen, dass die partnerschaftliche Kultur die biologischen Notwendigkeiten unserer menschlichen Entwicklung berücksichtigt und unterstützt hat. Dadurch konnten sie ihr psychobiologisches Gleichgewicht und damit Gesundheit und Überleben bewahren. Die partnerschaftliche Kultur hat es Frauen und Männern ermöglicht, liebevolle Beziehungen zu entwickeln und die notwendige Ko-Regulation des inneren Zustandes zu erlernen.

Auf dieser Grundlage konnten tragfähige, liebevolle, friedliche und gleichberechtigte soziale Bindungen für Kooperation, Fürsorge, Friedfertigkeit, Paarliebe und Elternschaft aufgebaut werden, wobei Aggressivität bzw. Stress niedrig gehalten worden sind. Damit hat die Kultur den Liebescode mit gegenseitiger Ko-Regulation von innerer Sicherheit und Liebesfähigkeit in ihre kulturelle Evolution integriert. Das hat ihre beispiellose kognitive und kulturelle Weiterentwicklung über tauende von Jahren hinweg ermöglicht.

Kapitel 6 – Wie kam es zu Herrschaft statt Partnerschaft?

Die Fähigkeit des Menschen, durch kulturelle Evolution eine eigene Realität zu konstruieren, ist augenblicklich die größte Gefahr unserer Evolution als Menschheit. Denn unsere derzeitigen kulturellen Normen, Traditionen und Vorstellungen wirken der biologischen Evolution entgegen.

Wenn eine Kultur statt der Verehrung der lebensspendenden Kräfte und der Liebe zur gesamten Natur ganz andere kulturelle Traditionen entwickelt, so dass ihre Glaubensmythen Geschichten von der Zerstörung des Lebens sind, entsteht eine gelebte Realität, die der Richtung der biologischen Evolution nicht mehr entspricht. Dann konstruieren die Menschen eine andere Art des Denkens, ein anderes soziales Leben sowie eine andere Kulturgeschichte. Sprache macht das möglich, wie der weitere Verlauf der kulturellen Evolution der Menschheit zeigt. Davon handelt dieses Kapitel.

R. Eisler beschreibt die beiden verschiedenen gesellschaftlichen Basismodelle: Das Dominanz- bzw. Herrschaftsmodell besteht aus der Überordnung eines Teils der Menschheit über den anderen, wogegen das Partnerschaftsmodell auf Verbindlichkeit und Konsens gleichberechtigter Partner basiert. Das Partnerschaftsmodell der kulturellen Evolution, in dem über Tausende von Jahren die Grundlagen der Menschheitsentwicklung gelegt wurden, ist nach Perioden von Krieg, Chaos und kulturellem Niedergang vom Dominanzmodell abgelöst worden.

Was hat den Umschwung ausgelöst?
Dazu gibt es nur fragmentarische Hinweise. In den wenig einladenden Randbereichen der neolithischen Zivilisation lebten Nomadenvölker, die auf der Suche nach Weideplätzen für ihre Herden in die Territorien der Ackerbauern eindrangen. Belegt ist, dass sie aus kälteren, unwirtlicheren, dünn besiedelten peripheren Gebieten des Nordens bzw. aus den trockenen Wüsten des Südens kamen. (1) In Kapitel 6.3

werden Überlegungen angestellt, wie sich die Entstehung dieser Kultur vollzogen haben kann.

Ca. 5 000 v.u.Z. wurden die ersten Unruhen und Bedrohungen durch Nomadenstämme anhand archäologischer Befunde nachweisbar. (2) Damit begann eine Periode von Zerstörung, kulturellem Niedergang und einer langanhaltenden Stagnation der zivilisatorischen Entwicklung. Erst 2 000 Jahre später entstanden neue Hochkulturen in Ägypten und Sumer (3 000 v.u.Z.) Für das Alte Europa wurde der physische und kulturelle Niedergang der neolithischen Gesellschaft in mehreren Invasionswellen von nomadischen steppenbewohnenden Hirtenvölkern nachgewiesen. Es handelte sich dabei um die Kurganvölker aus Nordostasien und Nordosteuropa mit Invasionswellen von 4 300-4 200 v.u.Z., 3 400-3 200 v.u.Z. und 3 000-2 800 v.u.Z. (3)

In Funden aus Grabstätten dieser Zeit zeigt sich erstmals in der gesamten bisherigen Menschheitsgeschichte die gewaltsame Degradierung von Frauen und ihren Kindern zum Eigentum der Invasoren. Funde in Häuptlingsgräbern zeigen die Hierarchie der Männer und erstmals finden sich die Gebeine mehrerer geopferter Frauen zu Füßen des Häuptlings. Ebenso zum ersten Mal nach Tausenden von Jahren friedlicher Entwicklung wurden Grabbeigaben gefunden, die eine Ansammlung von Reichtum sowie Kriegsverehrung, wie z.B. Waffen, zeigten. Damit wurde das Ende der friedlichen und partnerschaftlichen Kultur der Menschheit eingeläutet. (4)

Neben den Kurganvölkern aus Osteuropa waren andere Nomadenvölker an den Invasionen beteiligt, z.B. die Hethiter und Miraner, Achäer, Dorer und Semiten. Die Kurganvölker aus den Steppen Nordeuropas kannten Technologien der Metallbearbeitung aus dem Südkaukasus und Transsibirien. Sie begannen ca. 3 500 v.u.Z. die Erzmienen des Kaukasus auszubeuten. Die Ausbreitung der Funde von Bronzewaffen in Europa deckt sich mit den Verbreitungs- und Invasionswegen der Kurganvölker. (5)

Wie erfolgte der Wertewandel zum Leben nehmen?

Eisler analysiert die gesellschaftlichen Strukturen anhand der archäologischen Fundstücke: „Die entscheidende durchgängige Eigenschaft war ein dominatorisches Modell der gesellschaftlichen Organisation: ein soziales System, in dem Männerherrschaft, Männergewalt und eine generell hierarchische und autoritäre Sozialstruktur die Norm waren. Eine weitere Gemeinsamkeit lag darin, dass materieller Wohlstand bei jenen Völkern nicht, wie in den Gesellschaften, die die Grundlagen der westlichen Zivilisation schufen, durch die Entwicklung neuer Produktionstechnologien, sondern durch zunehmend effektivere Zerstörungstechnologien geschaffen wurde." (6)

Sie schreibt weiter, dass es das „Kernstück des von den Invasoren eingeführten Systems war, die Macht, die das Leben nimmt, höher zu bewerten als diejenige, die das Leben gibt. Die durch das „männliche" Schwert symbolisierte Macht wurde, wie Höhlenzeichnungen aus der Frühzeit der Kurgan-Völker belegen, von jenen indoeuropäischen Invasoren buchstäblich angebetet." (7)

Alle Höhlenmalereien, die nach der Kurganinvasion datieren, zeigen den männlichen Kriegergott mit Symbolen seiner Macht in Form von Dolchen, Schwertern und geschliffenen Klingen. Diese Waffen wurden als Repräsentation des Gottes selbst verehrt. „Die Verherrlichung der tödlichen Macht in der geschliffenen Klinge begleitet eine Lebensweise, in der die Zerstörung und Plünderung fremden Eigentums sowie die Unterjochung, Ausbeutung sowie das organisierte Niedermetzeln an der Tagesordnung gewesen zu sein scheinen. Der archäologische Befund lässt den Schluss zu, daß die Anfänge der Sklaverei (der Inbesitznahme von Menschen durch andere Menschen) mit jenen bewaffneten Invasionen in enger Verbindung stehen." (8)

Es gibt Hinweise darauf, dass die Kurganstämme die einheimischen Männer umbrachten und die Frauen als Besitz behielten. Die gleiche Vorgehensweise in der gleichen geschichtlichen Periode bei der semitischen Invasion von Kanaan ist im 4. Buch Mose beschrieben (31:32-35): Die Beute der Semiten bestand aus Schafen, Rindern, Eseln und 32 000 Mädchen. (9)

In der Folgezeit gab es immer wieder große Völkerwanderungswellen von Eroberern und Flüchtlingen. Im Verlauf der Invasionswellen wurden die Dörfer zerstört und die Kunsthandwerke nicht mehr weiter betrieben. Neue Siedlungen wurden von da an nach militärischen Gesichtspunkten angelegt, nicht mehr nach der Schönheit der Lage, wie es vorher in der neolithischen Kultur üblich war. Die Invasionswellen hinterließen jedes Mal eine kulturelle Verarmung in großem Stil, denn die meisten Menschen wurden ermordet, versklavt, vertrieben. Daraus resultierten riesige Bevölkerungsverschiebungen sowie die Entstehung von Hybridkulturen durch eine Unterjochung der übriggebliebenen alteuropäischen Gruppen und ihrer raschen Eingliederung in die neuen Hierarchien. (10)

Die moderne Archäologie verzeichnet anhand der Fundstücke die physische Destruktion des Alten Europas mit einer kulturelle Regression sowie dem einschneidenden Richtungswechsel der kulturellen Evolution: „Während sich die Alten Europäer – weitgehend erfolglos – gegen die barbarischen Eindringlinge zur Wehr zu setzen versuchen, kommt es langsam zu einem sozialen und ideologischen Wertewandel.

Überall ändern sich die gesellschaftlichen Prioritäten. Alles richtet sich jetzt auf die Entwicklung durchschlagskräftiger Zerstörungstechnologien. Parallel dazu kommt es zu einer grundlegenden Veränderung der Ideologie. Die beherrschende und zerstörende Macht des Schwertes ersetzt Zug um Zug die Vorstellung von Macht als lebensspendender und nährender Kraft.“ … „Allenthalben lässt sich nun nachvollziehen, wie die Männer mit der größten Zerstörungsmacht an die Spitze treten – das heißt also, die physisch stärksten, gefühllosesten und brutalsten.“ (11)

Im Alten Europa, setzte sich zwischen 1 500 und 1 100 v.u.Z. überall die Dominanzherrschaft durch. Die technische und soziale Entwicklung wurde allmählich wieder aufgenommen, während die kulturelle Entwicklung noch für sehr lange Zeit stagnierte. (12) „Im gleichen Zeitraum wird die Göttin mehr und mehr zur einfachen Gemahlin oder Gefährtin männlicher Gottheiten, die mit den neuen Insignien der Macht in Form von Donnerkeilen und todbringenden Waffen nun den höchsten Rang einnehmen.“ (13)

Und dennoch, die Tausende von Jahren der friedlichen neolithischen Kultur mit der Verehrung der lebensspendenden Göttin haben sich tief in das Bewusstsein der Menschen eingegraben. Erinnerung und Sehnsucht nach dieser friedvollen Kultur haben sich in den Legenden der Völker erhalten, in der Legende von Atlantis, vom Goldenen Geschlecht sowie in den Erzählungen vom Garten Eden. 1 100 v.u.Z. wurde Knossos auf Kreta in Schutt und Asche gelegt. Auch der Palast von Knossos, wie die ganze kretische partnerschaftliche Hochkultur, wurde nur noch in Legenden erinnert. Niemand wusste, wo sie geographisch zu suchen sei, bis in den 1930er Jahren die aufsehenerregenden Ausgrabungen begannen.

Es dauerte eine sehr lange Zeit, bis die kulturelle Evolution wieder zu Hochkulturen in der Geschichte führte, wie zu den Assyrern. Diese Kultur gilt heute immer noch als die erste Hochkultur, weil die neolithische Hochkultur lange nicht bekannt war. 1 776 v.u.Z. war Babylon die größte Stadt unter dem Herrscher Hammurabi. Er hinterließ der Nachwelt seinen Kodex zur Rechtsprechung, der ganz klar die Prinzipien der Dominanzkultur beschreibt. (14) Er geht von der gottgegebenen Ungleichheit der Menschen aus. In diesem Kodex werden erstmals Sklaven erwähnt sowie unterschiedlich harte Strafen gegenüber Freigeborenen und Sklaven. Der Kodex schreibt ebenso als gottgegeben die Hierarchien innerhalb der Familie fest.

Auch im weiteren Geschichtsverlauf erfolgte eine gezielte Lenkung der kulturellen Evolution. Menschen sind in der Lage, anhand von Mythen und Erzählungen eigene fiktive Realitäten zu erschaffen, daran zu glauben und zu handeln, als seien sie real. Das wurde von den Herrschenden bewusst eingesetzt, um die Bevölkerung fügsam zu halten, wie die „gottgegebenen" Gesetze von Hammurabi es zeigen.

Im Alten Europa, in dem viele Jahrtausende die Große Göttin verehrt wurde, fanden die Eroberer noch Jahrhunderte lang immer wieder deren Traditionen vor und bekämpften sie mit allen Mitteln, vor allem aber mit Sprache, also neuen Mythen, Werten und Religionen. Es kam zu einer groß angelegten Manipulation durch gefälschte Geschichtsschreibung. „„..Für das neue dominatorische System war das „alte" Bewusstsein völlig unbrauchbar. Vorübergehend konnte man es vielleicht durch Einschüchterung und rohe Gewalt in Schach halten – langfristig war jedoch nur eine vollständige Transformation der menschlichen Realitätsvorstellung und –verarbeitung erfolgversprechend." (15)

Vom Anbeginn des Patriarchats an versuchten Männer alle Erinnerungen an die Göttin zugunsten des männlichen Gottes zu verdrängen. Ein gut untersuchtes Beispiel für die bewusste Veränderung der Realitätsvorstellungen der Menschen ist die Tragödie des Orests. In der „Orestie", einem klassischen griechischen Rechtfertigungsdrama rechtfertigt Athene als eine weibliche Göttin den Mord Orests an seiner Mutter (für eine weibliche Kultur ein unvorstellbares Geschehen, die Mutter zu töten) damit, dass sie ja kein eigener Mensch sei. (16)

„Hinter den Priestern, die nun das angeblich göttliche Wort verbreiteten – das Wort Gottes, das ihnen durch magische Kräfte vermittelt worden war – standen Armeen, Gerichte, Henker, doch stützten sie sich in letzter Instanz nicht auf die weltliche, sondern auf die göttliche Instanz. Ihre schärfsten Waffen waren die „heiligen" Legenden, Rituale und priesterlichen Erlasse, mit deren Hilfe sie dem Bewusstsein der Menschen systematisch die Angst vor schreckenerregenden, weit entfernten und „unergründlichen" Gottheiten gleichsam einimpften." (17)

Dabei kam es zum Umschreiben und Umformulieren der alten heiligen Geschichten der Völker in Mesopotamien, Kanaan, in den Königreichen von Judäa und Israel und im Alten Europa. Überall wurden die Göttin ersetzt durch männliche Gottheiten, obwohl oder gerade weil die archäologischen Funde zeigen, dass z.B. in Kanaan noch lange nach der jüdischen Eroberung der Göttin geopfert wurde. In der Bibel findet sich von einer Göttin keine Spur, wohl aber wird der „Götzendienst" aller, die „die Himmelskönigin verehren" von den Propheten beklagt. (18)

Wo stand die Wiege der Zivilisation?

Allgemein gilt auch heute noch die Auffassung, dass die Geschichte unserer Zivilisation im antiken Griechenland beginnt. Wir glauben, dass wir die heute üblichen Vorstellungen von Demokratie oder Gerechtigkeit dieser außerordentlichen Kultur verdanken, vor allem solchen bekannten Philosophen wie Pythagoras, Sokrates, Plato, Aristoteles oder den Geschichtsschreibern Homer und Hesoid. Aber wer weiß heute, dass Pythagoras` Ethiklehrer eine Priesterin, also eine Vertreterin der Göttinnenverehrung war? Wer weiß, dass auch Sokrates von einer Priesterin unterrichtet wurde? (19)

In der klassischen griechischen Antike wurde der entscheidende Umbruch im Denken zugunsten der Männerherrschaft ideologisch untermauert und die systematische Veränderung der Realitätswahrnehmung vollzogen. Es kam zu einem vollständigen Umbruch im Denken im Zusammenhang zur gesamtgesellschaftlichen Entwicklung. Forscher sehen die Entstehung der Leibfeindlichkeit und Gefühlsabspaltung in der Umbruchszeit von den mütterlich orientierten Gentilgesellschaften zur griechischen Polisgesellschaft (Kapitel 6.1). (20)

Zu den gezielten Veränderungen der fiktiven Wirklichkeiten in der kulturellen Evolution gehört auch die Tatsache, dass das Alte Testament Frauen aus ihrer früheren Priesterinnenfunktion verbannte. Es wies den Frauen insgesamt keine gleichberechtigte Rolle mehr zu, sondern bestimmte sie mitsamt ihren Kindern zum Eigentum der herrschenden Männer. Ähnlich wie in Babylon unter Hammurabi beschreibt auch das Alte Testament die Kinder, aber auch die Frauen als Besitz der herrschenden Männer, mit dem sie verfahren können, wie ihnen beliebt. (21)

Ein weiterer großer Meilenstein in der Umschreibung kultureller Mythen im Dienste der männlich hierarchisch dominierten Gesellschaftsordnung war die Einverleibung des frühen Christentums als Staatsreligion des Heiligen Römischen Reiches. Am Beginn war das Christentum revolutionär, denn für Jesus Christus waren die Menschen gleich. Er verkündigte diese Gleichheit zwischen Arm und Reich und zwischen Mann und Frau, wie es im Brief Paulus an die Galather steht (3:28): „Hier ist nicht Jude noch Grieche, hier ist nicht Knecht noch Freier, hier ist nicht Mann noch Weibe; denn ihr seid allzumal einer in Jesus Christus." (22)

Neuere Auswertungen von Dokumenten aus der Frühzeit des Christentums (ca. 50 -100 u.Z.) belegen die große Rolle, die Frauen, allen voran Maria Magdalena, im Umfeld von Jesus gespielt haben. Sie belegen auch, dass es keine feste Hierarchie und Anführer gab, sondern dass frühe Christen bei den jeweiligen Treffen per Los die jeweilige Führung zu bestimmten. Diese partnerschaftlichen Sichtweisen bedrohten die Herrschaft der Kirchenführer und Priester, weshalb die frühen Christen verfolgt wurden und Schriften der Christenheit später zugunsten weiblicher Unterordnung umgeschrieben wurden. Darüber hinaus sind frühere Texte zerstört worden. Dieser Prozess war um 200 schon sehr weit fortgeschritten. Er wurde intensiviert, nachdem im 4. Jahrhundert Kaiser Konstantin das Christentum zur Staatsreligion erhob. (23)

Von da an eroberte das Christentum als gemeinsamer Mythos der kulturellen Evolution immer größere Territorien und diente der Verbreitung und Festigung der jeweiligen Herrschaft. Es ermöglichte die Ausbreitung und damit Organisation von immer mehr Menschen unter einem gemeinsamen Mythos, der das gesamte Denken und Handeln immer mehr beherrschte und damit zur Realität wurde. Die frühe Christianisierung im 8. bis 9. Jahrhundert wurde in aller Brutalität durchgesetzt, bis hin zu Hexenverfolgungen. Im 14. bis 18. Jahrhundert. war es bereits gefährlich, den Namen „Göttin" auch nur zu benutzen. Noch gefährlicher war es, die alten Bräuche zu erwähnen oder durchzuführen. Das zeugt von der tiefen Kraft der Liebe der Menschen zur Göttin, die selbst nach so langer Herrschaft männlicher Götter noch verwurzelt war. (24)

Wie verlief die Geschichte weiter?

Im Verlauf der weiteren kulturellen Evolution wurden dann die einzelnen Kulturen und Staaten immer größer. Die gesamte weitere Geschichte legt Zeugnis ab von zunehmender Zentralisierung durch große Imperien. Der Mythos des Schwertes wurde ergänzt vom Mythos des Geldes und dem von Fortschritt - den zentralen Triebkräften der weiteren technologischen Entwicklung und der zunehmenden Globalisierung.

Damit einher ging die Entwicklung des Kapitalismus, der zu einer wesentlichen Kraft der kulturellen Evolution wurde. Mit seinem Siegeszug, der „industriellen Revolution", veränderten sich drastisch die Lebensbedingungen der Menschen.

Im Vergleich zur gesamten Evolution ist die Zeit seit der industriellen Revolution nur ein winziger Augenblick – aber sie hat die gesamten individuellen Lebensverhältnisse der Menschen enorm verändert und von den biologischen Wurzeln entfernt mit weitreichenden Folgen. Dieser neue kulturelle Mythos betont das Wirtschaftswachstum und die Notwendigkeit von immer mehr Wachstum als Basis der Gesellschaft. Jetzt sind die Notwendigkeiten nicht mehr gottgegeben, sondern vom Markt bestimmt. Während die Soldaten früher riefen „Gott will es" glauben wir heute „Der Markt fordert es" und erschaffen eine dementsprechende Realität.

Die größte Veränderung des Industriezeitalters war die Auflösung größerer sozialer Strukturen mit der Trennung von Wohn- und Arbeitsplätzen und damit der Familien. Individualisierte Lebensformen und Kleinfamilien bieten sehr schlechtere Möglichkeiten für Kooperation.

Ein weiterer markanter Schritt war die Erfindung der Glühlampe und eine zeitlich exakte Taktung des Arbeitslebens entgegen der physiologischen Bedürfnisse. Beide Veränderungen führten zu mehr Körperentfremdung und dem Abbau sozialer Bindungen.

Was lässt sich daraus schlussfolgern?

So lässt sich zusammenfassend sagen, dass die Geschichte der Menschheit, so, wie sie bisher geschrieben wurde, nur die Geschichte eines bestimmten Gesellschaftsmodells und der Dominanz einer Hälfte der Menschheit über die Andere beschreibt. So sind die Denk- und Erkenntnistraditionen, wie wir sie kennen, nur die Traditionen des dominierenden Teiles der Menschheit. Weil sie zentrale Ziele haben, die die biologischen Erfordernisse ignorieren oder sogar behindern, könnte die Menschheit selbst sich aussterben lassen.

Die nächsten Kapitel beschreiben die dadurch hervorgerufenen Veränderungen der zentralen Glaubens- und Denktraditionen sowie der biosozialen Prozesse.

Kapitel 6.1 – Wie veränderten neue Mythen und Traditionen das Denken und Erkennen?

Wie veränderten sich durch die Herrschaft des Dominanzmodells die Denk- und Erkenntnistraditionen als wesentlicher Bestandteil einer kulturellen Evolution?

Kapitel 6.1.1 – Vom leiblichen zum logischen Erkennen – der Beginn der Körper-Geist-Spaltung

Die Grundlage der Denk- und Erkenntnistraditionen der Dominanzkultur stammt aus dem antiken Griechenland.

Anstelle der vorher üblichen Wege zur Erkenntnis der Welt in enger Verbindung von logischen und emotionalen Anteilen entstand dort ein neuer alleinherrschender Erkenntnisweg durch Vernunft mit Hilfe des Willens. Für Vernunft steht das griechische Wort „Logos". „Logos meint Suchen nach Wahrheit lediglich mit Begriffen, die nach einer bestimmten Logik geordnet werden. Es ist ein geregeltes und reglementiertes Denken, das auch den Namen Vernunft erhalten hat. Vernunftdenken ist eine Art Mathematik in Wörtern." (1)

Die vorher üblichen nonverbalen, emotional leiblichen Methoden des Erkenntnisgewinns sind heutzutage immer noch fast vergessen und scheinbar weniger wertvoll. Für die eher körperbasierten, intuitiven, oft nonverbalen Erkenntniswege stand in der Zeit des Übergangs von der partnerschaftlichen zur Dominanzkultur noch die griechische Göttin der Weisheit „Sophia". Sophia heißt auf griechisch: Klugheit, Einsicht, Weisheit, Lebenserfahrung und Weltgebärerin. Ihre mythische Tradition ist sehr alt und steht noch im Zeichen der Fortführung der alten Mutterkultur. (2) „Bis etwa ins 4. Jahrhundert waren Logos und Sophia als miteinander konkurrierende Erkenntniswege den Philosophen in Europa zumindest noch bekannt". (3)

Trotz einer eindeutig männlich dominierten Kultur lebten im Antiken Griechenland noch viele Reste der alten mütterlichen partnerschaftlichen Kultur fort, wie z.B. die große Liebe zur Kunst, intensives Interesse an der Natur sowie eine reiche weibliche Götterwelt. Das zeigt den großen Einfluss der alten Traditionen der Muttergöttin und erklärt die ebenso großen Bemühungen, diesen Einfluss zu zerstören.

In dieser Übergangszeit, charakterisiert durch die Einführung der männlichen Götter, die bis weit in die Zeit nach Christus reichte, gab es immer noch ein Hin und Her zwischen Logos und Sophia: „In der Frau wurde eine Erkenntnisart bekämpft, die dem Logos-Anhänger existenziell bedrohlich erscheinen musste, denn die Frau vertrat auch als Heilerin und Gebärhelferin die weisheitlichere Seite des Wissens." (4) Die dominanzbasierte Kultur bekämpfte sämtliche frühere Traditionen im Zusammenhang mit der Muttergöttin, auch die dazugehörigen Denkwesen und religiösen Traditionen. Das bezog sich allmählich auf alles, was Weiblichkeit charakterisierte, insbesondere aber auf die gleichberechtigte partnerschaftliche Lebensweise sowie auf die Liebes- und Bindungsfähigkeit in der alten Kultur.

Bildanbetung galt als weiblich, weil es eine nonverbale Erkenntnisart ist, die aus den partnerschaftlichen Zeiten stammt und später von Schrift und Logik abgelöst wurde. Sie wurde sogar als ketzerisch bekämpft. Die Anbetung von Bildern, vor allem von Göttinnenbildern, wurde zur Ketzerei erklärt. (5) Die Untertanen Kaiser Konstantins mussten schwören, nie wieder Bilder anzubeten, wobei es eigentlich um Göttinnenbilder und damit um das Überleben früherer Erkenntnisformen ging. (6)

Männliche Gottheiten tauchen ab ca. 1 000 v.u.Z. auf und zeigen bereits die Ersetzung und Verdrängung des Weiblichen. (7) Dennoch hielten sich hartnäckig Einflüsse der Göttinnen. Der Philosoph Heraklit weihte seine Schrift „Über die Natur" noch Göttin Artemis. Auch noch Homer entwickelte in seiner Odyssee starke weibliche Göttinnen- und Frauencharaktere. Hesoid schreibt vom „Goldenen Geschlecht", der Vergangenheit, von dem er durch seine Mutter Kenntnis hat. (8) Platon lässt wesentliche Gedanken über die Liebe als Gedanken der Priesterin Diotima wiedergeben. (9) In Ägypten wurde aus der Göttin ein weiblicher Isis-Kult. Isis mit dem Horus-Knaben auf dem Schoß war der Ursprung für spätere Göttinnenverehrungen von Ägypten über Griechenland, Rom und römische Provinzen bis nach Europa und letztendlich das Vorbild für Maria und das Jesuskind. (10)

Kapitel 6.1.2 – Wie aus Vätern Krieger wurden – Das Ideal der griechischen Antike

Mit dem gesellschaftlichen Übergang von der Partnerschaftskultur zur Dominanzkultur in Griechenland wurden intuitive Denkformen als minderwertig gegenüber dem Logos angesehen und in Folge nicht mehr kulturell tradiert. Damit verbunden war eine Entwicklung von ursprünglich beiden Denkformen bei Männern und Frauen zu einseitiger Logikdominanz.

Der griechische Philosoph Sokrates und sein Leben verdeutlichen die Übergangszeit zwischen den beiden verschiedenen Denk- und Erkenntnistraditionen. Für Vernunftdenken, Moral und Demokratie steht noch heute der Name Sokrates. (11) Zur Lebenszeit Sokrates war Athen eine Kriegergesellschaft mit dem Ziel, alle Bürger zu Kriegern zu machen. Ganz im Gegenteil zum vorigen Glauben war jetzt gewünscht, furchtlose Krieger zu erziehen, die in den Tod ziehen gegen andere Stadtstaaten. Sokrates äußerte sich ganz in diesem Sinne, dass es nichts Unmännlicheres gäbe, als Angst vor dem Tod und Verhaftetsein an das eigene Wohlergehen. (12)

Aber Sokrates war nicht nur der vernunftorientierte Mann und herausragender Vertreter der beginnenden männlichen reinen Vernunftlehre. Seine Eltern standen noch in der partnerschaftlich mütterlichen Tradition einer umfassenderen Denk- und Erkenntnistradition. Seine Mutter war Hebamme (also eng den Traditionen der Göttin verbunden), sein Vater Bildhauer. Beide Berufe waren damals noch Tempeldienste. (13) Durch seine elterlichen Wurzeln hatte er Zugang zu früherem Wissen und Denkweisen der partnerschaftlichen Kultur. Durch seine Begeisterung für die Polis wurde er zum Wegbereiter des begrifflichen Logos-Denkens.

Er betonte immer die Herkunft seines Wissens auch von weisen Frauen. (14) Er nannte seine philosophische Dialogkunst ausdrücklich Hebammenkunst, weil er durch seine Fragemethode Wissen hervorholen wollte. Er war anderen Männern in Athen unbequem, weil er noch zu sehr den alten Traditionen der Göttin anhing, denn Sokrates verband noch begriffliches mit dem bildlich-leiblichem Denken der Göttinnenzeit. (15) Sokrates Lehrerin Aspasia galt als gelehrteste Frau Griechenlands. Sie ging noch nach altem Mutterglauben davon aus, dass die Welt geboren worden ist, nicht geschaffen. (16)

Ca. 800 v.u.Z., 300 Jahre vor Sokrates Geburt, wurde die Schrift in Griechenland eingeführt. Sie war also zu seiner Zeit noch sehr neu und wurde von vielen abgelehnt. Auch Sokrates lehnte es noch ab, seine Gedanken aufzuschreiben. Das zeigt ihn sehr in der früheren Tradition, denn in der Zeit der Muttergöttin wurde Wissen leibgebunden von Person zu Peron weitererzählt bzw. durch Zeichnungen, Bilder und Bildhauerei als „entäußerte Sprache" weitergegeben. Die nur aufgeschriebenen Begriffe galten als Zauber und Betrügerei. (17)

„Sich eigenleiblich erinnern zu können, war für Sokrates die Grundtätigkeit jeglichen echten Lernens." (18) Weisheit hing bei Sokrates mit eigenleiblicher Erkenntnis zusammen, Schrift produziere totes Wissen und einfältigen Wortglauben (19), sie lenke die Aufmerksamkeit nach außen auf das Geschriebene statt nach innen zum selbst wahrnehmen und gewahr werden. In dieser Zeit finden wir die Ursprünge der für unsere heutige Kultur so typischen Fokussierung der Aufmerksamkeit nach außen auf Schrift und abstrakte Inhalte bis hin zu TV und PC, die den Prozess der Entfremdung von der inneren Wahrnehmung von sich selbst verstärken (Kapitel 7.).

Gleichzeitig hing Sokrates, wie auch Platon, der Idee von „Vernunft" als rein geistiger Kraft an, die unabhängig vom Körper existent und nur dem Manne zugänglich sei. (20) Das Vernunfttier Mensch sei wegen seiner Denkfähigkeit die höchste Naturentwicklung und könne daher auch mit Recht beanspruchen, über alles Andere zu herrschen.

Der Körper wird dabei nicht als wesentlich menschlich angesehen, den hätten wir alle mit Tieren gleich. (21)

Hier findet sich erstmals die theoretische Untermauerung und bis in die heutige Zeit gültige vermeintliche Berechtigung zur Unterwerfung der Natur und der Frauen. Der Mann als körperentfremdetes „Vernunfttier" sollte vor allem der Kriegeridentität dienen, um angstfrei und todesbereit für die Ideen der griechischen Polis zu kämpfen.

Diese Aussagen richteten sich wahrscheinlich hauptsächlich gegen die Erziehung der Männer durch Frauen und an Männer, die noch zu sehr ihrer Familie, ihren Müttern, Schwestern, ihren Frauen und Kindern verbunden waren. (22) Die Polisherrschaft des griechischen Staates musste den Blutsbindungen etwas entgegensetzen. „Die alten gentilen Gemeinschaftsformen prägten wahrscheinlich noch die Identität eines Griechen, der gerade miterlebte, dass Stadtstaatenherrscher willkürlich Sippen und Clans zusammenlegten und befahlen, aus diesem neuen verordneten Landkreisen einen männlichen „Vorsteher" zu wählen, den sogenannten „Demos". Frauen durften nicht „Vorsteherinnen" werden und gehörten nicht zum „Demos".

Die Männer sollten ihr verwandtschaftlich geprägten Gefühle abspalten und innerlich frei werden für die Idee einer Staatsvernunft, einer Identität, die es ermöglichte, ohne Frau und Familie als Soldat für den Staat zu leben. (23) So hat Sokrates den Anfang der Körper-Geist-Trennung philosophisch begründet. Die „Beherrschung des Körpers ist jene Ideologie, die das antike politische Polissystem stabilisierte.

Diese Denkweise hat noch bis heute Gültigkeit." (24) Und sie musste deshalb die Frauen entmachten und bekämpfen, weil sonst die leiblichen Regungen, Gefühle und Bindungen immer wieder das System zugunsten der Mutterlinien, zugunsten von Liebe und Bindung hätten kippen lassen. Männer, die selbst Liebe fühlten, wollten keine Krieger sein, nachdem sie Jahrtausende in der Tradition der Muttergöttin glücklich und gebunden gelebt hatten.

Kapitel 6.1.3 – Wie die Beherrschung der Natur begann

Nach Sokrates kam sein Schüler Platon zur weiteren Ausformulierung dieser Ideologie. Platon beschreibt körperliches Erleben als Störung des Denkens und Erkennens. Für ihn ist die Seele in einem irdischen Körper gefangen, der niedrig sei, ebenso wie Gefühle und Triebe.

Die Seele dagegen sei immateriell, unsterblich, körperlos und schön, allein Seele/Vernunft könne absolute Wahrheit und absolute Ästhetik begreifen. (25)

Die Betonung der Vernunft wurde durch Aristoteles in der Tradition der griechischen Antike weiterentwickelt: Nur die rationale, vernünftige Seele, erhebe den Menschen über die Tiere. Nur der Mensch könne mit seiner seelischen Vernunftkraft das Körperliche, Niedrige in sich beherrschen und erst das mache den Mensch zum Menschen.

Allein der Mensch sei wegen seiner Denkfähigkeit die höchste Naturentwicklung und könne daher mit Recht über alles Andere herrschen und die Natur für sich ausnutzen. Der tierische Anteil (Körper) müsse durch Vernunft dienstbar gemacht werden. Der Körper diene bestenfalls als Seelengefängnis. Er wurde nur als unangenehme Begleitung der Seele wahrgenommen. (26)

Das setzt noch mehr als alle Maßnahmen vorher die gesamte „alte" Denktradition außer Kraft, die von Einheit zwischen Mensch und Natur und von Kooperation ausgegangen war. Von jetzt an wurde separiert und wurde die Vorherrschaft des männlichen Prinzips wissenschaftlich begründet. Damit wurden traditionell eher dem weiblichen Aspekt zugeschriebene Erkenntniswege diskriminiert und als minderwertig angesehen. Das begriffliche Vernunftvermögen, was uns heute so selbstverständlich vorkommt, hat sich nur unter Kämpfen gegen bildlichere Erkenntnisarten in Europa durchgesetzt.

Zu einer besonderen Blüte kam die männlich dominierte logische Denktradition im Mittelalter. Bekannt ist vor allem Descartes, der folgende Aussagen traf: Der Mensch bestehe aus zweierlei Substanzen: einem mechanistischer Körper und einer unteilbaren Seele. Der Körper sei zerlegbar, wie eine Maschine konstruiert und sterblich. Die Seele dagegen sei unsterblich, nicht zerlegbar, als bewusstes Wesen wahrnehmend und denkend. Damit wurde der Dualismus begründet und das typisch Menschliche, Denken und Sprache, nur dem Geist zugeordnet: Cognito, ergo sum. Außerdem wurde dadurch die Art und Weise bestimmt, wie Erkenntnis erfolgt:

Seit Platon und Descartes herrscht die Meinung, dass Erkenntnis die Abbildung der objektiv realen äußeren Welt als Bild in uns sei und dass diese Abbildung der erkennbaren äußeren Welt durch logisches Schließen allein mit dem reinen Geist möglich sei.

Die weitere geschichtliche Entwicklung führte dann im Zeitalter der Aufklärung durch Dominanz des Verstandes und der Technik zu materialistischen Auffassungen, wonach der Verstand die wesentliche Basis für menschliche Funktionen darstellte. Sie löste das Problem der Spaltung zwischen Körper und Geist, indem der Körper einfach ausgeblendet wurde. Typisch für diese Zeit war die Philosophie von Immanuel Kant. Für Kant waren Verstand und Vernunft die höchsten Gaben. Leidenschaften würden die Seele vergiften. Über Gefühle sagte er, man vermisse nichts, wenn diese im Menschen ganz abstürben. Einer der bekanntesten Vertreter, La Mettrie, erklärte in seinem Buch „Der Mensch Maschine", dass die Seele so sehr vom Körper abhänge, dass der Mensch eine „Erleuchtete Maschine" sei. (27) In nur etwas abgewandelter Form gilt die logische, männliche und vernunftorientierte Denkweise immer noch fort und bestimmt die kulturellen Entwicklungen bis heute.

Welche Folgen hatte das für die heutige Kultur?
Während ich diesen Text schreibe, jährt sich der 12.11.1918 das 100. Mal. Vor 100 Jahren erhielten Frauen in Deutschland das Wahlrecht. So lange wirkten die eben beschriebenen Auffassungen nach, und sie tun es immer noch, trotz formaler Gleichberechtigung. Noch 1918 gab es zahlreiche Polemiken gegen die Frauen: "Da die Frau von Natur die körperlich Schwächere ist, kann sie niemals mehr Freiheit gewinnen, als ihr die Männer mit den stärkeren Armen zugestehen wollen. Ihre Hoffnung kann nur darin bestehen, die Männer durch Berufung auf ihre Ritterlichkeit zeitweise ihre Übermacht vergessen zu lassen." (28) Frauen erhielten das Wahlrecht nicht aus Einsicht in die gleiche Lebensberechtigung und Wertigkeit von Frauen. Sie erhielten es einerseits, weil Frauen unersetzlich im Krieg und in der Nachkriegszeit waren und andererseits weil die Frauen gut ohne ihre in den Krieg gegangenen Männer zurecht gekommen waren. Daraus gewannen sie Selbstbewusstsein, mit dem sie hartnäckig für ihr Wahlrecht kämpften. Am 12.11.18 veröffentlichte die Reichsregierung einen Aufruf, der das Wahlrecht für Frauen ermöglichte. (29) Als erste Frau in der Weimarer Nationalversammlung sprach am 19. Februar 1919 die Sozialdemokratin Marie Juchacz aus Berlin: "Ich möchte hier feststellen ..., dass wir deutschen Frauen dieser Regierung nicht etwa in dem althergebrachten

Sinne Dank schuldig sind. Was diese Regierung getan hat, das war eine Selbstverständlichkeit: sie hat den Frauen gegeben, was ihnen bis dahin zu Unrecht vorenthalten worden ist." (30)

Nach dem 2. Weltkrieg mussten die Frauen weiter um ihre Rechte kämpfen. Es gab noch bis in die 50er Jahre hinein Klauseln in Arbeitsverträgen, wonach verheiratete Beamtinnen entlassen werden mussten, sobald das Familieneinkommen auch ohne ihren Verdienst ausreichte. (31) Erst 1949 kam der Satz "Männer und Frauen sind gleichberechtigt" ins Grundgesetz. Lange wurde das im Gremium aus 66 Vätern und nur vier Müttern des Grundgesetzes abgelehnt Die SPD-Juristin Elisabeth Selbert setzte ihn durch, indem sie über alle Radiokanäle die Frauen dazu aufrief, sich mit Briefen an den Parlamentarischen Rat zu wenden. Unter der Sturmflut von Briefen brach die Gegenwehr zusammen. (32)

Im Osten erhielten die Frauen schon 1946 das Recht auf gleichen Lohn für gleiche Arbeit, 1953 dann wurde in der DDR das "Gesetz über die Rechte der Frauen" erlassen, das die flächendeckende Kinderbetreuung einführte und der Frau den Zugang auch zu Männerberufen eröffnete. Trotz formaler Gleichberechtigung durften in der BRD noch viele Jahre lang Frauen nicht ohne Zustimmung ihres Mannes arbeiten. Ehefrauen waren zur Führung des Haushalts verpflichtet. Bei Fragen, die die Kinder betrafen, hatte der Mann immer das "Letztentscheidungsrecht". Erst 1975 wurde der Satz "Beide Ehegatten sind berechtigt, erwerbstätig zu sein." ins Grundgesetz aufgenommen. Der Tatbestand der Vergewaltigung in der Ehe wurde erst 1997 anerkannt. (33)

Was hat die Kultur mit der Biologie gemacht?

Nur wir Menschen sind dazu in der Lage, über Sprache Vorstellungen zu verbreiten und sie zu Wirklichkeit werden zu lassen, auch wenn sie vollständig gegen unsere biologischen Bedürfnisse gerichtet sind. Das wird möglich, weil die obere limbische Bewertungsebene des Gehirns mittels willentlicher Steuerung über die unteren Ebenen der Körperempfindungen und emotionalen Bewertungen herrschen kann. Dazu dienen sprachlichen Traditionen, Werte, Glaubensvorstellungen, die soziale Systeme sich schaffen können und die in der Dominanzkultur die Aufrechterhalten von Macht ermöglichen. Was das für die alltäglichen biosozialen Prozesse bedeutet, untersucht das nächste Kapitel.

Hinterlassen hat die Dominanzkultur eine immer noch vorhandene Dominanz logischen Denkens und daraus resultierend eine zutiefst von sich selbst entfremdete Menschheit, die sich ohne Zugang zum inneren Körpergefühl gerade die eigenen Lebensgrundlagen zerstört und ihr eigenes Aussterben herbeiführt. Die bisherige Philosophie und Ethik, die bisherigen dominanzbasierten Mythen und Traditionen genügen nicht als Entscheidungskriterium für eine lebbare Zukunft.

Kapitel 6.2 – Ist die Dominanzkultur ein Fehltritt der Evolution?

In den vergangenen Kapiteln wurde gezeigt, dass die partnerschaftliche Kultur mit ihren Werten, Traditionen und Vorstellungen ein hoch entwickeltes soziales und kulturelles Leben hervorgebracht hat. Das hatte großen Einfluss auf das alltägliche Leben und damit auf die biosozialen Prozesse von Geburt, Kindheit, Pubertät bis hin zu Mutter- und Elternschaft. Aber auch der positive Einfluss auf das innere psychobiologische Gleichgewicht eines jeden einzelnen Menschen war groß. Durch die Verehrung der Muttergöttin sowie alles Lebens wurde die kulturelle Evolution in Einklang mit der biologischen Evolution weiter voran gebracht und führte zu einer überaus hochentwickelten Kultur.

Mit dem Übergang zur Dominanzkultur wurden die meisten biosozialen Prozesse großen Veränderungen unterworfen. Das betraf Geburt, Kindheit, soziales Spiel und Lernen, Geschlechtsidentität, Liebe und Elternschaft, wie wir im Folgenden sehen werden. Alles diente der Herstellung und Aufrechterhaltung von Macht, symbolisiert durch die Verherrlichung von Dominanz, Besitz und männlichen Göttern.

In diesem Kapitel werden wir uns mit dieser uns heute bekannten kulturellen Evolutionsrichtung beschäftigen und der Frage nachgehen, wie weit die Dominanzkultur mit der biologischen Evolution in Einklang steht. Wir werden dabei weniger auf Vergleiche und archäologische Befunde angewiesen sein, da es über diese Etappe der kulturellen Evolution viel Wissen gibt. Für viele Leute gilt sie sogar als der Beginn der Zivilisation überhaupt.

Auf dieser Reise werden uns Flora und Paul weiter begleiten.

Kapitel 6.2.1 – Angst essen Seele auf – Was erlebten Frauen in der Schwangerschaft und bei der Geburt?

Das ungeborene Baby erlebt Sicherheit über die Körpersignale von der Mutter bzw. den Eltern und beginnt erste Lernerfahrungen seiner inneren Zustandsregulation zu machen. Dabei ist es, wie bereits dargestellt, auf die unterstützende Ko-Regulation durch den Kreislauf der Mutter angewiesen. Diese Ko-Regulation gelingt nur dann, wenn die Mutter selbst in der Schwangerschaft ohne große Sorgen, ohne Not oder Gefahr, ohne Hunger und mit sozialer Unterstützung leben kann. Das war innerhalb der Dominanzkultur nur sehr selten möglich.

Je nach dem Befinden der Mutter während der Schwangerschaft, je nachdem, was sie erlebt, können die Einflüsse aus dem mütterlichen Hormonkreislauf extrem beängstigend für das Ungeborene sein, wenn über den mütterlichen Kreislauf viel von dem Stresshormon Cortisol ausgeschüttet wird. Normalerweise schützt die Plazenta das Baby etwas vor mütterlichem Stress, aber bei stärkerer und längerer Belastung verliert sie diese Fähigkeit zunehmend.

Ab der 2. Schwangerschaftshälfte kann das Ungeborene auch selbst mit der Ausschüttung von Cortisol auf ängstigende Erfahrungen reagieren. Damit wird beim Embryo ein innerer Zustand der Kampf-Flucht-Reaktion mit sehr hoher sympathischer Aktivierung ausgelöst. Wenn die Gefahr nicht abklingt, kann es sogar zur völligen Überwältigung des kindlichen Systems bis hin zur Erstarrungsreaktion der Reptilien kommen. Solche Erfahrungen werden für immer im kindlichen Nervensystem eingegraben und mit „unbedingt meiden" versehen.

Diesen Einspeicherungsprozess von Erfahrungen der Furcht vermittelt der Neurotransmitter Vasopressin als nachhaltige Furchtkonditionierung. Dabei wird die ursprüngliche Reaktion in Zukunft immer wieder bei nur entfernt ähnlichen Erfahrungen ausgelöst. In diesen Zuständen von innerer Not wird die Gehirnentwicklung des Ungeborenen massiv beeinträchtigt.

Wenn das Ungeborene von der Mutter keine ausreichenden Sicherheitssignale erfährt, weil sie selbst in Not ist, wie es in der Dominanzkultur oft der Fall war - in Kriegszeiten, bei harter Arbeit, bei schlechter Behandlung, bei Hunger, bei einer Entfremdung von sich selbst und übergroßer eigener Erregung und Verunsicherung - dann gelingt es dem Embryo nicht, seine innere Erregung zu regulieren. Im Gegenteil, dann schüttet sein eigenes Nervensystem selbst Cortisol aus und die Erregung steigert sich immer weiter.

Durch eine negative Rückkopplung im Gehirn wird normalerweise der hohe Cortisolspiegel im Blut registriert und reduziert. Zu intensiver oder mittlerer chronischer Stress kann das komplexe Regelsystem der Cortiolausschüttung nachhaltig stören, so dass immer mehr Cortisol ausgeschüttet wird. Diese Prozesse laufen bereits während der Schwangerschaft ab und stellen die Weichen für die Zeit nach der Geburt. Unter solchen Erfahrungen wird die Stressreaktion lebenslang erhöht bleiben.

Solche Veränderungen können sogar durch epigenetische Veränderungen an kommende Generationen vererbt werden. Damit macht das Ungeborene in Widerspruch zur biologischen Notwendigkeit von Sicherheit bereits am Beginn seiner Entwicklung ängstigende Erfahrungen. Sie stören seine Gehirnentwicklung nachhaltig und prägen sich tief für immer als Erwartung an die Welt ein. Nach allem, was wir über die Dominanzkulturen wissen, war die Situation für Schwangere und Mütter über große geschichtliche Zeiträume extrem unsicher und gefährlich. Den Erfordernissen der biologischen Evolution nach Sicherheit für die vorgeburtliche Erstvernetzung des sich entwickelnden Gehirns wurde in der Dominanzkultur nicht Rechnung getragen.

Außerdem verlief in dieser Kultur der Geburtsvorgang nicht ungestört und nicht entsprechend seiner biologischen Notwendigkeiten. Das bedeutet, dass oftmals die Neugeborenen nicht unmittelbar nach der Geburt die Mutter und damit ihr vertrautes, Sicherheit spendendes Umfeld wiederfinden konnten. Sie wurden nicht sofort der Mutter zum Stillen in den Arm gegeben. Damit fehlte beiden der intensive Augenkontakt, die Berührungen, der vertraute Geruch, so dass die Babys, aber auch ihre Mütter nicht den großen Oxytocinschub nach der Geburt erleben konnten.

Durch die Störung dieser ersten Momente, durch Geschäftigkeit und die Anwesenheit anderer Personen wird das Hormon Oxytocin nicht ausgeschüttet. Man bezeichnet es auch als scheues Hormon. (1) Gleichzeitig erfolgt unter solchen Bedingungen eine intensive Furchtkonditionierung und hohe Aktivierung der Cortisolausschüttung.

Wenn die erste Zweisamkeit gestört wird, kann auch das Saugen von Flora und Paul in der ersten Stunde nach der Geburt nicht beginnen. Das führt oft zu späteren Stillschwierigkeiten, denn der erste Augen- und Hautkontakt löst bei der Mutter normalerweise die Ausschüttung von Oxytocin und Prolactin für die Stillfähigkeit aus. (2) Flora und Paul können dann viel schlechter mit dem heftigen und ängstigenden Einschnitt der Geburtserfahrung umgehen. Dadurch können Flora und Paul sich nicht sicher fühlen und beruhigen. Sie fühlen sich einsam und verloren bei der Ankunft in der Welt. Dementsprechende Erfahrungen von Angst und Überwältigung werden gelernt, d.h. neuronal vernetzt und im emotionalen Erfahrungsgedächtnis abgelegt. Je mehr solche Erfahrungen Flora oder Paul in der Primärperiode machen, desto unwahrscheinlicher ist es, dass eine Basis der Vertrautheit und Sicherheit zwischen ihnen und ihrer Mutter für die erste Zeit nach der Geburt zur Verfügung steht. Paul sucht die Sicherheitssignale und erwidert sie aber weniger intensiv als Flora. Weil er nicht so geschickt im Herstellen von Bindung ist, bräuchte Paul die Mutter, die sie herstellt und ihn unterstützt. Wenn aber die Erziehungsregeln anraten, das Gesicht des Babys von dem der Mutter abzuwenden, Paul abzulegen und nicht mit ihm zu interagieren, um ihn nicht zu verwöhnen, wird seine Kontaktfähigkeit noch zusätzlich beeinträchtigt und Pauls Schwierigkeiten noch verstärkt.

Kapitel 6.2.2 – Wie Bindung gezielt behindert wurde

Auch die weitere Aufnahme von Kontakt, die für das Entstehen der Bindung und des Wiedererkennens von Mutter und Baby eine ausschlaggebende Bedeutung hat, wurde in der Dominanzkultur systematisch gestört.

Dazu schreibt M. Odent: „Die erste Kontaktaufnahme zwischen Mutter und Kind kann auch durch Rituale gestört werden, etwa durch das angeblich notwendige rasche Durchtrennen der Nabelschnur, durch das Baden, Abreiben, feste Einwickeln oder „Einräuchern" des Babys, durch das Einbinden der Füße, das Durchstechen der Ohrläppchen bei Mädchen oder, in kalten Regionen der Erde, durch das Öffnen der Türen." (3)

Solche Bräuche, die Babys unmittelbar nach der Geburt von der Mutter zu trennen und zu quälen und damit die Ausbildung einer Bindungsbeziehung zu stören, setzen ein Baby unter unglaublichen Stress. Alle diese Rituale verhindern, dass die Mutter ihrer wichtigsten Aufgabe in dieser kritischen und für Flora und Paul beängstigenden Phase nachkommen kann. Sie kann ihnen nicht bei der Regulation ihrer inneren Not und Spannung durch Ko-regulation und Stresskontrolle helfen, um wieder in einen Zustand der Sicherheit und Entspannung zu kommen. Dadurch wird der Aufbau einer sicheren Bindung behindert bzw. sogar ganz verhindert.

Flora und Paul sind als Babys, aber auch noch lange danach auf die Ko-Regulation mit Hilfe der Mutter angewiesen. Sie müssen nach der Geburt die liebevollen Augen und die vertraute Sprache der Mutter, ihre entspannte Atmung und ihren weichen Körper und Muskeltonus spüren. Erfolgt das nicht, geraten Flora und Paul zunehmend in die Panik der sympathischen Flucht-Kampf-Reaktion. Flora und Paul werden unruhig, ihr Herzschlag beschleunigt sich, ihre Muskulatur verspannt sich und sie beginnen zu weinen. Unter diesen Bedingungen erfährt vor allem Paul nicht die nötige Unterstützung im Herstellen von Kontakt, während es Flora vielleicht ab und zu gelingt, Kontakt zu ihrer Mutter herzustellen. Anstelle der ersten großen Hormonausschüttungen von Oxytocin und endogenen Opioiden und der damit verbundenen intensiven Liebes- und Glücksgefühle erleben Flora und Paul als erste Erfahrungen nach der Geburt Angst, verbunden mit einer intensiven Ausschüttung von Cortisol.

Solche Erlebnisse werden, vermittelt durch Vasopressin, prägend abgespeichert und erzeugen eine Konditionierung von Furcht bei Hilflosigkeit und Immobilisation. Das ruft eine hohe sympathische Erregung hervor, die auch im späteren Leben bestehen bleibt und häufig zu Aggressivität und Wut führt, vor allem in Kombination mit Testosteron. Gleichzeitig fehlt es an Oxytocin, was später bei den Erwachsenen zu Schwierigkeiten bei Liebe und in Beziehungen führt.

Flora und Paul fehlt damit nicht nur die erste erfahrungsabhängige Bahnung einer dichten Vernetzung des Oxytocinsystems, sondern ihnen fehlen auch die ersten wichtigsten Erfahrungen von Selbstwirksamkeit und von Vertrauen in ihre Mutter und damit in die Welt. Außerdem liegt hier bereits der Beginn für eine spätere Tendenz bei Flora und bei Paul, schnell Gefühle der Angst und Panik zu reaktivieren sowie schnell mit einer überschießenden Ausschüttung von Vasopressin der Furchtkonditionierung und Cortisol der sympathischen Kampf-

Flucht-Reaktion zu reagieren. Intensive Angsterfahrungen in der Primärperiode werden prägungsartig tief im emotionalen Erfahrungsgedächtnis eingespeichert. Wenn bei Paul und Flora immer noch mehr und länger weiter Cortisol ausgeschüttet wird und keine dämpfenden Hormone wie Oxytocin oder Serotonin da sind, macht ihnen das immer mehr Angst. Sie werden immer mehr übererregt, ihr Herz schlägt immer schneller, was sie als Angst, sogar als Todesangst und Beklemmung im Brustkorb spüren. Flora und Paul können dann auch später im Leben kaum die Signale des social engagement systems anderer Menschen wahrnehmen und richtig interpretieren. Damit wird die Grundlage einer späteren sensorischen Amnesie (Kapitel 3.2) gelegt.

Unter starkem Stress, wie sie Trennungen von der Mutter oder Nichtbeantworten der Rufe eines Babys bedeuten, wird die Neurozeption abgeschaltet und die Vagusbremse funktioniert nicht mehr.

Durch die Wechselwirkung von Testosteron und Vasopressin ist die Wahrscheinlichkeit für die Reaktion mit Kampf oder Flucht bei männlichen Babys sehr hoch. Bei weiblichen Babys erfolgt eher eine Erstarrung vor Furcht. Das manifestiert sich im späteren Leben in den eher aggressiven und wütenden Verhaltensweisen von Jungen und Männern und den eher zurückgezogenen, mitunter depressiven Verhaltensweisen von Mädchen und Frauen. Unter Stress verliert der Hippocampus seine Funktion zur Beendigung der Cortisolausschüttung, daher kann sich immer mehr Erregung, immer mehr Angst, immer mehr Panik aufschaukeln.

Als letztes kommt es zum Totstellreflex, der das Überleben bewahrt, aber Spuren und Schäden im Nervensystem hinterlassen kann, wie z.B. eine epigenetische Markierung, die die erhöhte Stressempfindlichkeit sogar an die Nachkommen weitergibt. Unter starkem Stress wird das gesamte Serotonin aufgebraucht und steht dann nicht mehr beruhigend und stressmindernd zur Verfügung.

Es ist für biologische Lebewesen überlebensnotwenig, sich solchen gefährlichen Erfahrungen nie wieder auszusetzen, deshalb werden diese Erfahrungen bei Flora und Paul in Zukunft immer wieder als Eilmeldung aus der Amygdala aufgerufen werden. Besonders schlimm sind trennende Erfahrungen oder die emotionale Abwesenheit einer selbst verängstigten Mutter, weil Babys noch keine Möglichkeit zum

Kampf- oder Fluchtverhalten haben. Sie sind bewegungsunfähig dieser Situation ausgeliefert und deshalb geschieht oftmals letztendlich die Erstarrungsreaktion mit der Folge einer anhaltenden Traumatisierung. Wenn Flora und Paul solche frühen Erfahrungen von Gefahr und fehlender Hilfe machen, untergraben diese dauerhaft ihre Bindungsfähigkeit. Sie werden im weiteren Leben immer wieder aufgerufen. Abgemildert werden könnten solche Erfahrungen durch den Umgang mit einer anderen Person, die sie beständig umsorgt oder wenn die Mutter ausreichend unterstützt wird. Diese Unterstützung war jedoch oftmals nicht gegeben. Mit dieser tief eingegrabenen Angst werden Flora und Paul in ihr Leben gehen.

Michel Odent schreibt in seinem Buch „Die Wurzeln der Liebe" zu diesem Verhalten: „Es würde Bände füllen, wenn wir die typischen Formen, in denen viele Kulturen während der sensiblen Phase nach der Entbindung gegen des Schutzinstinkt der Mutter angehen, eingehend untersuchen wollten. Aus einem raschen Überblick über die Daten, die uns zur Verfügung stehen, lässt sich aber ein einfacher Schluss ziehen: Je größer in einer Gesellschaft der Bedarf an Aggressivität und an der Bereitschaft zur Zerstörung von Leben ist, desto massivere und bedrängendere Formen haben die Rituale und Überzeugungen angenommen, mit denen die Geburtsphase strukturiert wird." (4)

Entscheidend für die weitere Entwicklung von Flora und Paul ist die Frage, wie gut trotz dieser frühen Störungen im weiteren Verlauf der Säuglingszeit eine Bindung zur Mutter und zu anderen Bezugspersonen noch aufgebaut werden kann. Das hängt sehr stark davon ab, inwieweit durch eigene frühere Erfahrungen die Fürsorgefähigkeit ihrer Mutter (Kapitel 6.2.9)beeinträchtigt ist. Ein Gefühl von Sicherheit zu vermitteln gelingt ihrer Mutter aber nicht oder nur unzureichend, wenn sie selbst nicht in einem entspannten Zustand der Sicherheit ist. Sicherheit als emotionale innere Erfahrung vermittelt sich Flora und Paul unmittelbar körperlich und unterbewusst mit großer Wahrhaftigkeit. Sie spüren die innere Unruhe, Sorge oder Angst der Mutter sehr deutlich über deren Stimme, Atmung und Muskelspannung. Diese Prozesse verlaufen immer gegenseitig und der entsprechende Körperzustand von Sicherheit und Entspannung wird gemeinsam ko-reguliert. Je öfter jedoch eine gegenseitige Regulierung und Sicherheit für Paul und Flora misslingt, desto öfter passiert Folgendes: Jede weitere Trennung, jede Nichtansprechbarkeit der Mutter kann den früheren hohen Stress bei Flora und Paul wieder aufrufen, denn diese Erfahrung ist zutiefst als ängstigend im Mandelkern eingespeichert. Deshalb wird bei ihnen beiden sofort wieder die Notreaktion Kampf-Flucht mit einer massiven Ausschüttung von Cortisol aktiviert.

Wenn Babys zu wenig Fürsorge und positive Bindungserfahrungen erleben, dann bleiben die neuronalen Netzwerke für die Stressregulation, für Bindung, Vertrauen und Sicherheit unzureichend verschaltet.

Wenn Flora und Paul die ängstigenden Ersterfahrungen nicht oder nur unzureichend korrigieren können, kommt es zu einer Bindungsstörung.

Damit behalten Babys und Kinder Probleme bei Regulierung ihres inneren Spannungszustandes. Sie sind schnell erregbar und unruhig, mit einer hohen inneren Stressanfälligkeit. Sie können sich durch die dauerhafte hohe sympathische Aktivierung nur schlecht entspannen, schlecht aufmerksam sein und schlecht zur Ruhe kommen. Verschärft wurden diese Schwierigkeiten oftmals noch dadurch, dass es zu den Normen der Säuglingspflege gehörte, Babys nicht zu verwöhnen, sondern sie schreien zu lassen.

So wird es die Lernerfahrung von Flora und Paul sein, dass es entweder sehr lange dauert, bis die Mutter dann doch manchmal kommt, dass sie meistens aber vergeblich weinen. Wenn die Mutter lange nicht auf Pauls Rufe reagiert, steigen bei ihm der Stress und Protest immer weiter an, zusätzlich angeheizt auch durch den hohen Spiegel an Testosteron, den er im ersten Lebensjahr hat. Er wird für seinen Protest belohnt, falls er die Mutter doch noch erreicht. Paul lernt also eventuell bereits am Beginn seines Lebens, Ziele mit Protest zu erreichen. Er lernt, dass Aggression nötig ist, um an seine Ziele zu kommen und aktiviert gleichzeitig ständig Vasopressin der Furchtkonditionierung. Paul hat Kampf und Wut etabliert und als entsprechendes Selbstbild und als Beziehungserwartung im Erfahrungsgedächtnis abgespeichert. Dieses Arbeitsmodell wird bei allen seinen späteren Interaktionen lebenslang wieder aufgerufen werden.

Die Störung der Geburtsprozesse durch die Kultur erzeugt bestimmte aggressive Verhaltensweisen. Unter Stress kann es zur destruktiven Abfuhr von Hass nach außen als Form von Schmerzabwehr kommen, (5) als Selbstschutz vor überwältigender Spannung und sympathischer innerer Erregung. Erhält ein kleines Kind den Ausdruck eigener Not nicht beantwortet, erlebt es sich als „falsch", als unfähig und hilflos.

Diese Gefühle erzeugen Scham und Selbsthass, der unerträgliche Spannung macht und nach äußerer Abfuhr durch bewegen, schreien, aggressiv sein, geschäftig sein, verlangt. So kann auch bereits im Kleinkind die Gewohnheit entstehen, Gefühle zu verdrängen oder Spannungen aggressiv nach außen zu tragen. Diese Reaktion ist nicht bewusst, wird aber für die innere Spannungsregulation als unbewusst hilfreich erfahren. Positive, mit Oxytocin und endogenen Opioiden verbundene Schaltkreise werden unter diesen Umständen ungenügend gebahnt und stellen keine Gegenkraft dar.

Flora hat auf das gleiche Verhalten der Mutter wahrscheinlich etwas anders reagiert. Bei Mädchen findet sich in der Zeit nach der Geburt eine hohe Konzentration an Östrogen anstelle von Testosteron. Östrogen erleichtert Kommunikation und Verbundenheit. Es macht geduldig und unterstützt im späteren Leben mütterliches Verhalten. Daher kann es sein, dass es Flora bereits gelungen ist, eine bessere Verbindung zur Mutter aufzubauen, so dass sie auf ihr Rufen besser reagiert. Oder aber, Flora hat bereits gelernt, ihren Protest aufzugeben, da er erfolglos ist.

Für Mädchen ist es durch die Wirkung ihrer Geschlechtshormone unerträglich und für das Nervensystem extrem überwältigend, nicht in Kontakt kommen zu können. Als Folge geraten sie sehr schnell in die Kampf-Flucht-Notreaktion, die u.a. mit einer starken Beschleunigung des Herzschlages einhergeht und extrem ängstigend ist.

Sie nutzen aber eher die Fluchtreaktion und versuchen unbewusst, solchen Situationen durch inneren Rückzug zu entkommen. Das kann auch die Aufgabe ursprünglicher Wünsche und Bedürfnisse sein. Wenn Gefühle von Hilflosigkeit überwältigend sind und sich keine Lösung findet, kommt es sogar zum Totstellreflex, zu völliger Apathie (Kapitel 3.10)

Wenn das Nervensystem von Flora diesen Zustand nicht mehr regulieren kann, sich der Situation aber auch nicht durch Flucht entziehen kann, denn sie kann ja noch nicht laufen, kommt es durch das alte Verteidigungssystem der Reptilien zu einem Shutdown, einer parasympathisch dominierten Erstarrungsreaktion. Flora hat ihrer für sie selbst unerträglichen inneren Not erst wieder entkommen können, als sie ihre Empfindungen und Gefühle abgeschaltet hat und ihren Schmerz nicht mehr körperlich spürte. Damit hat Flora für sich eine Lösung aus dem unerträglichen Körperzustand gefunden.

Die Folge ist eine spätere lebenslange Beeinträchtigung, Gefühle zu spüren und damit auch der Fürsorgefähigkeit als Mutter. Auf diese Weise hat sich aus den ersten Erfahrungen bereits als Beziehungserwartung herausgebildet, dass der eigene innere Zustand nicht geregelt werden kann, sondern sich alle ursprünglichen Motive abschalten und völlige Überwältigung zur Erstarrung führt. Der ursprüngliche Ausdruck von Wünschen, ein positiv aggressives Herangehen an die Welt wurde abgeschaltet.

Kommt ihre Mutter nur manchmal auf ihr Rufen oder Schreien hin, ist das für Flora oder Paul ein ebenso unerträglicher verunsichernder Zustand. Ihr Gehirn sucht Regelhaftigkeit und Vorhersehbarkeit, weil das das für das biologische Gleichgewicht notwendig ist und das Gefühl von innerer Sicherheit ermöglicht. Die Unvorhersehbarkeit im Verhalten der Mutter ist für Flora und Paul genauso unerträglich wie die Tatsache, dass sie ihre Mutter gar nicht durch ihr Schreien herbeiholen können. Beides führt zu extremer Unsicherheit, Hilflosigkeit, Verzweiflung und ständiger Aktivierung der Stressachse mit Cortisol und der Konditionierung von Furcht durch Vasopressin. Gleichzeitig fehlen Flora und Paul die beglückenden beruhigenden Gefühle, die durch Oxytocin, Dopamin, Serotonin und endogenen Opioiden vermittelt werden.

Kapitel 6.2.3 – Du sollst nicht fühlen – wie veränderten sich Kindheiten?

Wenn Hormone und Neurotransmitter nicht ausgeschüttet und die Nervenverbindungen für sie nicht ausreichend benutzt werden, vernetzen sie sich kaum bzw. vorhandene synaptische Verbindungen werden zurückgebaut.

Außerdem beeinflussen verschiedene Genvarianten und das Ausmaß des frühen Stresses, inwieweit sich spätere Schwierigkeiten in der Lebensbewältigung herausbilden. Stress schädigt vorhandene neuronale Vernetzungen und führt sogar zu langfristigen epigenetischen Veränderungen. Diese Einflüsse sind dafür verantwortlich, dass Menschen unterschiedlich intensiv auf schlechte Kindheitserfahrungen reagieren.

Beispielsweise gibt es für das Serotoninsystem mehrere Genvarianten der Rezeptoren, von denen einige mit einer erhöhten Ängstlichkeit, also evtl. verringerter Aktivität des Serotoninsystems in Zusammenhang stehen. Frühe negative Erfahrungen spielen ebenso eine Rolle. (6) Auch im Fall von Oxytocin sind genetische Polymorphismen im Rezeptorgen gefunden worden, die mit geringerer Empathie, Vertrauen und Prosozialität einhergehen. Epigenetische Veränderungen im Oxytocin-Rezeptor werden höchstwahrscheinlich durch negative frühe Erfahrungen hervorgerufen. Sie führen zu einer verringerten Reaktion auf äußerlich zugeführtes Oxytocin. Bei geringer mütterlicher Fürsorge ist das Rezeptorgen durch die epigenetische Markierung weniger aktiv, was eine verringerte Ansprechbarkeit auf Oxytocin bewirkt. (7) Gleichzeitig verhindert die niedrige Konzentration von Oxytocin seine Hemmungsfunktion auf das Cortisol, so dass die Konzentration dieses Stresshormons besonders hoch ist. Für das Cortisolsystem wurden ebenso epigenetische Veränderungen nachgewiesen, die zu erhöhter Stressanfälligkeit führen.

Aufgrund mangelnder Erfahrungen differenzieren sich die Belohnungs- und Bindungssysteme nicht ausreichend und stehen dann auch nur sehr eingeschränkt zur Verfügung. Auf diese Weise bilden sich durch negative frühe Erfahrungen Störungen in der Regulation des eigenen inneren Körperzustandes zwischen sympathischer und parasympathischer Aktivierung, die teilweise lebenslang bestehen bleiben.

Flora und Paul entwickeln aus diesen Erfahrungen ihre Beziehungserwartungen an andere Menschen, ihr Bild von der Welt. Sie werden darin wahrscheinlich weder Vertrauen noch Liebe ausdrücken, sondern eher Angst, Misstrauen und Furcht vor anderen Menschen. Gleichzeitig haben Flora und Paul auch die ersten und prägenden Erfahrungen von fehlender Selbstwirksamkeit gesammelt und abgespeichert. Hier finden sich wahrscheinlich bei Paul einige Erfahrungen von

Wirksamkeit nach langem wütendem Kampf und bei Flora ein Gefühl von Hilflosigkeit darin, ihre Bedürfnisse wirksam erfüllen zu können. Mit diesen Erwartungen und dem Gefühl ganz auf sich allein gestellt zu sein, werden Flora und Paul ihr weiteres Leben angehen.

Das entspricht in keiner Weise der normalen biologischen Evolution, wie wir es im vorigen Kapitel kennengelernt haben. Säugetiere sind in ihrem sozialen Leben auf Sicherheit angewiesen. Kein Kind kann allein Sicherheit herstellen, es braucht dazu Bindungspersonen. Sicherheit zu erleben gelingt nur durch eine gegenseitige Regulation. Es reicht nicht, passiv allein außer Gefahr zu sein, um die sympathische Aktivierung so weit herab zu regeln, dass Entspannung und Regeneration möglich werden und dass Bindung entstehen kann (Kapitel 3.12).

Die Folgen solcher Überflutungen mit Cortisol sind außerordentlich schädlich für das junge sich entwickelnde Gehirn. Bei einer häufigen oder langanhaltenden Ausschüttung von Cortisol reifen keine neuen Nervenzellen mehr heran. Es finden strukturelle Veränderungen im Gehirn statt, so dass bereits gebildete Vernetzungen wieder abgebaut und das Einspeichern im Hippocampus behindert wird (Kapitel 3.11). In Experimenten mit neugeborenen Ratten wurde gezeigt, dass eine Trennung von ihren Müttern für 15 Minuten bzw. 3 Stunden dazu führte, dass ihre Neurogenese selbst als ausgewachsene Tiere noch eingeschränkt war. Stressauslösende, belastende, ängstigende Umwelteinflüsse untergraben langfristig und langanhaltend die Neurogenese.

Die entwicklungsfördernde Wirkung von Wärme, Nahrung und Berührung ist bei einem ungestörten Ablauf nicht sofort ersichtlich und wurde daher in der Dominanzkultur nicht berücksichtigt. Wenn diese Faktoren jedoch fehlen, kommt es bei Mäusen zu lebenslangen Regulationsstörungen, zur überschießenden Cortisolausschüttung bei jedem Reiz sowie zur Neigung, bei späterer Exposition gegenüber Stressoren psychosomatisch zu erkranken. (8)

Als Folge der Cortisolwirkung ist der Blutdruck gesteigert, das Herz beginnt zu rasen, die Immunabwehr wird gedrosselt und die Verdauung gestört. Geschieht das in früher Lebenszeit zu häufig, ist die Wahrscheinlichkeit für spätere Erkrankungen erhöht oder es kommt bereits in der Säuglingszeit zu sogenannten Gedeihstörungen.

Eine solche Entgleisung der Cortisolausschüttung kann zuerst zu dauerhaft erhöhtem Cortisolspiegel, später zu dauerhaft erniedrigtem

Cortisolspiegel infolge Nebennierenerschöpfung führen. Beides begünstigt spätere Erkrankungen. Gleichzeitig behindert es die erfahrungsabhängige Entwicklung der anderen neuromodulatorischen Systeme und verursacht damit das Auftreten späterer psychischer Störungen. Erfahrungen mit frühem Stress haben weitreichende Folgen für alle anderen Regulationsleistungen, sie behindern ebenso die Entwicklung des inneren Belohnungssystems, die Entwicklung von Bindung und Oxytocinsynthese, die Regulation der Impulskontrolle, der Aufmerksamkeit etc.

Erst in den 60ern, z.T. sogar erst in den 70er Jahren hat sich in den USA und in Deutschland allmählich die Erkenntnis durchgesetzt, dass Babys mehr brauchen als ein Bett und alle vier Stunden eine Mahlzeit. Erst nach den Experimenten von Harlow 1957 setzte ein Umdenken über die Mutterliebe ein. In Harlows Experimenten wurden Rhesusaffen wenige Stunden nach ihrer Geburt ihren Müttern entzogen und in Käfigen von Attrappen großgezogen. Eine dieser Puppen war aus Draht, hatte aber eine Milchflasche und eine andere war aus Holz mit Wolle, aber ohne Milch. Entgegen Harlows Vermutung krallten die Äffchen sich an der Stoffpuppe fest und angelten mit dem den Kopf zur Drahtpuppe hin, um dort zu trinken. Obwohl dann der Drahtpuppe eine Wärmelampe eingesetzt wurde, hielten sie sich nahezu die ganze Zeit bei der Stoffpuppe auf. Nachuntersuchungen zeigten, dass diese Affen zeitlebens emotional gestört waren und sich nicht in die Affengesellschaft einfügen konnten. Sie zeigten ein hohes Maß an Stress und Aggression.

Wir wissen nicht, wann es begann, dass Babys nicht mehr getragen wurden. Vielleicht erst mit der industriellen Revolution, mit der Trennung von Arbeit und Familie, vielleicht mit dem Ende der bäuerlichen Tradition? Jedenfalls ist es mehr und mehr dazu gekommen, Babys abzulegen, zunächst im Wiegen, später in Betten, in denen sie tags und nachts allein sein sollten. Dabei schliefen in früheren Zeiten wenigstens noch Eltern und Kinder im gleichen Raum. Für Säuger ist es unerträglicher Stress und macht Angst, allein und immobil abgelegt zu sein. Das weckt den biologischen Instinkt von Gefahr, denn biologisch ist ein Menschenbaby ein Tragling. Es braucht so lange die Ko-Regulation durch andere Menschen, bis es sich selbst soweit regulieren kann, dass es sich selbst beruhigen und vertrauensvoll allein einschlafen kann.

Die wichtigste Voraussetzung dafür, gut in den Schlaf zu finden, ist es, sich entspannen können und sich sicher und beschützt fühlen zu können. Gerade das haben Paul und Flora bisher aber nicht lernen können. Ein Gefühl von Unsicherheit, wie sie beide es bereits erfahren haben, führt zu einer starken sympathische Aktivierung, mit einem ständigen Aufmerksamkeitsradar nach außen. Bei jedem fremden Geräusch wird sofort die sympathische Erregung steigen und sie wieder aufschrecken lassen. Das wiederum bewirkt das Gegenteil von Einschlafen. Mit ihren ängstigenden frühen Erfahrungen wird es Flora und Paul schwer fallen, zur Ruhe zu kommen.

Sicher waren nicht alle Kinder gleichermaßen diesen Erfahrungen ausgesetzt. Es mögen immer einige Eltern besser zur Fürsorge in der Lage gewesen sein, aber sehr viele entsprachen in ihrem Umgang mit den Babys den Vorstellungen der Kultur. Entsprechend der Vorstellungen, dass Kinder keinen Körperkontakt für ihre Entwicklung brauchen, waren die Spiele der Kindheit nicht mit engem und liebevollem Körperkontakt verbunden. Unter einer solcher frühen Angst und Unsicherheit ist es für Kinder schwer, sich ausreichend für soziale Interaktionen zu regulieren.

Gleichaltrige Kinder sind in ihrem Verhalten unberechenbarer, was für Flora und Paul die Interaktion schwerer und unvorhersehbarer macht und damit ihr inneres Erregungsniveau zur Angst hin hebt. Flora und Paul haben in der entscheidenden frühen Primärperiode nicht lernen können, über gegenseitige Regulation das Gefühl innerer Sicherheit herstellen zu können. Sie wissen kaum, wie sich das innerlich als Zustand anfühlt: sich wohl zu fühlen, entspannt und gelassen in angenehmen sozialen Kontakten zu sein und eine sympathische Erregung zuzulassen, ohne aggressiv oder überwältigt zu werden.

Zur Erziehung gehören selbstverständlich Schläge, oftmals der völlige Kontaktabbruch (aussperren etc.). Das sind Situationen, die für Flora und Paul wiederum innerlich unerträglich sind. Sowohl der Schmerz als auch der soziale Kontaktabbruch führt zu einer so hohen inneren Erregung, dass ihr Organismus diese oftmals nicht mehr kompensieren kann und wieder die Erstarrungsreaktion einsetzt. Diese allerletzte Verteidigungsreaktion kann durch eine starke parasympathische Dominanz des alten Reptilien-Vagus die Körperfunktionen so weit herunterfahren, dass man ohnmächtig wird oder aber „aus sich heraus tritt" (Dissoziation). Das geschieht häufig bei überwältigenden Gefühlen und Ängsten, die anders nicht zu kompensieren sind. Dann spüren Flora und Paul z.B. keinen Schmerz mehr, sie erleben ihre Angst nicht mehr, weil diese Gefühle abgeschaltet werden. Dieser Zustand ist traumatisch und hinterlässt tiefe Spuren in der Psyche beider Kinder, die dann häufig auch in Zukunft von ihren Schmerzen und ihren Gefühlen abgespalten bleiben.

Die frühen Erfahrungen von Flora und Paul zeigen sich auch im sozialen Spiel der Kindheit und im Lernen. Paul fällt es schwer, zuzuhören, Kontakt zu initiieren und aufmerksam zu sein, weil sein innerer Sicherheitssensor ständig Gefahren sucht, so lange kein entsprechender innerer Zustand von Sicherheit eintritt. Es fällt ihm schwer, soziale Signale der Gesichter richtig zu lesen und zur Beruhigung und Regulation zu verwenden. Bei sozial erregenden Spielen kann es z.B. bei einem Wettspiel passieren, dass er aggressiv reagiert und die Kontrolle verliert, wenn er nicht Sieger ist. Oder aber er beantwortet spielerische Raufereien mit Gewalt, weil er nicht gelernt hat, sich durch Sicherheitsgesten zu überzeugen, ob es Ernst oder Spiel ist.

Außerdem werden ihm die nötigen Versöhnungsgesten nicht vertraut sein bzw. er benutzt sie nicht aus Angst, schwach zu erscheinen. Gleichzeitig hat er eine intensive Furchtkonditionierung durch Vasopressin erlebt, so dass er Herausforderungen schnell mit aggressiven Reaktionen beantwortet. Es wird ihm auch schwer fallen, seine Impulse zu steuern, denn ihm fehlt das dafür zuständige Serotonin, um Erregungsspitzen zu kompensieren. Es kann sein, dass er bei jeder Belohnungserwartung durch Dopamin sofort riskante Unternehmungen ausführt, weil es sich nicht hemmen und beruhigen kann oder aber, dass sein Belohnungs- und Motivationssystem nur sehr unzureichend herausgebildet wird.

Flora fallen andere Dinge schwer, sie zeigt eventuell eher depressive Verhaltenszüge, weil bei ständigem Misserfolg und dem Nichterreichen von Zielen das innere Belohnungssystem nicht ausreift. Es wird ihr schwer fallen, zu explorieren und auf die Welt zuzugehen, weil sie in unbekannten Situationen sofort unsicher und damit hoch sympathisch erregt ist. Demzufolge wird sie solche Situationen meiden. Sie hat Mühe, ihre eigenen Wünsche zu erkennen und umzusetzen. Es gehört zu den schlimmsten Stressoren für Flora, sozial abgewiesen zu werden bzw. nicht in Kontakt zu sein. Davon wird sofort die alte Erfahrung der Angst aufgerufen. Aber sie kann im sozialen Spiel hervorragend die

Gesichter deuten, denn dazu hat sie dank Östrogen hervorragende Fähigkeiten. Flora sucht die Kooperation und Konsens mit andern Mädchen, indem sie sich anpasst. Durch Anpassung an sozial erwünschte und durch Anerkennung belohnte Tätigkeiten kann sie ihre Schwierigkeiten sozial erfolgreich kompensieren.

Hier spielen sowohl die frühen Erfahrungen (9), als auch Einflüsse von unterschiedlichen Genvarianten (Polymorphismen) im Rezeptorprotein und anderen Bereichen des Dopaminsystems eine Rolle bei der individuellen Funktion des Systems, z.B. zu mehr oder weniger Risikoerwartung, Risikolust und Impulsivität. (10) Affenbabys, deren Mütter Stress ausgesetzt wurden, zeigten als Erwachsene immer noch ein verringertes soziales Neugier- und Kontaktverhalten. (11)

Eine nur kurzfristige Trennung junger Rhesusaffen von ihren Müttern führte bereits zur massiven Cortisolausschüttung, einem erhöhten Noradrenalinumsatz und dem Aufbrauchen des beruhigenden Serotonins. Bei intensivem Pflegeverhalten verminderten sich die Reaktionen.

Kapitel 6.2.4 – Wie haben sich Kindheiten zu verschiedenen Zeiten unterschieden?

Natürlich gab es viele Unterschiede zwischen Kindheiten bei den einzelnen Völkern zu verschiedenen Zeiten.

Es war sicher ein großer Unterschied für Flora und Paul, in welche Zeit de hineingeboren wurden. Ob sie als Kinder z.B. in die kriegerischen Auseinandersetzungen der Kurganvölker um 3 000 v.u.Z. hineingeboren wurden. Oder ob sie ihr Leben während des 30jährigen Krieges in Deutschland verbracht haben, wo immer wieder Kriege über den gleichen Landstrich zogen, unterbrochen von Hungersnöten. Je nachdem, wann Flora lebt, gilt sie eventuell sogar als Eigentum des Vaters oder aber wird als Kriegsbeute der Sieger, in die Sklaverei verkauft.

Wenn Flora und Paul im alten Griechenland der Antike gelebt hätten, wäre Flora zur Ehefrau erzogen worden und Paul wäre im Alter von ca. 9 Jahren von seiner Mutter weg in ein Internat gekommen. Dort wäre er zu einem tüchtigen Krieger erzogen worden, der der Polis dient: „Ihre wichtigsten Sozialisierungsmethoden war Jahrtausende hindurch die „spirituelle Erziehung" durch die Priesterschaften. Als integraler Bestandteil der Staatsmacht dienten diese jetzt allenthalben den das Volk beherrschenden männlichen Eliten." (12)

Wenn Paul und Flora Jahrhunderte später z.B. in die Zeit um 1750 hineingeboren worden wären, als die Schwarze Pädagogik in Deutschland in ihrer Blüte war, hätten sie die deren Auswirkungen hautnah erfahren. Als Schwarze Pädagogik werden Erziehungsmethoden bezeichnet, die Gewalt und Einschüchterung als Mittel enthalten. Schwarze Pädagogik zielt auf die Ausbildung von vollständiger Triebabwehr in der Psyche des Kindes, auf Körperfeindlichkeit sowie auf eine Abhärtung für das spätere Leben. Bei den damals geltenden Vorstellungen zur Erziehung entsprachen körperliche und seelische Gewaltanwendung der herrschenden Meinung über die sogenannte „Kinderzucht". Es galt die Vorstellung von der „bösen Kindsnatur", die eine „Abrichtung" notwendig macht. (13) Ein führender Vertreter, Johann Georg Sulzer, schreibt: „Diese ersten Jahre haben unter anderem auch den Vorteil, dass man da Gewalt und Zwang brauchen kann. Die Kinder vergessen mit den Jahren alles, was ihnen in der ersten Kindheit begegnet ist. Kann man da den Kindern den Willen nehmen, so erinnern sie sich hiernach niemals mehr, dass sie einen Willen gehabt haben." (14, 15) Diese Erziehung nach den Grundsätzen der Schwarzen Pädagogik hat über viele Generationen hinweg den Umgang mit und das Bild von kleinen Kindern bestimmt. Reste davon reichen bis in die heutige Zeit.

Es ist erst wenige Generationen her, dass in Deutschland noch die Erziehungsregeln des 3. Reiches mit seinen Reichsmütterschulen galten:

Johanna Haarer (1900-1988) war Autorin von auflagenstarken Erziehungsratgebern, die eng an die Ideologie des Nationalsozialismus angelehnt waren. Auch nach 1945 wurden ihre Bücher in der Bundesrepublik Deutschland in einer rein formal von der nationalsozialistischen Terminologie bereinigten Form wieder aufgelegt. Bis in die 70er Jahre fand sich Haarers Buch in einer entschärften Fassung in fast jedem Haushalt der Bundesrepublik. (16) Eine angeblich „Völlig neubearbeitete und erweiterte Auflage" wurde noch im März 1996 verlegt.

*In den 1960er Jahren diente es immer noch als Lehrbuch in Berufs-
und Fachschulen, z.B. bei der Ausbildung von Hauswirtschaftslehre-
rinnen. Eine kritische Auseinandersetzung mit Haarers Werken begann
erst 1985. (17)*

*Die Grundzüge von Haarers Erziehungsideal waren Zucht, Unter-
werfung, Reinlichkeit und insgesamt Kinder- wie auch Frauenfein-
dlichkeit. Erziehung ist bei Haarer eine Technik, die durch die Ablehnung von Freude, Zuneigung oder Trösten gekennzeichnet ist und die
das „Kind als Feind" betrachtet. Haarer schrieb, wenn das Kind
schreit und auch der Schnuller als „Beruhigungsmittel" versagt: „...
dann, liebe Mutter, werde hart! Fange nur ja nicht an, das Kind aus
dem Bett herauszunehmen, es zu tragen, zu wiegen, zu fahren oder es
auf dem Schoß zu halten, es gar zu stillen. Das Kind begreift unglaublich rasch, dass es nur zu schreien braucht, um eine mitleidige Seele
herbeizurufen und Gegenstand solcher Fürsorge zu werden. Nach kurzer Zeit fordert es solche Beschäftigungen mit ihm als ein Recht, gibt
keine Ruhe mehr, bis es wieder getragen, gewiegt oder gefahren wird -
und der kleine, aber unerbittliche Haustyrann ist fertig." (18)*

Sie schreibt an gleicher Stelle: „Das Kind wird gefüttert, gebadet
und trockengelegt, im Übrigen aber vollkommen in Ruhe gelassen." ...
„Eine Überschüttung des Kindes mit Zärtlichkeiten, etwa gar vor Dritten, kann verderblich sein und muss auf die Dauer verweichlichen. Eine
gewisse Sparsamkeit in diesen Dingen ist der deutschen Mutter und
dem deutschen Kinde sicherlich angemessen." Bei der von Haarer emp-
fohlenen Position zum „richtigen" Halten des Säuglings entsteht ein
weiter Blickabstand, so dass das Kind nicht fokussieren kann. Die von
den meisten Menschen instinktiv genutzte Haltung, bei der ein intensiver Blickkontakt möglich ist, wird von ihr abgelehnt. Sie verhindert
damit ganz gezielt den gegenseitigen Austausch von Sicherheitssignalen als Voraussetzung für Sicherheit, Entspannung und Bindungsaufbau.

Das ist erst wenige Generationen her und wirkt in vielen Bereichen
unserer Kultur noch fort: „Unter Bindungsforschern ist das schon lange
ein Thema – in der Öffentlichkeit wird es ignoriert." sagt K. Grossmann, der eine große Studie zu den Auswirkungen früher Bindung und
mütterlicher Fürsorge in Deutschland durchgeführt hat (Kapitel 7.2.9.).

Grossmann weiter: „Alle Daten, die wir haben, deuten auf Folgendes hin: Wenn man einem Kind in den ersten ein oder zwei Lebensjahren eine feinfühlige Ansprache vorenthalten würde – so, wie Johanna Haarer es propagiert hat – bekäme man die eingeschränkten, emotions- und reflexionsunfähigen Kinder, die wir aus der Forschung kennen." (19)

Wie wäre die Kindheit von Flora und Paul während des 2. Weltkrieg verlaufen, wenn sie Bombennächte oder später dann Vertreibung erlebt hätten? Forscher gehen zunehmend von der Meinung au, dass in Mitteleuropa, vor allem in Deutschland, eine ganze Generation von Kindern zutiefst traumatisiert wurde. Wo sind die Spuren davon in der Gegenwart? Diese Frage wird im Kapitel 7.2 diskutiert.

Kapitel 6.2.5 – Wie war die Pubertät in der Dominanzkultur?

Wie wir bereits beschrieben, bestimmen die Hormone Testosteron, Östrogen, Oxytocin, Dopamin, Vasopressin und Cortisol in vielfältiger Weise über die Erfahrungen von Flora und Paul mit ihrer Umwelt machen und werden ihrerseits stark durch die sozialen Interaktionen mit der Umwelt aktiviert oder auch nicht. So ergeben sich unterschiedliche Dispositionen für ihre jeweiligen Vernetzung und Ausschüttung. Wie alle Funktionen unseres Körpers werden die Nutzung und Ausschüttung der Hormon- und Neurotransmitterkreisläufe erfahrungsabhängig angelegt und aktiviert, vor allem in der frühen Lebenszeit.

Eine zweite prägende Periode ist die Pubertät, in der nochmals große Umstrukturierungen im Gehirn stattfinden. Unter diesen kulturellen Bedingungen entsteht durch die mit dem Spiel einhergehende hohe sympathische Aktivierung ein Aufrufen der Stressreaktion mit Cortisol-Ausschüttung. Durch frühe Erfahrungen mit Cortisol und Vasopressin sind diese Kreisläufe gebahnt worden und springen sofort an bei hoher Aktivierung. Die Gegenspieler Oxytocin und Serotonin sowie Sicherheit für eine Signalinterpretation stehen nicht ausreichend gebahnt zur Verfügung.

Dann können die Jungen in ihrer Pubertät nicht mehr klar denken. Es kommt oft zur Fehlinterpretation von Gesichtsausdrücken als bedrohlich und die Kinder überreagieren aggressiv. Entscheidend für das schnelle Anspringen der Kampf-Flucht-Reaktion ist eine frühere im emotionale Erfahrungsgedächtnis abgespeicherte „meiden"- oder Angst-Bewertung. Bei einer Einschätzung als potentiell gefährlich wird die Aktivität der für prosoziales Verhalten zuständigen Hirnareale gehemmt und die Verteidigungsreaktionen aktiviert. Dann kann die Signalinterpretation des neuen Vagus nicht funktionieren. .

Diese Bewertung von „meiden" hat Paul in der Vergangenheit durch seine negativen frühen Erfahrungen bereits häufig angelegt. Vielleicht hat er auch bereits gelernt, den durch Cortisol und Vasopressin vermittelten entstehenden inneren Druck der sympathischen Erregungsspannung durch aggressives Verhalten nach außen zu lösen. Zusätzlich zu diesen Erfahrungen gelangt in der Pubertät mehr Testosteron in seinen Körper. Testosteron, das sowieso für mehr Aggressivität, Rüpelei, kämpferische Konkurrenz etc. sorgt, ist durch Pauls Erziehung bereits sehr häufig ausgeschüttet und entsprechende neuronale Vernetzungen sind verstärkt und intensiviert worden. Pauls erfolgreiches aggressives Verhalten wurde kulturell belohnt, was in der Folge bei ihm zu mehr Testosteron und riskanterem konkurrierenden Verhalten und zu mehr Kämpfen, Raufereien und Rivalitäten führt.. Regulierende Funktionen von Östrogen oder Oxytocin mit Hilfe der Bindungspersonen hat Paul dabei so gut wie nie erlebt.

Ko-Regulation von Sicherheit und Bindung könnte regulierend wirken, wenn die Kultur das wollte und friedlichere soziale Beziehungen erwünscht wären. Bei Affen und den Jungen der Partnerschaftskultur wurde dieses Verhalten durch Erwachsene und durch die elterliche Bindung reguliert. (20) Die geschlechtsabhängigen Unterschiede im Spielverhalten, die sich durch alle Kulturen zeigen und auch bei Rhesusaffen gefunden wurden, sind durch die Erziehungspraktiken der dominatorischen Kultur noch verstärkt worden. In der Dominanz-Kultur ist gerade das kriegerisch aggressive Verhalten der Jungen gewünscht, bei gleichzeitiger Unterordnung unter Autoritäten. Versöhnungsgesten erfolgen deshalb nicht, weil eine der beiden Seiten sie für Schwäche halten könnte.

Das entspricht einer einseitigen Machtausrichtung der Kultur mit kulturellen Vorstellungen, die normales soziales biologisches Verhalten untergraben bzw. gänzlich zum Erliegen bringen. Wenn die Kultur also ständig den Testosteronspiegel in die Höhe treibt, dann werden unsoziales Verhalten, fehlende Empathie und fehlendes Vermögen zu Bindung und Zustandsregulation von sehr vielen Männern an die nächste Männergeneration weitergegeben. Dann werden ihre Gehirne immer mehr von Testosteron dominiert. Das bedeutet mehr Aggression und eine autistischere Kultur.

In Studien wurde auf einen Zusammenhang von hohen Testosteronkonzentrationen im Mutterleib und Schwierigkeiten der männlichen Babys bei der Interpretation von Gesichtern sowie im sozialen Leben verwiesen. (21) Die Menge an Testosteron in den Keimzellen des Mannes wird an den Embryo weitergegeben. Erstmals wurden der Einfluss von Testosteronmengen auf Gehirnfunktionen wie die Gesichtserkennung durch die „extreme male brain theory" bekannt. Demnach haben Autisten, verursacht durch einen hohen Testosteronspiegel im Mutterleib, ein extrem ausgeprägt männliches Gehirn, (22) das vom Vater kommt und auf diese Weise weiter gegeben wird. Kinder, die im Mutterleib einem erhöhten Testosteronspiegel ausgesetzt waren, besaßen einen kleineren Wortschatz und nahmen selteneren Blickkontakt auf. Noch als 4-jährige waren diese Kinder weniger sozial entwickelt. Weiterhin zeigte das Gehirn von Kindern, die im Mutterleib einem erhöhten Testosteronspiegel ausgesetzt waren, eine bessere Fähigkeit, Muster zu sehen und Systeme zu analysieren. Im Versuch wurden Neugeborenen auf einer Säuglingsstation ein lächelndes Gesicht bzw. Mobiles gezeigt. Mehr Jungen schauten auf das Mobile und mehr Mädchen auf Gesichter. (23)

Bei Schimpansen gibt es ca. 10 % der Affen, die während der Pubertät impulsiver und aggressiver als andere sind und sich häufig streiten. Sie haben kaum Freunde, denn ihr Spiel artet in Kampf aus, sie erlernen keinen freundlichen Umgang und ärgern andere Gruppenmitglieder. Sie können offenbar schlecht ihren inneren Erregungszustand steuern und schlecht die Gesichtsausdrücke und Sicherheitssignale der anderen interpretieren.

Durch ihr Verhalten werden sie meist früh vom Rudel verstoßen. (24) Für Primaten hat solches unsoziales Verhalten einen frühen Tod bedeutet. Diese Tiere haben sich innerhalb der Evolution nicht fortpflanzen können. Bei den Menschen der Dominanzkultur dagegen bekommen gerade diese unsozialen Gruppenmitglieder die Führungspositionen. Dieses kulturell tradierte Verhalten stellt die Millionen Jahre der menschlichen Evolution auf den Kopf.

Diese Affen, die sich nicht sozial in die Gruppe einfügen können, haben alle zu niedrige Serotoninwerte. (25) Es wird vermutet, dass das mit einer ungünstigen Versorgung nach der Geburt zu tun hat. Auch in diesen Fällen haben schlechte frühkindliche Erfahrungen dauerhafte Spuren in der Grundstruktur des Gehirns hinterlassen sowie auch in der feinabgestimmten Funktion der Neurotransmitter. (26) Serotonin wird gleichzeitig mit Cortisol bei Stress ausgeschüttet, um dessen Spitzen zu dämpfen.

Bei häufiger Stressreaktion mit Cortisol wurde ein Mangel an Serotonin als Folge beobachtet. Aber auch genetische Veränderungen in Genvarianten kommen als mögliche Ursachen infrage. Bei fehlendem Serotonin, verbunden mit Testosteron und bei ängstigenden Vorerfahrungen der Aktivierung durch Vasopressin, entsteht eine hohe Impulsivität. Gleichzeitig spielen stressbedingte Fehlregulationen des Cortisolsystems bzw. unterschiedliche Einflüsse von Genpolymorphismen eine Rolle. (27, 28, 29)

Kapitel 6.2.6 – Wie wurden Frauen und Männer erzogen?

Was für ein junger Mann könnte aus Paul geworden sein?

Paul wird seine Belohnungen evtl. aus erfolgreicher Dominanz ziehen und vermehrt die Gelegenheiten suchen, in denen durch Testosteron ein Erfolg errungen und seine Spannung und innere Erregung abgebaut werden. Er sucht bevorzugt die Wiederholung der Gelegenheiten, die ihm über Dopamin Erfolg vermitteln und eine Linderung der inneren Spannung verschaffen - auf welche Weise ihm das in unter den kulturellen Bedingungen auch immer gelingen kann.

Die Ausschüttung von Testosteron wird erfahrungsabhängig mit diesen Verhaltensweisen zusammen abgespeichert. Je öfter Testosteron ausgeschüttet wird, desto dichter wird es vernetzt. Das wird bei Paul immer wieder dann verstärkt erfolgen, wenn eine entsprechende Situation erneut auftritt. Alle Handlungen Pauls werden mit den Bewertungen „suchen" oder „meiden" abgespeichert und vermitteln ihm beim Wiederaufruf in einer ähnlichen Situation sofort das Gefühl dieser Bewertung dazu. Wenn also Dominanz oder Aggression zum Erfolg führt, wird dieses Verhalten von ihm bevorzugt werden und sein Testosteronspiegel immer weiter ansteigen.

Wo in der partnerschaftlichen Kultur bei Männern wie Paul fürsorgliches und friedfertiges Verhalten mittels Oxytocin und Dopamin erlernt wurde, wird in der Dominanzkultur aggressives Verhalten als erfolgsbringend erlernt. Damit steigt der Testosteronspiegel, der in der Pubertät ohnehin hoch und noch nicht ausreichend unter der Kontrolle des Großhirns steht, immer mehr an, was zu einem stärkere Ausdruck von Verärgerung und noch aggressiverer Reaktion auf vermeintliche Bedrohungen führt. (30) Je höher die aggressive Erregung der Kampf-Flucht-Reaktion dabei ausfällt, desto größer ist die Gefahr, Sicherheitssignale nicht als solche zu erkennen und den Gesichtsausdruck des Gegenübers zu missdeuten. Ein vermeintlich oder wirklich verärgertes Gesicht lässt den Testosteron- und Vasopressinspiegel steigen und facht aggressives Verhalten an.

Dadurch erlebt Paul als Jugendlicher Wut sehr intensiv und drückt sie auch aggressiv aus. Er fühlt sich z.B. von kritischen Blicken schneller provoziert, angegriffen und infrage gestellt. Darauf wiederum reagiert er mit der Ausschüttung von noch mehr Testosteron, Vasopressin und heftigem Dominanzgehabe. (31) Dieses Verhalten ist natürlich abhängig von der Stellung des Gegenübers in der sozialen Hierarchie. Bei vielen Gelegenheiten, wenn Paul sich Autoritäten gegenüber sieht, wird er seine aggressiven Impulse beherrschen müssen.

Da Paul aber sehr viel und oft Testosteron ausschüttet und nicht gut gelernt hat, seine innere Erregung durch das Erleben von Sicherheit und Bindung mit Oxytocin zu senken, bleibt er auf einer hohen Anspannung und inneren sympathische Erregung sitzen. Diese wird noch zusätzlich gesteigert durch ängstigende Erfahrungen, die zur Ausschüttung von Vasopressin führen und eine hohe innere Aktivierung hervorrufen. Sie wird sich bei der nächstbesten Gelegenheit entladen.

Paul hat gelernt, mit aggressiver Dominanz seine Wünsche und Ziele wenigstens teilweise erfolgreich durchsetzen zu können und dass es besser ist, zu bestimmen, als bestimmt zu werden. Denn in vielen Situationen war Paul der Unterlegene und wurde gedemütigt, was sich ebenso tief in sein emotionales Erfahrungsgedächtnis geprägt hat als „nie wieder, meiden". Paul als junger Mann ist dann stark von Testosteron sowie vom Vasopressin der Furcht getrieben in seinen Reaktionen. Paul ist sofort sympathisch übererregt, sobald irgendein Reiz oder Stress ihn triggert, weil er unbewusst an irgendeine Situation der Überwältigung der frühen Erfahrungen erinnert.

Es könnte aber auch sein, dass Paul eher weiche und fürsorgliche Regungen besitzt, wie sie durch Oxytocin und Östrogen vermittelt werden, aber bei einem Jungen kulturell absolut unerwünscht sind. Falls Paul solche weichen Seiten gezeigt hat, ist er dafür sehr verspottet und gedemütigt worden, so dass er diese Züge abzulegen versucht. Wenn Paul weichere Züge hat, weil er mehr gute Bindungserfahrungen erlebt hat, dann entspricht er nicht den Erwartungen der Kultur und hat damit zu kämpfen. Hänselei und sozialer Ausschluss durch andere Jungen und Männer setzen Paul wiederum hohem Stress aus. Er wird dann als weibisch abgewertet.

Gefühle, Liebe und Bindung, wie sie die Frauen als typische Werte vertreten, sind allgemein abgewertet und passen nicht in das Bild des Mannes und Kriegers der Dominanzkultur. Das hat zur Folge, dass die neuronalen Vernetzungen der Hormonkreisläufe für Oxytocin, Serotonin und Östrogen bei Männern unzureichend bleiben bzw. wieder abgebaut wurden. So entsteht eine hohe Testosteron- und Cortisoldominanz mit gleichzeitig verringerten Oxytocin, Östrogen und Serotonin.

Und diese mit Testosteron gefüllten, noch in der Pubertät befindlichen jungen Männer werden dann zu Soldaten. Wem das nicht genügend gelingt und wer den Rollenerwartungen der Gesellschaft nicht genügt, hat ein sehr schwieriges Leben zu erwarten.

Diese tiefe Abspeicherung früher sehr ängstigender Erfahrungen beeinflussen weite Bereiche des späteren Lebens. So kann es sein, dass Paul für immer tief in seinem unbewussten emotionalen Erfahrungsgedächtnis eingespeichert hat, dass seine Wünsche nach Hilfe, nach Trost, nach Nähe etc. mit großer innerer Not einhergehen. Jeder noch so kleine unbewusste Gedanke an solche Situationen beunruhigt ihn sofort wieder hochgradig und aktiviert ihn, weil er unbewusst an die frühe erlebte Not erinnert.

Folglich, und immer noch unbewusst, wird er solche Situationen in Zukunft vermeiden. Er wird Bindung und Nähe vermeiden oder, wenn überhaupt, sie nur aus einer sicheren überlegenen, emotional distanzierten Position zulassen.

Pauls Beziehungserwartung und sein Modell von der Welt, sind also davon geprägt, immer zu gewinnen, damit er nicht wieder in Situationen der Hilflosigkeit und Demütigung wieder gerät. Das ist das aggressive Dominanzmodell, auf dem die gesamte Kultur beruht. Wenn er sich exakt an die vorgegebenen kulturellen Rollenerwartungen hält, kann Paul sein Nervensystem wenigstens etwas beruhigen.

Pauls Beziehungserwartung ist geschlechtsabhängig und in seinen Beziehungen zu den anderen Menschen ko-konstruiert worden. Damit gelangt die Kultur dauerhaft in Pauls Gehirn. Hohe Werte sind: Dominanz, Aggressivität, Hierarchie und Konkurrenz. Die Erfahrungen, die Paul als Kind machen musste, lassen ihn dieses Modell wiederholen. Damit ist er gut geeignet als Krieger und Befehlsempfänger in unterschiedlichen Positionen der Hierarchie, je nachdem, wo er lebt. Das kulturelle Erziehungsziel wurde erreicht.

Welche junge Frau könnte aus Flora geworden sein?

Flora hat dank eines hohen Spiegels an Östrogen gelernt, Konflikte jeder Art durch Anpassung zu vermeiden. Durch ihre geschlechtsspezifischen neuronalen Schaltkreise ist sie sowieso sehr um Harmonie und Konfliktreduzierung bemüht. Da sie aber gleichzeitig extrem ängstigende Erfahrungen mit eigenen nicht erfüllten Wünschen hat, die unbewusst ihre Handlungen bestimmen, vermeidet sie Konflikte um jeden Preis. Um ihr inneres Gleichgewicht zu regulieren und die frühe Angst zu vermeiden, hat sie keine andere Strategie lernen können, als auf ihre Wünsche zu verzichten, ja, am besten gar nicht erst Wünsche zu haben.

Unter den Bedingungen früher Stresserfahrungen wird das Motivationssystem gar nicht erst fertig angelegt und vernetzt. Bei Autoritäten ist extremer Gehorsam verlangt, den sie so erfüllen kann. Damit genügt sie den kulturellen Rollenerwartungen.

Zu ihren Entwicklungsaufgaben der Pubertät gehört die Feinabstimmung auf emotionale Reaktionen und die Gesichtsinterpretation. Aber unter den geltenden Erziehungspraktiken mit der entsprechenden Körperfeindlichkeit und ihrer eigenen frühen Abspaltung von Gefühlen, kann sie gerade das nicht lernen. Es ist aber auch nicht erwünscht, dass Flora sich sehr gut einfühlen kann, denn dann würde sie mit den gängigen Praktiken der Erziehung in Konflikt kommen. Sie soll die Normen der Kultur erfüllen und die brutalen kulturellen Ideale von Erziehung umsetzen.

Flora kann nicht mehr auf ihr inneres Gefühl und ihr Einfühlungsvermögen in die Bedürfnisse von Babys vertrauen. Daher braucht sie klare Regeln, die die Kultur ihr gibt. Sie kann wenigstens minimal innere Sicherheit erlangen, wenn sie sich ganz eng an den gesellschaftlichen Erwartungen an sie als Frau orientiert und erfüllt. So werden die kulturellen Forderungen an die nächste Generation weitergegeben.

Flora hat ebenso wenig wie Paul gelernt, mit andern Menschen Nähe, Liebe und Wohlbefinden zu assoziieren. Im Gegenteil, sie zieht sich zurück und erwartet eher Angst oder Gefahr. Flora wird es als Erwachsene schwerfallen, sich in Gegenwart anderer Menschen zu entspannen und zu immobilisieren.

Es wird ihr vielleicht die nötige Ruhe beim Stillen, beim Trösten ihrer Kinder fehlen, aber sicher auch die entspannte Hingabe in der Liebe. Tief und unbewusst im emotionalen Erfahrungsgedächtnis wird bei ihr, auch durch Vasopressin vermittelt, schnell Angst und eine starke innere Erregung aktiviert. Da jeder Stress im zwischenmenschlichen Bereich sofort ihre frühen Erfahrungen der Angst aktiviert, nimmt sie in vorausschauender Anpassung jeden Stress vorweg. Während Paul eher konkurrierend aggressiv reagiert, antwortet sie auf Stress eher mit depressivem Verhalten und Rückzug bis hin zum Totstellreflex, also Dissoziation und innerem Ausstieg.

Flora kann sich schwer entspannen und anvertrauen, was sich in einer dauerhaft hohen sympathischen Erregung mit starker muskulärer Anspannung und zu hoher Cortisolgrundaktivität mit sehr schnellem Herzschlag und gesteigertem Blutdruck zeigt. Bei noch stärkerer Angst und innerem Rückzug, erfolgt sogar eine dauerhafte Aktivierung des alten Vagussystems mit verringerter Cortisolgrundaktivität und mit chronisch niedrigem Blutdruck und langsamem Herzschlag. Flora kann ihre Körpersignale nicht mehr wahrnehmen, sie sind abgeschaltet, weil sie unerträglich waren. Dieser Zustand wird auch als parasympathischer shutdown bezeichnet, als funktionieren ohne zu fühlen.

Wahrscheinlich hat Flora unter Frauen und Mädchen und bei ihrer Mutter gelegentlich auch Nähe erlebt und Oxytocin oder Opioide manchmal erleben können. Meistens war das die Belohnung für Wohlverhalten, so dass das zu ihrer Beziehungserwartung geworden ist. Sie wird die Vorgaben der Kultur in sich aufgenommen haben und bereit dafür sein, später als Mutter neue Generationen von Kindern zu Kriegern oder willigen Müttern erziehen. Da ihre Bindungsfähigkeit behindert wurde, und sie gelernt hat, eigene Gefühle abzuspalten, wird sie sich nicht widersetzen und ihre Söhne in den Krieg ziehen lassen.

Paul und Flora, erleben in ihrer Kindheit und Jugend sehr viel Gewalt und Demütigungen in der Erziehung durch Mutter, Vater, Lehrer und andere Erwachsene, z.T. auch durch ältere Kinder. Sie erleben vielfach Gefühle der Hilflosigkeit und Wut, die sie oft überwältigen, so dass sie sie nur abspalten können. Tief in beiden befinden sich diese

Gefühle von Hass, Wut und Aggressivität, die bei passender Gelegenheit in Aggressivität nach außen münden.

Solche Gelegenheiten bietet Paul der Kampf sowie, wenn möglich die Dominanz über andere Männer. Außerdem ist es Paul wie jedem Mann, selbst auf der untersten Ebene der Männerhierarchie, möglich, die Dominanz über die eigene Frau und über die eigenen Kinder als Ventil zu nutzen.

Flora als Mutter hat kaum Ventile und versucht, jeden Konflikt zu vermeiden. Dennoch hat auch sie unbewusste aggressive Gefühle, die sich gegen ihre Kinder richten können in der harten Umsetzung der Erziehungsideale.

Gleichberechtigte sexuelle Liebe und Paarbindung haben Flora und Paul nicht erleben können. Ihnen fehlen dafür jegliche Rollenvorbilder. Das Bild, welches Flora und Paul jeweils vom anderen Geschlecht haben, beruht auf Dominanz und Unterordnung. Es entspricht in keiner Weise der biologischen Evolution, die zu Paarbindung, eng in Liebe verbundenem sozialem Leben, Kooperation und gemeinsamer Sorge für die Nachkommen geführt hat.

Je nach der Intensität der frühen Bindungsstörungen und je nach dem sonstigen familiären Umfeld haben Jungen wie Paul und Mädchen wie Flora unterschiedlich starke negative Erfahrungen gemacht und hat die Kultur unterschiedlich stark ihre Persönlichkeit geprägt. Die verschiedenen Inhalte des Erfahrungsgedächtnisses werden wieder aktiviert, wenn junge Erwachsene an Liebe, Sexualität und Paarbindung herangehen. „Das unbewusste Erfahrungsgedächtnis lenkt ... unser Handeln stärker als unser bewusstes Ich; es äußert sich als Motive, Zu- oder Abneigungen, Stimmungen, Antriebe, Wünsche und Pläne, die als relativ diffus und detailarm empfunden werden." (32)

Kapitel 6.2.7 – Liebe und Sexualität in Zeiten der Dominanz

In der Dominanzkultur waren kaum Ehen aus Liebe üblich. Oftmals wurden die jungen Leute von ihren Eltern verheiratet. Sie hatten nicht die Fähigkeit zu vertrauen. Das Ehemodell beruhte auf Dominanz, Sexualität bedeutete die Erfüllung „ehelicher Pflichten".

Was bedeutet das für den Liebescode?

Erinnern wir uns daran: Die Voraussetzung dafür, dass Liebesgefühle sich überhaupt entwickeln können, ist das innere entspannte Gefühl der Sicherheit. Säuger brauchen Nähe und müssen einander beschützen, um in Sicherheit ihre sozialen Beziehungen gestalten und ihre Nachkommen aufziehen zu können. Dabei entsteht das nötige Vertrauen untereinander durch den gegenseitigen Austausch von Sicherheitssignalen. Diese gemeinsame Regulation des aktuellen körperlichen Wohlbefindens und sympathischen Erregungsniveaus ist grundlegend entscheidend für das Gelingen oder Misslingen von Bindung und Beziehung.

Genau diese Fähigkeiten haben aber weder Paul noch Flora in ihrer frühesten Kindheit erlernen können. Sie sind daher weder genügend in der Lage, Sicherheitssignale zu empfangen und sich daraufhin zu entspannen, noch, selbst Sicherheitssignale zu senden. Ihre Mimik und ihre Augen sind eher ängstlich als entspannt bei Flora und eher hart, dominant und einschüchternd bei Paul. Die Fähigkeit zu Nähe, Vertrauen und Entspannung im Beisein des Anderen hätten sie in der Primärperiode des ersten Jahres lernen müssen. Anstelle dessen haben Flora und Paul intensive Erfahrungen von Angst erlebt und abgespeichert. Außerdem sind Flora und Paul keine zueinander gleichberechtigten Partner, sondern Paul ist der Herr im Haus und Flora untergeordnet. Auch diese Tatsache macht das Entstehen einer wirklich sicheren vertrauensvollen Bindung beinahe unmöglich.

Floras und Pauls erste Erfahrungen als Baby waren extrem unsicher und ängstigend, sie bekamen keine Hilfe, sondern waren völlig auf sich allein gestellt und verlassen. Flora und Paul waren noch nicht in der Lage, sich aus der Situation zu entfernen. Als Baby waren sie immobil und konnten sich auf keine Weise aus dieser Situation befreien. Diese Erfahrungen haben sie als „unbedingt vermeiden" in ihrem emotionalen Erfahrungsgedächtnis abgespeichert. Daher bedeutet immobil zu sein für sie unbewusst Gefahr, was zu einer hohen inneren sympathische Erregung und Lenkung der Aufmerksamkeit nach außen auf alle äußeren Reize führt. In diesem Zustand ist Entspannung beinahe unmöglich, weshalb es Flora und Paul schon als Babys und immer noch als Erwachsene schwer fällt, sich sicher zu fühlen, Kontrolle abzugeben und in den Schlaf zu finden. Es fällt ihnen schwer, sich beieinander zu entspannen. Die fehlende Entspannung behindert ihre Sexualität. Immobil zu sein, zu entspannen, die Aufmerksamkeit von außen abzuziehen und die sympathischen Kampf-Flucht-Reaktionen abzuschalten, assoziiert ihr Sicherheitssystem mit Gefahr. Hilflos darf nie

wieder sein, das haben Flora und Paul beide über den Mandelkern tief
in ihr Nervensystem eingebrannt. Das alles ist ihnen nicht bewusst, ihr
emotionales Erfahrungsgedächtnis arbeitet unbewusst. Aber die unbewussten Bewertungen der früheren Erfahrungen tauchen bei Sexualität
durch das Gefühl des Immobilisierens und des möglichen Kontrollver-
lusts wieder auf. Also können weder Flora noch Paul so viel parasympathische Sicherheit und Entspannung erleben, wie sie für entspannte
beglückende Sexualität brauchen.

Kapitel 6.2.8 – Wie gelang Liebe und Paarbindung in Zeiten der Dominanz?

Wenn eine tiefe Entspannung tatsächlich geschähe, würden Flora
und Paul durch die Ähnlichkeit der Situation die alten schmerzlichen
Erfahrungen wiederaufrufen. Daraus würde eine sympathische Mobilisierung durch Vasopressin im Dienste der Furcht entstehen, nicht in
Sicherheit als sexuelle Lust. Die anhaltende Aktivität des sympathischen Systems hält sie in innerer Erregung. Sie sind diesen Zustand so
sehr gewöhnt, dass sie gar nicht mehr wissen, wie Entspanntheit und
parasympathische Dominanz sich anfühlt. Daher werden sie, äußerlich
vor allem Paul, innerlich aber auch Flora, in der Sexualität relativ angespannt und in Bewegung und Aktivität bleiben. Die Geschäftigkeit verhindert die nötige Entspannung für einen Orgasmus. Ihre Sexualität
wird kurz sein, damit nicht zu viel Entspannung und alte Erinnerungen
entstehen, und mit viel Aktivität.

Porges schreibt dazu sehr treffend: „so lange ich mich bewege, kann
ich nicht in Immobilisierungszustand und damit in altes Trauma verfallen, aber wenn ich mich ständig bewege, kann ich nicht zu anderen
Menschen in Kontakt treten. Ich kann keine Beziehung aufbauen und
genießen – und ich will aber eine Beziehung." (33)

Wenn Paul sich wirklich fallenließe, könnte es für ihn gefährlich
sein. Er würde sich hilflos ausgeliefert fühlen. Also muss sein Sex sehr
schnell sein, weil er dann nur sehr kurz immobil ist, sich wenig abhängig fühlt und wenig alte Assoziationen auslöst. Gleichzeitig schießt viel
Testosteron sowie das Vasopressin der konditionierten Furchtreaktion
ein. Daher schlägt seine sympathische Erregung eventuell schnell in
Aggressivität um, denn Paul hat nicht gelernt, sich unter einer hohen
sympathischen Erregung und Testosteron friedlich lustvoll hinzugeben.
Hormone wie Adrenalin, die das sympathische Nervensystem aktivie-

ren und zur Kampf-Flucht-Reaktion führen, hemmen die sexuelle Erregung. Es geht kein Sex, wenn innere Alarmglocken an sind. (34) In einem hoch erregten Zustand wird kein Oxytocin ausgeschüttet. Also kann Paul nicht die liebes- und vertrauensfördernden Hormone genießen. Unter solchen Bedingungen ist kein Bindungsaufbau möglich. Paul kommt wahrscheinlich trotzdem wenigstens noch zu einem kurzen schnellen Orgasmus.

Für Flora, ist dies nicht möglich. Ihre kulturellen Prägungen durch die frühen negativen Erfahrungen führen dazu, dass Flora kaum eine Chance hat, ihre Lustfähigkeit kennenzulernen und einen Orgasmus zu erfahren. Flora hat ihr Begehren, das auch bei Frauen von Testosteron vermittelt wird, kaum kennengelernt. Bereits als kleines Baby und Kind hat sie gelernt, ihre Wünsche nicht wahrzunehmen. Sie hat nicht gelernt, zu explorieren und lustvoll aggressiv auf die Welt zuzugehen. Diese neuronalen Netze für die Testosteronfunktionen hat sie nicht benutzt und demzufolge nicht ausgebaut. Flora hat genauso Angst vor Nähe. Aber anders als Paul, der trotzdem Sexualität will, verspürt sie dann keine Lust. Sie ist gewöhnt und gezwungen, sich anzupassen. Aber sie ist dissoziiert oder wartet, dass es vorbei ist, wie es in der Vergangenheit ganz und gar üblich bei Frauen war. Flora selbst hat mit ihren frühen Erfahrungen gelernt, jede Motivation sehr früh abzuschalten und sich um jeden Preis anzupassen, wie es Rolle der Frauen war. Daher „erträgt sie es", „die Männer wollen eben". Flora selbst ist auch nicht in der Lage, sich ausreichend zu entspannen, so dass sie wenig eigenes Begehren und Verlangen nach Sexualität spürt.

Den jungen Erwachsenen fehlen wie bereits im ganzen vorherigen Leben die nötigen neuronalen Vernetzungen für genügend Oxytocin für eine stabile Paarbindung sowie für genügend Östrogen der Fürsorge.

Anstelle dessen haben junge Männer sehr viel Testosteron erfahrungsabhängig gebahnt, das er sozial ungeregelt und dominatorisch als sein Recht auf Sex in die Beziehung einbringt.

Ihnen fehlen die gemeinsamen verbindenden Erlebnisse liebevoller, befriedigender Sexualität für eine tiefe dauerhafte Bindung und Paarliebe. Daher entwickeln Männer keinen Beschützerinstinkt für diese Frau und ihre Kinder. Frauen sind oft in ihrer Fürsorgefähigkeit beeinträchtigt.

Kapitel 6.2.9 – Wie wurde Mutterschaft kulturell beeinflusst?

Säuger brauchen Nähe und müssen einander beschützen. Sie müssen viel mehr als einfachere Lebewesen einschätzen, ob sozialer Kontakt sicher möglich ist und ob eine Umgebungssituation sicher ist. Denn ihre Nachkommen benötigen nach der Geburt sehr lange die Pflege ihrer Mütter. Sie sind auf lebenslange soziale Interaktion angewiesen.

Diese Funktionen, vor allem elterliches Verhalten, können sie nur im Kontext von Sicherheit ausüben. Es braucht Sicherheit, wenn eine Katze ihren Jungen das Jagen einer Maus zeigt oder wenn Äffinnen den jungen Weibchen zeigen, wie sie mit den Babys umgehen. Es braucht Sicherheit, wenn wir als Menschen schwanger sind oder gebären wollen, wenn wir ein Baby stillen oder es schlafen legen. Alle diese Handlungen erfordern das Abschalten von Aggressions- oder Fluchtimpulsen mit Hilfe des säugetierspezifischen Vagus bei Sicherheit.

Der Geburtsprozess muss ungestört für die Mutter ablaufen, damit sie in eine parasympathisch dominierte Entspannung gelangen und sich dem biologischen Ablauf der Geburt überlassen kann. Sonst kann es passieren, dass die Geburt zum Stillstand kommt. Um das Überleben zu sichern, kommt eine Geburt bzw. kommen Wehen zum Stillstand, wenn die Mutter sich nicht sicher fühlt oder Gefahr spürt. Dann wird das sympathische Kampf-Flucht-Verhalten mittels Adrenalin aktiviert und die Geburt bricht ab. Es ist ein Überlebensvorteil, die Geburt in solchen Momenten der Gefahr abbrechen zu können.

Der normale Geburtsablauf wird von Hirnstamm gesteuert und erfordert eine massive Drosselung der Großhirnaktivität hin zu parasympathischer Aktivität. Dementsprechend wichtig ist es, in dieser Phase nicht zu stören. In der Dominanzkultur erfolgten jedoch regelmäßige Störungen des Geburtsablaufes.

Es war eines der Erlebnisse, die für mich unvergesslich geblieben sind, als ich auf einer Veranstaltung M. Odent persönlich dazu vortragen hörte. Es schien mir zunächst unvorstellbar, dass es tatsächlich bewusste Störungen des Geburtsvorganges geben sollte und dass diese Einflussnahme umso größer ist, je kriegerischer ein Volk veranlagt ist. Dieses Wissen und die für mich daraus folgende Frage nach dem Warum und dem Woher dieser Bräuche hat mich seither beschäftigt und ist einer der Gründe für dieses Buch.

In Verbindung der Informationen aus seiner umfangreichen Datenbank und eigenen Reisen war es M. Odent möglich, die Gestaltung von Entbindung und Geburt in verschiedenen Kulturen zu vergleichen und gemeinsame Merkmale herauszuarbeiten. „Menschliche Kulturen stören die physiologischen Abläufe der Geburt, indem sie das für gebärende Säugetiere typische Bedürfnis nach Rückzug und Intimsphäre missachten. Sämtliche Säugetiere haben Strategien entwickelt, mit denen sie erreichen, dass sie sich beim Gebären nicht beobachtet fühlen. In vielen Gesellschaften versuchen Geburtsbegleiterinnen und – begleiter aktiv Einfluß auf die Wehen zu nehmen, indem sie den Unterleib der Schwangeren mit den Händen bearbeiten, ihn massieren oder sogar dagegenklopfen oder den Gebärmutterkanal manuell weiten. Auch in den ersten Kontakt zwischen Mutter und Kind greifen die meisten Kulturen störend ein. Die am weitesten verbreitete und findigste Methode besteht einfach darin, die Vorstellung zu propagieren, das Kolostrum, also die Vor- oder Erstmilch sei unrein, schade dem Kind oder sei sogar eine Substanz, die man aus der Brust herauspressen oder wegschütten müsse." (36)

Es wird bereits hier klar, wie wenig diese Praxis dem Baby ein friedliches Ankommen auf der Welt ermöglicht, zumal die Geburt an sich ja schon eine große Veränderung bedeutet. Odent fährt fort: „Das heißt, fast alle im 20. Jahrhundert von Anthropologen untersuchten Kulturen haben dieselbe grundlegende Überlebensstrategie gemeinsam, nämlich das Erlangen und Ausüben von Kontrolle über die Natur und über andere menschliche Kollektive. Für solche Gesellschaften ist es von Vorteil, die verschiedenen Aspekte von Liebesfähigkeit abzuschwächen und in einem engen Rahmen zu halten. Davon betroffen ist auch die Liebe zur Natur, also die Achtung vor „Mutter Erde". Die Beziehung zur Mutter und die Beziehung zu „Mutter Erde" scheinen zwei Aspekte desselben Phänomens zu sein." (37)

Solche Störungen geschehen auch, wenn während der Geburt durch Fragen und Kontrollen der Verstand der Gebärenden angesprochen wird, bzw. durch grelles Licht. Beides macht wach und führt zur Ausschüttung von Adrenalin, ebenso wie das Gefühl, beobachtet zu werden. (38) Neue Forschung belegt, dass der die Geburt (wie auch jeden anderen Teilaspekt sexuellen Geschehens) hemmende Teil aus dem Neocortex des Großhirns stammt, in dem die Adrenalinausschüttung angeregt wird. „Hier sind die Ursachen von Schwierigkeiten zu suchen, die für viele menschliche Gesellschaften typisch sind: von Blockaden des Geschlechtstriebes, von Geburtskomplikationen und von Schwierigkeiten beim Stillen." (39)

Bei einer Störung, wie sie üblich ist durch Untersuchungen, Licht, Ansprache oder bei mangelnder Sicherheit und mangelnder Zustandsregulationsfähigkeit der Mutter (erinnern wir uns an Floras frühe Not), tritt die Kampf-Flucht-Aktivierung ein. Mit dieser Notfallreaktion werden Adrenalin und ggf. Cortisol freigesetzt und das Großhirn schaltet auf Gefahrenabwehr und Lösungssuche um. Adrenalin verhindert den ungestörten physiologischen Ablauf der Geburt, es hemmt gleichzeitig die Freisetzung von Oxytocin. Die Ausschüttung von Oxytocin bei der Geburt lässt sich sehr einfach beenden oder verhindern durch Geschäftigkeit. (40)

Damit wird die Bindung zwischen Flora und ihrem Baby von Anbeginn an behindert, beiden fehlt das Gefühl von Sicherheit. Als Folge steigt der innere Stress und Cortisol wird ausgeschüttet, was beider Stress noch vermehrt. Bei solchen Praktiken kann die Mutter nicht das beruhigende Oxytocin freisetzen, von einer orgasmischen Erfahrung mit reicher Endorphinfreisetzung ganz zu schweigen. Zahlreiche Untersuchungen an Säugern belegen diese Aussagen experimentell. Eine Störung des Geburtsablaufs, indem Weibchen während der Wehen an einen anderen Ort in eine unvertraute Umgebung gebracht wurden, führte bei Mäusen dazu, dass die Wehen oft abbrachen. Es gab weitere Komplikationen, wenn sie in einen durchsichtigen, offenen Glaskäfig gebracht wurden. (41)

In den meisten Kulturen haben Frauen zwar versucht, sich vor der Anwesenheit Anderer bei der Geburt zu schützen, aber seit der Entwicklung der Medizin war das immer weniger möglich. Zur Männerdominanz wurde die Geburt mit der Medizin und der Entwertung der Hebamme. (42) Die Hebamme wurde noch in der Antike als „Einweiserin" ins Leben gesehen. Die Hebamme galt bis ins Mittelalter als weise Frau schlechthin. (43) Durch den Einfluss der Medizin haben der äußere Stress und Störungen durch die Anwesenheit Anderer stark zugenommen. Aber Stress, Gefahr und Unsicherheit wirken bei Säugern ansteckend auf Artgenossen. Wenn ein Gruppenmitglied eine Bedrohung wahrnimmt, teilen sich diese Prozesse sehr schnell über feine Warnsignale den Anderen mit. Auch bei Menschen ist es so, dass eine Frau nicht gebären kann, wenn Andere in der Nähe unter Adrenalin stehen. Sie kann nicht gebären, solange sie sich nicht sicher fühlt.

Ein weiteres Beispiel zeigt, wie eine Kultur die Gebärende und das Neugeborene systematisch unter Stress setzen, indem Männer über den Geburtsablauf die Kontrolle übernommen haben: Die Sioux stellen sich den idealen Mann als mutigen, aggressiven Krieger vor und die ideale Frau als seine Gattin. Um dieses Krieger-Ideal zu erreichen, unterbinden sie und wissen um die Zusammenhänge, jeden intimen Kontakt zwischen der Mutter und dem Neugeborenem und auch jeden Kontakt zur Erde. So können keine Sicherheitssiganle vom Vagus ausgehen. Es verhindert jede Form von Ankommen und Entspannen. Die Frau entbindet, indem Frau und Baby auf Decken geboren werden, während vier Krieger die Decke anheben und in die Luft halten. (44)

Weder Flora noch ihr Baby können bei einer gestörten Geburt ein Gefühl für Sicherheit entwickeln und ihre innere Notreaktion Kampf-Flucht mit sympathischer Übererregung regulieren und mildern. Es stellt sich keine Lösung in Floras Nervensystem ein, im Gegenteil, diese Situation wird sehr frühe Ängste in ihr wiederaufrufen. Auch der Milchfluss versiegt häufig, wenn eine Mutter wie Flora unter Stress, Angst und sympathischer Aktivierung steht.

Wie waren die Bedingungen für mütterliche Fürsorge?

Verschiedene Studien belegen die Wirksamkeit solcher frühen Störungen im Aufbau einer Bindung und in einer Beeinträchtigung der Fürsorgefähigkeit der Mütter. Bereits bei Ratten lässt sich eine frühe Bindungsphase zeigen, in der die Rattenmütter eine Bindung zu ihren Jungen aufbauen. Wird dieser Prozess bei der der Geburt gestört, bzw. wird das Lecken der Babys nach Geburt verhindert, führt das dazu, dass sie später kaum noch auf ihre Jungen ansprechen. Waren sie aber die ersten 4 bis 6 Stunden mit ihren Jungen zusammen, nahmen sie sie nach der Trennung unverändert wieder an. (45)

Auch bei Hamstern führte eine frühe Trennung von Mutter und Jungen zum Ausbleiben mütterlicher Verhaltensweisen. (46) Schafe prägen sich in weniger als 5 Minuten für immer den Geruch des Neugeborenen ein, (47) danach lässt das Muttertier nur noch ihr eigenes Jungen zum Säugen zu. Eine menschliche Mutter braucht mehr Zeit, sie wird in den ersten Stunden anfänglich lernen, ihr Kind am Geruch zu erkennen. Nach wenigen Tagen kann sie es mit 90 % Wahrscheinlichkeit am Geruch erkennen und auch seine Bewegungen prägen sich ihr ein. (48)

Weiterhin wurde der Einfluss von Ruhe und Fürsorge der Mutter auf ihre Nachkommen untersucht. Gestresste Mütter sind weniger fürsorglich und demzufolge entwickelt sich das kindliche weibliche Nervensystem auch unter Stresseinfluss mit Cortisol. Das hat zur Folge, dass diese dann als Mutter auch nicht die nötige Ruhe und Fürsorge findet. Auf diese Weise werden die Erfahrungen über fehlendes Fürsorgeverhalten von einer Generation an die nächste weitergegeben. (49) Junge Ziegen, deren Mütter Stress in der Schwangerschaft erlebt haben, sind leichter reizbarer, ängstlicher und unruhiger als normale Junge und auch mehr als die männlichen Jungen der gestressten Mütter. (50)

In Experimenten zeigte M. Meaney, dass Rattenweibchen Fürsorgeverhalten einer Pflegemutter übernehmen und so im Gehirn verankern, dass das Gehirn sich dauerhaft verändert in Abhängigkeit von der Menge an Fürsorge. Die Veränderung betrifft insbesondere die Amygdala-Anteile, die auf Oxytocin und Östrogen ansprechen. Sie wirken sich unmittelbar auf die Fürsorgefähigkeit dieser Weibchen für die nächste Generation aus. (51) Solche Erfahrungen können durch epigenetische Markierungen dafür sorgen, dass bestimmte Gene vermehrt produziert, weniger abgebaut oder aber auch nicht abgelesen werden, sie also abschalten (Kap.3.9.). Markierungen dieser Art beeinflussen z.B. die Synthese oder Bindungsfähigkeit der Rezeptoren von Neuromodulatoren. In Studien wurde gezeigt, dass solche epigenetischen Markierungen abhängig von der mütterlichen Fürsorge erfolgen und für eine intensivere Stressreaktion junger Ratten sorgten, die wenig Fürsorge von ihren Müttern erhielten.

Auch an Menschen konnte gezeigt werden, dass die Stärke der Mutter-Tochter-Bindung sich auf spätere Generationen überträgt. (52) Menschen mit geringer mütterlicher Fürsorge sind später gestresster, ängstlicher, überempfindlicher und unaufmerksamer. (53)

Darüber hinaus gab es noch weitere gezielte störende Eingriffe der Dominanzkultur in die frühe Mutter-Kind-Bindung: Odent untersuchte den Umgang mit dem Kolostrum, der Vormilch. Dabei handelt es sich um einen hochspeziellen Cocktail aus Milliarden von Antikörpern und Nährstoffen, die Neugeborene in ersten Tagen schützen. Er stellte die Frage: „Gibt es Gesellschaften, die so grausam sind, daß sie die Aufnahme dieser kostbaren Substanz verhindern oder sogar hinauszögern? ... Tatsächlich wurde in den meisten Zivilisationen, die von Historikern und Anthropologen untersucht worden sind, nach Machenschaften getrachtet, die dazu dienen, die Aufnahme von Kolostrum zu verhindern oder einzuschränken." (54)

Kapitel 6.2.10 – Wie gelang Vaterschaft?

Durch die Verhinderung tiefer Bindungen und der Wahrnehmung von Körperempfindungen überhaupt, wurden in der Dominanzkultur auch die väterlich fürsorglichen Gefühle nicht ausgebildet.

Hierarchie, Macht und Dominanz ließen bei den Männern der Kultur kaum gefühlsmäßige Regungen entstehen. Demzufolge fehlten den Männern Östrogen und Prolactin der elterlichen Liebesbindung. Gleichzeitig erfolgten häufig Ausschüttungen von Testosteron und Cortisol, auch das verhinderte väterlich fürsorgliche Gefühle. Das kulturelle Erziehungsziel war es, die nächste Generation wieder zu willenlosen Kriegern bzw. Müttern von Kriegern zu erziehen. Dafür wären tiefe gefühlmäßige Bindungen hinderlich gewesen.

Paul hat durch seine hohe Erregung die Schwierigkeiten im Deuten von Gesichtsausdrücken nicht ausgeglichen. Daher passieren ihm immer wieder Fehldeutungen im sozialen Bereich, z.B. mit Frauen und Kindern. Er fühlt sich sofort angegriffen und seine Kampf-Flucht-Reaktion springt an, so dass insbesondere seine Kinder seiner Aggressivität ausgesetzt sind.

Was lässt sich daraus schlussfolgern?

Die Dominanzkultur hat sich in allen Bereichen von den Notwendigkeiten der biologischen Evolution und dem biologischen Liebescode abgekehrt.

Sie verhindert systematisch die Wahrnehmung der Körperempfindungen und –gefühle als Grundlage für Annäherungs- oder Vermeidungsverhalten. Die Menschen waren und sind nicht in der Lage, ein positives Bild von der Welt und von anderen Menschen zu verinnerlichen und sich auf dieser Grundlage mit anderen gemeinsam sicher zu fühlen und Sicherheit ko- zu regulieren.

Ebenso wenig sind sie in der Lage, ihren inneren Erregungszustand im Sinne von Erholung und Regeneration und für die menschlichen sozialen Funktionen ausreichend zu regulieren. Sie können keine tiefen sozialen Bindungen, geschweige denn Paarliebe und elterliche Bindungen herstellen. Ihre eigene geschlechtliche Identität und die des Partners sind negativ und scham- und angstbesetzt sowie von einer offenen bis versteckten männlichen Dominanz gekennzeichnet.

Diese Kultur hat systematisch den Liebescode außer Kraft gesetzt.

Kapitel 6.3 – Vom Lieben zum Töten?

Als unsere Vorfahren um 45 000 v.u.Z. Europa erreichten, hatten sie bereits ihre hoch entwickelte partnerschaftliche Kultur, wie die Funde aus Europa und Kleinasien zeigen.

Wie also konnten solche grausamen Stämme wie die Kurgankrieger entstehen?

Diese Frage lässt sich nicht abschließend und mit Sicherheit beantworten, weil uns genaues Wissen fehlt. Aufgrund dessen, was wir bis hierher zur Funktionsweise unseres Nervensystems besprochen haben, lassen sich jedoch einige fundierte Vermutungen anstellen. Diese Vermutungen werden im Folgenden dargestellt.

Wir wissen, dass die Kurganvölker aus nordöstlich des Schwarzen Meeres gelegenen Regionen stammten. (1) Je weiter im Norden sie lebten, desto schlechtere klimatische Bedingungen fanden sie für ihr Überleben vor. Sie lebten in kälteren, unwirtlicheren, trockenen und dünn besiedelten peripheren Gebieten des Nordens, wie z.B. in Sibirien. Dort herrschte Kälte, Dauerfrost im Boden und Dunkelheit im Winter vor. Weite Gebiete wurden überhaupt erst mit dem Ende der Eiszeit besiedelbar. Ackerbau war nicht möglich. Unter solchen Klimabedingungen findet sich aber nur ein spärlicher Pflanzenwuchs innerhalb einer sehr kurzen Vegetationsperiode. Ebenso ist der Tierbestand nicht sehr reichlich, denn auch Tiere finden dann nur begrenzt Nahrung.

Daher konnten die Menschen sich hauptsächlich nur als Hirten vom Weiden ihrer Tiere bzw. durch die Jagd ernähren. Das Klima war am Ende der Eiszeit noch unwirtlicher als heute. Solche Bedingungen waren für die Menschen, die an das Klima in Afrika im Verlauf der Evolution angepasst waren, mit hohem Stress verbunden. Vermutlich gab es oft ausgeprägte Hungerperioden z.B. im Winter und vermutlich immer wieder tote Kinder durch Verhungern bzw. auch durch Erfrieren. Kinder hungern oder gar sterben zu sehen, ist emotionaler Hochstress für Mütter.

Wie wir wissen, können Frauen nicht gut unter Stress stillen und fürsorglich für ihre Kinder sorgen. Unter solcher existenzieller Bedrohung konnten die Mitglieder dieser Stämme überleben, aber mit einem sehr hohen Stressniveau. Wie wir wissen, steigt unter fortgesetztem Stress die Aggressivität in Gruppen stark an durch die hohe Ausschüttung von Cortisol und Vasopressin, bei Männern auch Testosteron, bei gleichzeitigem Fehlen von Oxytocin, Opioiden und Serotonin.

Stress, Gefahr und Unsicherheit wirkt bei Säugern ansteckend auf die Artgenossen. Wenn ein Gruppenmitglied eine Bedrohung wahrnimmt, teilen sich diese Prozesse sehr schnell über feine Warnsignale den Anderen mit, genauso auch bei Menschen. Und das Leben war unter solchen Bedingungen fortwährend bedroht. Das führte zu einem anhaltend hohen Stressniveau bei allen Mitgliedern der Kultur mit weitreichenden Folgen.

In Experimenten mit Elektroschocks an Ratten, Katzen und Hunden wurde gezeigt, dass diese Tiere krank wurden, wenn sie dem Stress hilflos ausgeliefert waren, nicht aber, wenn sie Gelegenheit bekamen, ein anderes Tier in ihrem Käfig angreifen zu können. (2) Unter hohem Stress versucht ein biologischer Organismus unbedingt seine Spannung und Panik abzuführen, um wieder sein inneres Gleichgewicht herzustellen. Das erfolgt durch die Kampf-Reaktion, die dann auch zu Gewalt gegenüber Artgenossen führt.

Ein weiteres Experiment mit Krallenaffen in Gefangenschaft bestätigt das. Forscher ließen in den Käfigen Tag und Nacht das Licht an. Das stellt ebenfalls eine Folter dar, weil es den Schlaf stört und unter Dauerlicht eine Daueraktivierung des sympathischen Notfallsystems über Adrenalin und Cortisol erfolgt. Unter einer solchen hohen Erregung mit Cortisol geschehen Fehler in der Signalinterpretation. Dann werden neutrale Reize als negativ gedeutet und aggressiv beantwortet bei Männern. Bei Frauen wird die Fürsorge für ihre Jungen verhindert.

Genau das geschah im Experiment mit den Krallenaffen. Alle Gruppenmitglieder hatten eine „unwahrscheinliche Nervosität und ein gefährliches Bedürfnis nach Geschäftigkeit". Sobald ein Junges da war, konnten sie dessen Anwesenheit offensichtlich nicht einordnen. Manche fingen an, die Plazenta zu fressen und Andere auch ein oder zwei Babys. (3)

Unter dem hohen Stress, dem die Kurganstämme in ihren ungünstigen Lebensbedingungen ausgesetzt waren, wird sich ein ähnlicher Prozess der zunehmenden Aggressivität bei gleichzeitigem Verlust der Fürsorgefähigkeit der Mütter abgespielt haben. Frauen sind unter Stress nicht fürsorgefähig. Sie verlieren die Fähigkeit dazu über epigenetische Markierrungen in relativ wenigen Generationen.

In Experimenten mit Rhesusaffenweibchen und ihren Jungen wurden zwei verschiedenen Umgebungen zur Verfügung gestellt: Eine davon mit einer unberechenbare Menge an Futter, manchmal viel und manchmal wenig sowie einer zweiten Umgebung mit einer kargen, aber regelmäßigen Versorgung. Die Ergebnisse zeigten deutlich, dass das unberechenbare Angebot der Umwelt den größten Stress auslöst, weil es das Bedürfnis des Nervensystems nach Sicherheit und Gleichgewicht verletzt. Als Folge wurden diese Jungen wurden am schlechtesten versorgt, sie mussten Misshandlungen und aggressive Angriffe ihrer Mütter erdulden. Es kam zu einer verstärkten Ausschüttung von Cortisol bei Müttern und Jungen sowie zu deutlich erniedrigten Oxytocinspiegeln verglichen mit der anderen Gruppe und Artgenossen in der Natur.

In ganz ähnlicher Weise wird die Aufzucht der Jungen bei den Kurganstämmen unsicher, ungeschützt und ungeborgen gewesen sein, was wiederum die Aggressivität Aller erhöhte. Unter Stress wird kein Oxytocin mehr ausgeschüttet, also entsteht keine Liebe im Paar, weniger Bindung der Mütter an die Babys und gleichzeitig steigt auch die Aggressivität der Männer. In vielen Untersuchungen wurde ein Zusammenhang zwischen desorganisierten Bindungsmustern und einer späteren Neigung zu Gewalttätigkeit belegt. Stress verhindert das Gefühl von Sicherheit und damit Erholung. Er erhöht Fehlinterpretationen sozialer Signale und das Gefahrenempfinden.

Insbesondere Männer fühlen sich dann leicht herausgefordert und reagieren aggressiv. Stress macht sie aggressiv gegen eigene Angehörige und erhöht die Konkurrenz unter Männern. Stress, Unsicherheit und Hunger verstärken den Drang nach äußerer Kontrolle durch Überlegenheit und Macht. Das ersetzt jedoch nicht die wirkliche Zufriedenheit der Bindung. Wenn Oxytocin fehlt, entsteht kein Vertrauen in Andere, in das Leben, in die Zukunft.

Die Frauen konnten unter den damaligen klimatischen Bedingungen nicht ausreichend Nahrung für ihre Kinder sammeln, da zu wenig Pflanzennahrung zur Verfügung stand. Damit konnten sie nicht selbständig und unabhängig von den Männern für ihren Nachwuchs aufkommen. Sie waren auf die Jagdausbeute bzw. die Tiere der Weideplätze angewiesen, die die Männer heimbrachten.

Das mag zur Abhängigkeit von den Männern und zu deren Dominanz beigetragen haben. Dabei konnten Kälte oder Dürre jederzeit die ganze Herde in kürzester Zeit vernichten. Sicherlich gab es auch Bedrohungen durch Raubtiere oder Kämpfe um Jagdbeute. Das erklärt die große Bedeutung von Besitz, denn an den Besitz der Herde war das Überleben gekoppelt. Daraus mag sich die Verherrlichung und Anhäufung von Besitz und die Macht derjenigen entwickelt haben, der die größte Herde hatte bzw. am meisten erbeutete. Außerdem wird das Töten der Jagdbeute und der Weidetiere zum Verherrlichen des Tötens beigetragen haben, weil damit Nahrung zur Verfügung gestellt werden konnte.

Das könnten Ursachen für die Gewalttätigkeit und Grausamkeit, aber auch für die männliche Dominanz der Kurganvölker sein. Neben dem hohen Stress wurde dadurch die Aggressivität der Männer von positiv aggressiv im Sinne von Leben schützen und verteidigen zu einer negativen Ausrichtung im Sinne von Leben nehmen berändert. Die Nahrungsbeschaffung durch Jagd oder Weide war lebensrettend für den Stamm und wurden daher positiv bewertet im sozialen Verband. Möglicherweise wurde daraus Aggressivität mit Töten, Überwältigen, Siegen, Leben nehmen verbunden und hoch bewertet.

Da Menschen über Sprache und Kultur bestimmte Interpretationen vornehmen und sie bewerten können, ist dabei vielleicht eine kulturelle Verehrung des Tötens entstanden und weiter als Tradition entwickelt worden. Allmählich wurde diese Ansicht zum Todesgott transformiert und als das wichtigste Prinzip angesehen. Damit verbunden wurden die

Männer, die gewalttätig waren und Leben nahmen, zu den Herrschern über die Umwelt und über Frauen und Kinder.

Eisler beschreibt die Kurgankultur wie folgt: „Die entscheidende durchgängige Eigenschaft war ein dominatorisches Modell der gesellschaftlichen Organisation: ein soziales System, in dem Männerherrschaft, Männergewalt und eine generell hierarchische und autoritäre Sozialstruktur die Norm waren" (4)

Von der Jagd zum Krieg, vom Töten von Tieren zum Töten von Menschen?

Am Anfang haben die Stämme vielleicht aus der eigenen Not heraus andere Stämme in der Konkurrenz um Nahrung überfallen. Vermutlich war es aus ihrer Sicht bewundernswert oder gottgleich, wenn dadurch plötzlich und leicht reichlich Nahrung da war.

Eine biologische oder kulturelle Weiterentwicklung ist jedoch nicht möglich, wenn eine Kultur laufend kämpft, wenn keine Ruhe und Fürsorge für die Jungen herrscht und das allgemeine Stresslevel sehr hoch ist. Deshalb sind die Stämme auch nicht zu einer nur annähernd so hohen Kultur gekommen, wie die neolithische es war.

Dementsprechend wertvoll muss es für sie gewesen sein, durch Krieg und Beute in den Genuss von Gütern gekommen zu sein, die das Leben leichter und besser machen. So wird das Aneignen zu einer wertvollen Tätigkeit und kulturell auf die Aneignung anderer Güter und Menschen übertragen. Damit wuchs dem Mythos noch mehr Macht zu.

Wurde so die Gier mit Dopamin und Wiederholungszwang als Ersatz anstelle von verlorener Bindungsfähigkeit mit Zufriedenheit aus Oxytocin kulturell tradiert?

Durch eine sprachliche Kopplung mit den entsprechenden Mythen hat die Kultur die Biologie so weit überlagert, dass reale biologische Bedürfnisse nach Liebe und Bindung nicht mehr gespürt werden konnten.

Damit ist das Entstehen dieser Kriegerstämme gut als Ergebnis einer kulturellen Überformung der biosozialen Prozesse durch die kulturelle Evolution in Form von Mythen und Religion vorstellbar. Solche Einflüsse auf die biologische Evolution sind nur dem Menschen möglich, denn nur bei Menschen hat das limbisches System eine Verbindung ins

Großhirn, so dass übergeordneten limbische Zentren mit Einstellungen und Bewertungen der Kultur biosoziale Prozesse verändern können.

Was lässt sich daraus schlussfolgern?
Nur Menschen sind in der Lage, den Sinn der biologischen Evolution von Fürsorge, Liebe, Kooperation und Schutz des Lebens durch Feindschaft, Macht, Dominanz und Töten zu ersetzen. Damit begann die Dominanz männlichen Prinzips der Aggression über das weibliche Prinzip von Liebe und Fürsorge, wahrscheinlich auch die Dominanz der Männer über die Frauen, weil stressbedingt zu wenig Oxytocin und Bindung in der Kultur waren.

Nach neuen Erkenntnissen werden solche Veränderungen in den neuromodulatorischen Systemen epigenetisch an die nächsten Generationen vererbt, was wiederum zur Stabilisierung dieser Verhaltensweisen

Kapitel 6.4 – Wie steht es um den Liebescode in der Dominanz-kultur?

Kapitel 6.4.1 – Welche Rolle hatten Frauen?

Mit dem Übergang zur Dominanzkultur wurden sämtliche frühere Traditionen der Muttergöttin, aber auch die dazugehörigen Denkwesen und religiösen Traditionen ausgelöscht.

Allmählich betraf das alles, was Weiblichkeit charakterisierte, insbesondere aber die gleichberechtigte partnerschaftliche Lebensweise sowie die Liebes- und Bindungsfähigkeit in der alten Kultur.

Etabliert wurde anstelle dessen eine Kriegergesellschaft mit dem Ziel, alle Männer zu Kriegern zu machen (Kapitel 6.1). Frauen wurden entmachtet und bekämpft, weil sonst die leiblichen Regungen, Gefühle und Bindungen immer wieder die Kultur zugunsten der Mutterlinien bewegt hätten.

Dabei wurde die Rolle der Frauen zur sozialen Weiterentwicklung aufgehoben. Fürsorge wurde unterdrückt und Bindung systematisch gestört, obgleich dadurch schlechtere Bedingungen für die lange menschliche Kindheit herrschten. Es kam zu Nahrungsmangel, Kriegen und Verelendung vieler Familien. Frauen wurden zu Gehorsam und Willfährigkeit im Sinne der Kultur erzogen, um die Normen der Kultur zu erfüllen und die brutalen kulturellen Ideale von Erziehung umzusetzen. Frauen konnten unter solchen Bedingungen, die mit hohem inneren Stress verbunden waren, nicht mehr auf ihr inneres Gefühl und ihr Einfühlungsvermögen für die Bedürfnisse von Babys vertrauen. So wurden die kulturellen Forderungen an die nächste Generation weitergegeben. Da ihre Bindungsfähigkeit behindert wurde, und sie gelernt hatten, eigene Gefühle abzuspalten, ließen sie ihre Söhne in die Kriege ziehen.

„Die einzigen Menschengruppen, von denen seit ein paar Jahrtausenden noch Nachkommen auf unserem Planeten existieren, sind die, die es verstanden haben, die menschliche Kapazität zur effektivsten Zerstörung des Lebens zu kultivieren. Sie sind diejenigen, die die besten Mittel zur Verfügung hatten, um dieses Ziel zu erreichen. Der wirksamste Weg, den Menschen zu einer Art Superraubtier zu machen, liegt darin, die Beziehung zwischen Mutter und ihrem Neugeborenen zu stören. ... ist tatsächlich nur eines von vielen Beispielen für das Potential des kultivierten Menschen, sich gegenüber Neugeborenen grausam zu zeigen und in die Beziehung des Babys zu seiner Mutter einzugreifen." (1)

Kapitel 6.4.2 – Wie gelag Konfliktvermeidung und Stressregulation?

Mit der kulturellen Abwertung und Störung von Bindungs- und Liebesfähigkeit bei gleichzeitig hohem Stress wurden auch die sozialen Leistungen der Konfliktreduktion und der Versöhnung abgewertet. Die lange Entwicklung der friedlichen sozialen Regulation innerhalb der Evolution wurde innerhalb einer sehr kurzen Zeit beendet und kulturell nicht mehr weitergegeben. Die Fähigkeit zur Konstruktion von Realität über Sprache hat das dem Menschen möglich gemacht.

Ersetzt wurden die Traditionen durch Konkurrenz, Dominanz und Macht als kulturell hoch angesehene Werte. Sie waren verbunden mit der entsprechenden Aggression sowie hoher innerer Unsicherheit und erheblichem Stress. Das führte zu häufigen Konflikten, Kriegen und hoher Sterblichkeit. Die soziale Signalinterpretation wurde nicht mehr geübt, so dass Fehldeutungen zusätzlich Konflikte verschärften. Den Menschen fehlte die nötige innere Sicherheit für die Oxytocinausschüttung als Voraussetzung für tiefe Bindungen.

Die Unsicherheit in der Gesellschaft und geltende Erziehungspraktiken führten zu einer übermäßigen Ausschüttung von Testosteron bei
den Männern. Auf diese Weise kam es zur Auslöschung der gesamten
Partnerschaftskultur auf brutalste Art und Weise.

Eine Kultur mit einem derartig hohen Stressniveau ohne Möglichkeiten zur Gegenregulation gefährdet das innere Gleichgewicht und die
Gesundheit ihrer Mitglieder. Sie verhindert soziale Weiterentwicklung
und kann langfristig innerhalb der Evolution nicht überleben. Paarliebe,
gemeinsame Elternschaft, Kooperation, Liebe und Sexualität sowie
Konfliktvermeidung - alle Fähigkeiten der hochentwickelten Partnerschaftskultur wurden abgewertet und gingen verloren.

Kapitel 6.4.3 – Von Frauen, die teilen und sich mitteilen

Die Dominanzkultur entwickelte sich von einer Kultur, in der Frau-
en teilen zu einer Kultur, in der Männer Macht und Besitz horteten. Das
Oxytocin des Teilens wurde ersetzt durch Testosteron und Dopamin
der erfolgreichen Aggression. Formen von Kooperation und Stressreduzierung wurden entwertet.

Im Verlauf der Evolution ist Kooperation vor allem mit dem Teilen
und dem Abgleich über Sprache als Leistung von Frauen entstanden.
Diese Fähigkeiten wurden nicht mehr kulturell wertgeschätzt. Sprache
wurde dann aber dazu benutzt, die neue Ordnung als gottgegeben fest-
zuschreiben. Nur dem Menschen ist es möglich, bestimmte willentliche
Entscheidungen über sprachliche Kopplungen zur Realität zu gestalten,
auch wenn sie den biologischen Erfordernissen entgegengesetzt sind.

Kapitel 6.4.4 – Kooperation, weil es sich gut anfühlt?

Aus einer freiwilligen Kooperation, die sich gut anfühlte und durch
Oxytocin sozial belohnt war, wurde Kooperation, die auf Dominanz
beruhte, Kooperation aus Angst bei den Unterlegenen oder aus dem
Gefühl erfolgreicher Aggression bei den Überlegenen. Mit der Verhinderung von Bindung und mit der gezielten Abspaltung der Körperempfindungen zugunsten von Vernunft standen die beglückenden Empfindungen von Oxytocin, Serotonin, endogenen Opioiden nicht mehr als
handlungsleitend zur Verfügung. Sie wurden ersetzt durch Regeln des
Verstandes, wonach Status und Dominanz wichtig sind anstelle von
Wohlfühlen und Bindung.

Kapitel 6.4.5 – Evolutionsvorteil der fürsorglichen Männer?

Mit dem Übergang zur Dominanzkultur wurde Männlichkeit nicht mehr mit Fürsorge verbunden, sondern Fürsorge und Gefühle als „weibisch" abgewertet. Stattdessen herrschte das Bild des männlichen Kriegers vor. Diese Kriegeridentität diente dazu, angstfrei und todesbereit für die Macht zu kämpfen. Es war gewünscht, furchtlose Krieger zu erziehen, die in den Tod ziehen (Kapitel 6.2).

Die Männer sollten ihre Gefühle abspalten und innerlich frei werden für eine Identität, die es ermöglichte, ohne Frau und Familie als Soldat zu leben. Das Modell von der Welt war davon geprägt, immer zu gewinnen. Das ist das aggressive Dominanzmodell, auf dem immer noch die gesamte Kultur beruht. Es stellt jedoch keinen Vorteil in der Evolution dar. Kurzfristige Überlegenheit stellt langfristig das gesamte Überleben der Menschheit und der Umwelt infrage.

Kapitel 6.4.6 – Sexualität als soziale und kulturelle Funktion?

Gleichberechtigte sexuelle Liebe und Paarbindung haben Frauen und Männer nicht erleben können. Dafür fehlten ihnen jegliche Rollenvorbilder.

Das Bild, welches sie jeweils vom anderen Geschlecht hatten, beruhte auf Dominanz und Unterordnung. Es entspricht in keiner Weise der biologischen Evolution, die zu Paarbindung und eng in Liebe verbundenem sozialen Leben und zu Kooperation und gemeinsamer Sorge für die Nachkommen geführt hat. Gefühle, Liebe und Bindung, wie sie die Frauen als typische Werte vertreten, sind allgemein abgewertet und passen nicht in das Bild des Mannes und Kriegers der Dominanzkultur. So entsteht eine hohe Testosteron- und Cortisoldominanz mit gleichzeitig verringerten Oxytocin, Östrogen und Serotonin.

Kapitel 6.4.7 – Gemeinsame Elternschaft?

Gemeinsame Elternschaft war unter diesen Bedingungen nicht möglich und nicht im Sinne der kulturellen Traditionen. Väter waren für die Weitergabe der kulturellen Regeln insbesondere an ältere Jungen verantwortlich, nicht jedoch für Bindung und nicht für eine gemeinsame Ko-Regulation zwischen Mutter und Vater als Paar. Mütter waren für die Erziehung allein zuständig.

Durch ihre selbst gestörte Bindungsfähigkeit waren sie nur teilweise fähig, eine Bindung zu ihren Kindern auszubauen. Sie gaben die kulturellen Regeln an die nächste Generation weiter.

Was lässt sich daraus schlussfolgern?
Zusammenfassend können wir feststellen, dass diese Kultur die biologischen Notwendigkeiten des Liebescodes in keiner Weise berücksichtigt und unterstützt hat.

Durch die kulturbedingte Entwertung aller weiblichen Werte ist die gesamte Gesellschaft von einem Mangel an Oxytocin, Dopamin, Serotonin und endogenen Opioiden gekennzeichnet.

Die kulturellen Bedingungen sind für die Fürsorgeunfähigkeit der Mütter verantwortlich und sie ist beabsichtigt. Nur dann kann die Gesellschaft ihre jungen Mitglieder so formen, wie sie sie braucht und nur dann kommt diese Kultur ins Gehirn.

Diese bewusste Entfernung von den körperlichen Empfindungen der Liebe und Bindung, aber auch das Übergehen warnender Angst machte die Menschen willfährig und von verstandesbedingten kulturellen Regeln abhängig. Das war das Ziel der Dominanzkultur. Es war nicht möglich, befriedigende geschlechtliche Identitäten zu entwickeln, auf Grundlage derer sie hätten tragfähige soziale Bindungen für Kooperation, Fürsorge, Paarliebe und Elternschaft aufbauen können und Aggressivität bzw. Stress niedrig halten.

Damit ist die Dominanz-Gesellschaft ganz offensichtlich vollständig entgegengesetzt zur Richtung der Evolution mit ihrer Unterdrückung von Wohlbefinden, Sicherheit, Kooperation und Bindung. Durch die kulturelle Überbewertung der destruktiven Eigenschaften einzelner Männer erfolgt eine absolute Dominanz von körperlicher Macht bei gleichzeitiger Herabwürdigung positiver sozial wirksamer Eigenschaften. Das führt zum Ergebnis einer kurzfristigen Überlegenheit gegenüber friedfertigeren Kulturen bei Vernichtung der über Millionen Jahre entstandenen Systeme zum Arterhalt.

Unter solchen Bedingungen kann eine Kultur nicht langfristig überleben. Zwei Weltkriege haben das eindrücklich gezeigt.

Die Wirkungen dieser Kultur spüren wir bis in die heutige Zeit. Davon handeln die nächsten Kapitel.

Kapitel 7 – Welche Kultur haben wir heute?

Fürsorge, Liebe und Kooperation haben das Entstehen und Überleben der Menschheit als biologische Art erst ermöglicht. Die gegenwärtige Entwicklung gefährdet jedoch sowohl die Umwelt las auch das weitere Fortbestehen unserer Art.

Welche Werte, Traditionen und Glaubensvorstellungen bestimmen derzeit die kulturelle Evolution?
Mit welchen Ergebnissen für unsere Art?
Derzeit – das meint die Zeit seit Ende des 2. Weltkrieges, innerhalb derer sich sehr große Veränderungen ergeben haben. Innerhalb von zwei bis drei Generationen haben sich die Lebensverhältnisse stark verändert. Wie bereits kurz dargestellt, haben wir einen neuen Mythos: der Markt löst Gott ab. Kapitalismus und soziale Marktwirtschaft haben einen neuen Glauben an Wachstum hervorgebracht. Dem wird alles untergeordnet, alle sozialen Beziehungen und Familienbande.

Infolge der langen Zeit der Dominanzkultur mit der Entfremdung von Gefühlen und Körpersignalen haben die Menschen den Kontakt zu ihren inneren Erfahrungen als Entscheidungsgrundlagen verloren. Sie sind immer weniger zu tiefen Bindungen auf der Basis von Sicherheit und Oxytocin fähig. Bis vor kurzem haben äußere Bindungsfaktoren einen gewissen sicherheitsstiftenden Rahmen gegeben. Wenigstens schufen die sprachlich im kognitiven Erfahrungsgedächtnis eingespeicherten Traditionen etwas Sicherheit, Zugehörigkeit und damit Halt sowie bei ihrer Befolgung eine Belohnung. Das waren Regeln und Moral von Kirche und Vaterland sowie der Halt der Familienbande mit ihren Regeln.

Die Kooperation in größeren als den natürlichen Sozialverbänden war erfolgreich möglich, solange die Traditionen, Geschichten und Glaubensvorstellungen eine gewisse emotionale Kraft und Belohnungsanteile hatten und solange die Menschen im konkreten Alltag trotzdem in überschaubaren und stabilen Sozialverbänden lebten. Zwar ermöglichten diese Faktoren nicht das Erleben gelungener liebevoller Bindungen mit der tiefen Zufriedenheit, die durch die Oxytocinausschüttung erfolgt, aber sie haben das Loch zumindest gestopft. Zwar

waren das nur verbale Repräsentationen, aber sie hatten wenigstens
einen gewissen emotionalen Gehalt und gaben Handlungssicherheit,
mit dem sie im kortikalen Teil des emotionalen Erfahrungsgedächtnisses als „suchen" abgespeichert wurden. Sie gaben wenigstens etwas
Halt und Orientierung, wenn schon die engen emotionalen Bindungen
und die gegenseitige Regulation von Sicherheit nicht ausreichend kör-
perlich-emotional erfahrbar waren.

Was hat sich in den letzten 70 Jahren verändert?
Ab 1945 wurden die Gesellschaften in Europa neu geordnet und
überall westliche Demokratien bzw. kommunistische Gesellschaften
aufgebaut. Unter dem Eindruck des Krieges strebten die Nationen endlich nach friedlichen Lösungen und bemühten sich, Konflikte mit Ver-
handlungen zu beenden. Insbesondere in den 70er Jahren mit dem Ende
des Kalten Krieges begann eine gesellschaftliche Entspannung, verbunden mit sozialer Sicherheit und äußerem Frieden in Europa.

Im Zuge der weiteren Liberalisierung und Individualisierung, aber
auch als Folge der Kriege, verloren Werte wie Nation, Ehre und Kirche, aber auch viele feste Regeln und Moralvorstellungen immer mehr
an Bedeutung. Diese Zeit war durch äußere Sicherheit und zunehmenden Wohlstand der breiten Bevölkerung gekennzeichnet. Die Arbeits-
zeiten verkürzten sich, Samstag wurde arbeits- und schulfrei, TV, Auto
und Kühlschrank hielten Einzug. Der neue Wert der Gesellschaft wurde
Geld. Geld ist der verbindende Mythos der Sozialen Marktwirtschaft.
Neben Geld wurde Status der zweite neue Mythos.

Dennoch stieg in den letzten 50 Jahren die Zufriedenheit der Bevölkerung nicht gleich stark, wie der Lebensstandard. Mit dem wachsenden Wohlstand wuchsen die Vereinzelung und das Tempo der Gesellschaft. Gleichzeitig verringerten sich immer mehr die wirklich haltge-
benden Werte. Geld und Status ersetzen nicht die emotionale Bindung.
Beim Erwirtschaften von Geld und Status wird zwar Dopamin als Be-
lohnungsstoff ausgeschüttet, so dass wir das immer wieder wollen, aber
kein bindungsstiftendes zufrieden machendes Oxytocin. Es entsteht
keine Zufriedenheit und keine Orientierung, kein emotionaler Halt, wie
durch die Traditionen und Glaubenssysteme der Zeit davor.

Geld und Staus bleiben leere Ersatzbefriedigungen. Damit gewannen die Menschen Demokratie und Wohlstand, verloren aber ihre we-

nigstens teilweise emotional befriedigenden Mythen und Sicherheit schaffenden Zugehörigkeiten. Allmählich ging jegliche Bindung verloren. Wenn die alten Bindungen auch sehr einengend waren, stellten sie doch die letzten noch verbliebenen Bindungen dar, nachdem die biologischen emotionalen Bindungen immer weiter zerstört worden waren.

Zusätzlich begannen in den letzten 20 bis 30 Jahren verstärkt die Prozesse der Globalisierung, die eine noch größere Unüberschaubarkeit der gesellschaftlichen, politischen und wirtschaftlichen Zusammenhänge mit sich brachten. Dieser letzte Bindungsverlust hat bei vielen Menschen einen starken unbewussten Stress ausgelöst. Mit der zunehmenden äußeren Sicherheit, der Abwesenheit von Kriegen und Gewalt, mit der Liberalisierung des Lebens ging gleichzeitig und weitgehend unbewusst, für viele Menschen eine wachsende innere Unsicherheit und Haltlosigkeit einher.

Bindungslosigkeit, Orientierungslosigkeit und Unberechenbarkeit der Zukunft stellen für Menschen als biologische Lebewesen Hochstress dar. Das biologische Grundbedürfnis nach Sicherheit und Bindung ist uns angeboren. Es besteht immer, ebenso das Streben des Nervensystems, ein Gleichgewicht und Wohlbefinden herzstellen. Aber die heutige Kultur erlaubt das meist nicht. Diesen Zustand spüren viele Menschen unbewusst. Sie sind auf der Suche nach Sicherheit und Vorhersehbarkeit und daher empfänglich für jedes Versprechen – wie wir es augenblicklich in der Welt erleben.

Dazu kommt in den letzten 20 Jahren eine Beschleunigung der gesellschaftlichen und technologischen Veränderung in einem nie dagewesenen Ausmaß. Auch das trägt zu zunehmender Verunsicherung bei. Zahlreiche Entwicklungen verlangen uns immer mehr und immer schnellere Reaktionen und Entscheidungen ab. Sie setzen damit das Gehirn unter eine Daueraktivierung des sympathischen Nervensystems zur Lösungssuche mit chronischer Cortisolausschüttung bei fehlender Erholung durch das parasympathische System.

Zur Beschleunigung zählen z.B. auch die Verbreitung von Autos, verbunden mit der Zerschneidung der Landschaft durch Straßen und der Komplexität des Straßenverkehrs. Entsprechend der Menge Zeit, die wir alltäglich in Autos verbringen, stellt das eine enorme Flut an Reizen, Entscheidungen und Verarbeitungsprozessen für das Gehirn dar, ohne die entsprechenden Erholungszeiten. Und um die Zeit im Auto auch noch optimal auszunutzen, telefonieren wir gleichzeitig dabei oder hören Hörbücher. Das gelingt auch ziemlich lange so. Wir wundern uns nur, dass wir schlecht schlafen oder der Blutdruck zu hoch ist und erkennen nicht mehr die Zusammenhänge zur Überaktivierung des sympathischen Nervensystems. Dazu zählt ebenso der Einzug von Telefon, Radio und TV in alle Haushalte. In einer extrem kurzen Zeit vervielfachte sich die Menge an Zeit, die Menschen mit diesen Medien verbringen, wiederum verbunden mit der Aufnahme zahlloser Reize und ständiger Aktivierung des Gehirns. Dazu zählt natürlich auch der Siegeszug von PC und Handy, durch die sich in knapp 40 Jahren wiederum unsere Lebensbedingungen sehr verändert haben.

Wie sehr wir alle bereits daran gewöhnt sind, zeigt, wie schnell die kulturelle Evolution neue Normen setzen kann, die dann den Alltag selbstverständlich bestimmen. Mit der Ankunft von PC und Handy in jedem Haushalt der Welt, wird die gleiche Lebensvorstellung in jeden Winkel dieser Welt transportiert und gleichgeschaltet. Es gibt kaum noch kulturelle Nischen. Und erneut hat sich die Menge an Reizen, die das Gehirn aufnehmen muss, vervielfacht, mit der entsprechenden hohen Erregung, die wir als solche gar nicht mehr bemerken.

Arbeit, Geld und Status sind zur lebensbestimmenden Kraft geworden. Gleichzeitig hat sich durch die große Menge an Zeit, die wir mit Arbeit, im Auto und mit den Medien verbringen, die Menge an Zeit, die wir mit anderen Menschen im direkten sozialen Kontakt verbringen drastisch verringert. Ebenso die Zeit, in der wir uns bewegen, erholen, nichts tun und ausruhen. Wo bleibt dabei die Zeit, in der wir spielen, miteinander reden oder zärtlich sind?

Von dieser Entwicklung bleiben die Familienstrukturen nicht unbeeinträchtigt. Wir erleben den Zerfall von familiärer Unterstützung, Versorgung und Fürsorge. Die veränderte Lebensweise reduziert drastisch die Kontaktzeiten in den Familien und hebt damit die Funktion der Familie zur Sozialisation und als sicheren Hafen der Kinder weitgehend auf.

Nach anfänglicher Freude über den wachsenden Wohlstand macht sich seit einigen Jahren zunehmende Unzufriedenheit breit. Die Spaltung in Arm und Reich, verschärft sich zusehends. Weite Teile der

Bevölkerung fühlen sich einerseits abgehängt und andererseits isoliert und überfordert von zu schnellen Veränderungen ihrer Lebenswelt und dem Verlust von Sinn und Sicherheit. Damit sind wir im Jetzt von 2019 angekommen.

Alle diese Entwicklungen und Ereignisse sind stressauslösend für das Nervensystem. Sie aktivieren das sympathische Nervensystem im Sinne einer Lösungssuche. Aber es gibt für den Einzelnen keine Möglichkeit, direkt auf die gesellschaftlichen Veränderungen Einfluss zu nehmen – das produziert eine chronische Aktivierung der Stressreaktion.

Was lässt sich daraus schlussfolgern?

Wir sind kurz davor, uns als Art selbst auszulöschen – und das nicht wegen des Klimas, sondern wegen unserer alltäglichen Lebensbedingungen. Die Weltgesundheitsorganisation (WHO) schlägt Alarm: Negativer Stress ist die größte Gesundheitsgefahr des 21. Jahrhunderts. Und Depressionen - derzeit weltweit an vierter Stelle der häufigsten Krankheitsursachen - sollen bis zum Jahr 2020 die nach Herz-Kreislauferkrankungen am weitesten verbreiteten gesundheitlichen Beeinträchtigungen sein. (1)

Kapitel 7.1 – Wie veränderten neue Mythen und Traditionen das Denken und Erkennen?

Anknüpfend an die Traditionen der klassischen griechischen Antike gilt bis heute immer noch abstraktes begriffsgebundenes Denken als der größte Wert. Diese Denktradition bestimmt bis heute immer mehr das gesellschaftliche Leben und das existierende Menschenbild.

Damit hat die jetzige Kultur den Zugang zur nonverbalen Erkenntnis nahezu vollständig verloren. „Die meisten Menschen erleben sich selbstverständlich festkörperlich auf der Erde lebend, aber der eigene Körper wird nicht als Erkenntnismedium wahrgenommen. Diese Wahrnehmungsschwäche ist kulturell bedingt, eine philosophisch begründete Festschreibung und nicht selbstverständlich". (1)

Insbesondere die Eigenwahrnehmung ist nahezu verkümmert, mit entsprechenden katastrophalen gesundheitlichen Folgen. In unserer Kultur registrieren wir die Signale des Körpers zwar ab und zu noch, aber ignorieren sie.

Kapitel 7.1.1 – Was haben uns die Jahrtausende der Dominanzkultur hinterlassen?

Trotz aller äußeren Veränderungen leben wir nach wie vor in einer Dominanzkultur mit ihren entsprechenden Traditionen, Werten, Normen und Glaubensvorstellungen.

Angesichts der vielschichtigen Probleme in der Welt taucht in den letzten Jahren immer wieder die Frage auf, inwieweit rein rationales Denken in einer komplexen Welt genügt. So auch bei den Biologen Maturana und Varela, die sich mit der Biologie selbstorganisierender Systeme beschäftigt (2) und den Begriff der somatischen marker („suchen" und „meiden" für die inneren Körperempfindungen des Annäherungs- bzw. Vermeidungsverhaltens) geprägt haben.

In seinem Buch „Descartes Irrtum" (3) setzt A. Damasio sich mit der fehlenden Körperwahrnehmung und der Begrenztheit rein rationalen Denkens auseinander. Diese Bücher gehörten bereits zur Lektüreliste während meiner Feldenkrais-Ausbildung vor 20 Jahren, aber leider ist in diesen vergangenen 20 Jahren noch kein gesellschaftliches Umdenken entstanden. Porges wirft die Frage auf, wie unsere heutige Welt beschaffen wäre, hätte der Satz von Descartes nicht geheißen „Ich denke, also bin ich", sondern „ich spüre mich, also bin ich". (4)

Wie würde unsere Welt dann aussehen, wenn die inneren Körperempfindungen betrachtet worden wären? „Statt dessen hat sich die Philosophie unseres Kulturkreises aufgrund des Ausspruchs von Descartes die Prämisse zu eigen gemacht, wir könnten nur dann gute Menschen sein, wenn wir unsere viszeralen Empfindungen unterdrücken, zurückweisen oder unterwerfen, weil wir unser gutes Gehirn, unser kluges Gehirn nur dann dazu bringen könnten, sein Potential zu entfalten." (5)

Wir Menschen sind durch unser „kluges Gehirn" dazu in der Lage, über Sprache Vorstellungen zu verbreiten und für wahr zu halten, die gegen unsere biologischen Erfordernisse gerichtet sind. Das wird möglich durch willentliche Beeinflussung unserer Entscheidungen über die kulturellen Bewertungen des Großhirns sowie durch die Unterdrückung der Bewertungen der Körperempfindungen, eben durch sensorische Amnesie.

Mit dem kulturellen Einfluss auf die konkreten biosozialen Prozesse beschäftigt sich Kapitel 7.2.

Wenn wir die Entwicklung unseres Ökosystems seit der Entstehung der klassischen griechischen Philosophie und ihrer Weiterentwicklungen innerhalb der Dominanzkultur betrachten, merken wir, dass rationales Denken allein kein geeignetes Mittel ist, um erfolgreich als Art Mensch unsere Welt zu erhalten.

Es genügt nicht, um die zunehmende Komplexizität von Zusammenhängen zu erfassen und sinnvolle Entscheidungen zu treffen, die ein gutes Überleben sowie ein besseres soziales menschliches Miteinander ermöglichen. Rationales Denken hat bisher nicht die entscheidenden Impulse zum Stopp des Klimawandels oder zur Gesunderhaltung der Menschheit gebracht.

Die Vorstellung, durch logisches Denken die objektive Wirklichkeit zu erfassen, wurde von Maturana und Varela ad absurdum geführt. Zwar ist Realität objektiv vorhanden, aber ihre Aneignung erfolgt für jedes Individuum subjektiv als eine von ihm selbst konstruierte Realität. Wissen kann nicht transportiert werden, sondern wird individuell konstruiert. Dabei wird die soziale Interaktion bei Lernprozessen betont, wodurch Erkenntnis sich im Austausch subjektiver Konstruktionen entwickelt. Eigene Konstruktionen können durch andere ergänzt, vertieft und auch revidiert werden. Das schließt den Zugang zu den emotionalen Bewertungen mit ein.

Ein Mensch, der die Signale seines eigenen Körpers nicht wahrnimmt, kann nicht wirklich eigene und für sich stimmige Werte und Interessen verfolgen. Er ist auf Normen und Werte von außen angewiesen. Wenn wir jedoch Werte verfolgen, die nicht im Einklang mit unseren biologischen Bedürfnissen stehen, macht das krank. Dieser durch Gewöhnung herbeigeführte Zustand mangelnden Körperwahrnehmung wurde von dem amerikanischen Feldenkrais-Pädagogen Thomas Hanna erstmals als sensomotorische Amnesie bezeichnet. (6)

Unsere Vorstellung von uns selbst, davon, wer wir sind, was wir wollen und vermögen, wird durch sensorische Amnesie stark eingeschränkt. In dem fehlenden Zugang zu den eigenen Körperempfindungen, Gefühlen, Stimmungen und Antrieben liegt die Ursache vieler psychosomatischer degenerativer Krankheiten.

Kapitel 7.1.2 – Ist die heutige Kultur das Grab der Zivilisation?

Was lässt sich daraus schließen?

Da allein wir Menschen es vermögen, mit Hilfe sprachlicher Kopplungen kulturelle Ko-Konstruktionen zu schaffen, sollten wir uns fragen, welche Geschichten, Mythen und Werte und in Zukunft bestimmen sollen. Wenn die gegenwärtigen logikbasierten Konstruktionen der Dominanzkultur offensichtlich nicht genügen, stellt sich die Frage, für welche Vision und welche Werte Kooperation sich wieder lohnt.

Wie formulieren wir in Zukunft die Kraft der kollektiven Mythen und Bilder?
Welche Denk- und Erkenntnistraditionen wollen wir begründen, damit unser Überleben als Art damit nicht weiter verhindert wird?
Der Beantwortung dieser Fragen widmet sich Kapitel 8.

Kapitel 7.2 – Wie begreift die heutige Kultur den Liebescode?

Bisher wurde im 6. Kapitel die Entstehung und Entwicklung der Dominanzkultur bis etwa zum Ende des 2. Weltkrieges umrissen. In diesem Kapitel geht es darum, wie die Entwicklung sich in den letzten 70 Jahren vollzogen hat, als Frieden, Demokratie, Wohlstand und zunehmende Gleichberechtigung das äußere Leben bestimmt haben.

Wie beeinflusst und überformt die heutige Kultur wesentliche biosoziale Prozesse?
In welche soziale Welt werden Paul und Flora heute hineingeboren?
Was hat sich alles verändert durch die lange Periode des Friedens und der äußeren Sicherheit?

Seit den 50er Jahren des letzten Jahrhunderts haben große technologische Veränderungen mit Auswirkungen auf jeden Einzelnen und alle biosozialen Prozesse stattgefunden. Daher müssen wir diese Zeit sehr differenziert betrachten. Es bestehen große Unterschiede innerhalb des kurzen Zeitraumes von 70 Jahren in Bezug auf die Ausgestaltung von Geburt, Kindheit, Pubertät, Liebe, Mutter- und Elternschaft.

Die Folgen von Körperentfremdung und Gefühlsabspaltung in den letzten Jahrhunderten sowie weit verbreitete Kriegstraumatisierungen haben tiefe emotionale Spuren in den Menschen hinterlassen, die sich erst ganz langsam abschwächen. Wenn wir bedenken, dass die Erziehungsschriften von J. Haarer in der Bundesrepublik noch bis in die 90er Jahre verlegt wurden und dass die Experimente von Harlow zur Mutterbindung erst ab den 60er Jahren bekannt wurden, dann haben sich in den letzten Jahren trotz dieser alten Traditionen sehr viele und sehr positive Veränderungen in großer Geschwindigkeit vollzogen. Sie haben zu einer Weiterentwicklung im Umgang mit Schwangerschaft und Geburt sowie mit Kindern hin zu mehr Fürsorge und Liebe geführt.

Dennoch wirken im gleichen Zeitraum auch gegenläufige Tendenzen durch die zunehmende Reizüberflutung, Beschleunigung und soziale Isolierung, die uns in ihren Konsequenzen noch weitgehend unbewusst sind. Sie führen zur Enthumanisierung, Technisierung und Isolierung unter den Menschen. Unsere Welt hat sich in einer kurzen Zeitspanne in einer Weise verändert, die es Menschen schwer macht, sich zurecht zu finden.

Sie befinden sich oftmals zwischen alten Normen, die sich als untauglich erwiesen haben und so vielen neuen Informationen, dass eine Orientierung schwer fällt. Gleichzeitig ist in einer Gesellschaft, in der das Individuum mit seinem Recht, fast aber auch seiner Pflicht zur Selbstverwirklichung im Mittelpunkt steht, eine Isolierung des Einzelnen beinahe zur Normalität geworden.

Technisierung, Beschleunigung und Vereinzelung kennzeichnen unser Leben und oftmals scheint es, dass unser Gehirn diese Menge an Reizen nicht mehr genügend verarbeiten kann. Nahezu alle Menschen, Kinder und Erwachsene, sind von einer chronischen stressbedingten Dauererregung betroffen, ohne es zu merken. Immer mehr Menschen spüren nicht, wie sehr angespannt sie sind und wie sehr sie unter Stress und Druck stehen.

Vieles, was ich in diesem Kapitel beschreibe, sind Erfahrungen von Klienten meiner Praxis als Feldenkrais-Pädagogin und Entwicklungsbegleiterin für Babys und Eltern sowie als Sozial-Pädagogin und Systemische Beraterin.

Kapitel 7.2.1 – Wie verändern sich Schwangerschaft und Geburt kulturell?

Die äußeren Lebensbedingungen haben einen großen Einfluss auf die hormonelle Situation des Ungeborenen über die Anspannung oder Entspanntheit der Mutter und über ihre Liebesbeziehung zum Vater.

In diesem Kapitel erfolgt die Analyse der kulturellen Einflüsse teilweise getrennt nach dem Geburtszeitraum vor bzw. nach den 80er Jahren, weil große Veränderungen in diesem Zeitraum eine solche Trennung nötig machen.

Im Verlauf der letzten 70 Jahre können die vorgeburtlichen Einflüsse durch die Befindlichkeit der Mutter sehr unterschiedlich gewesen sein. Je nach der konkreten Situation und Belastung einer schwangeren Frau als freiwillige oder erzwungene Hausfrau, als berufstätige Mutter, als alleinstehende Mutter, als Frau in einer unbefriedigenden und nur aus materieller Not aufrecht erhaltenen Ehe oder in einer guten Paarbeziehung erlebte das Ungeborene sehr unterschiedlich viel Stress oder Fürsorge. Das Leben der Nachkriegszeit unterschied sich ganz wesentlich von dem der letzten 30 Jahre in Deutschland.

Möglicherweise durch eigene frühe Erfahrungen von Stress und Trennung, vor allem aber durch die allgemeine Beschleunigung des Alltags haben heutzutage viele werdende Mütter eine ziemlich hohe innere Anspannung. Außerdem fehlt in dem hektischen, durchgeplanten Leben meistens die Zeit dafür, dass sich die Mutter entspannt, dass sie sich Zeit und Muße gönnt, um in sich hineinzuhorchen und mit dem Baby zu sprechen, dass sie sich sorglos fühlt und mit Freundinnen trifft oder sich zusammen mit dem werdenden Vater Zeit für ihr Ungeborenes nimmt.

Die Auswirkungen des hektischen angestrengten Lebensstils spüren die ungeborenen Babys körperlich. Je mehr die werdenden Mütter in der Schwangerschaft aktiv, beruflich oder privat eingespannt sind, desto höher ist ihre sympathische Aktivierung, obwohl sie in keiner konkreten Gefahr sind. Sie selbst als Erwachsene haben sich daran gewöhnt und nehmen daraus folgende Stressreaktionen bei sich selbst nicht mehr wahr. Mit der chronischen Übererregung des sympathischen Nervensystems erfolgt die Ausschüttung von Cortisol, das auf das Ungeborene übertragen wird. Gleichzeitig verhindert die sympathische Aktivierung die Ausschüttung von Oxytocin bei der Mutter und damit auch bei dem Ungeborenen. Es ist aber für seine Beruhigung und Oxytocinausschüttung auf die Ko-Regulation der Mutter angewiesen.

Es hat sich herausgestellt, dass fortlaufender, chronischer mittlerer Stress, so, wie wir alle ihn alltäglich erleben, zu einer ständigen Ausschüttung von Cortisol und der entsprechenden Übererregung bei Babys führt. Dieser negative Kreislauf entsteht trotz einer äußeren Zufriedenheit der werdenden Eltern mit ihrer Lebenssituation, wenn ihnen gegenseitig die Ko-Regulation des neuen Vagusssysems zugunsten von Sicherheit und Regeneration nicht ausreichend gelingt. Solche Situationen werden derzeit immer öfter beobachtet. Insbesondere in den letzten Jahren, die durch eine Zunahme an Belastungen gekennzeichnet sind, entstand trotz viel besserer äußerer materieller Bedingungen eine starke Entfremdung von sich selbst.

Wir erleben heute mehr unbewussten Stress und mehr Unruhe in der Schwangerschaft als noch vor 30 Jahren, trotz äußerlich besserer Lebensverhältnisse. Viele Menschen haben kein Wissen mehr davon, wie sie ihr Gefühl der Sicherheit und des Wohlbefindens gemeinsam regulieren über Blicke, Mimik, Gestik, Stimme und Körperkontakt mit anderen Menschen, mit Familie, Freunden und Partnern. Erfahrungen von unzureichender Ko-Regulation von Sicherheit und Wohlbefinden bilden daher heutzutage oftmals einen wesentlichen Teil der prägenden Ersterfahrungen der Primärperiode und äußern sich in Schwierigkeiten der Babys bei ihrer Zustandsregulation.

Je nach dem Wohlbefinden der Mutter in ihrer jeweiligen Lebenssituation und vor allem ihrer Beziehung zum Vater sind sehr unterschiedliche Informationen, Hormone und Neurotransmitter schon vorgeburtlich im Blutkreislauf bei Flora und Paul angekommen (Kapitel 4.1). Freude auf das kommende Baby, Liebe zu ihm und zum Vater, wie auch Wohlbefinden in der jetzige Lebenssituation erzeugen die entsprechenden Ausschüttungen von Dopamin, Serotonin, endogenen Opioiden und Oxytocin auch bei den ungeborenen Babys.

Ebenso werden jedoch auch innere Zustände von Stress, gehetzt oder überfordert sein, von innerer Unruhe oder existenzieller Unsicherheit auf Flora und Paul im Mutterleib über Cortisol übertragen. Sie spüren Aufregung oder Ärger der Mutter über deren schnellen Herzschlag, über die Veränderungen ihres Blutdrucks und die ansteigende Muskelspannung, aber auch die über die Anspannung ihrer Bauchdecke und der Gebärmutter. Dann produzieren sie als Antwort auf diese Empfindungen, die in ihnen Angst auslösen eigenes Cortisol.

Je nach Stimmungslage und den verschiedenen Aktivitäten der Mutter erleben Flora und Paul bereits als Ungeborene mehr oder weniger Wohlbefinden im Mutterleib. Durch entspannte oder gehetzte Bewegungen, die Geräusche der Außenwelt von Gesang und Musik bis hin zu Verkehrs- oder Maschinenlärm, durch gelassene oder ärgerliche Gespräche der Mutter bilden sich die ersten Lernerfahrungen und neuronalen Netze für Sicherheit und Geborgenheit oder aber Stress und Unruhe.

Das Ungeborene reagiert bei Stress oder Unruhe mit der Ausschüttung von Cortisol im eigenen Nervensystem. Es bahnt damit diesen Kreislauf und speichert Erfahrungen von Furcht mit Vasopressin anstelle von Oxytocinschaltkreisen, wie es die Biologie eigentlich vorsieht. Das erfolgt je nach Ausmaß der Unruhe und Aktivität der Mutter und je nach den Fähigkeiten des Paares, gegenseitig für Sicherheit, Entspannung und Liebe über die Ko-Regulation zu sorgen. Wenn ihm die Sicherheitserfahrungen aus der Körpersprache der Mutter fehlen, kann es bereits im Mutterleib nicht mehr genügend Ruhe finden und sich regulieren lernen.

Zahlreiche Untersuchungen der letzten 20 Jahre bestätigen eine zunehmende Tendenz solcher Erfahrungen von Ungeborenen während der Schwangerschaft. Untersuchungen zeigen, dass kulturbedingter Stress der Mutter in der Schwangerschaft dazu führt, dass je nach Ausmaß des Stresses eine Schwangerschaft kürzer verläuft mit einer erhöhten Neigung zu Frühgeburten, dass die Babys mehr schreien (Kampf-Flucht-Reaktion) bzw. sich apathisch, auffallend ruhig und scheu verhalten (Flucht-Reaktion bis hin zum Totstellreflex mit Shut down), dass sie zu Schlafstörungen und reduzierten sozialen Aktionen neigen, dass sie eher mit Hyperaktivität, gestörter Aufmerksamkeit, Angst, Panik und geringer Impulskontrolle reagieren, dass sie eine geringe Selbstregulation von Gefühlen und eine verminderte Lernfähigkeit besitzen.

Jedes einzelne dieser Merkmale ist eine direkte Folge früher ängstigender und stresserzeugender Erfahrungen mit einer daraus folgenden hohen sympathischen Aktivierung der Kampf-Flucht-Reaktion. Es bedeutet, dass die synaptische Vernetzung wichtiger Teile des Gehirns gestört wurde, die vor allem die grundlegenden Zustandsregulationen des Hirnstammes betreffen, die die Basis für die ganze spätere Entwicklung legen. (1)

Kapitel 7.2.2 – Wie gestaltet die heutige Kultur die frühen Bindungen?

In Bezug auf den Geburtsablauf haben sich in den letzten 70 Jahren große Veränderungen ergeben, die die Menschen unserer heutigen Gesellschaft sehr unterschiedlich geprägt haben, so dass wir diese Zeiträume einzeln betrachten müssen. Ende der 70er, Anfang der 80er Jahre setzten liebevollere natürlich gestalteter Geburtsabläufe und ein bedürfnisgerechter Umgang mit den Babys ein. Es ist nötig den Zeitraum davor und danach separat darzustellen, weil die verschiedenen Generationen dadurch sehr unterschiedlich geprägt wurden.

Wie liefen Geburten in den Jahrzehnten vor den 80ern ab?

Wenn Flora und Paul vor Beginn der 80er Jahre geboren werden, haben sie die Ankunft in die Welt noch in einem Krankenhaus erlebt. Es ist unter den Krankenhausbedingungen der früheren Zeit nahezu unmöglich für Flora und Paul oder ihre Mutter, sich dabei sicher genug zu fühlen, um während der Wehen und der Geburt die nötigen endogenen Opioide zur Schmerzsenkung auszuschütten, geschweige denn das Oxytocin des ersten Liebesrausches.

Selbst wenn die Geburt komplikationslos verläuft, ist danach die Art der Ankunft in der Welt für Flora und Paul ein Schock: Aus der Wärme des Mutterleibs mit gedämpften Geräuschen und gedämpftem Licht kommen sie plötzlich in eine Welt mit weißgekachelten unpersönlichen Räumen, umgeben von fremden Menschen, grellem Licht und vielen lauten Geräuschen. Flora und Paul werden sofort abgenabelt, so dass sie im abrupten unvorhersehbaren Übergang von der Sauerstoffversorgung durch den Blutkreislauf der Mutter zur eigenen Lungenatmung kurzzeitig Luftnot und wiederum Panik erleiden müssen. Dann werden sie von fremden Menschen in die Höhe gehoben, erhalten einen Klaps und müssen sofort schreien. Flora und Paul werden von Ärzten untersucht, von Schwestern gewaschen, gewogen, angezogen und weggelegt.

Bis Flora und Paul endlich ihre Mutter sehen, vergeht eine Menge Zeit, in der sie sich extrem ängstigen und die Kampf-Flucht- oder Totstellreaktion des Nervensystems bahnen, anstatt von Freude, Glück und Oxytocin überschüttet zu werden. Der normale biologische Ablauf der Geburt wird hier verhindert und eine Furchtkonditionierung mit Vasopressin bei Flora und Paul angelegt. Es ist kein ausgiebiger Erstkontakt zwischen Flora und Paul und ihrer Mutter möglich.

Verschlimmernd kommt dazu, dass Flora und Paul den ohnehin großen Einschnitt der Geburt bei der üblichen Trennung sofort nach der Geburt nicht durch das Wiederfinden von Vertrautheit und Geborgenheit bei der Mutter abmildern können. Durch die Anwesenheit anderer Personen und die Geschäftigkeit im Krankenhaus wird das Hormon Oxytocin als scheues Hormon weder bei Flora und Paul, noch bei ihrer Mutter ausreichend ausgeschüttet. Auch das sofortige Saugen für die Bahnung des Stillens und des Milchflusses und die Ausschüttung von Oxytocin und Prolactin findet unter solchen Bedingungen nicht statt. Wenn das erste Stillen direkt nach der Geburt verhindert wird, gelingt das gesamte spätere Stillen schlechter, weil die Ausschüttung von Prolactin behindert wird.

Wenn die Wehen lang und heftig sind, erleben Babys Panik, Enge und Sauerstoffmangel. Sie erleben Gefühle von nicht schaffen, mehr Platz brauchen und völliger Überwältigung und Hilflosigkeit. Diese Gefühle können sich bis zur Erstarrung steigern, einen shut down des Organismus. Solche Erfahrungen werden später im Leben bei anderen Zuständen der Ruhe und Immobilisierung wieder aufgerufen. Das sind schlechte Ausgangsbedingungen für die Geburt und die weitere Ausreifung der neurophysiologischen Regelkreise der Primärperiode hin zu Sicherheit und Bindung.

Die meisten Menschen, die bis Mitte der 80er Jahre hinein geboren wurden, haben in dieser Weise schlecht in die Welt finden können mit der entsprechenden Verzweiflung und inneren Not. Wir haben als Kultur das Wissen über und das Mitgefühl mit den Babys verloren. Eine Geburt, so wie sie bis in die 80er Jahre hinein normal war, hat jedoch meistens tiefe Angst bis hin zum Trauma ausgelöst. Diese Furchterfahrungen werden tief im emotionalen Erfahrungsgedächtnis eingespeichert, vermittelt von Vasopressin als „meiden". Sie haben als erste Erfahrungen einen prägenden Charakter und werden immer wieder in Krisen oder bei stärkeren emotionalen Ereignissen wieder aufgerufen. Die bleibenden Grunderfahrungen der Geburt können als positive stärkende Grunderfahrung dienen oder das Gegenteil davon bewirken.

Wegen künstlicher Eingriffe und schlechter Geburtsbedingungen, wie oben beschrieben, machten viele Babys bis zum Beginn der 80er Jahre immer noch die Erfahrung von Unfähigkeit, Hilflosigkeit, Panik,

Ohnmacht und Ausgeliefertsein. Ihnen fehlen dann einige der wichtigsten frühen Bindungserfahrungen.

Wie wurde der Erstkontakt vor den 80ern gestaltet?

Bis in die 80er Jahre hinein werden Flora und Paul nachgeburtlich von ihren Müttern getrennt und danach liegen sie noch für weitere 5 bis 6 Tage im Krankenhaus in einem Säuglingszimmer. Pünktlich alle vier Stunden werden Flora und Paul ihren Müttern zum Stillen gebracht, getreu der alten Haarer-Ideologie. Gestillt wird nicht nach Bedarf, sondern in einem vorgegebenen Rhythmus.

Flora und Paul können sich den ganzen Tag über nicht sicherheitsstiftend an ihre Mutter schmiegen, also nicht an die Bindungserfahrung des Mutterleibes anschließen. Sie können weder die Stimme der Mutter, noch ihren Herzschlag, ihren Geruch, die Atmung und Bewegungen als vertraute Signale wiedererkennen und mit der neuen Umgebung als sicher verbinden. Die aktiven Eigenbemühungen von Flora und Paul bleiben immer wieder unerfüllt. Damit entsteht Angst und das Gefühl völliger Hilflosigkeit, wo eigentlich unter einem ungestörten psychophysiologischen Ablauf Sicherheit und Bindung entstehen würden. Flora und Paul und ihre Mutter können nicht, wie biologisch notwendig, sich aneinander erfreuen und ineinander verlieben. Wiederum wird der Austausch von Sicherheitssignalen zwischen den beiden Babys und ihrer Mutter und damit der Aufbau einer Bindung verhindert.

Der Aufenthalt in den Säuglingszimmern verhindert auch, dass Flora und Paul erfolgreich im Rufen der Mutter sind. Das Schreien der Babys in den Säuglingszimmern über Tage hinweg galt als normal. Damit können Flora und Paul keinerlei Hilfe in ihrer frühen Not finden, keine Unterstützung bei dem verzweifelten Versuch, Sicherheit herzustellen. Ihr sympathisches Kampf-Flucht-System arbeitet so lange auf Hochtouren, bis sie von Panik überwältigt in die Erstarrung und Dissoziation geraten.

Diese frühen Erfahrungen von Verlassenheit und Panik werden tief im emotionalen Erfahrungsgedächtnis von Flora und Paul mit dem Gefühl des Alleinseins und der immobilen Hilflosigkeit abgespeichert. Sie werden in Zukunft bei allen irgendwie ähnlichen Gelegenheiten wiederaufgerufen, trotz äußerer Abwesenheit von Gefahr. Die beiden Babys können dann gegenseitig bei ihrer Mutter und Bindungspersonen nicht ausreichend zur Ruhe kommen.

Ihnen fehlt die Fähigkeit, sich beieinander sicher zu fühlen, zu entspannen, zärtlich zu sein und gefahrlos einzuschlafen. Die ersten Beziehungserwartungen von Flora und Paul sind nicht von Sicherheit und

Vertrauen durch Oxytocin gekennzeichnet, sondern eher von Angst und Hilflosigkeit, vermittelt durch Vasopressin.

Durch die räumliche Trennung wird verhindert, dass die Mutter Floras und Pauls verzweifeltes Rufen hören und beantworten kann, so dass ihre intuitiven Regungen der Fürsorge sich nicht ausreichend entwickeln. Damit fehlt Flora und Paul, aber auch ihrer Mutter, die bestätigende Erfahrung von Kompetenz, von Selbstwirksamkeit in der erfolgreichen Ko-Regulation von innerer Sicherheit. Das aber ist die die Voraussetzung für die Entspannung des Nervensystems zum Lernen und zu sozialer Interaktion. Das macht es später im Leben schwieriger, erfolgreich Sicherheitssignale in der Mimik, der Stimme und den Augen der Anderen zu erkennen und sich dadurch selbst sicher zu fühlen und beruhigen zu können.

Der Bindungsaufbau zu ihren Vätern wird genauso behindert, indem diese in den ersten wichtigen Tagen von Flora und Paul, aber auch von ihrer Partnerin getrennt sind, so dass ihr Fürsorgeinstinkt sich kaum entwickeln kann. Zur Partnerin dürfen sie nur zu bestimmten Besuchszeiten und ihre eigenen Babys, Flora und Paul, sehen sie nur durch die Glasscheibe in der Tür des Säuglingszimmers von außen. Die fehlende Anlage und Entwicklung der gegenseitigen Ko-Regulation von Sicherheit verhindert die nötige Ausreifung der Vagusfunktion.

Untersuchungen konnten belegen, dass bei Erwachsenen die Stresstoleranz deutlich erniedrigt und eine Schmerzempfindlichkeit deutlich erhöht ist, wenn ihre Geburtsumstände als Baby belastend bzw. schmerzvoll waren. (3) Alle diese Erlebnisse der Geburt sowie der nachgeburtlichen Trennung führen dazu, dass die neuronalen Schaltkreise für Dopamin, also Erfolg ihrer Kontaktbemühungen, für Oxytocin, also für Liebe und Vertrauen, für Serotonin, also Beruhigung und Impulsdämpfung in Ko-Regulation, nicht ausreichend entwickelt werden und nicht genügend verstärkt werden.

Diese Geburtspraktiken herrschten bis in die 80er Jahre hinein vor und prägten damit das Leben von vielen Erwachsenen in unserer Kultur, obwohl rein äußerlich Sicherheit vorhanden war. Unter solchen Bedingungen der Geburt werden eine dauerhafte hohe sympathische Grunderregung und eine leichte Erregbarkeit im Nervensystem gebahnt. Sie wird bei Flora und Paul, wie bei sehr vielen Erwachsenen unserer Kultur, im gesamten weiteren Leben bestehen bleiben und ihre spätere eigene Elternschaft behindern. Das gilt es zu berücksichtigen, wenn wir über die Bindungsfähigkeit von Eltern in der heutigen Zeit und in dieser Gesellschaft nachdenken.

Wie wichtig der erste mütterliche Körperkontakt ist, wurde auch durch die Arbeit der österreichischen Ärztin Marina Markovich bekannt. Sie leistete mutige Pionierarbeit, als sie in den in 80er Jahren die Känguruhmethode für Frühgeborene etablierte. Sie legte die Frühchen auf den Bauch der Eltern statt in Brutkästen, weg von Lärm, Kunstlicht und permanenter Reizüberflutung, so dass ihr Nervensystem sich allmählich von der Stressaktivierung auf Beruhigung, Sicherheit und Erholung bei den Müttern regulieren konnte. Markovich verzichtete soweit wie möglich auf künstliche Beatmung, wurde aber dafür sehr angefeindet und 1994 sogar angeklagt. Sie verlor ihre Stelle, obwohl sie ihre Unschuld beweisen konnte. Ihr Konzept der „sanften Neonatologie" stieß auf Ablehnung in den Fachkreisen. Dieses Konzept beinhaltete den möglichst weitgehenden Verzicht auf Maschinenmedizin, um mehr Ruhe für die Frühgeborenen zu gewährleisten sowie verstärkten Kontakt der Eltern zu ihren Kindern. Heute ist diese Herangehensweise allgemein anerkannt. (4)

Die Vorstellungen von J. Haarer haben noch bis weit in 70er Jahre hinein große Teile der Bevölkerung beeinflusst, so dass Flora und Paul, wenn sie vor den 80ern geboren werden, ihre schädlichen Auswirkungen immer noch zu spüren bekommen. Das bedeutete, dass sie in einem strengen Rhythmus nur alle vier Stunden gefüttert werden und vielleicht schon nach zwei bis drei Monaten abgestillt wurde. Nach dem 2. Weltkrieg war Stillen sehr entwertet und wurde bis in 70er Jahre meist durch Kunstmilch ersetzt. (12) Erst danach wurde wieder mehr zum Stillen geraten. Die Situation hat sich in Deutschland in den letzten 30 Jahren glücklicherweise grundlegend verändert.

Aktuelle Zahlen der Untersuchung zur Kindergesundheit in Deutschland (KiGGS) von 2015 zeigen die aktuelle Stillsituation: 82,1 % der 0- bis 6-jährigen Kinder wurden überhaupt jemals gestillt. Für mindestens 4 Monate ausschließlich gestillt wurden 34,0 %. Kinder mit niedrigem Sozialstatus wurden deutlich häufiger nie gestillt als Kinder mit mittlerem und hohem Sozialstatus. Ein sozialer Gradient zeichnet sich auch mit Blick auf die Stilldauer ab: Während mit 48,9 % fast die Hälfte der Kinder mit hohem Sozialstatus für mindestens 4 Monate ausschließlich gestillt wurde, trifft dies lediglich auf 32,3 % der Kinder mit mittlerem und 19,4 % der Kinder mit niedrigem Sozialstatus zu. (13)

Es wurde gezeigt, dass mit zunehmender Stilldauer die Fähigkeit der Babys wächst, auf emotionalen Ausdruck zu reagieren. (14) Außerdem fördert die Stilldauer, verbunden mit dem gemeinsamen Schlafen bei den Erwachsenen eine gute Stressregulation. (15) In beiden Fällen kommt der protektiven Wirkung von Oxytocin beim Stillen eine besondere Bedeutung zu.

Zu den alten Praktiken vor den 80ern gehörte noch, dass Babys die restliche Zeit des Tages zum Schlafen abgelegt wurden, ohne dass auf ihre Rufe oder Schreien reagiert wurde, um sie nicht zu verwöhnen. Solche Erfahrungen haben viele der älteren Menschen unserer Kultur noch machen müssen. Für viele sind diese Erfahrungen normal und niemals hinterfragt worden.

Wie veränderten sich Geburtspraxis und Erstkontakt seit den 80ern?
Erst in den 80er Jahren setzten Veränderungen der Geburtspraxis ein, begründet u.a. durch die Pionierarbeiten von Frederick Leboyer, Michel Odent und Sheila Kitzinger. Sie bemühten sich darum, Geburten natürlich und ungestört in ihrer biologischen Natur ablaufen zu lassen. Flora oder Paul, wenn sie um diese Zeit geboren werden, können viel bessere Ersterfahrungen mit der Welt machen.

Der Geburtsprozess in Krankenhäusern ist immer noch stark technikbestimmt, aber bei komplikationslosen Geburten erhält die Mutter ihr Baby meist sofort in den Arm, kann es kennenlernen und an die Brust anlegen. Dadurch kann die Kontaktaufnahme mit dem Baby gelingen und helfen, die Geburtserfahrung besser zu verarbeiten sowie an vorgeburtliche Erfahrungen der Sicherheit anzuknüpfen und Oxytocin und Prolactin auszuschütten. Die Menge an Oxytocin im Organismus der Mutter ist nie davor und danach im Leben einer Frau so hoch, wie direkt nach der Geburt zwischen der Entbindung des und dem Ausstoß der Plazenta, falls diese Periode nicht gestört wird. (2)

Es gibt bereits Zimmer für Baby und Mutter zusammen, so dass sie sich besser kennenlernen und nach Bedarf stillen können. Oxytocin, wie auch die anderen Neurotransmitter und Hormone, werden umso intensiver ausgeschüttet, je öfter sie abgerufen werden. Auch hier erfolgt die Vernetzung erfahrungsabhängig und steht dann für den weiteren Lebensverlauf ausreichend zur Verfügung. Im Verlauf der letzten Jahrzehnte wurde die Geburt weiter humanisiert mit Hausgeburten, Geburtshäusern und einer verbesserten Raumgestaltung etc. in vielen Krankenhäusern. Die Besuchszeiten für Väter wurden deutlich erweitert bis hin zu ihrer Teilnahme an der Geburt.

Das erleichtert den Beginn des Stillen und die Oxytocinausschüttung bei Flora und Paul, was zu den intensiven Gefühlen von Glück und Entspannung bei der Mutter und den beiden Babys führt. Bei beiden sinken Herzschlag und Puls, entspannt sich die Muskulatur und vertieft sich ihre erleichterte Atmung. Alle diese körperlichen Signale der Sicherheit und des Wohlbefindens spüren sowohl die Mutter als auch Flora und Paul und beantworten sie sich gegenseitig. Flora oder Paul antworten, indem sie sich entspannen, die Augen öffnen, die Mutter aufmerksam anschauen und die Brust suchen. Der gegenseitige Austausch der Sicherheitssignale reduziert den Schock, den die Flora und Paul bei der Geburt mit Technik immer noch erleiden.

Noch besser verhält es sich, wenn Flora und Paul in Geburtshäusern unter der Leitung einer Hebamme oder in speziell eingerichteten Entbindungszimmern von Krankenhäusern zur Welt kommen können. Dann ist die Geburt wenig ängstigend. Die nachgeburtliche sofortige Begegnung schafft die Voraussetzung für eine Anknüpfung an Sicherheit, wenn in diese in der Schwangerschaft genügend erfahren worden ist. Dann wird es für Flora und Paul möglich, positive Erwartungen an die Welt zu verinnerlichen. In der Folgezeit können immer wieder gegenseitig Sicherheit, Liebe und Bindung hergestellt werden (Kapitel 4.2 und 4.3).

Andererseits hielten in vielen Häusern insbesondere in den letzten 20 Jahren Praktiken wie geplante Geburtseinleitungen und Kaiserschnitte sowie Periduralnarkose (PDA) zur Geburtserleichterung Einzug. Mit deren Auswirkungen auf die Mutter und den Bindungsbeginn werden wir uns später im Kapitel beschäftigen. Hier möchte ich nur einige Fragen dazu aus Sicht von Flora und Paul aufwerfen:

Was erlebt Flora, wenn nicht sie selbst aktiv die Geburt mit einleiten kann zu der Zeit, die für sie richtig ist?
Welche Gefühle erlebt Flora bei den harten schnellen Wehen der eingeleiteten Geburt?
Studien aus der Datenbank von M. Odent haben gezeigt, dass synthetisches Oxytocin, welches bei der Geburtseinleitung, aber oft auch routinemäßig während der Geburt verwendet wird, nicht nur den natürlichen Ablauf stört, sondern auch hinterher zu Stillproblemen führt und sogar die psychomotorische Aktivität des Babys beeinträchtigt. (5, 6) Außerdem erreicht es über die Nabelschnur das Gehirn des Ungeborenen und wirkt dort unkontrolliert und viel zu hoch dosiert für den Organismus eines Babys. Es wurde gezeigt, dass bei diesen Babys nachgeburtlich die Reflexe vermindert sind, wie z.B. das Suchen der Brust. (7) Noch 55 Minuten nach der Geburt zeigten diese Babys ein viel geringeres Bemühen, aktiv die Brust zu finden, was erheblich die frühe Bindung und die Stillfähigkeit beeinträchtigt. (8) Die besten Stillergebnisse werden dann erzielt, wenn ein Baby unmittelbar nach der Geburt die Mutterbrust selbst suchen und finden und innerhalb der ersten Stunde trinken kann. (9)

Was erlebt Paul unter der bei einer Periduralanästhesie?
Kann er sich dabei als selbstwirksam erleben?
Schüttet Paul dann die belohnenden Opioide aus? Erlebt er Oxytocin?

Es wurde bereits nachgewiesen, dass eine Periduralanästhesie der Mutter negative Effekte auf das Stillen hat (10) und dass das Drehen des kindlichen Kopfes im Geburtskanal behindert wird. (11) Trotz großer positiver Veränderungen der Geburtspraxis ist immer noch zu oft die Geburt nicht wirklich so gestaltet, wie Flora und Paul es für ihren Lebensbeginn brauchen. Immer noch zu oft geschient dadurch eine Belastung und Störung der ersten Interaktionen und des Bindungsaufbaus.

Flora und Paul können heute mit ziemlicher Sicherheit davon ausgehen, dass ihre Mütter schnell auf ihre Rufe reagieren. Das Wissen, dass Babys feinfühlige und aufmerksam zugewandte Eltern brauchen, ist inzwischen glücklicherweise Allgemeingut geworden. Dabei sind Flora und Paul selbst von Beginn an aktive Beziehungspartner und senden aktiv Sicherheitssignale in ihrer Mimik aus, was sie für andere

Menschen so unwiderstehlich macht. Nach drei Tagen unterscheiden Flora und Paul bereits das Gesicht ihrer Mutter. Schon ab dem 2. Tag versuchen sie das fröhliche, traurige oder überraschte Gesicht ihrer Mutter mimisch nachzuahmen und imitieren ihre Mundbewegungen. (16) So wird es Flora und Paul sehr häufig gelingen, ihren inneren Erregungszustand im Kontakt mit ihren Eltern gemeinsam zu regulieren und allmählich einen ruhigen Schlaf- und Wachrhythmus zu finden. Wenn Flora und Paul nicht durch vorgeburtliche oder Geburtserfahrungen zu sehr geängstigt und übererregt im Kampf-Flucht-System sind und ihre Eltern ihrerseits nicht zu aufgeregt, unsicher oder innerlich abwesend sind, beruhigen sie sich schnell in den sicheren Armen ihrer Eltern.

Wie wurde die erste Bindung gelegt?

Je nachdem, wann und wie sie geboren sind, erlebten die Menschen also in den letzten 70 Jahren bis heute sehr unterschiedliche Startbedingungen für ihre innere Regulation und für die ersten Bindungen.

Das gegenseitige Herstellen von Sicherheit gelingt durch den Austausch beruhigender Sicherheitssignale über Berührung, über Ankuscheln und das gegenseitige Hören der Atmung, über das Spüren der entspannten Muskeln etc. Dazu zählen auch stillen, liebkosen, streicheln, sprechen und singen mit einer gegenseitigen gemeinsamen Regulation, zuerst im Mutterleib und dann früh nachgeburtlich. Diese Erfahrungen der Primärperiode dienen als Vorlage für alle weiteren Interaktionen, deshalb ist ihre frühe Störung so kritisch.

Nicht nur die wirkliche physische körperliche Abwesenheit der Mutter oder Bezugsperson stellt sofort eine Alarmreaktion her, sondern auch die psychische Nichtverfügbarkeit löst das gleiche Gefahrensignal aus. Dieses aktive Herstellen von Beruhigung und Sicherheit gelingt auch in der heutigen Zeit nicht immer, wie die Entwicklungen der letzten Jahre zeigen.

Viele Mütter suchen Hilfe wegen übermäßigem Schreien von Babys oder wegen Schlaf- und Fütterungsstörungen. Teilweise sind solche Störungen die Folge von vorgeburtlichem Stress, von schwierigen bis traumatischen Situationen bei der Geburt, teilweise resultieren sie aus Problemen bei der frühen Interaktion zwischen Eltern und Kind.

Wenn ihre Mutter selbst sehr gestresst und sympathisch aktiviert bzw. innerlich abwesend ist, weil sie über Anderes nachdenkt, Alltagssorgen hat oder nebenbei mit dem Handy spielt, nimmt sie vielleicht nicht wahr, wie Flora sie mit ihren Augen zur Kontaktaufnahme auffordert, aber nicht erreicht. Das wiederum setzt bei Flora umgehend Angst und die damit verbundene sympathische Übererregung in Gang. Das Fehlen von Gesichtsausdrücken ist für Flora besonders verunsichernd und stressend. Noch ängstigender ist es für Flora und Paul, wenn die Gesichter der Bindungspersonen durch fehlenden Blickkontakt oder durch Blickleere gekennzeichnet sind.

Floras Unruhe wiederum könnte die Mutter stark verunsichern und noch zusätzlich übererregen. Flora spürt über den immer schneller werdenden Puls der Mutter und die ansteigende Muskelspannung deren Unruhe. Das steigert Floras Unruhe, was wiederum ihre Mutter spürt. So kann ein sich gegenseitig aufschaukelndes Muster entstehen. Alles das trotz bester Absichten der Mutter, die sich dann vielleicht auch noch schuldig fühlt oder ungenügend, was alles den Kreislauf weiter verstärkt. Wenn sie dann in bester Absicht Flora an die Brust legt, um sie zu beruhigen, kann es sein, dass Flora durch ihre Übererregung nicht ruhig trinken kann, zu hastig trinkt und viel Luft schluckt. Durch das mütterliche Stresshormon Cortisol in der Muttermilch wird Flora wiederum noch mehr erregt.

Solche und ähnliche misslingende Abstimmungen können sich zu komplexen Interaktionsstörungen aufschaukeln. Wenn Paul oder Flora zu viele derartige Misserfolge erleben, stellen sie teilweise ihre Versuche zu Kontaktaufnahme ein. Eventuell beenden sie auch ihre Versuche zur inneren Zustandsregulation, da sie misslingen und sie keine verwertbaren Rückmeldungen für ihre neuronale Verschaltung bekommen können.

Dann sind Flora und Paul nur sehr schwer oder gar nicht in der Lage, ihr inneres sympathisches Erregungsniveau herunter zu regeln. Paul und Flora sind jedoch auf die Ko-Regulationsfähigkeit ihrer Mütter und Väter angewiesen, um sich zu beruhigen. Diese Hilfe besteht in der eigenen Beruhigung der Eltern, die sich dann überträgt: über die Stimme, eine ruhige für Flora und Paul spürbare Atmung, über eine muskulär entspannte Haltung und Augenkontakt, in einem Tempo und in einer Reizmenge, die Flora und Paul jeweils verarbeiten können.

Dieser Prozess ist in den ersten Lebensmonaten besonders wichtig für die beiden Babys, um sich an das neue Leben außerhalb des Mutterleibes anzupassen. Nur so können sie ihre grundlegenden Hormonsysteme der Stressbewältigung, der Beruhigung, der Belohnung und

Motivation regulieren lernen. Immer wieder sind Flora und Paul auf die unterstützende Sicherheit ihrer Eltern und Familie angewiesen.

Die Dialoge zwischen Babys und ihren Eltern sind stets von Emotionen, also von Lust und Unlust begleitet sowie von einem Rhythmus von Aufmerksamkeit und Ermüdung, kurzer Pause und Wiederaufnahme von Kontakt. Dabei zeigen Babys sehr deutlich ihren eigenen inneren Spannungszustand an der Muskelspannung in den Händchen und auch am Kinn an, so dass ihre Eltern sehen können, ob sie übererregt krampfhaft oder eher untererregt sind. (17)

Die wechselweise Imitation zwischen Babys und ihren Bindungspersonen führt auf diese Weise zum Beginn des sozialen Lernens. Auch Anzeichen für eine Wahrnehmung der Selbstwirksamkeit lassen sich bereits in diesen ersten Wochen und Monaten beobachten, wenn Flora oder Paul lernt, wie sie beispielsweise durch Strampeln ein Mobile in Bewegung setzen können, wie sie dabei Vergnügen empfinden und infolge dessen den Vorgang unermüdlich wiederholen.

Mit ca. 9 Monaten gelingt die geteilte Aufmerksamkeit auf etwas Drittes, beispielsweise wenn ihre Mutter die Aufmerksamkeit zwischen Paul und einem Bilderbuch teilt, welches sie gemeinsam anschauen. Dabei erfolgt auch eine geteilte Freude darüber, so dass Paul erste Erfahrungen von ausgetauschten Gefühlszuständen sammeln kann. Ähnlich lernen Babys, sich mimisch und gestisch absichtsvoll zu äußern und Sprache so weit zu verstehen, wie ihre Erfahrungswelt reicht. Dazu brauchen sie reichliche Kontakte zu ihren Eltern und anderen Bindungspersonen.

Flora und Paul können ihre Muttersprache nicht mit Medien lernen. Untersuchungen haben gezeigt, dass ein im Hintergrund laufender Fernseher die Anzahl kindlicher Lautäußerungen vermindert. (18) Es ist insbesondere der melodische Sprachfluss von außen und ihre Eigenaktivität, mit der sich Flora und Paul einklinken, der ihnen beim Lernen von Sprache hilft. Zu den allmählich gelernten und automatisierten Abläufen zählen für Flora und Paul auch ihre sensomotorischen Leistungen beim Sprechen und Hörverstehen. Sie werden im ersten Lebensjahr vorbereitet und in den zwei oder drei folgenden Lebensjahren so weit ausdifferenziert, dass der Austausch konkreter Mitteilungen im sozialen Umfeld gelingt.

Flora und Paul benötigen unter günstigen Bedingungen hierzu keine spezielle Förderung, wohl aber Anregung und Kommunikation. Auch wenn Flora und Paul nur Teile des Gesprächs ihrer Eltern mit ihnen verstehen, am Anfang sogar nur die emotionale Tönung, erfolgt Sprachlernen. Damit dieses Lernen gut gelingt, müssen sie sich sicher fühlen. Und sie brauchen die feinfühlige Begleitung ihrer Bindungspersonen, um ihre eigenen Emotionen und Affekte regulieren und benennen und sich selbst damit zugänglich und erklärbar machen zu können.

Wenn Flora oder Paul aber oftmals keine Reaktion im Gesicht der Eltern sehen können, ist das extremer Stress. Sie geben dann die Kontaktversuche auf, werden aber auch in der Entwicklung von Aufmerksamkeit, Sprache und Hörverstehen beeinträchtigt.

Früher Stress hat Auswirkungen auf das Hören - menschliches Hören wird vom autonomen Nervensystem reguliert und funktioniert optimal so, dass bei Sicherheit störende Frequenzen ausgefiltert und der menschliche Frequenzbereich verstärkt werden. Über die Melodie und Vokalisation der sozialen Kommunikation und Interaktion wird der neue Vagus stimuliert und so der ganze Organismus beruhigt. (19)

Wir brauchen die Aktivität des neuen Vagus für soziale Kommunikation und das geht nur bei gefühlter, wahrgenommener Sicherheit. Wenn keine Sicherheit wahrgenommen wird, ändert sich die Höreinstellung, dann werden tiefe Frequenzen möglicher Gefahr gehört, menschliche dagegen schlechter. Ein Zustand von Ruhe und Sicherheit beeinflusst den neuronalen Tonus der Mittelohrmuskeln und verbessert die Hörfähigkeit im menschlichen Signalbereich, gleichzeitig auch der Muskeln von Kehlkopf und Rachenhöhle, was die Modulation unterstützt. (20)

Kapitel 7.2.3 – Kindheit heute – geistreich und beziehungsarm?

Auch in der weiteren Gestaltung der Kindheit und Erziehung sind in kurzer Folge hintereinander verschiedene Entwicklungen erfolgt, so dass Kindheiten in den letzten 70 Jahren sehr verschieden waren. Die Prinzipien der schwarzen Pädagogik wurden durch die Bücher von J. Haarer noch lange verbreitet und wirken nach: In der Bundesrepublik Deutschland wurde beispielsweise in den meisten Bundesländern das Schlagen von Kindern in Schulen erst 1973, in Bayern erst 1983 verboten. Erst im Jahr 2000 wurde durch eine Gesetzesänderung das elterliche Züchtigungsrecht abgeschafft.

Die Kinder der 80er Jahre, die in den Genuss der besseren Bedingungen bei der Geburt kamen, haben Eltern der geburtenstarken Jahrgänge der 60er Jahrgänge. Diese Eltern wurden selbst noch von Trennungen der Primärperiode und den Resten der schwarzen Pädagogik betroffen. Die Wahrnehmung des eigenen Körper sowie ein Gespür für die eigenen Bedürfnisse haben sie meist nicht lernen können. Aus der gefühlten Unzufriedenheit damit, begannen Suchprozesse, die zu den o.g. Veränderungen in der Geburtspraxis und einer Aufarbeitung der schwarzen Pädagogik führten, so dass die Vorstellungen von Erziehung sich positiv veränderten. Trotzdem wirken die alten Traditionen noch nach, indem sie die Erfahrungswelt dieser Eltern prägten.

Der äußere gesellschaftliche Rahmen veränderte sich in den letzten 70 Jahren sehr stark zu mehr Wohlstand und mehr Konsum, aber auch zu einer Beschleunigung des Alltags. Damit verbunden waren die Zunahme von Stress, eine Auflösung alter Rollenmodelle, mehr Berufstätigkeit der Frauen und mehr Gleichberechtigung. Gleichzeitig entstanden aber auch ein immer stärkerer Leistungsdruck und eine wachsende Bedeutung von Status. Ausdruck dieser Entwicklungen war und ist auch die sinkende Geburtenrate.

Dementsprechend haben sich die Kindheiten verändert, nicht zuletzt auch durch die stark zunehmende Verstädterung des Lebens. Ca. 50 % der Weltbevölkerung lebt derzeit in Städten, wobei der Trend stark zunehmend ist. Das bedeutet für ein Kind, dass immer mehr die stabilen sozialen Bezüge zugunsten von Anonymität abnehmen, dass Verwandte nicht beieinander leben, dass es nicht einfach allein spielen und die Umgebung entdecken und dass es sich nicht frei bewegen kann.

Als Folge ist die Kindheit zunehmend durchgeregelt, es gibt immer weniger freies Spiel außer Haus. Es gibt auch immer weniger Spielgefährten, weil immer weniger Kinder beieinander wohnen. Oftmals kommen im Verlauf der Kindheit mehrere Umzüge hinzu, in denen die Kinder alle vertrauten sozialen Kontakte verlieren. Viele Kinder sind wie Flora und Paul Einzelkinder und werden nachmittags zu Freunden oder zu Aktivitäten wie Sport oder Musikschule gefahren. Sie sind praktisch immer unter Beobachtung und im Zeitplan. Die wenige verbleibende Zeit verbringen sie meist allein zuhause.

Und es gibt das Gegenteil, nämlich Kinder, die völlig sich selbst überlassen werden und ebenfalls die meiste Zeit allein verbringen. Sie sind sich selbst überlassen vor dem Fernseher oder am PC.

Durch mehr Scheidungen und Patchworkfamilien fehlen zunehmend die konstanten Bezugspersonen und damit Halt und Sicherheit. Es gibt in den Familien und in der Freizeit immer weniger unmittelbare Interaktionszeit, weil immer mehr immer schneller erledigt werden muss und der Leistungsdruck bei Eltern und Kindern gestiegen ist. Status und Leistung sind die zentralen kulturellen und individuellen Werte. Das spiegelt sich oftmals in hohen Erwartungen von Eltern wieder. Oder aber Eltern erleben sich als abgehängt und kümmern sich gar nicht mehr. Das gilt auf keinen Fall für alle Familien, beschreibt aber gegenwärtige Tendenzen, die besorgniserregend wachsen.

Diese Entwicklung hat sich in den letzten 20 Jahren zusätzlich verschärft durch die enorme Beschleunigung des Lebens, verbunden mit einer massiven Reizüberflutung und sozialen Isolierung durch Medien. Neben vielen Familien, die gut miteinander im Kontakt sind, geschieht es immer öfter, dass Bindungspersonen zwar körperlich anwesend sind, aber nicht in sicherheitsstiftendem direktem Kontakt. Eltern unterschätzen diesen Einfluss häufig, weil sie selbst noch die ersten Jahre ihrer Kindheit ohne PC und ohne Smartphone verbracht haben.

Zeitgleich mit einem besseren Umgang während der kindlichen Primärperiode, begann eine enorme Beschleunigung des Lebens. Soziale Vereinzelung und die intensive Nutzung von Medien haben den Alltag von Familien und Kindern stark verändert. Als Ergebnis haben wir trotz viel besserer Bedingungen um Geburt und Lebensbeginn auch heute ein erhebliches Maß an Regulationsstörungen.

Kapitel 7.2.4 – Was bewirken Cyber-Kindheiten?

Viele Kinder sind schon sehr zeitig nicht mehr direkt miteinander in Kontakt sondern über Medien mit einer virtuellen Welt. Inzwischen besitzt jedes Kind in frühem Alter schon Handy, PC, Tablet, Spielkonsole etc., die intensiv genutzt werden. Freies soziales Spiel findet kaum noch statt. Damit fehlt die wichtigste Lerngelegenheit, um Konflikte friedlich zu bewältigen, die sozialen Signale direkter Kommunikation über Mimik, Gestik, Blick etc. wahrnehmen und richtig interpretieren zu lernen und die innere Erregung sozial angemessen zu regulieren. Wenn wechselseitige Interaktion und Spiel nicht entwickelt wird, erfolgt die Aufmerksamkeitslenkung ausschließlich nach außen auf äußere Reize statt auf eine eigene innere Wahrnehmung. Davon aber steigt die sympathische Erregung noch weiter und macht Beruhigung und Lernen schwerer.

Der Aufenthalt in den Betreuungseinrichtungen erlaubt ein Erlernen der nötigen sozialen Regulierung nur teilweise. Ebensowenig die Schule, dort herrscht ein hohes Erregungsniveau, Zeitplan, Raumenge und Druck vor, so dass wiederum die Regulation nicht ausreichend gelernt werden kann.

„In der KiGGS-Studie (Studie zur Gesundheit von Kindern in Deutschland) wurden Jugendliche im Alter von 11 bis 17 Jahren zu ihrer täglichen Nutzungsdauer von Fernsehen/Video, Computer/Internet und Spielkonsole befragt. ... Die KiGGS-Daten zeigen, dass 23,1 % der 11- bis 17-Jährigen mehr als 5 Stunden pro Tag mit der Nutzung von Bildschirmmedien verbringen. Von den Jungen weist im Vergleich zu Mädchen ein deutlich höherer Anteil ein derart intensives Nutzungsverhalten auf (29,2 % gegenüber 16,7 %). (21) Mit 30,9 % nutzt knapp ein Drittel der Jugendlichen mit niedrigem Sozialstatus mehr als 5 Stunden täglich Bildschirmmedien. In der mittleren und insbesondere in der hohen Statusgruppe liegen die Vergleichswerte mit 23,5 % bzw. 10,8 % deutlich niedriger. Weiterführende Auswertungen belegen, dass sich die statusspezifischen Unterschiede im Umgang mit elektronischen Medien bereits im Kindesalter deutlich abzeichnen." *(22)*

Medien, Beschleunigung und mangelnde direkte soziale Interaktionen führen zu Problemen der Aufmerksamkeit.

Aufmerksamkeit erlaubt bewusstes, geplantes Zuwenden zu einem Problem oder einem Reiz oder einem Gegenüber. Diese Fähigkeit wird durch eine Mobilisierung des Stoffwechsels über das sympathische Nervensystem vermittelt, bei gleichzeitiger Hemmung des neuen Vagus der sozialen Interaktion. Je mehr äußeren Reizen und neuen Informationen, vor allem visueller Art, Kinder ausgesetzt sind, desto intensiver und desto öfter wendet sich die Aufmerksamkeit nach außen, was mit erhöhter sympathischer Aktivität und bei längerer Dauer mit der Ausschüttung von Cortisol und damit erhöhtem Verbrauch von Ressourcen, incl. einem Aufbrauchen der Neurotransmitter einhergeht. Es ist die Ursache für die bereits beschriebene Entspannungsunfähigkeit und chronische Geschäftigkeit bzw. Überaktivierung.

Das ist ein ernstes Problem der gegenwärtigen Zeit. Immer eher und immer öfter taucht das Krankheitsbild der Nebennierenerschöpfung auf, seit unsere Umwelt derart an Reizen zugenommen hat. Gleichzeitig verlieren bereits Kinder den Zugang zum eigenen Inneren, zu den Körperempfindungen und –gefühlen, die sie für ihre innere Regulation brauchen. Unsere Kultur trainiert immer noch grundsätzlich Menschen dahingehend, Ihre Körperempfindungen als Signale für „suchen" und „meiden" zu ignorieren und nur die kognitiv gelernten kulturellen Verhaltensgrundsätze auszuführen (Kapitel 7.1).

Flora und Paul leben in der größten sozialen Isolierung, die es jemals gegeben hat. Sie erleben immer weniger den mit Oxytocin und Wohlbefinden verbundenen direkten Blickkontakt. Berührungen, Mimik und Gestik, die Liebe ausdrückt sind bei ihren Familien, Erziehern, Freunden und allen Personen dieser Gesellschaft selten geworden. Es fehlt den Kindern an ausreichender Gelegenheit, ihr inneres Körpergefühl und ihre innere Regulationsfähigkeit zu entwickeln.

Daher erlernen viele Kinder nur ungenügend, ihren inneren Spannungszustand zu regulieren und sind oftmals unfähig, sich zu entspannen und ihre hohe innere sympathische Erregung zu spüren und zu verringern. Diese Fähigkeiten erschweren den sozialen Umgang, Beziehungen, aber vor allem später ihre eigene Elternschaft und Fürsorge.

Unsere Kultur sorgt für laufende Verletzungen des Sicherheitsbedürfnisses, weil immer mehr direkter Kontakt durch Medien übernommen wird, weil wir immer sachlicher und ausdrucksloser kommunizieren und weil oft die erwachsenen Bindungspersonen selbst den Bezug zu sich verloren haben. Je weniger herzlich, ausdrucksstark und gefühlvoll wir kommunizieren, desto weniger sicherer fühlen sich die Kinder, vor allem aber, desto weniger soziales Training können sie erleben. Dann bleiben diese Areale im Gehirn unvernetzt und es entsteht Angst und hohe innere Anspannung unter Cortisol aufgrund fehlender Sicherheit und Entspannung.

Das Abwenden anderer Menschen, Kontaktunterbrechungen, fehlende Sicherheitssignale durch leere ausdruckslose Gesichter, Zeichen von Desinteresse, alles das interpretiert unser autonomes Nervensystem als Gefahr, als Verletzungen der Sicherheit. Dann springt die Neurozeption an, dann fühlen sich die Kinder, aber auch Erwachsene in ihrem Kontaktbedürfnis abgelehnt oder bedroht und reagieren evtl. aggressiv. Solches Verhalten kommt in unserer Kultur sehr häufig vor. Manche Kinder können sich gar nicht in Gegenwart Anderer regulieren, weil ihnen die sozialen Lerngelegenheiten dafür fehlen. Wir sind uns dessen meist nicht bewusst, denn der Vorgang der Neurozeption von Sicherheit oder Unsicherheit läuft unbewusst ab.

Wenn kein Blickkontakt und kein sozialer Abgleich zustande kommt, erfolgen oft Verletzungen. Kinder müssen lernen, Sicherheit oder Gefahr, Freund oder Feind wirklich zu erkennen und Versöhnungsgesten einzusetzen, sonst geschehen wirkliche Prügeleien und Verletzungen z.B. auf Spielplätzen. - Erinnern wir uns dazu an das Spiel der jungen Hunde aus den Vorkapiteln: Sie lernen, sich zu regulieren durch Rückversicherung des spielerischen Charakters von Raufereien. Wenn das nicht ausgebildet wurde, fehlt diese Fähigkeit. Mit Kindern, die ihren inneren Zustand nicht gut regulieren können, will dann niemand mehr spielen - so, wie es im Kapitel. 6.2.5. für die jungen Affen beschrieben wurde, die Gefahr laufen, aus der Gruppe ausgeschlossen zu werden.

Erst, wenn soziales Training erfolgt, erwerben die Kinder das biologische Fundament für Sicherheit und dann erst kommen sie zu einem mittleren Erregungsniveau des Nervensystems für Lernen und Kognition zurück. Den Kindern fehlt vor allem die wechselseitige soziale Belohnung für erfolgreiches soziales Handeln. Störungen in der Zustandsregulation haben hauptsächlich mit negativen frühen Erfahrungen, aber zunehmend auch mit dem steigenden Stresslevel aller Lebensprozesse und mangelnder direkter sozialer Regulation zu tun. Der frühe Mangel an Zustandsregulationsfähigkeit ist die Hauptursache für das Zunehmen psychischer Störungen und psychosomatischer Krankheiten.

„Demnach ist bei 20,2 % der 3- bis 17-jährigen Kinder und Jugendlichen von einem Risiko für psychische Auffälligkeiten auszugehen, bei Jungen mit 23,4 % noch häufiger als bei Mädchen mit 16,9 %. ... Auch Essstörungen gehören zu den psychischen und Verhaltensauffälligkeiten, denen in den letzten Jahren ein verstärktes öffentliches Interesse entgegengebracht wird. ... Demnach ist bei 29 % der Mädchen und 15 % der Jungen dieses Alters von einem Verdacht auf ein essgestörtes Verhalten auszugehen. .. Im Altersverlauf nahm die Anzahl der Auffälligkeiten bei den Mädchen um rund 50 % zu, während sie bei den Jungen um etwa ein Drittel sank." (24)

In engen und warmherzigen Bindungsbeziehungen erlernen Kinder mehr und mehr selbst ihren inneren Spannungszustand zu regulieren. Sie sind jedoch noch lange auf die Hilfe anderer Menschen dafür angewiesen, insbesondere in neuen Kontexten. Biologisch sind wir auf ein stabiles Bezugssystem ein Leben lang eingerichtet, wie es die Gruppe der Primaten oder das Dorf war, nicht auf unsere schnell wechselnden Betreuungsarrangements. Das Sicherheitssystem, über das wir Stress oder Entspannung regulieren, muss immer wieder benutzt, d.h. ko-reguliert werden, damit ein Kind sich allmählich allein regulieren kann.

In unserer jetzigen Zeit erleben Kinder kaum noch Modelle für Konfliktklärungen und Versöhnungsgesten. Das Wissen ist uns verloren gegangen, so dass Betreuer oder Eltern sich auch oftmals nicht dieser Vorbildfunktion bewusst sind. Daher geben sie keine geeigneten Modelle für Konfliktvermeidung oder Versöhnung und gegenseitige Sicherheitsregulation ab.

Kinder, aber auch zunehmend Erwachsene wissen oftmals kaum, wie sich ein ganz entspannter sicherer Zustand im Beisein Anderer anfühlt und wie sie ihn gegenseitig herstellen können. Sie wissen nicht, wie sie sich innerlich tief entspannen und wohl fühlen können, ohne mit etwas beschäftigt zu sein, das ablenkt. Unsere Kultur misst dem keinen Wert bei und ist damit gegen unsere tiefen biologischen Bedürfnisse, sogar gegen die Notwendigkeiten der Regeneration und Sicherheit gerichtet.

Heutzutage haben Flora und Paul immer weniger Rollenvorbilder, vor allem keine männlichen und keine Geschwister und Verwandte, die konstant und beständig für sie als Modell erlebbar sind. Sie entnehmen dafür ihre Vorbilder aus den Medien. Flora und Paul erleben mehr Sicherheit bei der Geburt, aber sie erleben nicht mehr viele soziale Kontakte im Verlauf ihrer Kindheit. Flora und Paul haben kaum Geschwister, oftmals nur ein Elternteil und wenig Verwandte. Davon zeugt beispielsweise die Tatsache, dass wir z.Z. in BRD 41 % Singlehaushalte haben. (23) Damit fehlen Flora und Paul die nötigen vielfältigen Erfahrungen von positiver Regulation mit Hilfe anderer Menschen und direkter gegenseitiger sicherheitsstiftender Interaktion, aber auch Berührungen und Zärtlichkeiten, die ihr Oxytocinsystem bahnen.

Heutzutage haben Flora und Paul immer weniger Rollenvorbilder, vor allem keine männlichen und keine Geschwister und Verwandte, die konstant und beständig für sie als Modell erlebbar sind. Sie entnehmen dafür ihre Vorbilder aus den Medien. Flora und Paul erleben mehr Sicherheit bei der Geburt, aber sie erleben nicht mehr viele soziale Kontakte im Verlauf ihrer Kindheit. Flora und Paul haben kaum Geschwister, oftmals nur ein Elternteil und wenig Verwandte. Davon zeugt beispielsweise die Tatsache, dass wir z.Z. in BRD 41 % Singlehaushalte haben. (23) Damit fehlen Flora und Paul die nötigen vielfältigen Erfahrungen von positiver Regulation mit Hilfe anderer Menschen und direkter gegenseitiger sicherheitsstiftender Interaktion, aber auch Berührungen und Zärtlichkeiten, die ihr Oxytocinsystem bahnen.

Außerdem fehlen den Kindern genügend Gelegenheiten für Bewegung. Lehrern, Erziehern und Schulsozialarbeitern ist diese Entwicklung sehr bewusst und sie empfinden sie als besorgniserregend. Der Tag ist vollständig durchgetaktet. In den kurzen Pausen führen die Kinder ihren aufgestauten Bewegungsdrang durch wildes Rennen und Raufen ab. Sie haben kaum einmal eine volle Stunde am Stück ungeplante Zeit zum Spielen oder Toben. Dazu gibt es die Regeln, im Schulhaus nicht zu rennen, was eigentlich für die Kinder gar nicht umzusetzen ist. S. Porges schreibt dazu: „Säugetiere mögen keine räumliche Einschränkung. Für sie sind die Isolation von Artgenossen und die Einschränkung der Bewegungsfreiheit besonders unangenehm. Wir sollten einmal über die Bedeutung der beiden genannten Stressoren in der Welt, in der wir leben, nachdenken und darüber, wie wir mit den Menschen, für die wir sorgen, umgehen." (25)

Sehr früh im Leben von Kindern beginnt eine soziale Isolation. Für Säugetiere ist Einsamkeit ansteckend und schmerzhaft, denn sie sind auf den raschen gegenseitigen emotionaler Abgleich von Sicherheit und Wohlbefinden angewiesen. Bessere soziale Vernetzung sowie viele beständige Freundschaften mindern die Einsamkeit. Je besser Testpersonen sich sozial integriert fühlen, desto geringer steigt ihr Stresspegel bei der Bewältigung von Aufgaben an. (26)

Soziale Isolation reduziert die Synthese des Oxytocin-Rezeptors, gleichzeitig erhöht sich die Produktion des Vasopressin-Rezeptors und von Vasopressin selbst (Kapitel 3.9). Als Folge einer vasoperssininduzierten ständigen hohen sympathischen Erregung, verbunden mit ausgelösten Angstgefühlen, treten mit der Zeit zunehmend mehr Depressionen, Ängste und physiologische Störungen auf. (27)

Schule ist oft hoher Stress für Kinder durch Beurteilungen, zu große Klassen und überforderte Lehrer. Lehrer sehen sich immer noch zu oft als Wissensvermittler und eher selten als Beziehungs- geschweige denn Bindungsperson. Anstelle dessen werden Leistungen beurteilt, verbunden mit häufigem Erleben von Ungenügen seitens der Schüler. Das ist sofort wieder mit einer hohen inneren sympathischen Erregung des Kampf-Flucht-Mechanismus verbunden. In diesem Zustand wird Lernen unmöglich sowie die Gefahr der Fehlinterpretation sozialer Signal hoch.

Bei häufigem oder hohem Stress kann es zu einem Verbrauch von Serotonin kommen. Eine verminderte Serotoninkonzentration geht meist mit vermehrt impulsivem Verhalten einher. Es kann dann nicht mehr seinen beruhigenden und cortisolsenkenden Einfluss ausüben. ADHS ist oftmals mit Serotoninmangel, zu wenig Oxytocin und demzufolge hoher sympathischer Übererregung verbunden. Eine impulsive oder aggressive Entladung der Spannung lindert momentan den Druck der sympathischen Übererregung.

Daraus entstehen jedoch die Probleme dieser Kinder mit der Schule und die Wahrnehmung der Erwachsenen in Bezug auf diese Kinder als verhaltensauffällig. Jungen scheinen besonders verletzlich auf frühen Stress zu reagieren. (28) Vasopressin wirkt bei Jungen so, dass sie bei Gefahr eine höhere Vasopressinkonzentration und dementsprechend eine höhere Erregung und innere Spannung haben.

Die extrem schnell steigende Informationsmenge und die zunehmende Beschleunigung des Lebens überfordern oftmals die Verarbeitungskapazität des Gehirns. Gleichzeitig sind Erholungsphasen, in denen die Aufmerksamkeit von außen abgezogen wird, bereits bei Kindern kaum noch zu finden. Die Folge sind schlechter Schlaf, mangelnde Aufmerksamkeit, Gedankenkreisel und innere Unruhe durch das erregte sympathische Nervensystem.

Die Folgen dieser Entwicklung sind viel weitreichender als wir gewöhnlich denken. Auch, weil viele der jetzt Erwachsenen selbst in den 60ern bis 80ern noch eine freiere und sozial vielfältigere Kindheit hatten, können wir oft die Situation der Kinder nicht genügend nachfühlen. Wir Erwachsenen unterschätzen diese Entwicklung auch deshalb, weil wir selbst uns an die Veränderungen gewöhnt haben.

Aufgrund der vergangenen Jahrhunderte körperfremder und gefühlsspaltender Geburts- und Erziehungsmethoden haben viele Erwachsene unserer Kultur selbst kaum die Fähigkeit zu körperlich empfundener Sicherheit. Sie können selbst nur ganz schwer ihren eigenen inneren Spannungszustand regulieren, Gefühle nachempfinden und sozial angemessen ausdrücken. Außerdem ist gerade das emotionale Nachfühlen, das empathische Einfühlen in den inneren Zustand der Anderen einer der gravierendsten Verluste durch die Erziehungspraktiken der Vergangenheit.

Kapitel 7.2.5 – Wie beeinflusst die heutige Kultur die Pubertät?

Unsere heutige Kultur ist durch eine hohe innere Anspannung von Jugendlichen charakterisiert, die durch die hormonellen Veränderungen der Pubertät nochmals zunimmt.

Entspannung muss aktiv gesteuert werden, sie geschieht nicht automatisch bei Abwesenheit von Gefahr. Folgt sofort der nächste aktivierende Reiz, dann folgt auch sofort die nächste sympathische Erregung – so, wie in der jetzigen Kindheit und Jugend fortwährend. Dann kommt es zu einer mehr und mehr sich aufschaukelnden Reaktion mit einer chronischen Ausschüttung von Cortisol. Im Nervensystem herrscht deshalb trotz besserer Bedingungen der Geburt insgesamt eine ständige hohe sympathische Erregung mit chronischer Cortisolausschüttung bereits bei den Kindern vor.

Jugendlichen fehlen die alltäglichen direkten Gelegenheiten zur Ko-Regulation von Sicherheit und Entspannung gemeinsam mit anderen Menschen, bei denen sie sich beständig sicher fühlen können. „Wir sind alle sehr sehr anpassungsfähig. Und wenn wir aus einer Familie stammen, in der die Eltern depressiv waren oder chaotisch, haben wir uns an diese Situation durch Nicht-Engagement angepaßt, und das bedeutet, dass wir unser System für soziales Engagement buchstäblich herunterregeln." (29)

„Das System herunterregeln" bedeutet, den Wunsch nach aktiver mimischer, gestischer und Körperkommunikation aufzugeben. Erkennen lässt es sich an einem leeren ausdruckslosen Gesicht, welches kaum auf andere Menschen reagiert und gleichsam durch sie hindurch schaut, wie wir es zunehmend in der Interaktion zwischen Eltern und Kindern beobachten können. Da weder Flora noch Paul bewusst ist, dass sie das tun, werden sie dieses Verhalten im weiteren Lebensverlauf beibehalten und auch so mit ihren Partnern, später ihren Kindern kommunizieren. Diese Art Interaktionen bei Eltern sehe ich inzwischen immer häufiger in meiner Praxis.

Das alles kennzeichnet auch die Bedingungen der Pubertät. Wie wir bereits gesehen haben, ist das Gehirn in der Pubertät nochmals eine Großbaustelle und wird umgebaut, um immer besser in komplexen sozialen Strukturen zu funktionieren und die biologischen Funktionen von Fortpflanzung und Aufzucht der Jungen zu ermöglichen. Dabei werden diese Veränderungen unter dem Einfluss der erfahrungsabhängigen Ausschüttung von Hormonen und Neurotransmittern vorgenommen.

Was geschieht hier aber, wenn die entsprechenden Erfahrungsgelegenheiten in der Umwelt fehlen?
Was geschieht in der Pubertät, wenn Hormon- und Neurotransmitterkreisläufe vorher nur unzureichend vernetzt worden sind?
Wie erleben Flora und Paul dann ihre Pubertät?
Im Verlauf der Pubertät nimmt heutzutage die Entfremdung von sich selbst meistens noch mehr zu, insbesondere durch die verstärkte Nutzung von Medien. Bei der Kommunikation über social media wird nicht direkt, zeitgleich und aktiv mimisch, gestisch, stimmlich kommuniziert, sondern asynchron, ohne den üblichen feinen Abgleich der Ge-

sichtsausdrücke. Schriftsprache verzichtet auf wesentliche Teile der sozialen Interaktion, sms oder twitter mit ihren Icons noch mehr. Dabei werden weder Oxytocin noch Opioide freigesetzt.

Medienkommunikation verhindert das Lernen von Empathie. Der Rückgang von Empathie- und Perspektivwechselfähigkeit seit den 80er Jahren steht in enger Verbindung mit einer vermehrten Nutzung von Telefon und Medien anstelle direkter gegenseitiger sozialer Kommunikation. Dadurch entwickelt sich die Fähigkeit zur Interpretation von Gesichtsausdrücken nicht genügend und das Gefühl von Sicherheit wird nicht genügend gelernt.

Unter solchen Umständen erhält das Kleinhirn nicht die richtigen Informationen für seine Funktion, komplexe soziale Zusammenhänge und Rangordnungen zu durchschauen und soziale Interkationen zu optimieren. Der „Computernerd" ist dafür ein eindrückliches Beispiel. Außerdem erlernt dann das Kleinhirn nicht die Funktion der Impulskontrolle und sozialen Hemmung. Dies stellt insbesondere für Jungen ein großes Problem dar.

Aber auch für Mädchen ist es ein Problem, wenn nämlich die Regulation der direkten Interaktion zur Konfliktvermeidung entfällt. Damit werden die zunehmenden Fälle von Mobbing über facebook bzw. Whats app erklärt. Bei social media fehlt die abgestimmte Regulation über die Gesichts- und Gefühlskomponenten und die Ausschüttung des vertrauensbildenden Oxytocin.

Problematisch ist dieses Verhalten insbesondere, weil dann in der Pubertät die oberste Kontrollebene des limbischen Systems nur unzureichend vernetzt und entwickelt wird. Dieser Teil, das soziale Gehirn, wird umso dichter vernetzt, je mehr direkte Kontakte zu anderen Menschen stattfinden. Gerade der orbitofrontale Cortex ist die Großbaustelle der Pubertät und muss genutzt werden, um sich zu vernetzen. Sonst werden die jungen Erwachsenen sozial inkompetent.

Gleichzeitig werden die für die spätere Elternschaft unabdingbaren Fähigkeiten zur Interpretation der Gesichtsausdrücke und Bedürfnisse des Gegenübers nicht ausreichend angelegt. Dann wird es den späteren Eltern schwer fallen, sich intuitiv auf einander und auf ihr Baby einzustellen und seine Signale zu verstehen.

Durch die intensive Mediennutzung findet der wesentliche Teil, über den wir im Gespräch mit anderen Menschen Wohlbefinden und

Sicherheit empfinden, nicht statt. Flora und Paul fehlt das wichtigste, was die soziale Bedeutung von Kommunikation ausmacht: das Gefühl von Sicherheit, Wohlbefinden und Zuneigung. Es besteht ein Zusammenhang zwischen Mediennutzung und Depression bzw. geringem Wohlbefinden.

So wurde gezeigt, dass es eine Zunahme von Depressionen bei jungen Mädchen durch die Nutzung von facebook gibt. (30) Eine weitere Studie von 2017 belegt den Zusammenhang zwischen der Nutzung von Online-Medien und Einsamkeit. Diejenigen, die mehr als 2 Stunden täglich Medien nutzen, hatten eine aufs Doppelte erhöhte Wahrscheinlichkeit, sich einsam zu fühlen, gegenüber denen, die weniger als eine halbe Stunde Medien nutzten. (31)

Bei der Nutzung von email, social media etc. entsteht eine asynchrone Interaktion anstelle der normalen gegenseitig fortlaufend abgeglichenen synchronen Interaktion. Eine Untersuchung mit 3461 Mädchen von 8-12 Jahren ergab, dass sie nur zwei Stunden am Tag direkten Kontakt zu anderen Menschen hatten, dagegen aber sieben Stunden mit Bildschirmmedien (32) verbrachten. Das Bildschirmlicht ist ein zusätzlicher Reiz, der den Cortex aktiviert und damit das sympathische Nervensystem zur Cortisolausschüttung anregt, so dass das Einschlafen behindert wird. Außerdem ist Sehen ein stark verstandesgekoppelter Sinn, daher steigt die sympathische Erregung beim Sehen an.

Einen nicht zu unterschätzenden Einfluss auf das in Wandlung begriffene Gehirn der Pubertät hat Gewalt in den Medien. Eine Studie aus den USA belegt das. Dort wurde eine Stadt gefunden, die bis 1973 keinen TV-Empfang hatte, eine 2. Stadt hatte seit sieben Jahren TV, aber nur einen Kanal und eine 3. Stadt hatte alle Programme seit 15 Jahren. Es wurde zweimal im Abstand zweier Jahre das Spielverhalten von Kindern in natürlichen Situationen untersucht sowie Befragungen von Lehrern, Kindern und Jugendlichen zum Verhalten vorgenommen. Das Ergebnis zeigte eine Verdoppelung verbaler Aggressivität und nahezu eine Verdreifachung körperlicher Aggressivität sowohl von Jungen als auch von Mädchen und in allen Altersklassen sowie einen Zusammenhang zwischen Fernsehzeit und dem Ausmaß an Gewaltbereitschaft. (33)

Mehrere andere Studien zeigen Zusammenhänge zwischen späterer Gewaltbereitschaft und dem TV-Konsum in der Kindheit. Bereits in den 60er Jahren zeigte sich, dass Kinder, die im Experiment Filme sahen, in denen andere Kinder zu Kindern gewalttätig waren, danach selbst gewalttätig wurden, weil sie das Verhalten imitierten. (34) Das Sehen von Gewalt führt zur Gewöhnung, also Abstumpfung. In einer Längsschnittstudie wurden über 700 Familien aus zwei Landkreisen im Bundesstaat New York befragt und die Ergebnisse zusammen mit vielen anderen Daten in Hinblick auf die TV-Gewohnheiten der Kinder ausgewertet. Bei der ersten Befragung 1975 waren die Kinder 5,8 Jahre, im Jahr 2000 waren sie 30 Jahre. Die Ergebnisse belegten, dass ein positiver TV-Konsum mit 14 Jahren signifikant verbunden war mit geringem Einkommen, dem Aufwachsen in unsicherer Nachbarschaft, einem geringen Ausbildungsniveau, mit psychiatrischen Erkrankungen und aggressivem Verhalten im Alter von 16 bzw. 22 Jahren. Dieses Ergebnis traf für beide Geschlechter zu. (35)

Bereits das Sehen von Gewalt bahnt die Schaltkreise im Gehirn für die Ausführung von Gewalt, noch viel mehr trifft das für das Spielen von Video-Gewaltspielen zu. Das Spielen von Gewalt mobilisiert und bahnt genau die gleichen Gehirnschaltkreise wie die reale Ausführung (36) und ruft die entsprechenden emotionalen Schaltkreise der beteiligten Neurotransmitter und Hormone auf, nämlich Cortisol, Testosteron, Vasopressin sowie Dopamin für Belohnung. Es aktiviert das sympathische Kampf-Flucht-Muster ohne die normale Bewegungsabfuhr. Diese hohe sich aufschaukelnde Erregung bleibt bestehen und die Spannung muss spätestens nach Spielende durch große motorische Aktivität oder reale Gewalt abreagiert werden.

Nach den Daten der KiGGS-Basiserhebung haben rund ein Viertel der Jugendlichen innerhalb der letzten 12 Monate Gewalterfahrungen gemacht. Mit 32,4 % gegenüber 17,5 % lag dieser Anteil bei Jungen fast doppelt so hoch wie bei Mädchen. (37)

Hauptaufgabe der Pubertät ist es, die jeweiligen Geschlechtsrollen zu verinnerlichen und mit den Gefühlen der Sexualität und Liebe umgehen zu lernen. Erinnern wir uns, bei den Primaten schlossen sich die halbwüchsigen Tiere jeweils zu Gruppen zusammen und älteren Weibchen bzw. Männchen an, um alles zu lernen. Unsere heutige Kultur ermöglicht den Mädchen und Jungen dafür nur ein sehr eingeschränktes Lernfeld. Sie erleben wenig tragfähige Strategien für ein erfolgreiches soziales Miteinander und wenig gelingende Beziehungen und Familien als Vorbilder. Immer wieder fehlen die Gelegenheiten, die innere Befindlichkeit sozialverträglich zu regulieren und das entsprechende Rollenverhalten zu lernen.

Paul hat kaum Gelegenheiten, seine aggressiven Impulse zur Selbstbehauptung in sozial angemessene Bahnen zu lenken. Da er nicht gelernt hat, Aggressivität angemessen auszudrücken und durch positive Interaktion den Stress zu senken, bleibt Spannung in ihm, die sich bei nächster Gelegenheit entladen wird. Er ist wenig sozial geübt und hat demzufolge viel Cortisol- und wenig Oxytocinschaltkreise gebahnt. Daher erlebt sich Paul durch die Fehlinterpretation von Blicken oft fälschlicherweise angegriffen oder herausgefordert.

Außerdem ist er ungeübt in friedlicher sozialer Regulation. Die heutige Umwelt bietet Paul zu wenige Gelegenheiten zum Ausprobieren von Risiko, zu Wettbewerben, friedlichen Raufereien und zum spielerischen Messen körperlicher Kräfte. So kann es geschehen, dass er sich sehr riskant beweisen will, durch Drogen, Trinken, aggressives soziales Verhalten, Videospiele etc.

Daneben gibt es auch das gegenteilige Verhalten von Jungen, die sich auf eine sozial anerkannte Weise, wie durch Sport oder hohe Leistungen, beweisen wollen. Viele Jungen sind auch sozial sehr angepasst, auf Kosten der Fähigkeit von sozial angemessener positiv zupackender Aggression, für die ihnen die männlichen Vorbilder fehlen. Oftmals versuchen sie, sozialen Status und Anerkennung durch sehr hohes Engagement zu erreichen, bis hin zur zusätzlichen Leistungs-Stimulierung.

Paul hat kaum Zugang zu Gruppen erwachsener Männer, oftmals ist er selbst vaterlos oder erlebt Besuchsväter. Er lernt in unserer heutigen sozial isolierten Kultur nicht ausreichend, mit den unvermeidlichen Konflikten und gelegentlichen Aggressionen umzugehen. Versöhnungsgesten sind kaum noch üblich. Paul orientiert sich an der männlichen sozialen Kultur und dort dominiert immer noch Rang, Über-

und Unterordnung ohne Versöhnung auf Augenhöhe. Sich entschuldigen ist immer noch mit dem Eingeständnis von Unrecht, Schwäche oder Verlust verbunden.

Paul lernt zu selten, wie er mit seiner erwachenden Kraft konstruktiv umgehen kann. Ihm bleibt die belohnende Kraft von Dopamin bei erfolgreicher Problembewältigung weitgehend verwehrt. Paul fehlt unter solchen Bedingungen auch das Gefühl, sozial in seiner Familie vor allem aber unter den erwachsenen Männern anerkannt zu sein und das beziehungsstiftende Gefühl von Zugehörigkeit, Sicherheit, Vertrauen und Selbstvertrauen.

Diese neuronalen Netze, die hauptsächlichen Veränderungen in der Gehirnstruktur während der Pubertät, bleiben dann bei Paul unvernetzt. So entsteht ein Kreislauf, der sich aufschaukelt, weil Paul seine biologischen Entwicklungsaufgaben nicht zufriedenstellend bewältigen kann.

Die regulierenden Funktionen von gegenseitiger Sicherheit, von Beruhigung und Körperkontakt, von Oxytocin und Serotonin kennt Paul von Seiten erwachsener Männer nicht als Rollenvorbild. Unsere Kultur erwartet oft noch die Unterdrückung weicherer Regungen. Solche Erfahrungen prägen die Vernetzung seines Gehirns und schlagen sich damit strukturell nieder, was sie schwer zu verändern macht.

„Durch die umfangreichen neuen Erkenntnisse der Gehirnforschung und die Arbeit mit meinen eigenen männlichen Patienten bin ich zu der Überzeugung gelangt, dass die einzigartigen Gehirnstrukturen von Jungen und Männern in allen Lebensphasen eine männliche Realität entstehen lassen, die sich grundlegend von der weiblichen unterscheidet und nur allzu oft übermäßig vereinfacht und falsch verstanden wird." (38) Überall fehlen in unserer Kultur die Väter, die sich als stabile Bindungspersonen zur Verfügung stellen.

Bis in 90er Jahre hinein gab es kaum wissenschaftliche Arbeiten zum weiblichen Gehirn. Es ist bis heute nicht in der Öffentlichkeit anerkannt, „… welche weitreichenden neurologischen Wirkungen die Hormone in den verschiedenen Lebensphasen entfalten: Sie prägen die Triebe einer Frau, ihre Wertvorstellungen und ihre gesamte Wahrnehmung der Realität." (39)

Unter dem Einfluss von Östrogen und ihrer Vorerfahrungen wird sie dieses Verhalten sicherlich ausbauen. Ihre Möglichkeiten zur aktiven gleichberechtigten Lebensgestaltung haben in den letzten Jahrzehnten sehr zugenommen, aber dennoch reagieren Mädchen noch öfter mit Rückzugsverhalten, obwohl sie sich grundsätzlich aktiver verhalten können. Sie entwickeln erst allmählich entsprechende offensivere Strategien

In unserer heutigen Kultur fehlt die direkte soziale Interaktion vor allem Flora. Ihr Gehirn ist besonders dazu angelegt und wird in der Pubertät noch zusätzlich dazu aktiviert, Wohlbefinden über Kommunikation herzustellen. Eine durch das Reden hergestellte Bindung, bedeutet für Frauen wie Flora auf neurobiologischer Ebene einen starken Lustschub. Dabei werden Oxytocin und Dopamin ausgestoßen. In der Wechselwirkung mit Östrogen entsteht Floras Motivation, danach immer wieder zu suchen. (40, 41)

Der Hippocampus als Wortspeicher wächst bei Flora besonders stark, wenn sie aktive, direkte Kommunikation erlebt. Wenn Flora viel über Medien kommuniziert, fehlen ihr Oxytocin, Dopamin und die Opioide, also die Zufriedenheit und das Wohlbefinden dabei. Außerdem wächst Floras Hippocampus nicht so stark, wie vorgesehen und Flora ist später nicht so geschickt in der Interpretation sozialer Signale ihres Babys. Wenn Flora der nonverbale Gesprächsanteil fehlt, empfängt sie nicht die nötigen Sicherheitssignale, die Stress senken und Sicherheit schaffen.

Umso gravierender sind die Folgen der Nutzung von social media für Flora. Ihr fehlt das direkte Gespräch mit dem Gefühl von Sicherheit unmittelbar körperlich. Derartiger sozialer Stress ist für sie der am schlimmsten empfunden Stress. Dann kann es auch bei Flora geschehen, dass das social engagement system zu arbeiten aufhört und sich nicht genügend entwickelt. Behindert wird bei Flora dadurch vor allem der spätere Kontaktaufbau zum Säugling (Kapitel 7.2.9). Konflikte senken bei Flora so stark den Oxytocinspiegel, dass es sich körperlich als Entzug bemerkbar macht. Daraus wiederum erwächst Floras starke Neigung zum Konsens. Bei einer unmittelbaren direkten Interaktion würde sie diesen Konsens über eine sensible emotionale Abstimmung herstellen können. Diese Fähigkeit fehlt ihr bei sozialer Isolation und bei einer Kommunikation, die nur über Schriftsprache abläuft.

Über social media entstehen viel mehr Missverständnisse und Konflikte, die für Flora sehr bedrohlich sind. Floras Gehirn hat wesentlich mehr Neuronen für den emotionalen Gehalt von Interaktionen, die dann nicht genug vernetzt werden. Evtl. wird so die wichtigste Fähigkeit für Mutterschaft nicht angelegt, nämlich die zuverlässige und richtige Interpretation der Gesichtsausdrücke der Babys. Obwohl die äußeren Bedingungen heute viel besser sind, fehlen Flora immer mehr die sozialen Übungsgelegenheiten.

Wo lernt Flora die Rolle der Mutter, wenn keine anderen Geschwister in der Familie, Großfamilie oder im Umfeld sind?

Flora fehlen oftmals Erfahrungen im Umgang mit kleinen Kindern. Durch die Isolation in der Kleinfamilie fehlt Flora auch der Zugang zur Verbundenheit mit anderen Frauen und der natürliche Stolz darauf, Frau zu sein.

Meist hat Flora nicht genügend eigene befriedigende Rollenerfahrungen für mütterliches Verhalten. Oftmals hat Flora aber auch kein befriedigendes Rollenvorbild für weibliches Verhalten und erfolgreiche Beziehungsgestaltung.

Da Flora keinen ausreichenden Zugang zu ihrem Körpergefühl entwickelt hat, kann sie sich auch schwer an eigenen stimmigen Entscheidungen orientieren, wie es biologisch vorgesehen ist. Dazu kommt oft eine chronische Übererregung des sympathischen Nervensystems. Je nach den konkreten Bedingungen ihrer Kindheit hat Flora vielleicht nur ungenügend gelernt, mit anderen Menschen Nähe herzustellen und sich bei hoher sympathischer Erregung im Spiel lustvoll zu entspannen.

Kapitel 7.2.6 – Welche jungen Erwachsenen bringt unsere Kultur hervor?

Welche Kultur haben Flora und Paul am Ende ihrer Pubertät verinnerlicht und wie wirkt sich das auf ihren weiteren Lebensverlauf und ihre Gesundheit aus?

Männliche Fürsorge setzt sich nur mühsam gegen alte Rollenauffassungen durch. Auch dafür fehlen meistens die Vorbilder der erwachsenen Männer, sowohl was väterliches Verhalten betrifft, als auch was männliches Verhalten Frauen gegenüber bedeutet. Weibliche Werte wie Fürsorge, Mitgefühl, Trost, Gewaltlosigkeit und Konsensbestreben sind allgemein gesellschaftlich keine hoch angesehenen Werte. Das wirkt sich natürlich auf Männer aus.

Damit fehlt ihnen das hormonelle Gleichgewicht, vor allem Oxytocin, was biologisch einen Ausgleich zur Erregbarkeit und schnelleren Aggressivität unter Testosteron bieten würde. Bei einer stärkeren Aktivierung liebevollen und fürsorglichen Verhaltens würden Oxytocin, Prolactin und Serotonin ausgeschüttet werden, bei gleichzeitiger Reduktion des Cortisols.

Im Verlauf ihrer Entwicklung haben heutzutage junge Erwachsene eine wenig reichhaltige soziale Umwelt erlebt, demzufolge ist ihr Gehirn in diesen Bereichen weniger vielfältig vernetzt. Gleichzeitig haben sie durch die ständige Informationsflut ein chronisch hohes Cortisolniveau bzw. ein chronisch zu niedriges wegen einer Erschöpfung des Systems. Dadurch beginnen zeitig die ersten gesundheitlichen psychophysiologischen Probleme, die sie aber nicht diesen Ursachen zuordnen.

Das größte Problem für ihre Zukunft besteht in der Unfähigkeit, zu entspannen, d.h. gezielt ihren inneren Erregungszustand regulieren zu können und dafür Sicherheitssignale des zwischenmenschlichen Kontakts zu benutzen. Als Folge besteht ein chronisch zu niedriger Spiegel der Wohlfühlsubstanzen Oxytocin und der endogenen Opioide. Sie sind ungeübt in der Abstimmung und gegenseitigen Ko-Regulation von Sicherheit, was ihnen das Eingehen und Aufrechterhalten dauerhafter enger sozialer Beziehungen schwer macht.

Der Prozess der Entfremdung und Abspaltung von den eigenen körperlichen und emotionalen Regungen führt zu einer zunehmenden sensomotorischen Amnesie. Meine Erfahrung aus 20 Jahren Tätigkeit als Feldenkrais-Pädagogin und systemische Beraterin zeigt mir, dass diese sensorische Amnesie sich ständig vergrößert. Die Bedeutung von Körpersignalen wird nicht genügend wahrgenommen und kann daher nicht für stimmiges Handeln benutzt werden. Körperempfindungen sagen mir, ob mein Herz vor Freude springt, wenn ich mich mit meinem Gegenüber wohl fühle, ob es etwas beklommen schlägt, weil jemand mir zu Unrecht Vorwürfe macht, ob es sich schmerzlich zusammenzieht, wenn jemand mir zeigt, dass er mich nicht mag oder ob es vor Panik stolpert, weil ich allein gelassen werde.

Immer öfter kommen diese Reaktionen und ihre Botschaft gar nicht mehr bis zum Bewusstsein. Menschen verbleiben dann in Situationen, die ihnen körperlich und seelisch nicht gut tun oder sie spüren es, verbleiben aber dennoch, wie z.B. in Schule oder Beruf. Dann schalten sie diese Gefühle immer mehr ab, die Amnesie nimmt zu, oftmals bis hin zu Krankheit oder Burn Out.

Dazu kommt eine kulturelle Verzerrung der Wertigkeiten. Erinnern wir uns, bei Primaten sind ruhigere Temperamente beliebter in der sozialen Gruppe, aggressivere Tiere laufen Gefahr, beizeiten aus der Gruppe ausgeschlossen zu werden. In unserer Kultur scheint es nicht mehr nötig zu sein, sich an die soziale Gruppe anzupassen, wir können scheinbar auch ohne andere Menschen und Gruppen überleben. Der Preis, der uns nicht bewusst ist, sind eine dauerhafte Unruhe und Unzufriedenheit, weil Sicherheit und Entspannung, Wohlbefinden und Liebe zueinander sich unter diesen Umständen nicht entwickeln können.

Kennzeichnend für unsere jetzige Kultur ist eine extreme Geschäftigkeit. Der ständige Bewegungsdrang gestresster Kinder mündet in die ständige Geschäftigkeit der Erwachsenen, die nicht zur Ruhe kommen können. Denn, so lange wir uns beschäftigen und bewegen, kommen wir nicht in einen Immobilisierungszustand und damit in alte ängstigende Erfahrungen. Porges beschreibt dieses Dilemma sehr treffend: „Aber wenn ich mich ständig bewege, kann ich nicht zu anderen Menschen in Kontakt treten. Ich kann keine Beziehung aufbauen und genießen – und ich will aber eine Beziehung. (42) Die meisten Menschen haben sich an diesen Zustand so sehr gewöhnt und kennen es gar nicht anders, dass sie ihn für normal halten und ebenso bei ihren Kindern.

Ich erlebe in meinen Beratungen und Seminaren recht häufig Menschen, die bei Phantasiereisen nicht innerlich entspannen und ihren Erregungszustand regeln oder ihre Augen schließen können, wenn andere Menschen dabei sind. Sie haben nicht gelernt, die Anwesenheit Anderer als hilfreich und sicherheitsstiftend zu erleben, im Gegenteil, es verunsichert sie. Es fällt ihnen schwer, sich in Gegenwart Anderer sicher zu fühlen und sich ihnen körperlich nahe zu fühlen, aber auch, Andere zu berühren, berührt zu werden und Vertrauen aufzubauen.

Angst oder Verunsicherung ersetzt den biologischen Kontaktwunsch durch Verteidigungsverhalten. Das sind dann Menschen, die sich nicht gern mit anderen Menschen zusammen tun, sondern lieber allein sind oder asynchron interagieren. Wenn eine Person im Verteidigungsmodus ist, kann sie Hilfsangebote oder Worte nicht als das sehen, was sie sind, sondern fühlt sich evtl. noch mehr in die Enge getrieben. - Es ist jedoch eine biologische Notwendigkeit, in Kontakt zu gehen und darin unseren Zustand zu regulieren, um gesund zu bleiben, weil wir anders nicht entspannen lernen können.

Sehr viele Menschen unserer Kultur sind unfähig zu entspannen, das zeigt die gesellschaftliche Dimension des Problems. Um die eigene sympathische Aktivierung einschätzen zu können, muss erst einmal die völlige parasympathische Dominanz körperlich erlebt werden, vorher ist gar kein Vergleich möglich. Wir vermissen nicht, was wir nicht (mehr) kennen. Zur Ruhe zu kommen und das sympathische Kampf-Flucht-System abzuschalten erlaubt die Wirkung des parasympathischen Systems, das uns allmählich beruhigt und tiefe Entspannung, Schlaf, aber auch Sexualität und Orgasmus erst geschehen lässt.

Kapitel 7.2.7 – Liebe und Sexualität in Zeiten der Digitalisierung

Junge Erwachsene tragen ihre gesamten prägenden Bindungserfahrungen der frühen Primärperiode, aber auch der weiteren Kindheit als Vorbild und Beziehungserwartung in ihre Liebesbeziehungen hinein. Infolge zunehmender Isolierung und fehlender Rollenvorbilder sind diese Erfahrungen in der heutigen Zeit immer spärlicher. Zu diesen mangelhaften Erfahrungen kommen noch dazu eine immer stärkere Körper- und Gefühlsfremdheit durch die mangelnden sozialen Kontakte.

Flora und Paul haben ein hohes Niveau an sympathischer Stresserregung. Das ist ein Zustand, in dem die parasympathisch regulierten Vorgänge von Liebe, Sexualität und Orgasmus schlecht oder gar nicht stattfinden können. Sie haben alle beide Schwierigkeiten, ihren Körper und ihre Gefühle zu spüren und sich im Augenblick, in der Gegenwart präsent zu entspannen. Flora und Paul schütten chronisch, von ihnen selbst nicht mehr bemerkt, viel Cortisol aus. Das vertrauensbildende Hormon Oxytocin wird unter diesen Bedingungen nicht ausgeschüttet und Serotoninmangel ist wahrscheinlich, weil es unter Cortisol aufgebraucht wird.

Floras und Pauls fehlende Sicherheit behindert maßgeblich ihre innere Entspanntheit und Gelassenheit im Beisein des Anderen. Häufig ist die Körperentfremdung so groß, dass es Flora und Paul nicht gelingt, sich so weit zu entspannen, dass sie in Gegenwart eines Anderen parasympathische Dominanz erreichen können. Sicherheit kann nicht kognitiv vermittelt werden, sie muss erfahren werden. Im Zustand von Mobilisierung und Erregung und bei Geschäftigkeit, sind Flora und Paul auf Verteidigung eingestellt, nicht darauf, Signale zu empfangen und zu geben.

Paul fehlen Erfahrungen von Zärtlichkeit, liebevollen Gesprächen und Blicken, die mit der Ausschüttung von Oxytocin, Serotonin, Dopamin und Opioiden in sozialen Beziehungen verbunden sind. Er ist leicht reizbar und schnell im Kampf-Flucht-Modus, sobald irgendeine Gelegenheit ihn an unsichere Vorerfahrungen erinnert. Paul fällt es schwer, Liebe und Sicherheit bei Zärtlichkeit zu empfinden. Vielleicht wird der Herzschlag seiner Freundin ihn eher beunruhigen, als dass er seinen und ihren Herzschlag sich synchronisieren lassen kann, wie es Tiere tun, die beieinander einschlafen und sich gegenseitig Sicherheit spenden.

Paul hat meistens nicht von den anderen Männern oder von seinen Eltern lernen können, über das social engagement system Sicherheit und Vertrauen zu erleben. Durch die Lebensumstände sind Pauls Fähigkeiten zur Kommunikation, vor allem zu nonverbaler Kommunikation und Gefühlsausdruck, eben das social engagement system, nicht gut entwickelt.

Paul hat auch in der heutigen Zeit noch gelernt, seine weicheren Gefühle lieber nicht zu zeigen. Sprüche wie „Ein Junge weint doch nicht" haben durchaus noch nicht ganz an Aktualität eingebüßt. Paul macht dann ein unbewegtes Gesicht. Jungen wie Paul trainieren spätestens seit der Pubertät, ihre Gefühle nicht zu zeigen. Sie empfinden sie dann aber auch viel kürzer, so dass ihre Gefühle oft nicht bis zur Bewusstseinsgrenze kommen. Es wurde gezeigt, dass ihre Spiegelneuronen nur sehr kurz aufblitzen, was durch das Wegdrücken von Gefühlen entstehen könnte. (43)

Die Fähigkeit zur Bindung und zu einem positiven Herangehen an das Leben und an Frauen fehlt Paul dann bei der Sexualität, was Flora enttäuscht. Ein weiteres Problem im Leben als Erwachsener kann entstehen, wenn Paul tief prägend in der Primärperiode die Erfahrung von Verlassenheit, Hilflosigkeit und Angst erlebt hat, die bei jeder ähnlichen Erfahrung von Immobilisierung und sich Hingeben wieder aufgerufen werden und damit Liebe und Nähe erschweren.

Flora hat seit der Pubertät weiter gelernt, sich anzupassen und damit ihren sozialen Stress zu verringern. Damit hat sie sich weiterhin von ihren Körperempfindungen und Gefühlen entfremdet. Flora kommt auf diese Weise recht gut in der Gesellschaft zurecht, bis zu dem Moment, wo in einer Beziehung Liebe auftaucht. Dann spürt sie plötzlich Gefühle, mit denen sie nicht vertraut ist. Flora, genauso wie Paul, fehlen die Erfahrungen des mimischen Abgleichs, des Austauschs von liebevollen Blicken, der gemeinsame Abgleich des Herzschlages und der Muskelspannung in einer Umarmung und im liebevollen Gespräch. Genau diese Wahrnehmung sind bei Flora und Paul nur ungenügend entwickelt bzw. in unserer Kultur sogar oft abgespalten aufgrund schmerzlicher, ängstigender Vorerfahrungen.

Wo Flora immobil werden und sich hingeben will, spürt sie innere Unruhe, vielleicht auch Orientierungslosigkeit, aber vielleicht auch alte Angst vor Verlassensein. Mangelndes Vertrauen stellt ihre grundlegende Beziehungserwartung dar, je nach Vorerfahrung und Ausmaß alter Angst. Es ist auch fraglich, ob Flora genügend Motivation zu einer eigenen Lust und Sexualität aufbringt oder ob ihre eigenen Wünsche zu früh zugunsten von Anpassung abgeschaltet wurden.

Erschwerend für Floras Sexualität und Liebe kommt hinzu, dass jeder soziale Konflikt, jede kleine Unstimmigkeit für sie extremen Stress bedeutet und unter Stress keine Lust- und Liebesgefühle entstehen können.

Das Immobilisierungsverhalten von Säugetieren wird gelernt. Es ist entweder als Vermeidungsverhalten mit Furcht assoziiert, was über Vasopressin vermittelt wird und Immobilisierung verhindert oder als Annäherungsverhalten mit Liebe und Nähe, von Oxytocin vermittelt. Frühe Erfahrungen prägen die bevorzugten Reaktionen, daher beinträchtigen frühe Furchterfahrungen auch die sexuelle Reaktion der Hingabe. Die Wahrnehmung von Sicherheit fördert eine Freisetzung von Oxytocin im Gehirn, (44) was zu einem positivem inneren Zustand führt und die Konditionierung positiver Assoziationen zum Partner auslöst. Dieses Wohlgefühl löst weitere positive Assoziationen und Gefühle von Liebe und Leidenschaft aus. (45)

Wie wir gerade gesehen haben, ist das für junge Erwachsene auch in der heutigen, äußerlich sicheren Zeit nur schwer möglich. Wir haben alle äußeren Voraussetzungen und Freizügigkeiten. Aber es fehlen oftmals die innere Ruhe und das Herstellen eines sicheren Gefühls aufgrund früher Erfahrungen oder fehlender sozialer Übung in der Kindheit. Im Zustand der Entspannung ruft möglicherweise ihr emotionales Erfahrungsgedächtnis frühere Erinnerungen mit dem Zustand von

Kontrollverlust und Immobilisierung ab. Wenn zu viele solche Erinnerungen vorhanden sind, stellt sich keine Entspannung ein (Kapitel 6.2.7)

Oder aber ihnen fehlt das soziale Training von Sicherheit und darauffolgender Entspannung, so dass aus diesen Gründen die dauerhafte sympathische Aktivierung bestehen bleibt. Sie haben dann die Benutzung der Vagusbremse nicht erlernt. Das Ergebnis ist in beiden Fällen das Gleiche: Die sympathische Aktivierung und die innere Erregung werden als Unruhe, Gedankenkreisel und Bewegungsdrang sowie als Fokussierung nach außen spürbar. Dann kann es sein, dass Flora oder Paul oder beide gleichzeitig nicht in die nötige Entspannung finden können, die für Sexualität und Orgasmus notwendig ist.

Verlangen und Begierde entstehen bei ihnen beiden. Verliebtheit, Begehren und Sex mit Dopamin, Testosteron und Östrogen in der Anfangsphase einer Beziehung geschieht bei beiden Geschlechtern und sie profitieren von der sexuellen Freizügigkeit, die wir in unserer Kultur haben. Auslöser des sexuellen Verlangens ist bei Mann und Frau Testosteron und die Belohnungserwartung von Dopamin. Beim Orgasmus werden Oxytocin und Endorphine ausgeschieden. Ihre Menge ist abhängig von der Dauer der Begegnung und von der Intensität des Orgasmus, also der Fähigkeit zu entspannen.

Probleme entstehen oft im fehlenden Übergang zur Paarliebe. Nachdem anfänglich Dopamin, Östrogen und Testosteron heftiges Begehren verursacht haben und es von Fremdheit und Neuheit zusätzlich angestachelt wurde, müssen diese Stoffe dem Oxytocin der stabilen Paarliebe weichen. Testosteron macht Begierde statt Paarliebe.

Kapitel 7.2.8 – Wie steht es um Paarliebe und Paarbindung?

Wie funktioniert heutzutage der Liebescode?

Die ruhigere Phase der Paarliebe erfordert Vertrauen und muss erst allmählich entstehen (Kapitel 4.8 und 5.2.5). „Es dürfte wohl unmittelbar einleuchten, daß die Sexualpartner, die einander körperlich nahe und von Opiaten überschwemmt sind, dabei eine Art Abhängigkeit entwickeln, die der Bindung zwischen Mutter und Baby ähnelt. Wenn wir die geschlechtliche Liebe betrachten, sind die Parallelen zur Geburt also unübersehbar." (46)

Oxytocin, das Wohlfühlhormon, macht zufrieden mit sich und dem Partner und fördert tiefe innige Verbundenheit. Es ermöglicht Wohlbefinden, Gesundheit und Regeneration durch die Dominanz der parasympathischen Zweige des Vagus.

Wenn diese vertrauensvolle Paarliebe nicht gelernt wird, bleibt eine Beziehung getrieben von Begierde, verbunden mit der sympathischen Erregung und Dopamin. Auch Testosteron ist oft mit sympathischer Erregung verbunden. Das behindert eine Ausschüttung von Oxytocin und macht nicht entsprechend zufrieden, sondern sucht eher immer wieder den neuen Kick. Wenn Männer sympathisch aktiviert sind, statt parasympathisch, haben sie es schwer, einen Orgasmus zu bekommen (Kapitel 6.2.7 und 6.2.8). Sie tendieren dann zu schnellem Sex mit viel körperlicher Aktivität und Bewegung.

Starke körperliche Aktivität sowie kurze sexuelle Begegnungen führen nicht zum starken Oxytocinausstoss, vor allem dann nicht, wenn wenig Sicherheit wahrgenommen wird und wenig Vertrauen entsteht. Schneller Sex sorgt eher dafür, dass Großhirn aktiv bleibt und das Hirnstamm-System hemmt, dass die Aufmerksamkeit im Außen bleibt. Weitere Ursachen dafür, dass Oxytocin nicht ausreichend ausgeschüttet wird, sind die mangelhafte Entspannungsfähigkeit sowie im bisherigen Leben nur unzureichend entwickelte Oxytocinschaltkreise, Geschäftigkeit und Eile.

Wenn mehr Oxytocin der Sicherheit ausgeschüttet wird als Vasopressin, dann wird das Entstehen von Sexualität und Paarbindung begünstigt, zusammen mit einem Einspeichern dieses Partners als den Bevorzugten. Wenn jedoch durch frühe Erfahrungen mehr Vasopressin als Oxytocin ausgeschüttet wird, dann überwiegen Furcht und steigende Aggressivität, die das Entstehen von Paarliebe behindern.

Paarliebe mit tiefer Bindung erfordert den vertrauensstiftenden Austausch von Sicherheitssignalen, weil es sonst nicht zur Ausschüttung von Oxytocin kommt. Der Liebescode gibt eine Reihenfolge vor: Zuerst muss Kontakt mit den Augen, mit Mimik, Worten, Gesten und Zärtlichkeiten erfolgen, dann Körperkontakt und Sexualität.

Das wird heute oftmals nicht mehr beachtet. Schauen wir uns die distanzierten, gedankenlosen Umarmungen zwischen Partnern an, flüchtige Gesten, schnelle Abwendung des Blickes. Aber auch bei Erwachsenen sind Blicke Liebesschlüssel des biologischen Liebescodes.

Auch für Erwachsene ist es schmerzlich und irritierend, wenn unser Gegenüber den Blick abwendet und durch uns hindurch schaut, insbesondere bei Liebespartnern.

Paarliebe lernen Flora und vor allem Paul nicht mehr genügend, ohne sich dieses Mangels auch nur bewusst zu sein. Erst das Herstellen von Sicherheit über Blicke, Gesten und Liebessignale erlaubt ihnen beiden langsam das Herunterfahren einer sympathischen Alltagsaktivierung und dann die tiefe Entspannung, wie sie für die Liebe notwendig ist. Dafür muss das Großhirn mit seinen Gedanken zur Ruhe kommen und das geschieht nur bei Sicherheit und Vertrauen, also parasympathischer Dominanz.

Nach einem tiefen Orgasmus erfolgt eine intensive Ausschüttung von endogenen Opioiden, von Oxytocin und vor allem auch Vasopressin, die Flora und Paul voneinander abhängig machen, also Bindung schaffen. Wenn aber Paul sich nicht auf längere Zärtlichkeit einlassen kann, egal, aus welchen Gründen, regelt er seine innere Aktivierung nicht genügend herab, um selbst Oxytocin auszuschütten. Da sich Unruhe, Stress und Geschäftigkeit bei Säugetieren jedoch sofort auf das Gegenüber übertragen, gelingt es auch Flora nicht, sich genügend zu entspannen und zum Orgasmus zu kommen.

Dann entstehen Probleme mit Sexualität und Bindung zwischen Flora und Paul. Unter solchen Bedingungen kann Paul vielleicht noch einen schnellen angestrengten Orgasmus durch viel Bewegung und Phantasien produzieren, und dann schnell wieder n den Alltag zurückkehren. So bewirkt die Sexualität jedoch keine vertrauensvolle Liebesbindung zwischen Flora und Paul und lässt sie beide, insbesondere aber Flora, enttäuscht zurück. Und sie verfehlt ihren biologischen Zweck, denn dann wird nicht genügend Oxytocin für dauerhafte Liebe und folglich spätere Elternschaft ausgeschüttet.

Wenn die entstehende Abhängigkeit Trennungsangst, Verlassenheitsgefühle und Panik wiederaufruft, dann werden sie sich evtl. nicht mehr sicher beim Anderen fühlen, werden sie sich eventuell streiten, trennen oder wieder zum kurzen schnellen Sex zurückkehren.

Hormone der Adrenalinfamilie hemmen die ersten Phasen des Orgasmus bzw. den Aufbau sexueller Erregung bei Männern und noch mehr bei Frauen. (47) An ein ausgedehntes Liebesspiel ist so nicht zu denken. Ein vollständiger Orgasmus erfordert das Abschalten aller nach außen gerichteten Aktivität vom Großhirn, er läuft allein über das autonome Nervensystem.

Mit dieser intensiven Oxytocinausschüttung entsteht eine gewisse Abhängigkeit zwischen den Partnern. Das kann allerdings tief unbewusste alte Ängste aufrufen. „Wenn Menschen sich nicht sicher fühlen, werden sie hypervigilant, und unser System für soziales engagement verabschiedet sich in den Urlaub, weil es uns in Situationen, in denen Menschen uns bedrängen, nicht zur Verfügung steht." (48)

So ist in es in unserer Kultur sehr häufig der Fall, zumal sowieso diese Regelkreise unzureichend gebahnt sind. Dann kann es sein, dass unbewusste alte frühe Ängste und Erlebnisse aufgerufen werden aus dem emotionalen Erfahrungsgedächtnis, die so eine hohe sympathische Erregung erzeugen, dass Paul oder Flora sich emotional überflutet fühlen, vielleicht sogar den Raum verlassen müssen, um sich allein wieder zu regulieren. In manchen Fällen resultiert aus solchen und ähnlichen Dynamiken sogar Gewalt.

Auf der Basis der bislang ersten deutschen Repräsentativuntersuchung zu Gewalt gegen Frauen ist davon auszugehen, dass etwa jede vierte Frau in ihrem Erwachsenenleben mindestens einmal körperliche und/oder sexuelle Übergriffe durch einen Beziehungspartner erlebt hat. .. Die Vorstellung, Gewalt gegen Frauen komme nur in prekären sozialen Lagen vor, muss aufgrund der bisherigen Forschungslage relativiert werden. (49)

Kapitel 7.2.9 – Wie wird Mutterschaft gestaltet?

In der jetzigen Welt finden Familien schwer einen Platz. Ein Kind zu bekommen, bedeutet erhebliche berufliche Einschnitte und oftmals eine Überforderung der alleingelassenen Eltern. Informationen über die vor allem emotionalen Herausforderungen von Elternschaft unter heutigen Bedingungen fehlen- Ebenso fehlen Ältere, die mit praktischem Rat zur Seite stehen und entlastend wirken können. Oftmals entscheiden sich junge Frauen gegen Kinder, weil sie bemerken, dass dafür nicht wirklich Raum in unserer Gesellschaft ist.

„Die Entscheidung, Kinder zu bekommen, wird in Deutschland in hohem Maße von gesellschaftlichen Entwicklungen wie längeren Aus-

*bildungszeiten und erhöhter Mobilität und Flexibilität auf dem Ar-
beitsmarkt beeinflusst. Dies zeigt sich am durchschnittlichen Alter der
Mutter bei der Geburt des ersten Kindes. Zwischen 1991 und 2013 ist
das durchschnittliche Alter bei der Geburt des ersten (ehelich) geborenen Kindes von 26,9 Jahren auf 30,5 Jahre kontinuierlich an. (50)
Auch bleiben Frauen mit hoher Bildung häufiger kinderlos als Frauen
mit niedriger und mittlerer Bildung. ... Als Besonderheiten gelten das
langfristig sehr niedrige Niveau der Geburtenziffer, die sehr hohen
Anteile kinderloser Frauen sowie eine niedrige gewünschte Kinderzahl.
(51)*

Auch die kulturellen Bedingungen für Mutterschaft haben sich erheblich verändert (Kapitel 7.2.1). Es wurde gezeigt, dass u.a. ein prob-
lematisches Familienumfeld der Mutter, Paarkonflikte sowie emotionaler und körperlicher Stress sowie Mehrfachbelastungen der Schwangeren durch Beruf, Familie und Kinder einen großen Einfluss auf die
spätere Regulationsfähigkeit eines Babys haben. (52) Zum gleichen
Ergebnis kommt eine Studie zu Kindern, deren Vater vor ihrer Geburt
bzw. in ihrem ersten Lebensjahr gestorben war. Die Kinder, deren Vater vor der Geburt starb, hatten im späteren Leben einen höheren Anteil
an Alkohol- und Drogenkonsum bzw. waren kriminell. Das bedeutet,
die emotionale Verfassung der Mutter in der Schwangerschaft hat mehr
Langzeiteffekte als ihre Verfassung im ersten Lebensjahr. (53)

Wie erlebten Mütter eine Geburt vor den 80er Jahren?
Am Anfang des 20. Jahrhunderts begann der Einzug der Medizin
und damit der Männer in den Kreißsaal. Bis Ende der 70er Jahre war
die Geburt ein absolut männerdominierter Bereich, weitgehend ohne
Hebammen. Der wesentliche Grund war die Medizinisierung und
Technisierung der Geburt zur Bekämpfung der hohen Kindersterblich-
keit und das ist auch sehr erfolgreich gelungen. Seit dieser Zeit ist die
Kindersterblichkeit extrem gesunken.
Der Preis dafür war jedoch die zunehmende Verkomplizierung von
Geburten, die Entmündigung der Mütter und eine Untergrabung der
Bindung. Beispielsweise wird seit Mitte der 70er Jahre die regelmäßige
Überwachung kindlichen Herztöne elektronisch durchgeführt. Eine
Studie, die deren Wirkung untersuchte, zeigt, dass als einziges Ergebnis

die Rate von Zangen- und Kaiserschnittgeburten davon in die Höhe getrieben wurde. (54)

Geburten fanden bis in die 80er Jahre hinein im Krankenhaus statt, vgl. am Kapitelbeginn die Geburtsumstände aus Sicht der Babys. Ich fasse hier Geburtsberichte von Müttern zusammen, wie ich sie im Verlauf meiner Beratungstätigkeit erfahren habe: Im Krankenhaus angekommen, musste die Schwangere sich während ihrer Wehen noch einem anstrengenden Prozedere unterziehen. Das führte durch mehrere verschiedene Räume und Stationen von der Aufnahme, dem Ausfüllen von Papieren über Umziehen, Aufenthalt im Krankenzimmer bis zur Verlegung in den Kreißsaal.

Väter wurden damals nicht zugelassen und auch keine anderen Begleitpersonen. Überall herrschte geschäftiges Treiben von vielen Menschen des Personals mit lauten Gesprächen. Um die Frau selbst kümmerte sich niemand, außer, um ab und zu die Kurven zu lesen. Während der ganzen Wehenzeit wurden die Herztöne des Babys über einen Wehenschreiber überwacht, so dass die Schwangere auf dem Rücken liegen musste und sich nicht drehen durfte. Oftmals wurden künstliche Wehenmittel, z.T. schmerzlindernde Medikamente, verabreicht.

Dazu kamen Personalwechsel, mehrere Gebärende nebeneinander, die sich gegenseitig hörten und störten. Weitere Störungen erfolgten durch Untersuchungen, ob der Muttermund weit genug geöffnet ist oder Fruchtwasseruntersuchungen mitten in den dichten Wehen mit Positionswechsel der Gebärenden. Dadurch kam es öfter zu Stillständen der Geburten, die dann Interventionen erforderten. Oftmals waren die Gebäreden durch die ganzen Verzögerungen und Umstände völlig erschöpft, verunsichert, verzweifelt und ausgeliefert.

Damit wurden alle Bedingungen erfüllt, die es braucht, um eine Geburt bei Säugetieren zum Erliegen zu bringen. Wenn eine Schwangere vor oder während der Geburt gestört wird, kann ihr Großhirn nicht abschalten. Auch dann nicht, wenn sie sehr unsicher ist und unter Stress steht. Dann kann der biologische Ablauf des Hirnstammes nicht dominieren, sondern die Geburt verzögert sich, der Muttermund öffnet sich nicht, die Wehen setzen aus. Das ist im biologischen Notfall auch sinnvoll und hat sich in der Evolution entwickelt, um bei akuter Gefahr die Geburt unterbrechen zu können.

Für unser Gehirn ist unsere Umwelt unsicher. Egal aus welchen Gründen und wie eingegriffen wird, in jedem Fall läuft nicht der normale Geburtsreflex ab. Dann erfährt die Mutter sich nicht als kompetent, sondern oftmals als überwältigt und unfähig bis hin zu Angst und Panik.

Wie veränderten sich die Geburtsumstände seit den 80er Jahren?

Ende der 70er entstanden in den USA und in Frankreich die ersten Gegenbewegungen aus kleinen Initiativen, wie mit z.B. Frederick Leboyers „Geburt ohne Gewalt" oder Michel Odents „Die sanfte Geburt". In Deutschland wurde der Weg zu einer besseren Geburtspraxis in den 80er Jahren von Initiativen zahlreicher Mütter vorangetrieben, wie auch in meiner Heimatstadt Halle im Herbst 1989. Dort wurde Ende 1991 das erste Geburtshaus in Ostdeutschland eröffnet.

Seitdem hat sich vieles verbessert. Größere Veränderungen in der Geburtspraxis haben sich etabliert und könnten nach dem holländischen Modell noch flächendeckend verbessert werden. Holland hat die weltbesten Statistiken zu Mütter- und Säuglingssterblichkeit und Kaiserschnittrate – dabei bringen ca. ein Drittel der Frauen ihr Baby zuhause zur Welt, ca. ein Drittel in Entbindungsheimen mit Hebamme und nur ein Drittel in Krankenhäusern. Kein anderes Land der Welt hat jemals solche Werte erreicht. (55)

Allerdings gibt es auch gegenläufige Tendenzen. Odent schreibt, dass in den letzten Jahren Geburten immer länger und schwieriger werden, was er auf zunehmenden Stress, Geschäftigkeit, Unruhe und Ansprache des Verstandes zurückführt. (56) Trotz besserer äußerer Bedingungen sind es nicht immer die biologisch optimalen Bedingungen. Außerdem haben technische Möglichkeiten stärkeren Einzug in die Geburtspraxis gehalten, wie z.B. Kaiserschnitte.

Der Anteil der Kaiserschnittgeburten (32 %) hat sich seit 1994 fast verdoppelt, stagniert aber mittlerweile. (57) Kontinuierlich steigende Kaiserschnittraten lassen sich in allen europäischen Ländern beobachten. Deutschland gehört jedoch mit rund 32 % in Europa zu den Ländern mit den höchsten Kaiserschnittraten; 2010 betrug der EU-Median 25,2 %. (58)

Der Deutsche Hebammenverband befürwortet einen Kaiserschnitt nur, wenn er medizinisch notwendig ist. Es gibt eine „… unterschiedlichen Geburtskultur, die in den einzelnen Bundesländern praktiziert werde. Es gibt nur wenige medizinische Gründe, die einen Kaiserschnitt unabdingbar machen. Dazu zählt, wenn das Kind quer zur Längsachse der Mutter liegt oder der Mutterkuchen vor dem Muttermund. In vielen Fällen ist der Kaiserschnitt eine Option, aber nicht immer ein Muss, etwa bei einer Beckenendlage, hohem Geburtsgewicht, Zwillingsgeburten oder einem vorangegangenen Kaiserschnitt." (59) Allerdings verläuft die Entwicklung in Wirklichkeit etwas anders, wie Zahlen des Robert-Koch-Institutes zeigen:

„Im Zeitverlauf zeigt sich ein stetiger Anstieg der Kaiserschnittraten in Deutschland: Seit 1994 hat sich ihr Anteil an allen Geburten fast verdoppelt, mittlerweile scheint sich jedoch eine Stagnation abzuzeichnen. … Außerdem lassen sich regionale Unterschiede in den Kaiserschnittraten feststellen. Das Verteilungsmuster zeigt 2013 regionale Kreise, mit Kaiserschnittraten zwischen 19,5 % und 48,9 %. Die Kreise mit sehr hohen Kaiserschnittraten befinden sich vor allem in Bayern, Niedersachsen und Rheinland-Pfalz; die Kreise mit sehr niedrigen Raten liegen fast alle in den neuen Ländern. (60)

Bei Kaiserschnittgeburten fehlt Mutter und Baby das Gefühl von Selbstwirksamkeit im Sinne von "ich hab's geschafft". Stattdessen erlebt vor allem das Baby häufig Panik. Der normale Oxytocinausstoss fehlt. Solche Beispiele von früher Hilflosigkeit und ausgelöster Übererregung oder Erstarrung erlebe ich öfter in meiner Praxis im Rahmen der Babybegleitung. Nach Kaiserschnitten ist die Oxytocinausschüttung beim Stillen noch zwei Tage nach der Geburt geringer als bei einer normalen Geburt. (61)

Im Verlauf eines gestörten oder verzögerten Geburtsprozesses, bei dem es dann evtl. zum Kaiserschnitt kommt, erlebt oftmals auch die Mutter Angst. Sie kann dann nicht aktiv gebären, wie von der Natur her vorgesehen. Mutter und Baby erleben dabei eine tiefe Hilflosigkeit und Ohnmacht, die möglicherwiese zu einer späteren Unfähigkeit zur Bindungsaufnahme führen können

Bei fast 90 Prozent aller Geburten in der Klinik greifen Ärzte ein. Nicht immer ist das nötig, sagen Hebammen. Zu diesem Ergebnis kam ein Forschungsprojekt der Hochschule für Gesundheit in Bochum im Jahr 2004. (62) Die Krankenhausroutine führt dazu, dass die meisten der Eingriffe inzwischen selbst von Hebammen nicht mehr als Interventionen wahrgenommen werden, so dass eine PDA oder ein Dammschnitt im Kreißsaal völlig normal sind und sich in den Alltag eingeschlichen haben. (63) Aber die Erfahrungen zeigen, dass es für die Frauen Langzeitfolgen hat, wenn die Geburt anders verläuft, als sie es sich gewünscht haben. „Ich bin natürlich froh, dass alles gut gegangen ist und ich ein gesundes Kind habe. Aber das Gefühl, es nicht richtig gemacht zu haben, das wird mich wohl mein Leben lang begleiten." (64)

Wissenschaftler wissen inzwischen auch, dass Geburtseinleitungen das Risiko für Nachblutungen verdoppeln. (65) Zur Einleitung wird als wehenförderndes Mittel Oxytocin gegeben, das dann oftmals zu überstarken Wehen führt. Untersuchungen zur Gabe von künstlichen Oxytocin bei der Geburt zeigten erhöhte Risiken für die Babys. Eine PDA stört das hormonelle Zusammenspiel beim Geburtsvorgang. Es schwächt Wehen und ist mit einer Rückenlage der Mutter wegen der Infusion und meist mit einem Dauer-CTG verbunden. Sie verdoppelt das Risiko für eine Zangengeburt bzw. Saugglocke und beeinträchtigt dabei die unmittelbar nachgeburtliche Bindungsphase. Frauen sind dadurch hinterher oft unzufrieden mit ihrer Geburt. (66, 67) Erfolgte die Geburt unter Epiduralanästhesie, nehmen die Mutterschafe danach ihre Kinder nicht an. (68)

Odent hat ein Forschungszentrum in London mit einer Datenbank etabliert, die Hunderte Studien zur „primären Periode" und zur späteren Gesundheit beinhaltet. Das "Primal Health Research Centre" zeigte in Daten zur Primärperiode, dass Erkrankungen im Lebensverlauf, die irgendwie mit eingeschränkter Liebesfähigkeit (zu sich selbst und zu anderen) zu tun haben, immer Risikofaktoren aus Zeit um die Geburt zeigten. (69) Dazu zählen Studien, die Zusammenhänge zwischen Gewaltkriminalität, selbstzerstörerischem Verhalten und gestörter bzw. komplizierter Geburt zeigen. Autistische Störungen waren signifikant erhöht in einem bestimmten japanischen Krankenhaus, wo routinemäßig die Geburten eine Woche vor dem Termin eingeleitet wurden sowie ein Sedativa-, Analgetika- und Anästhetika-Cocktail während Geburt verabreicht wurde.

Odent schreibt über diese Forschungen, dass solche Studien sehr wenig in entsprechenden Artikeln, Übersichtsarbeiten und in der Öffentlichkeit zitiert werden. Mehrere Autoren fühlen sich z.T. ignoriert, z.T. abgelehnt. (70) Die japanische Forscherin verlor ihren Job. Odent betont, dass diesen Forschungen Steine in den Weg gelegt wurden: „Sie greifen die Fundamente heutiger Kulturen an." (71) Er bezeichnet die Forschungen als Sackgassenforschung und auch ihm selbst ist heftige Kritik begegnet.

Wie wurde die Fürsorgefähigkeit beeinflusst?

Je nach Geburtserfahrung kann es zu unterschiedlichen Problemen zwischen Flora und ihrem Baby kommen. Durch alte Geburtspraktiken, Kaiserschnitte, eingeleitete Geburten, Störungen und Verzögerungen im Geburtsverlauf kann es geschehen, dass die Liebesfähigkeit zum Baby mit dem Oxytocin- und Prolactinausstoss behindert wird oder ganz ausbleibt. Das kann die mütterliche Liebe und die Stillfähigkeit behindern wie auch die gegenseitige Interaktion und Beruhigung von Mutter und Baby.

Alte Traditionen zum Umgang mit Neugeborenen und Säuglingen wirken immer noch nach: In der 1. Hälfte des 20.Jh gab es in Deutschland, aber auch in den USA immer noch die Vorstellung, dass die Beziehung der Eltern zu ihren Kindern durch materielle Belohnung in Form von Nahrung, Schutz und Versorgung bestimmt wird. Kinder, die Wärme und Berührung suchten, galten als verwöhnt. Erst in den 50er Jahren erfolgte das Experiment von Harlow zur Prüfung der Frage, ob Babys Wärme und Nähe brauchen und das Ergebnis kam unerwartet. Vorher wurden die Bedürfnisse von Babys nicht akzeptiert.

Außerdem sollten wir in diesem Zusammenhang an die traumatischen Erlebnisse von sehr vielen Menschen während des 2. Weltkrieges denken, die mit Sicherheit zu stressbedingten epigenetischen Markierungen geführt haben und somit in unserer Bevölkerung weitergegeben werden, zusätzlich zu den Nachwirkungen der Erziehungsprinzipien.

„Die Eltern der Kriege, der Krisen, nunja sie haben überlebt, aber bringen wir Verständnis dafür auf, dass in ihrem Überleben kein Gefühl der Sicherheit vorhanden war?" (72) Das alles zusammengenommen beeinflusste den Aufbau stabiler liebevoller Bindungen und die Interaktions- und Fürsorgefähigkeit der Eltern dieser Zeit, aber auch noch die darauffolgenden Jahrgänge. Manche Menschen erfahren davon erst im Verlauf einer Therapie, die sie wegen eigener Stressfolgekrankheiten, misslingender Beziehungserfahrungen oder psychischer Störungen beginnen.

Die Fürsorgeunfähigkeit der Mütter des Dritten Reiches hatte Folgen noch durch viele Jahrzehnte von Erziehung. Das mangelnde Sicherheitsgefühl und frühe Traumatisierungen wurden damit weitergegeben an die Kinder der 60er, teilweise noch 70er Jahre. So zeigte sich bei ihnen als erwachsene Eltern häufig eine dauernde sympathische Anspannung und schnelle Übererregung.

Wie bereits dargestellt, blieben die Bücher von J. Haarer in der BRD lange noch meinungsbildend wirksam. Diese Grundsätze der Erziehung waren im preußischen Mitteldeutschland mehr verbreitet als in Süddeutschland. In einer Untersuchung aus den 70er Jahren wurde das Bindungsverhalten Erwachsener in ihren Beziehungen mit der Art des Bindungsmusters im 1. Lebensjahr verglichen. Dabei zeigten sich deutliche regionale Unterschiede: im norddeutschen Bielefeld wiesen ca. 50 % der Kinder ein unsicheres Bindungsmuster auf, im süddeutschen Regensburg waren es <33 % der Kinder. (73) Als Erklärung kann der bindungsverhindernde Erziehungsstil angesehen werden.

Insgesamt bestätigte diese Studie einen engen Zusammenhang zwischen den frühkindlichen Bindungserfahrungen und späterer Bindungs- und Beziehungsfähigkeit der Erwachsenen, wenn sie selbst Eltern werden. In 80 % der untersuchten Fälle entsprach das Bindungsschema der kleinen Kinder dieser Eltern dem elterlichen Bindungsschema. (74) Zum gleichen Ergebnis, nämlich dass Bindungsverhaltensmuster von einer Generation zur nächsten weitergegeben werden, kamen auch mehrere andere Studien. (75, 76)

Als Ursachen für die Weitergabe des Bindungserhaltens werden neben der Weitergabe von Erfahrungen und Traditionen, neben den Problemen der Zustandsregulation bei diesen Erwachsenen auch die bereits erwähnten epigenetischen Veränderungen in Betracht gezogen. Hierzu wird derzeit intensiv geforscht.

Epigenetische Markierungen sorgen teilweise sehr langfristig für Beeinträchtigungen der Fürsorgefähigkeit. Beispielsweise wird der Cortisolrezeptor bei hoher Cortisolkonzentration durch Stress oder Angst der Mutter epigenetisch verändert. (77) In einer Studie wurde gezeigt, dass Neugeborene, deren Mütter im letzten Schwangerschaftsdrittel depressiv oder ängstlich waren, eine epigenetische Markierung aufwiesen, die zu erhöhter Cortisolfreisetzung führte. (78) Unterschiede in der Genstruktur von Rezeptoren (Genpolymorphismen) modulieren die Aktivität von Neuromodulatoren bei Menschen unterschiedlich und beeinflussen dadurch das Fürsorgeverhalten. Bei Dopamin wurden zwei Rezeptorvarianten gefunden, wobei ein Typ wesentlich mehr die Feinfühligkeit der Mutter beeinflusst, so dass die Kinder einer wenig fürsorglichen Mutter aggressiver, die Kinder einer sehr fürsorglichen Mutter friedlicher sind, als bei dem anderen Rezeptortyp. (79) Unterschiede durch Genfamilien wurden im Serotoninstoffwechsel gefunden, wo eine Genvariante mit größerer Angstneigung, schnellerer Reaktion auf bedrohliche Reize und stärkerer Stressempfindlichkeit einhergeht (Kapitel 6.2.3) Ebenso für Oxytocin-Rezeptoren sowie die Oxytocin-Freisetzung, was zu Unterschieden im Fürsorgeverhalten der Eltern führt und damit aber auch die Oxytocinausschüttung der Nachkommen beeinflusst (Kapitel 6.2.3) (80)

Genvarianten und genetische Markierungen bestimmen demnach neben ihrem Einfluss auf das elterliche Verhalten auch mit, wie intensiv Ungeborene auf Stress der Mutter reagieren.

Früher Stress beeinträchtigt die innere Zustandsregulation und den Umgang mit Stress im späteren Leben. Schwerste Störungen (Trauma) treten bei Menschen auf, die in ihrer Kindheit keine verlässlichen Bezugspersonen hatten, die emotionale Misshandlungen, den Verlust engster Bindungspersonen, häufige Disharmonie oder Vernachlässigung erlebten. Das sind die häufigsten Ursachen psychischer Schwierigkeiten und psychiatrischer Störungen im späteren Leben.

Die Fähigkeit zur inneren Regulation zeigt deutlich, wie weit am Beginn des Lebens eine gegenseitige Einstimmung der inneren Regulation mit Hilfe der äußeren Bindungspersonen möglich war. Wie bereits dargestellt, führen frühe Störungen zum Mangel an beruhigendem Oxytocin und Serotonin, die dann nicht die Cortisolausschüttung senken und dämpfen können. Mit anderen Worten bedeutet das, die Vagusbremse der Mütter und Väter funktioniert nicht. Es erfolgt keine Beruhigung durch das social engagement system mehr. Seine Signale werden nicht wahrgenommen bei hoher innerer Erregung. In Abwesenheit von Oxytocin erfolgt durch Vasopressin die prägende Einspeicherung solcher zu meidender Erfahrungen als Furchtkonditionierung.

Normalerweise erreichen Informationen über erlebte Sicherheit unser Gewahrsam, d.h. wir bemerken z.B. das freundliche Gesicht, die lächelnden Augen und die wohlige Wärme ums Herz, indem die Körperempfindungen der Neurozeption beachtet und gedeutet werden. Bei starkem Stress, verbunden mit Erstarrung oder großer sympathischer Erregung, werden diese Signale auch noch als Erwachsene und als Eltern nicht kognitiv empfangen bzw. die Signale nicht oder falsch als bedrohlich interpretiert.

Insbesondere bereits als Baby oder vorgeburtlich traumatisierte Menschen werden durch für sie nicht steuerbare Empfindungen (Herzschmerz, Bauchgefühle, Wut etc.) in starke Affekte versetzt, die sie nicht über soziale Interaktion mildern können. Sie bemühen sich daher, ihr gesamtes körperliches feedback zu hemmen bzw. die auslösenden Situationen sämtlich zu meiden.

Welche Folgen haben Störungen der frühen Bindung auf die Interaktion mit den eigenen Kindern?

Die unzureichend erworbene Affektregulation in der frühen Bindung erschwert später den Sozialkontakt mit anderen Menschen. Insbesondere aber behindert es die Ko-Regulation von Müttern und Vätern mit ihren eigenen Babys, so dass diese Probleme an die nächste Generation weitergegeben werden. Ein befriedigender sozialer Kontakt wird erschwert, weil durch die unzureichende Regulation vermehrt Wutanfälle bzw. Rückzug aus dem Kontakt erfolgt.

Kinder von extrem gestressten Eltern sind ständig hohen Konzentrationen von Vasopressin und Cortisol ausgesetzt, entweder durch die eigene Produktion oder durch die Muttermilch. Das kann bei einem

Kind zu einer lebenslanges aggressive Überreaktion führen, zu akuter Ängstlichkeit bzw. akuter Reizbarkeit auf jeden Stressor hin.

Schlecht reguliertes Verhalten entfremdet Kinder und später die Erwachsenen von Bindungspersonen, Freunden und Partnern, so dass weniger Unterstützung erfahren wird und erzeugt Bindungsstörungen bei ihren eigenen Kindern. Gleichzeitig werden dabei verstärkt Ressourcen verbraucht und es ist weniger Erholung möglich.

Fehlende Selbstkontrolle und Regulation führen häufig zum sozialen Ausschluss, was die Probleme noch verschlimmert. In ähnlicher Weise erschweren negative frühe Erfahrungen die spätere Liebes- und Fürsorgefähigkeit als Eltern. Diese Zustände werden als Entwicklungstrauma bezeichnet. Nach frühen Störungen gelangen Menschen schneller in den Kampf-Fluchtzustand und weniger gut wieder in einen Ruhezustand. Es besteht eine stärkere Neigung zu dysfunktionalen Verhaltensweisen, wie sozialer Rückzug bzw. Stimmungsschwankungen.

Bei frühem oder andauerndem Stress entsteht eine chronische sympathische Aktivierung bzw. Erstarrung, durch die der neue Vagus die Aufgabe der Neurozeption, also der Gesichtserkennung nicht leisten kann. Dann sind die Augen, die Mimik und Gestik wenig aktiv. Die Mimik Anderer wird nicht aufgenommen und beantwortet. Wenn das social engagement system nicht gut funktioniert, bei verringertem Tonus der Gesichts- und Kopfmuskeln, sei es Fieber, Schmerz oder bei psychischen Problemen, wird die Stimme nicht moduliert, geschehen seltener positive mimische Äußerungen und weniger spontane Vokalisationen. (81)

Erwachsene, deren Mimik und Emotionen in ihrer Kindheit nicht ausreichend und verlässlich von ihrer Mutter gespiegelt wurden, haben öfter Probleme in ihrem sozialen Verhaltenen und Schwierigkeiten in der Begegnung mit ihrem eigenen Baby. Sie haben Probleme mit der Signalinterpretation, insofern ist es für sie selbst schwer, sich zu beruhigen und soziale Signale selbst auszudrücken.

Das macht ihnen den Umgang mit dem Baby schwer. Sie wissen sein Weinen schlecht zu interpretieren, geraten selbst aber auch schnell sehr in Stress, wenn sie ihr Baby nicht verstehen und nicht beruhigen können. Oft können sie dann nur sehr schwer sich selbst beruhigen. Es fällt ihnen schwer, einen nonverbalen Dialog mit dem Baby zu führen, wenn ihre eigenen Mimik und ihr Gefühlsausdruck eingeschränkt sind.

Mitunter empfinden sie dabei auch keine große Freude, weil ihr Oxytocinsystem nicht ausgereift ist.

Seit den 80ern hat sich viel im Umgang mit Babys zum Guten verändert. Dennoch fehlt vielen jungen Menschen, wie bereits beschrieben, auch heute der Zugang zum eigenen Körpergefühl. Die vergangenen Jahrhunderte der Körperentfremdung, frühe negative Beziehungserfahrungen in ihrer Kindheit sowie soziale Isolierung und zunehmender Alltagsstress haben zum Verlust dieses Wissens geführt. Das war auch in den vergangenen Jahrhunderten teilweise so, wurde damals aber kaum bemerkt, da man ja das Schreien von Babys für normal hielt.

Nun haben wir glücklicherweise das kognitive Wissen, dass Babys über Weinen oder Schreien ihre Bedürfnisse ausdrücken und Eltern wollen ihre Babys nicht mehr weinen lassen. Aber oftmals gelingt ihnen dennoch die Interpretation der Signale und eine Beruhigung ihrer Babys nur unzureichend: Aus ihrer Erfahrung und ihren Familien haben sie es nicht lernen können. Nach vielen Jahren der Bindungsstörung fehlt Eltern oft Wissen, vor allem aber die selbst erlebte Erfahrung, um ihre eigenen Körpersignale und die der neugeborenen Babys zu verstehen und adäquat zu antworten.

Jedes Neugeborene braucht die Unterstützung seiner Mutter, um sich sicher zu fühlen und sich dadurch beruhigen und wohl fühlen zu können. Eltern sind grundsätzlich viel liebevoller als früher, viel mehr bemüht. Aber oftmals sind das kognitive Vorstellungen, die nicht von körperlicher Entspannung und dem Zustand von Sicherheit seitens der Eltern begleitet sind.

Oftmals erleben Eltern sich kognitiv als zugewandt, sind körperlich aber in chronischem Stress und damit in sympathisch hoher Erregung, so dass sie nicht die nötigen Körpersignale der Sicherheit vermitteln, sich dessen aber gar nicht bewusst sind. In unserer Zeit fehlen massiv gegenseitige Berührungen, die für genügend Oxytocin und eine innere Beruhigung führen würden.

Bei Stress wird der neue Vagus abgeschaltet. Das geschieht nicht erst bei massivem Stress, sondern schon bei konzentrierter Aufmerksamkeit, Informationsverarbeitung, Denken, Arbeit. Wir kennen das, wenn wir so versunken sind, dass wir nichts hören und nichts sehen. Unter diesen Bedingungen erfolgt kein Emotionsausdruck, weil die

Gesichtsmuskeln mit dem neuen Vagus auch abgeschaltet sind. So können Eltern mit Babys nicht wirklich gegenseitig interagieren und ihnen keine Sicherheit vermitteln oder den Zustand ko-regulieren.

Dabei wissen viele Eltern nicht genug, wie sie konkret in Kontakt gehen, wie sie Tempo, Blick und Stimme anpassen, um nicht zu überfordern bzw. bemerken es nicht, wenn sie schon überfordert haben und wie sie beruhigend einwirken können. Das äußert sich in zu schnellem Sprechen und aufgeregter Atmung, in zu viel Bewegung, Unterbrechung der Blickkontakte, fehlender Mimik. Alles das unterstützt eine Kampf-Flucht-Reaktion, weil es Babys verunsichert.

Häufige Erfahrungen fehlschlagender Interaktionen hinterlassen das Fehlen von Sicherheit mit der entsprechenden sympathischen Aktivierung und drücken sich unbewusst als diffuse Befürchtungen des emotionalen Erfahrungsgedächtnisses aus.

In einer intuitiven Interaktion (82) erfolgt eine spontane Abstimmung und Imitation der Mimik und Gefühlszustände über das social engagement system, ein intuitiver sprachlicher und mimischer Abgleich über Neurozeption. Bleibt eine Mutter, Vater oder auch das Baby innerlich unbeteiligt und distanziert, entsteht eine hohe Verunsicherung, die beim Baby Angst, Panik, Trauma und Dissoziation auslösen kann, wenn sie zu oft oder lange erfolgt.

Bei innerlicher Präsenz kann die Mutter oder der Vater die Emotionen spiegeln und zur Beruhigung und Sicherheit des Kindes durch ihre Empathie führen. Aber wie wir in diesem Kapitel bereits gesehen haben, ist unsere Kultur von einer starken Abnahme von Empathiefähigkeit gekennzeichnet. Gutes Bindungsverhalten bedeutet eine schnelle Reaktion auf eine Verunsicherung durch hochnehmen, trösten, bestätigen, ermuntern, aufmerksam sein, regelmäßig in Kontakt gehen sowie wie auch, das Ende der Kontaktbereitschaft zu spüren.

In allen diesen Fällen besteht die Möglichkeit zum Nachlernen elterlicher Fähigkeiten. Hier setzt die systemisch-körperorientierte Entwicklungsbegleitung an, in der ein Lernprozess initiiert wird. Sie unterstützt Eltern dabei, Sicherheit und Vertrauen in ihre eigenen Kompetenzen zu stärken. Eltern werden darin unterstützt, ein intuitives elterliches Verhalten zu erlernen, welches in unserer Kultur nicht mehr selbstverständlich durch alltägliche Rollenvorbilder erlernt wird.

Kapitel 7.2.10 – Wie gelingt Vaterschaft heutzutage?

Die heutige Elternzeit für Väter ist ein ganz wichtiger Schritt, um ihre Rolle in der Familie zu finden. Werdende Väter haben vom ersten Tag der Schwangerschaft an eine wichtige Rolle, die sie jetzt zunehmend annehmen. Enger Kontakt zur Schwangeren und danach zu Mutter und Baby verhilft ihnen zur hormonellen Ausstattung der Vaterschaft.

Väterliche Fürsorge und gegenseitige Unterstützung der Eltern sind Werte, die in unserer jetzigen Kultur noch zu oft fehlen. Noch fällt es werdenden Eltern, dem Paar, zu oft schwer, gegenseitig einen Zustand der Entspannung so zu regulieren, dass sie die nötige Energie für die Versorgung des Babys besitzen. Die Bindungs- und Orientierungslosigkeit der Entfremdung und Vereinzelung haben auch die Väter in sich aufgenommen. Nicht nur Mütter haben oftmals nicht genug Fürsorgefähigkeit, Vätern geht es mindestens genauso. Aber Ansätze der Veränderung sind spürbar.

Die Bedeutung der Väter für die Bindungs- und Beziehungsfähigkeit ihrer Kinder wurde inzwischen als außerordentlich wichtig nachgewiesen. Insbesondere die Feinfühligkeit bei spielerischen Herausforderungen war charakteristisch für den väterlichen Einfluss. (83, 84, 85) Eine ausführlichere Darstellung gibt Kapitel 8.2.10 bzw.5.2.8)

Kapitel 7.2.11 – Zu viel Neues – wenn das Gehirn Alarm schlägt

Früh im Leben entwickelte Verhaltensweisen und Stresserfahrungen sind oftmals Auslöser für spätere Schwierigkeiten, die sich als psychosomatische Krankheiten oder Verhaltens- und Beziehungsstörungen äußern können. Außerdem ist unter unseren kulturellen Bedingungen die sympathische Überaktivierung dauerhaft chronisch. Diese Situation begünstigt Krankheiten und verhindert die nötige Regeneration zur Gesunderhaltung. Die wachsende Informationsflut scheint unsere Verarbeitungs- und Regenerationsfähigkeit zu überfordern.

Soziales Verhalten, Kommunikation und inneres Gleichgewicht sind miteinander verknüpft und gelingen bei fehlender Sicherheit nicht. Störungen im inneren Gleichgewicht von vielen Menschen führen dazu, dass sie kaum soziale Signale nutzen und dass bei ihnen die Defensivstrategien von Kampf und Flucht nahezu ständig aktiv sind. Das hat Auswirkungen auf die Funktion der inneren Organe, wie Darm, Herz,

Bauchspeicheldrüse. Es führt zu Veränderungen im Schmerzempfinden, einer schlechten Heilung von Entzündungen, zu Störungen des Immunsystems und zu Regulationsstörungen der Cortisolausschüttung (Nebennierenerschöpfung).

Daher steigen psychosomatische Krankheiten, Allergien, Autoimmunkrankheiten und psychische Störungen immer mehr an. Krankenkassen berichteten von immer mehr Krankschreibungsfällen und Arbeitsunfähigkeitstagen wegen Burn-out, Schlafstörungen, Depressionen etc. Einige Zahlen verdeutlichen die Problematik:

„Beeinträchtigungen der psychischen Gesundheit sind weit verbreitet und haben erhebliche individuelle und gesellschaftliche Folgen. ...

Depressionen gehören dabei zu den häufigsten und folgenreichsten psychischen Erkrankungen. Sie sind weltweit eine Hauptursache für krankheitsbedingte Beeinträchtigungen im Alltag und haben in westlichen Ländern den drittgrößten Anteil an der gesamten Krankheitslast. (86)

Allergische Erkrankungen sind Stressfolgekrankheiten. Bei etwa 36 % der Frauen und 24 % der Männer in Deutschland wird im Laufe des Lebens eine allergische Erkrankung diagnostiziert. Bereits bei 26 % der Kinder und Jugendlichen wird Asthma bronchiale, Heuschnupfen oder Neurodermitis festgestellt. Jüngere Erwachsene haben häufiger allergische Erkrankungen als ältere. Ein hoher sozioökonomischer Status und das Leben in der Großstadt gehen mit einer höheren Erkrankungshäufigkeit einher. (87)

Schlafstörungen sind mit einer Vielzahl von körperlichen und psychischen Gesundheitsstörungen verbunden. Unabhängig vom Alter steht zu wenig Schlaf in Beziehung zu Übergewicht und Adipositas, Bluthochdruck sowie zum metabolischen Syndrom (eine Kombination aus den Risikofaktoren Übergewicht, Bluthochdruck, erhöhte Blutfettwerte und Insulinresistenz). (88) Nach Daten der DEGS1-Studie leiden 30,3 % der Frauen und Männer an klinisch relevanten Ein- oder Durchschlafstörungen. Stressbelastungen, depressive Symptome, Burnout-Syndrom und Schlafstörungen weisen enge Zusammenhänge auf.

Mit steigender Stressbelastung nimmt die Belastung durch depressive Symptome, Burn-out Syndrom und Schlafstörungen zu. (89)

Jeder vierte Erwachsene ist als adipös einzustufen, ist also stark übergewichtig. In Deutschland sind 53 % der Frauen und 67 % der Männer übergewichtig. Als adipös gelten 24 % der Frauen und 23 % der Männer. (90)

Erhöhter Blutdruck ist der häufigste und wichtigste Risikofaktor für Herz-Kreislauf-Erkrankungen und Niereninsuffizienz. Schätzungen zufolge haben in Deutschland etwa ein Drittel aller Erwachsenen Bluthochdruck. (91)

Was lässt sich daraus schlussfolgern?

Zusammenfassend wird deutlich, dass unsere jetzige Kultur die biologischen Notwendigkeiten unserer menschlichen Entwicklung nicht ausreichend unterstützt. Zu diesen biologischen Notwendigkeiten gehört die Berücksichtigung von Körperempfindungen und Gefühlen als Grundlagen für stimmige Entscheidungen und für Annäherungs- bzw. Vermeidungsverhalten. Bedingt durch eine allgemein verbreitete sensorische Amnesie können die Bewertungen des limbischen Systems mit „suchen" und „meiden" nicht genügend genutzt werden, um das psychobiologische Gleichgewicht und damit Gesundheit und Überleben zu bewahren.

Es gelingt unserer gegenwärtigen Kultur nur teilweise, ein positives Arbeitsmodell von der Welt und von liebevollen Beziehungen zu entwickeln bzw. die notwendige Ko-Regulation des inneren Zustandes aufzubauen. Genauso unzureichend gelingt es oftmals eine befriedigende geschlechtliche Identität zu entwickeln, auf deren Grundlage tragfähige soziale Bindungen für Kooperation, Fürsorge, Friedfertigkeit, Paarliebe und Elternschaft aufgebaut Aggressivität bzw. Stress niedrig gehalten werden kann. Die biologische Notwendigkeit von Bindung und Liebe wird immer weniger wahrgenommen und erfüllt.

Kapitel 7.3 – Zwischenfazit – Was bedeutet der biologische Liebescode heutzutage?

Die größten Grausamkeiten des Dominanzsystems haben wir anscheinend in den letzten 70 Jahren überwunden. Dennoch verläuft die Entwicklung unter den gegenwärtigen kulturellen Mythen unserer biologischen Gesundheit und unserem Wohlbefinden entgegen. Jahrmillionen der Entwicklung wurden (und werden noch) durch kulturelle Mythen ausgehebelt. Den außerordentlichen Vorteil der Evolution, nämlich unsere Lernfähigkeit, verkehren wir in sein Gegenteil, wenn wir lernen, unsere Körpersignale zu übergehen.

Wir leben immer noch in der Dominanzkultur, in der ein Teil der Menschheit den anderen dominiert und wir tragen die Mythen dieser Kultur noch in uns, ohne es zu bemerken. Anscheinend sind wir frei, in Wirklichkeit jedoch frei von sozialer Gemeinschaft und Kooperation – unserer Lebensgrundlage. „Gehen wir davon aus, daß die charakteristischen Merkmale einer Kultur vom durchschnittlichen hormonellen Gleichgewicht der Bevölkerung geformt werden, so müssen wir uns fragen, was an unserer westlichen Kultur charakteristisch ist." (1) Derzeit ist die Zerstörung der Umwelt und des Klimas sowie unseres eigenen biologischen Überlebens charakteristisch.

Kapitel 7.3.1 – Welche Rolle haben Frauen?

In den letzten 70 Jahren haben Frauen eine weitaus aktivere Rolle erkämpft, als es in der gesamten Zeit der Dominanzkultur davor möglich war. Dennoch sind typisch weibliche Fähigkeiten kulturell immer noch nicht wirklich hoch angesehen. Im Zuge der Gleichberechtigung geschieht es eher, dass Frauen männliche, kulturell höher angesehene Werte übernehmen. Gleichzeitig haben alte Erziehungspraktiken und soziale Isolierung, Mediennutzung und Beschleunigung des Alltags ihre Spuren hinterlassen.

Hohe äußere wie auch eigene innere Anforderungen führen zu chronischer Stressaktivierung. Das zeigt sich häufig als Überforderung, Verunsicherung bzw. Beeinträchtigung der Fürsorgefähigkeit von Frauen und Müttern. Hier spielt auch der medienbedingte Rückgang von sozialem Training und Lernen von Empathie eine Rolle.

Unsere Kultur vermittelt nicht die nötigen Sicherheitssignale und danach Oxytocin für eine tiefe Entspannung, wie Frauen sie für die Liebe, für Geburt, Stillen und andere soziale Prozesse brauchen. Damit fällt es Frauen schwerer, ihre biologischen Fähigkeiten zur Konfliktreduktion, zur Kooperation und Fürsorge etc. zu erlernen und regulierend auf die gesamte Kultur einzuwirken. Dementsprechend ist die Kultur von einem chronischen Mangel an Oxytocin und damit an Zufriedenheit und Wohlbefinden gekennzeichnet.

Kapitel 7.3.2 – Wie gelingt Konfliktvermeidung und Stressreduktion?

Die Stressregulation gelingt in unserer heutigen Zeit schlecht, weil der Zugang zu den Körperempfindungen nach wie vor blockiert ist.

Technisierung, Beschleunigung und Vereinzelung kennzeichnen unser Leben und oftmals scheint es, dass unser Gehirn diese Menge an Reizen nicht mehr genügend verarbeiten kann. Nahezu alle Menschen, Kinder und Erwachsene, sind von einer chronischen stressbedingten Dauererregung betroffen, ohne es zu merken. Immer mehr Menschen spüren nicht, wie sehr angespannt sie sind und wie sehr sie unter Stress und Druck stehen.

Insbesondere in den letzten Jahren, die durch eine Zunahme an Belastungen gekennzeichnet sind, entstand trotz viel besserer äußerer materieller Bedingungen eine starke Entfremdung von sich selbst.

Kaum jemand von den Erwachsenen ist in der Lage, sich so tief und vollständig zu entspannen, dass er oder sie im Arm des anderen einschläft, dass der Herzschlag sehr langsam wird, oder dass die sympathische Wachsamkeit im Außen und das Gedankenkarussell vollständig abschalten. Alles das ist jedoch überlebensnotwendig, um das biologische Gleichgewicht aufrechtzuerhalten.

Ignorieren wir kulturbedingt biologische Notwendigkeiten, übererregen wir das Stresssystem und werden zwangsläufig durch die chronische Ausschüttung von Cortisol oder durch die völlige Erschöpfung dieses Systems krank. Als Folge besteht ein chronisch zu niedriger Spiegel der Wohlfühlsubstanzen Oxytocin und der endogenen Opioide mit einem Fehlen von Wohlbefinden und innerem Gleichgewicht.

Unsere Kultur ist gekennzeichnet von Kontaktunterbrechungen und von fehlenden Sicherheitssignalen durch leere ausdruckslose Gesichter und andere Zeichen von Desinteresse. Alles das interpretiert unser autonomes Nervensystem als Gefahr, als Verletzungen der Sicherheit. Dann springt die Neurozeption an und Menschen fühlen sich abgelehnt oder bedroht und reagieren aggressiv. Unsere Kultur selbst sorgt für laufende Verletzungen des Sicherheitsbedürfnisses, weil immer mehr direkter Kontakt durch Medien ersetzt wird und wir immer sachlicher und ausdrucksloser kommunizieren.

Eine aktive Konfliktreduktion bzw. der Einsatz von Versöhnungsgesten erfolgt nur selten. Dabei spielen sowohl die Traditionen der

Vergangenheit eine Rolle als auch die jüngste Entwicklung zu sozialer Isolation. Somit gelingen Konfliktreduktion und Versöhnung immer schwerer, sie werden sogar seltener angestrebt.

Das zeigt sich momentan sehr deutlich im Bereich von social media, aber auch in einer zunehmenden Aggressivität und dem Verlust von Aggressionshemmung im Alltag. Sowohl Stressregulation als auch Konfliktvermeidung gelingen nur sehr ungenügend.

Kapitel 7.3.3 – Von Frauen, die teilen und sich mitteilen?

Das Bedürfnis von Teilen und Mitteilen wird durch die wachsende soziale Isolation mehr und mehr behindert. Wenn diese Gelegenheiten fehlen, fehlt auch die damit verbundene Freisetzung von Oxytocin für das Wohlbefinden, was zu Gefühlen der Leere, Traurigkeit und Sehnsucht bis hin zu Depressionen führt.

Das Teilen von Gütern, Wissen, Erfahrungen hat an sozialem Wert verloren, hier spüren wir immer noch die Dominanzkultur mit ihren Werten von Besitz und Macht, der den biologischen Bedürfnissen entgegenläuft. Nötige Veränderungen erfordern andere Werte hin zur Wieder-Wertschätzung von Fürsorge, Empathie und Liebe aus dem Wunsch heraus, dass unsere Kinder ein lebenswertes, liebevolles und friedliches sozial reiches Leben führen können.

Kapitel 7.3.4 – Kooperation, weil es sich gut anfühlt?

Wenn keine Sicherheit ko-reguliert wird und die Körpersignale nicht wahrgenommen werden, kann bei Kooperation nicht genügend Oxytocin ausgeschüttet werden. Sie bleibt deshalb emotional unbefriedigend. Dann wird das biologische mit Wohlbefinden verbundene Kooperationsverhalten nur wenig gebahnt und Menschen bleiben häufig Einzelgänger. Kulturell wird immer noch zu oft Dominanz und Konkurrenz unterstützt, insbesondere im Arbeitsleben. Erfolgreiche Dominanz und Konkurrenz erfordert eine hohe sympathische Aktivierung, verbunden mit einer Dopaminbelohnung. Das ist für viele Menschen die einzig bekannte Form von Belohnung. Sie verhindert jedoch die tiefe Zufriedenheit und das entspannende Glück durch Oxytocin und endogene Opioide. Daher fehlen häufig noch Modelle für die Gestaltung gelingender Beziehungen als Voraussetzung für befriedigende Kooperation.

Kapitel 7.3.5 – Evolutionsvorteil der fürsorglichen Männer?

Der Dominanzweg hat den Männern nur scheinbar geholfen. Scheinbar besitzen sie die Macht, aber es ist tatsächlich scheinbar, denn weder für Frauen noch für Männer erfüllt sich ihr biologisches Bindungsbedürfnis. Männer, insbesondere alleinstehende Männer werden vorzeitig krank und sterben eher. Auch sie werden mit Geld und Status nicht wirklich tief im Herzen glücklich und zufrieden.

Unter der gegenwärtigen Entwicklung leiden Männer genauso wie Frauen. Männliche Dominanz ist nicht wirklich sinnvoll, weil sie die Frauen in ihrer Liebes- und Fürsorgefähigkeit beeinträchtigt. Das führt dazu, dass auch Männer nicht die beglückende Erfahrung gelingender Paarliebe machen können. Jedoch gibt es bereits viele positive Entwicklungen in den Familien, dass Männer als Väter fürsorglich werden.

Es geht schon lange nicht mehr um Mann und Frau, sondern eher um eine Dominanz Weniger über Viele.

Kapitel 7.3.6 – Sexualität und Liebe als soziale Funktion?

Eine ausgeprägte sensorische Amnesie und hohe sympathische Stresserregung sind normal in unserer jetzigen Kultur und niemand kann sich seine Unzufriedenheit und seine Krankheiten erklären. Die Körpergefühle von Stress kennen wir, ziehen aber keine Schlüsse daraus.

Über die wohltuenden regenerierenden Zustände wissen wir nicht mehr viel. Aber auch daraus ziehen wir bisher keine Schlüsse. Biologisch wird Sicherheit ko-reguliert. Unserer Kultur fehlen direkte befriedigende sicherheitsstiftende Kontakte und Berührungen, die Oxytocin, endogene Opioide und Serotonin freisetzen. Über einen „chronische Berührungsarmut" klagt auch der Professor für Sexualmedizin Uwe Hartmann von der Uni Hannover in einem aktuellen Artikel der „Zeit".

Diese kulturelle Entwicklung hemmt Sexualität. Der biologische Liebescode verlangt erst Sicherheit, ehe das sympathische System herab geregelt werden und die für die Liebe nötige Entspannung eintreten kann. Aber Geschäftigkeit, Unsicherheit und hohe sympathische Erregung sind zu einem Merkmal unserer Kultur geworden. Fehlt Sicherheit, fehlt auch das Gefühl der Liebe, des Glücks, der Zufriedenheit mit dem Partner als Bindungsvoraussetzung. Wir verhindern immer noch die Umsetzung des Liebescodes.

Kapitel 7.3.7 – Wie gemeinsame Elternschaft heutzutage gelingt

Unsicher gebundenen Erwachsenen, die nur teilweise innerhalb der Paarliebe sich ko-regulieren und sicher fühlen können, fehlen einige Fähigkeiten zu einer erfolgreichen Elternschaft. Sie haben es schwerer, die Signale der Babys zu interpretieren und die Bedürfnisse zu erfüllen, aber auch, sich selbst genügend zu erholen und zu entspannen. Oftmals fehlen Erfahrungen des direkten wechselseitigen Kontakts zwischen ihnen selbst und zu ihren Babys.

Dennoch ist vor allem in diesem Bereich eine große Weiterentwicklung zu beobachten. Eltern gemeinsam bemühen sich zunehmend um eine gute Bindung zu ihren Kindern. Hier hat in den letzten Jahren eine große Menge Wissen Einzug gehalten, welches jetzt in praktische Erfahrungen und Fähigkeiten umgesetzt werden muss.

Kapitel 7.3.8 – Volkskrankheit Liebesunfähigkeit?

Wir erleben gerade die weitreichenden Folgen einer Körperentfremdung und Gefühlsabspaltung über Jahrhunderte hinweg und zusätzlich dazu jetzt noch ersten Folgen einer sozialen Isolierung, Technisierung und Beschleunigung des Lebens. Diese Entwicklung führt bei mehr und mehr Menschen zu Überforderung und Stress. Aber sie führt auch zu einer Behinderung der Liebes- und Beziehungsfähigkeit. Die Ergebnisse dieser Entwicklungen äußern sich in einem raschen Anstieg von körperlichen Krankheiten und psychischen Problemen.

Es scheint, als ob unsere Anpassungsfähigkeit für diese Geschwindigkeit der Veränderungen und für diese Menge an Informationen nicht mehr ausreicht. Die äußeren Veränderungen sind so schnell, dass Menschen kaum noch mitkommen. Menschen erleben in ihrem Lebensverlauf so viel Neues, dass sie sich davon überfordert fühlen. Die geschäftige Umtriebigkeit verhindert den Kontakt zu sich selbst. Körperentfremdung und Gefühlsabspaltung zusammen mit der Verherrlichung nur logischen Denkens und entsprechende Mythen halten unsere bisherige Kultur aufrecht. Wir sind so technikbesessen, so pflichtbewusst und funktionierend, dass wir das Spüren von Liebe, von Muße, von Nichtstun verlernt haben.

Dabei benötigen wir solche Zeiten dringend, um uns zu regenerieren und gesund zu erhalten. Jeder äußere Reiz, ob nun Gefahr, Arbeitsaufgaben, auf uns einstürmende Informationen oder Umweltgeräusche, verlagert unsere Aufmerksamkeit nach außen und aktiviert das sympathische Nervensystem mit dem entsprechenden hohen Energieverbrauch bei gleichzeitiger Beendigung der körperlichen Erholungsvorgänge.

Wir leben in unserer heutigen Kultur so, dass wir Muße für völlig nebensächlich halten. Und wenn wir es denn einmal mit Nichtstun oder Liebe versuchen, spüren wir plötzlich die ganze innere Unruhe, den Gedankenkreisel und schieben schnell wieder wichtige Tätigkeiten ein, statt zu bemerken, dass wir diese Unruhe immer in uns haben.

Wir ignorieren die Erfahrungen des Körpers soweit sie überhaupt noch bewusst werden und wundern uns, dass wir keine klaren Ziele und Vorstellungen von Lebensqualität und Zufriedenheit haben. Und wir sind überrascht, dass wir nicht so gesund oder erholt sind, wie wir gern wären. Unser Körper ist immer noch eher Störfaktor, als ein Quell von Freude, Zufriedenheit und Wohlbefinden.

Besiegt die Kultur die Evolution?
Wir sind kurz davor, uns als Art selbst auszulöschen, und zwar nicht wegen des Klimas, viel schneller uns selbst mit Stressfolgekrankheiten, Kinderlosigkeit, immer mehr psychischen Störungen. „Diese Art von Verhalten war zu einer Zeit sinnvoll, in der jede Menschengruppe die Absicht verfolgte, nicht nur über die anderen Gruppen, sondern auch über andere Pflanzen- und Tierarten zu dominieren, als die Menschheit als Ganzes darauf versessen war, unseren Planeten zu beherrschen. Im gegenwärtigen Zeitalter eines Ökologie-Bewußtseins jedoch sind diese Prioritäten veraltet und sogar verkehrt." (3)

Ist die Biologie hoffnungslos überfordert, veraltet und braucht ein Update?
Oder braucht das update vielleicht eher unsere Kultur?
Es sind die immer noch geltenden Regeln der dominanzbasierten Kultur, die die Zerstörung unserer äußeren Lebensgrundlagen immer weiter vorantreiben. Es sind Werte, die eindeutig nicht in Übereinstimmung mit der biologischen Evolution des Menschen stehen und uns gerade

jetzt in atemberaubendem Tempo die äußeren und, viel unbemerkter, auch die inneren Lebensgrundlagen nehmen.

Die Ergebnisse sind bereits deutlich sichtbar, von der Wahl rechtspopulistischer Parteien bis hin zum Klimawandel. Wir gefährden das gesamte Ökosystem und unser eigenes Überleben. Bisher ist keine Veränderung dieser Prozesse in Sicht, die Beschleunigung aller Prozesse, Digitalisierung und Entfremdung geht unbeirrt weiter.

Was lässt sich daraus schlussfolgern?
Noch immer hat unsere Kultur den Liebescode nicht wieder entdeckt und verstanden. Während die Generation der vor den 80er Jahren Geborenen noch unter den alten Praktiken der Geburt und den Folgen nachgeburtlicher Trennungen und alter Erziehungsstile zu leiden hatten, sind für die ab den 80ern Geborenen eher der Mangel an Beziehungspartnern und sozialer Interaktion kennzeichnend.

Die Ursachen sind sehr unterschiedlich, aber Modelle für die Gestaltung gelingender Beziehungen als Voraussetzung für Paarliebe fehlen in beiden Fällen. Trotz besserer Bedingungen für Geburt und Primärperiode erleben junge Menschen in der jetzigen Zeit mehr Beziehungslosigkeit, eine größere Verunsicherung in der Gestaltung ihres Lebens und oftmals ungenügende innere Sicherheit. Das beeinträchtigt zunehmend die Liebes- und Fürsorgefähigkeit der Menschen zu sich selbst, zum Partner, als Eltern und innerhalb der Gesellschaft insgesamt.

Alle unsere Beschwerden und Krankheiten, die Verhaltensprobleme und vieles mehr bis hin zur aktuellen Politik, sind Zeichen von ein und derselben Sache: einer fehlenden Fähigkeit zur Regulation des eigenen Erregungszustandes und damit einer fehlenden Abstimmung zu zweit. Wir haben das körperliche Wissen davon verloren, wie wir uns miteinander entspannen können, wie wir zu tiefer Liebesfähigkeit gelangen, was unsere Babys von uns brauchen.

Es lässt sich jedoch lernen, wieder wahrzunehmen, was körperlich geschieht, wenn wir fühlen. Es lässt sich wieder lernen, im Körper präsent zu sein. Als liebesfähige gut regulierte Erwachsene können wir dann diese Fähigkeiten wieder an unsere Babys, Kinder, Schüler, Jugendliche, Eltern, Freunde und Verwandte weitergeben und damit den bisherigen Kreislauf von Bindungsstörung und Liebesunfähigkeit durchbrechen.

Wir sind die ersten Generationen, die über genügend Wissen verfügen, aus Traditionen der Gefühlsabspaltung und rationalen Körperentfremdung herauszutreten und unsere Kultur wieder in die Übereinstimmung mit den Erfordernissen der biologischen Evolution zu bringen. Davon werden die folgenden Kapitel handeln.

Im nächsten Kapitel werden Ansätze für die nötigen Veränderungen aufgezeigt. Dort wird dargestellt, welche Art von Ethik wir brauchen, um als Kultur unsere biosozialen Prozesse wieder in Einklang mit der Biologie zu gestalten.

Kapitel 8 – Wie können wir als Kultur wieder im Einklang mit der Biologie leben?

In den letzten Kapiteln haben wir den negativen Einfluss unserer jetzigen kulturellen Bedingungen auf die Lebensqualität und die Gesundheit der Menschen betrachtet. Damit entsteht die Frage nach der zukünftigen Richtung der kulturellen Evolution der Menschheit. Wir können den derzeitigen Weg weiter gehen, was aber gefährlich für das Überleben unserer Art Mensch wird, wie die jüngsten Zahlen bereits zeigen.

Die Klimabewegung gewinnt immer mehr Anhänger, das ist ein hoffnungsvolles Zeichen. Aber auch wir Menschen selbst sind eine biologische Art mit immer schlechteren Überlebensbedingungen. Es geht nicht nur um das Klima, es geht vielmehr um unser eigenes Überleben als Art. Auch hier ist es kurz vor zwölf Uhr.

Wenn wir nicht sehr schnell achtgeben und handeln, verspielen wir das wesentliche Erbe der Evolution: die Fähigkeit, unser volles Potenzial des Gehirns auszubilden und zum Überleben zu nutzen auf der Basis stabiler liebevoller fürsorglicher Bindungen durch den hohen Belohnungswert von Oxytocin im Sozialkontakt, bei Berührung und Sexualität.

Welche zukünftigen Werte versprechen die Antwort auf unsere Probleme?
Unendlicher Konsum und Online-Shopping?
Ständige Erreichbarkeit und Soziale Netzwerke?
Begeisterte Fortschrittsgläubigkeit?
Das Potenzial der Digitalisierung und Künstlicher Intelligenz?
Wie geschehen dann moralische Entscheidungen?
Wer programmiert sie?
Wenn die Evolution nur noch in Bits gemessen wird, (1) wird es noch kritischer für das soziale Miteinander. Dann herrschen schlechte Bedingungen für Babys und Eltern, dann entstehen noch mehr Stress und Stressfolgekrankheiten. Das kann keine Alternative sein.

Was wollen wir mit unserem biologischen Erbe tun?
Wir können uns entscheiden, die kulturelle Entwicklung wieder in Einklang mit der biologischen Evolution voranzutreiben. Wir können uns eine bessere Vision aufgrund unseres jetzigen Wissens erschaffen.

Wenn wir als Art überleben wollen und die Natur um uns herum auch, müssen wir wieder die biologischen Gesetzmäßigkeiten berücksichtigen, die zur Aufrechterhaltung des Lebens gelten. Dann müssen wir wieder den Liebescode begreifen und berücksichtigen. Das ist, kurz gesagt, die Ko-Regulation unseres psychophysiologischen Gleichgewichts also die Beachtung des Liebescodes. Nur das hält gesund. Statt Leistung müssten Bindung, Liebe und Gesundheit unser oberstes Handlungsziel sein. Statt materiellem Wohlstand brauchen wir inneres Gleichgewicht und Wohlbefinden – und das erreichen wir nur in Ko-Regulation mit liebevollen Anderen, am besten in nahen sozialen Beziehungen und Paarbindung. Dafür müssen wir kämpfen und nicht als Geschlechter gegeneinander.

Bei einer wirklichen Berücksichtigung der biologischen Prinzipien von Sicherheit, Kooperation, Fürsorge und Liebe für unser biologisches Überleben sowie für unsere Gesundheit, würden wir unsere Lebenszeit anders verbringen. Wir brauchen wieder das Primat der biologischen Evolutionsbedingungen über die kulturelle Evolution. Sonst sterben wir aus. Sonst haben Umwelt und Klima und wir selbst keine Zukunft.

Nur die Veränderungen der Einzelnen machen eine Veränderung der Gesellschaft möglich. Wir brauchen langsam einen Artenschutz für den Menschen selbst.

Aber das dürfen nicht rationale Ideen bleiben. Es müssen emotionale Werte werden, die die nötige emotionale Motivation in jedem Einzelnen zustande bringen, indem sie zu Zufriedenheit, Wohlbefinden und innerem Gleichgewicht beitragen.

Welche Veränderungen der kulturellen Evolution sind nötig?
Es braucht neue Visionen und Mythen neben denen der Digitalisierung. Die vorhandenen geschichtlichen Wurzeln einer solchen Vision (Kapitel 5.1) werden oft als reine Phantasie abgetan. Aber es gab auf der Erde bereits über einen geschichtlich sehr langen Zeitraum hinweg eine friedfertige, fürsorgliche und wohlhabende Zivilisation. Sie existierte über Tausende von Jahren, viel länger als das gegenwärtige Mo-

dell. Insofern ist es keine Vision, sondern eine Wiederentdeckung eines Lebens in Einklang mit der biologischen Evolution, also die Wiederentdeckung von Partnerschaftlichkeit, Fürsorglichkeit und der gleichen Wertschätzung allen Lebens.

Können wir darauf einen neuen Mythos aufbauen?

Ja, indem wir das gesamte Leben auf dieser Erde verehren, und uns in beiden Geschlechtern als Teil der Natur. Nur dann könnte die Verstärkung der biologischen Bindungs- und Kooperationsbedürfnisse erfolgen, wie in der Partnerschaftskultur modellhaft vorgelebt wurde.

Dazu ist es nötig, an der Familie und an der unmittelbaren Lebensqualität der einzelnen Menschen anzusetzen, denn nur dort erreichen wir das Engagement jedes Einzelnen aus seinen unmittelbaren Bedürfnissen heraus nach einem sinnhaften, zufriedenen, gesunden Leben. Und wenn hier Veränderungen bei vielen Menschen geschehen, werden sie sich zwangsläufig in der Gesellschaft wiederspiegeln. Nur so könnten wir und mit uns unsere Erde überleben.

Es geht dabei um die konkrete weitere kulturelle Entwicklung auf der Basis enger Bindungen. Es geht um die soziale Regelung von Kooperation aufgrund friedfertiger liebevoller Beziehungen mit Hilfe eines gemeinsames Glaubens- und Wertesystem. Wenn wir dabei das Bedürfnis nach Sicherheit als biologischem Imperativ berücksichtigen, entsteht mehr Zufriedenheit und Gesundheit.

Im nächsten Kapitel werden wir betrachten, wie ein solcher neuer Mythos erkenntnistheoretisch gegründet sein könnte und wie die biosozialen Prozesse gestaltet sein können, die sich darauf gründen.

Kapitel 8.1 – Welches neue Denken und welche neue Ethik brauchen wir?

Das typische Denk- und Wertesystem für unsere gegenwärtige Zeit ist der Liberalismus. Demnach bestimmt Logik, vor allem aber der freie Wille zur Selbstbestimmung und zur individuellen Gestaltung des Lebens wesentlich unser Denken und Handeln.

Damit leben wir immer noch in der Welt der rein rationalen Erkenntnis, verbunden mit der Abspaltung von Körper und Gefühlen aus der klassisch griechischen Tradition.

Wie wir in den vorangegangenen Kapiteln gesehen haben und wie es unser Alltag immer wieder zeigt, ist diese Philosophie unzureichend und untauglich für die Erhaltung unserer Art.

Im Folgenden wird analysiert, welche umfassendere Erkenntnisart als Basis für die Zukunft dienen kann. Erkenntnis und wirksames Handeln brauchen immer zusätzlich zur Logik die körperliche, emotionale Grundlage.

Weshalb ist logisches Denken begrenzt?
Dazu schreibt die Philosophin A. Stopczyk: „Erkennen ist nicht nur ein Denken in Definitionen mit genauer und bestimmter Bedeutung, sondern auch der Prozess eines aufmerksamen Unterscheidens, Urteilens, und Wahrnehmens von Körpersignalen, Empfindungen, Gefühlen." (1) sowie „Denken darf sich nicht auf ein operationales Einsetzen von definierten Begriffen in Satzzusammenhängen beschränken. ... Ein Philosophieren nur in gelernten Begriffen bleibt immer mangelhaft gegenüber der Erfahrung, die Weisheit eines Lebensproblems auch vorbegrifflich zu erfassen..." (2)

Zu den nichtlogischen Erkenntnismöglichkeiten gehört z.B. das Denken in Bildern und Metaphern, wie wir es bei der Partnerschaftskultur bereits vorgefunden haben. Bilder gehen unmittelbarer, direkter und tiefer in unsere Wahrnehmung ein (Kapitel 5.1).

Verbales Denken dauert viel länger und lässt oftmals nicht die ganze Breite von Eindrücken und Erkenntnissen in Worte bringen. Bilderdenken ist stark körperlich an Empfindungen und Gefühle gebunden. Es erlaubt eine schnelle, intuitive Erkenntnis, die aber im Zeitalter von Vernunftlogik als weniger wertvoll galt und zunehmend in Vergessenheit geriet.

Erkenntnis geschieht auch im Moment des Sprechens und Ausdrückens in der Weise, wie Sappho es getan hat. Dieser Prozess wird gleichzeitig innerlich spürbar. Er wird körperlich spürbar als Gefühl von Stimmigkeit, als Zufriedenheit, wenn richtige, befriedigende Worte gefunden werden. Etwas sicher erkannt zu haben und dann in Sprache zu bringen, ist ein lebendiger geistiger neuronaler Prozess der Erkenntnis im Sinne wirksamen Handelns. (3)

Gleichzeitig bleibt rein abstraktes Wortwissen unfruchtbar und verhilft ohne die eigenen Körperempfinden nicht zu echtem Lernen.

Kapitel 8.1.1 – Gefühle - nur das Nebenprodukt der Evolution?

Inzwischen wurde die Bedeutung von Körperempfindungen und Emotionen bereits mehrfach neurobiologisch belegt und dieses Wissen zunehmend in psychologische und philosophische Konzepte und Theorien einbezogen. Moderne Konzepte beschreiben, wie emotionale und kognitive Komponenten (Affekt und Logik) in sämtlichen psychischen Leistungen untrennbar zusammenwirken.

Bewusste oder unbewusste emotionale Komponenten üben ständig Wirkungen auf Aufmerksamkeit und Gedächtnis, und damit auf Denken und „Logik" im weiteren Sinne aus. Solche Affektwirkungen sind auch an jeder Kommunikation beteiligt. Oft ist dabei die untergründige affektive Grundstimmung wichtiger als der kognitive Inhalt. Affekte sind verbal und nonverbal hochgradig ansteckend. Ohne eine gemeinsame affektive Grundstimmung ist weder erfolgreiche Kommunikation noch Kooperation möglich. " (4, 5)

Das Bedürfnis nach einer umfassenden Erkenntnisweise als Gegenentwurf zur reinen Logik hat Mitte des vorigen Jahrhundert in Europa zur Entstehung mehrerer somatopsychischen Lern- und Erkenntnismethoden geführt: die Alexander-Technik, Eutonie Gerda Alexander und Gindler-Methode.

Als wichtigste und am besten wissenschaftlich beschreibbar ist das die Feldenkrais-Methode. Sie vertritt einen umfassenden Erkenntnisansatz, der von M. Feldenkrais als organisches Lernen bezeichnet wurde. Inzwischen hat sich als Oberbegriff für alle Methoden die Bezeichnung somatopsychisches Lernen, Erkennen mit allen Sinnen, etabliert. Ziel der Methoden ist es vor allem, die sensorische Amnesie zu beenden und Menschen zu befähigen, ihre Körperempfindungen wieder wahrzunehmen und als Entscheidungsgrundlage zu nutzen.

Zur Bedeutung eines solchen ganzheitlichen Erkennens schreibt Gerald Edelman, Neurowissenschaftler und Nobelpreisträger: „Meiner Ansicht nach gibt es zwei Hauptformen des Denkens: Logik und Selektionismus (Mustererkennung) Sie sind beide sehr leistungsstark, aber vor allem die Mustererkennung hat ein kreatives Potenzial ..." Logik ist „... andererseits nützlich, um ein Ausufern der kreativen

Musterbildung zu verhindern. ... Die Logik hilft uns, wie gesagt, das Wuchern der Kreativität unter Kontrolle zu halten, ist aber nicht im selben Masse schöpferisch. ... Unser bewusstes Erleben gibt uns eine Ahnung davon, wie diese zwei Formen des Denkens gegeneinander ausbalanciert und wie unendlich vielgestaltig die ihnen zugrundeliegenden neuronalen Substrate sind." (5)

Beide Denkweisen haben sich durch die Überbetonung logischen Denkens auseinander entwickelt. Wir brauchen für die Zukunft wieder beide Denkweisen für beide Geschlechter.

Die Körper-Geist-Trennung ist eine menschliche Denkkonstruktion, sie ist eine kulturelle Tradition zur Verständigung, keine Realität. Allerdings hat sie sich verselbständigt, als sei es die Realität. „Der ganze Satz von Regelmäßigkeiten, die zur Kopplung einer sozialen Gruppe gehören, stellt ihre biologische und kulturelle Tradition dar. Eine Tradition basiert auf allen Verhaltensweisen, die in der Geschichte eines sozialen Systems selbstverständlich, regelmäßig und annehmbar geworden sind. Menschliches Erkennen als wirksames Handeln gehört zum biologischen Bereich, wird aber in einer kulturellen Tradition gelebt." (6)

Denken und Erkenntnis werden damit zu Begriffen, die kulturelle Tradition geschaffen hat und die wir gemeinsam benutzen. (7)

Gefühls- und körperentfremdete rationale Entscheidungen sowie die Dominanz des rationalen Denkens haben zur Ausbeutung von Natur und Mensch geführt, wie wir an der gegenwärtigen Klimakrise sehen können. Für den einzelnen Menschen führt eine solche Denk- und Handlungsweise direkt in körperliche und seelische Krankheiten. Damit entsteht zwangsläufig die Frage nach einer neuen Denk- und Handlungsweise, die diesen Problemen besser gerecht wird.

Denktraditionen sind nicht die Realität, sondern kulturelle soziale Kopplungen in der Sprache. „Sprache wurde niemals von jemandem erfunden, nur um damit die äußere Welt abzubilden. Deshalb kann sie nicht als Mittel benutzt werden, mit dem sich eine solche Welt offenbar machen lässt." (8) Das bedeutet, dass unsere Welt die Form annimmt, die wir ihr in unseren kulturellen Vorstellungen geben. Sie werden vom Großhirn als handlungsleitend übernommen. Also brauchen wir eine Denk- und Erkenntnistradition die unseren biologischen Bedürfnissen besser entspricht.

Wir brauchen ein ganzheitliches Denken, welches als Erkenntnisform die somatischen marker der Körperempfindungen einbezieht. So erfordert es das biologische Evolutionskriterium, wonach es oberstes Handlungsziel eines jeden Organismus ist, sein biologisches Gleichgewicht zum Überleben zu gewährleisten. Dazu brauchen wir auch nichtlogische Erkenntnis in dem Sinne, dass Erkenntnis in wirksames Handeln mündet.

Durch die Überwindung der Körper-Geisttrennung und ein Einbeziehen des Körpers mit seinen Empfindungen und Gefühlen in das Erkennen und Handeln ergeben sich neue Möglichkeiten zu sinnhafteren Entscheidungen im Einklang mit sich selbst, Anderen und der Natur.

Das eröffnet die Möglichkeit, die verschiedenen Weisen des Erkennens zu verbinden, wie sie sich ursprünglich biologisch evolutionär entwickelt haben und in der langen Zeit der partnerschaftlichen Kultur gelebt wurden. „Die Erkenntnis der Erkenntnis verpflichtet, einzusehen, dass unsere Gewissheiten keine Beweise der Wahrheit sind, dass die Welt, die jedermann sieht, nicht die Welt ist, sondern eine, die wir mit anderen gemeinsam hervorbringen." (9)

Damit wird jegliche Annahme eines Rechts, über andere zu herrschen oder eine Lebensweise für besser oder angemessener zu halten, ad absurdum geführt - für den großen politischen Bereich ebenso wie für das Miteinander einzelner Menschen und Familien. „Wir haben nur die Welt, die wir mit andern hervorbringen. Jede Handlung in der Sprache bringt eine Welt hervor, die mit anderen im Vollzug der Koexistenz geschaffen wird und das hervorbringt, was das Menschliche ist. So hat alles menschliche Tun eine Bedeutung, denn es ist ein Tun, das dazu beiträgt, die menschliche Welt zu erzeugen. Diese Verknüpfung der Menschen miteinander ist letztendlich die Grundlage aller Ethik als einer Reflexion über die Berechtigung der Anwesenheit der Anderen." (10)

Gefühle dienen dabei als die Grundlagen von ethisch sinnhaften Entscheidungen. Das Gefühl der Liebe, als Annahme des Anderen, ist die Voraussetzung für ein soziales Miteinander in Gemeinschaft. Daher ist es unverzichtbar, sie in Entscheidungen einzubeziehen. So, dass als ethisches Ziel entsteht, in Liebe miteinander zu leben, in Annahme der

Anderen mit ihrer Weltkonstruktion, ohne Herrschaftsanspruch, mit einer radikalen Anerkennung des So-Seins der Anderen.

Das wäre wieder der gelebte Liebescode. Damit entsteht ein Menschenbild der Annahme des gesamten Menschen in allen seinen Anteilen und Fähigkeiten durch sich selbst in Liebe und eines menschlichen Miteinanders in Achtung und Gleichberechtigung. Dieses Ideal wurde in den Jahrtausenden der Partnerschaftskultur bereits erfolgreich gelebt und führte zu einer außerordentlich hoch entwickelten Kultur.

Die Partnerschaftskultur lieferte den Beweis, dass Harmonie der menschliche Ursprungszustand ist, das Paradies nach dem sich alle sehnen. Es gab es und es könnte es wieder geben, denn die biologische Evolution hat es ausgelesen, weil es erfolgreich war.

Kapitel 8.1.2 – Wir brauchen eine partnerschaftliche Ethik

Um eine lebbare Zukunft zu gestalten braucht es eine Ethik wirklicher Gleichberechtigung, wie von Maturana postuliert. Beide Geschlechter sowie alle Völker leben in derselben Welt, die es zu bewahren gilt. Diese Überlegungen führen zu einer Ethik, die darauf gründet, dass wir nur in der Welt existieren, die wir uns mit anderen zusammen schaffen und die auf uns zurückwirkt, also in einer sozialen Welt, in der wir auf den anderen angewiesen sind und die daher das Akzeptieren des Anderen voraussetzt. (11

Die Integration der verschiedenen verbalen und nonverbalen Erkenntnisformen stellt damit eine Möglichkeit für umfassende menschliche Erkenntnis und Handlungsrundlagen dar.

In Fortführung der Ethik, die Maturana formuliert, lassen sich wesentliche Unterschiede zur heutigen Denkweise des Liberalismus ziehen: Wir brauchen ein Denken, welches das „Ich" nicht mehr in Abgrenzung von Anderen erlebt, sondern eher in Verbindung. Das betrifft sowohl die Abgrenzung zur Natur, aber auch die Abgrenzung zwischen Frau und Mann, als auch die Abgrenzung zwischen Völkern und Kulturen.

Wenn wir Menschen uns wieder als Bestandteil der Natur sehen, dann beuten wir sie nicht mehr grenzenlos aus. Wenn wir vorrangig Verbindung und Konsens suchen, anstelle die Unterschiede zu betonen, kann aus Diskussion und Machtstreben Konsens und Friedfertigkeit entstehen – zwischen zwei Menschen ebenso wie zwischen Völkern.

Kapitel 8.1.3 – Wir sind biologisch auf Liebe und Partnerschaft angelegt

Was brauchen wir für eine lebendige Zukunft auf dieser Erde?
Unsere Aufgabe ist es, die verloren gegangene Einheit von Denken, Fühlen und Handeln, von Rationalität und Emotionalität, von weiblich und männlich, von logisch und nichtlogisch, wieder herzustellen und damit eine kulturelle Tradition zu schaffen, die Informationen aus allen Sinneskanälen, von Gefühlen und deren Bewertungen zu einer ganzkörperlichen somatopsychischen Erkenntnis als Grundlage sinnvoller Entscheidungen einbezieht. - wobei, wie wir jetzt wissen, diese „neue" kulturelle Tradition eine Rückbesinnung auf Jahrtausende bereits erfolgreich gelebter partnerschaftlicher Gesellschaft darstellt.

Was lässt sich daraus schlussfolgern?
Menschsein bedeutet körperbezogenes Erleben zu haben, weil Interaktion mit Artgenossen unser Überleben sichert. Entgegen der individualistischen Denkweise sind wir unser ganzes Leben lang auf andere Menschen angewiesen, um uns wohl zu fühlen, um gesund zu bleiben, ja, um am Leben zu bleiben, wie der Liebescode es erfordert. Es ist nötig, wieder zu fühlen, zu spüren und dafür sprachlichen Ausdruck zu finden. Das bedeutet praktisch, Gefühle wirklich körperlich zu fühlen, anstelle nur die Begriffe dafür zu verwenden und distanziert, abgetrennt gleichsam von außen darüber zu reden.

Es bedeutet für alle Ebenen der Gesellschaft, für jeden Einzelnen ein gleichwertiges Anerkennen und Nutzen der verbalen logischen und nonverbalen bildhaften intuitiven Erkenntnisquellen für zukünftige Entscheidungen, Moralkriterien und Wertvorstellungen.

Es bedeutet die Wiederentdeckung der biologischen Evolutionskriterien, nämlich eine Orientierung am langfristigen Wohlbefinden. Es bedeutet, die hochentwickelten logischen Fähigkeiten auf der Basis der biologischen Merkmale für stimmige Entscheidungen und der o.g. Ethik zu nutzen.

Nur das sichert uns ein Überleben als Individuen und Art. Einzeln sind wir sehr verletzlich, nur liebevolles fürsorgliches soziales Leben ermöglicht Überleben. Dann werden wir die biologischen Überlebensbedingungen: Sicherheit und Liebe zur Herstellung des psychobiologischen Gleichgewichts wieder erfüllen und den Liebescode wieder umsetzen.

Kapitel 8.2 – Wie können wir den Liebescode wieder begreifen und umsetzen?

Wie lässt sich die ganzheitliche partnerschaftliche Ethik umsetzen in die konkreten biosozialen Prozesse?

Wie werden wir in Zukunft Schwangerschaft, Geburt, Kindheit, Pubertät, Paarliebe und Elternschaft und unser soziales Miteinander gestalten?

Wir werden uns ziemlich rasch überlegen müssen, wie wir den Weg als Menschheit wieder in Einklang mit der Evolution gehen, damit wir uns als Menschheit nicht selbst abschaffen. Es ist notwendig, unsere Lebensgestaltung wieder entsprechend unserer biologischen Bedürfnisse und Erfordernissen auszurichten. In den vorangegangenen Kapiteln wurde die Kultur auf ihre Unterstützung oder Behinderung der biologischen Evolution hin untersucht. Die dort verwendeten Kriterien ergeben auch eine Orientierung für die Zukunft.

Wir brauchen eine Kultur, in der jeder Einzelne seine inneren Körperempfindungen und Gefühle wahrnehmen und als Grundlage für stimmige Entscheidungen nutzen kann. Eine Kultur, in der die Menschen ein positives Modell von der Welt entwickeln können und positive Beziehungserwartungen ausbilden. Dann können sie sich in der gegenseitigen Ko-Regulation von Sicherheit, Wohlbefinden und Gesundheit unterstützen und bei Stress sich gegenseitig beruhigen und kooperativ Lösungen suchen.

Wir brauchen eine Kultur, in der reichhaltige Lernerfahrungen des sozialen Spiels in Kindheit und Jugend für die Kompetenzen von Kooperation und sozialer Regulation genutzt werden. Wir brauchen eine Kultur, die es ermöglicht, dass die geschlechtsabhängige Identität von vielen Vorbildern positiv besetzt und eine erwachsene innere Liebesfähigkeit entwickelt werden kann.

Wir brauchen insbesondere wieder Beziehungsfähigkeit und Zugang zu den Sicherheitssignalen einer direkten sozialen Interaktion anstelle von Medien.

Wir brauchen dringend eine Stressreduzierung durch weniger Außenreize und Informationsflut. Wir brauchen Zeit, um ein beglückendes soziales Leben und Liebe zu organisieren. Wir brauchen die innere Zustandsregulation weg von Stress, Überforderung und Isolierung hin zu der dringend nötigen Entspannung und Erholung für Gesunderhaltung und Wohlbefinden –also die Umsetzung des biologischen Liebescodes. Dann wird unsere Kultur entsprechend der im letzten Kapitel vorgestellten Ethik wirklich partnerschaftlich und unterstützt mit ihrem zentralen Mythos die biologische Evolution. Auf diese Weise können wir die Entwicklung der Menschheit und den Schutz unserer Umwelt weiter befördern.

Die Art, wie die biosozialen Prozesse in der neolithischen Partnerschaftskultur gestaltet wurden, kann dafür in vielen Bereichen als Modell dienen. Dazu brauchen wir ganz konkrete Veränderungen auf gesellschaftlicher und auch auf individueller Ebene. Über Hunderttausende von Jahren hat sich Kooperation, Fürsorge und gegenseitige friedliche soziale Regulation herausgebildet. Über diesen langen Zeitraum sind Paarliebe und erfüllende Sexualität zur Regulierung des biologischen Gleichgewichts in der langen Sorge für lernfähige Nachkommen entstanden. Diesen Werten müssen wir wieder eine übergeordnete Bedeutung zuweisen. Das ist nicht nur die Voraussetzung für die persönliche Gesundheit, sondern auch für alle wichtigen biologischen Prozesse, wie Schwangerschaft, Geburt, Paarliebe, Sexualität und Elternschaft.

Es wird einige Zeit in Anspruch nehmen, andere Verhaltensweisen und Gewohnheiten zu etablieren und die bereits vorhandenen epigenetischen Stressfolgen zu „reparieren“. – Dass das möglich ist, zeigt die aktuelle Forschung. (1)

Wir brauchen uns das Modell für gelingendere Beziehungen und ein besseres psychophysiologisches Gleichgewicht, für Gesundheit, Wohlbefinden und Zufriedenheit nicht vollkommen neu ausdenken. Wir hatten es in der Vergangenheit der neolithischen Kultur für einen wesentlich längeren Zeitraum als das jetzige Dominanzmodell. Wesentliche biologische und soziale Prozesse sind dort ungestört bzw. kulturell unterstützt und befördert abgelaufen.

Insofern bieten das Wissen über die neolithische Kultur und aktuelle Erkenntnisse der Neurobiologie, wie sie hier dargestellt werden, eine gute Ausgangsbasis für Überlegungen zur Gestaltung unserer Zukunft als biologische Art Homo sapiens. Und wir haben den großen Vorteil, dieses Wissen gezielt für Veränderungen einsetzen zu können, um die biologischen Überlebensbedingungen des Liebescodes zu erfüllen.

Wie können wir das erreichen?
Wir brauchen dafür überhaupt erst einmal eine Sehnsucht. Veränderungen erfolgen immer nur dann, wenn es eine konkrete Sehnsucht gibt, die die nötige Energie mobilisieren hilft. - Eine Sehnsucht nach Liebe, nach Zufriedenheit und Gesundheit, nach Geborgenheit und Familie. Eine Sehnsucht nach einem zufriedenen Leben in beglücken-den Beziehungen. Eine Sehnsucht danach, Zeit zu haben und die eigenen wirklichen Prioritäten zu kennen und zu leben.

Jeder spürt ab und zu diese Sehnsucht, die biologisch in uns begrün-det ist. Aber normalerweise wird sie rasch wieder verdrängt wird von Tagesaufgaben, Verpflichtungen und Konsumwünschen. Lernen und Veränderung gelingen jedoch nur bei Sehnsucht nach etwas, bei einer entsprechenden Motivation. Die Biologie der Sehnsucht besteht aus dem Belohnungswert einer Handlung, die sich gut anfühlt, bei der en-dogene Opioide und Oxytocin freigesetzt werden. Sie sorgen für den Wunsch nach Wiederholung – falls wir diese Körpergefühle wieder spüren und nicht weiterhin kulturell übergehen.

Drei Bereiche unseres Lebens lassen hauptsächlich diese Sehnsucht nach Veränderung entstehen. Das sind:
- die Liebe zu sich selbst - mit sich selbst zufrieden sein, sich wohlfühlen und gesund in einer gesunden Umwelt leben wol-len
- Paarliebe - einen Partner finden, ihn lieben und erfüllte Sexua-lität genießen wollen
- Elternliebe - ein Baby lieben und begleiten wollen,

Es sind unscheinbare Wünsche und Sehnsüchte gegenüber äußerem Status und Erfolg. Aber sie sind es, die letztlich ein erfüllendes Leben bedeuten, die uns gesund erhalten und uns zufrieden sein lassen. Diese drei Bereiche könnten den Ausgangspunkt für Motivation und gelingende Veränderungen mit dem entsprechenden Belohnungswert von Dopamin, Oxytocin und endogenen Opioiden bilden.

In diesem Kapitel werden einige Ideen entwickelt, was genau wir wieder brauchen und wie es möglich ist, diese Sehnsüchte erfüllen zu können.

Kapitel 8.2.1 – Was brauchen wir für Schwangerschaft und Geburt?

Schwangere Frauen sind in einem besonders sensiblen stressempfindlichen Zustand. Daher brauchen wir einen besonderen Schutz für die Schwangerschaft, aber auch für die Umstände der Geburt und für junge Eltern. Nur dann kann es gelingen, die Themen der Vergangenheit nicht noch über Generationen weiter zu geben. Dabei geht es nicht darum, Schwangerschaft mit Krankheit gleichzusetzen, sondern um eine besondere gesellschaftliche und individuelle Fürsorge und Warmherzigkeit für die werdende Mutter und ihren Partner. Sie sollten sich in dieser besonderen Zeit glücklich und zufrieden und in der Gesellschaft gut unterstützt fühlen, damit sie vertrauensvoll in ihre Zukunft schauen können. Dann gelingt es ihnen besser, sich unbesorgt und liebevoll auf ihr Kind einzustimmen. Wir brauchen eine Kultur, in der Kinder zu bekommen und großzuziehen einer der wichtigsten Werte ist.

Flora und Paul wollen das Wohlbefinden ihrer Mutter in ihrem Hormon- und Neurotransmittersystem spüren (Kapitel 4.1 und 5.2.1). Das bedeutet: kaum Cortisol, viel stressreduzierendes Oxytocin, viel beruhigendes stimmungsaufhellendes Serotonin, glücklich machendes fürsorgliches Östrogen und endogene Opioide. Sie werden freigesetzt, weil ihre Mutter liebt und geliebt wird, weil es ihr gut geht und sie Zufriedenheit erlebt. Das alles erlaubt eine vorgeburtliche Vernetzung der Areale für diese Hormone bei Flora und Paul. Dann gelangen sie vorgeburtlich bereits zu den wohltuenden Erfahrungen der Sicherheit und des Vertrauens bei einer guten Anfangsaktivität des neuen Vagussystems. So kann bei Flora und Paul vorgeburtlich bereits erstes Wissen und eine allererste körperliche Basis für ihr späteres Selbstbild entstehen.

Es hilft der Entwicklung von Flora und Paul, wenn ihre Eltern Zeit und Muße haben, um sich auf ihr kommendes Baby einzustimmen, den

Bauch zu streicheln, hinzuspüren, dabei körperlich die Liebe zu Flora und Paul auszudrücken, zu singen oder bereits in einen Dialog der Gedanken und Gefühle mit dem ungeborenen Baby zu gehen. Flora und Paul hören bereits die Stimme und über die Melodie und den stimmlichen Ausdruck die Befindlichkeit ihrer beider Eltern. Flora und Paul spüren den beruhigenden Herzschlag, die entspannte Muskulatur der Bauchdecke und die weiche Stimme der Mutter, aber auch des Vaters. Je besser die beiden Eltern Zugang zu ihrem eigenen Körper haben und je besser sie selbst gegenseitig liebevolles Befinden regulieren und entspannen können, desto besser lernen das auch die ungeborenen Babys. Also sollten Floras und Pauls Eltern es spätestens mit Beginn der Schwangerschaft lernen können.

Wir brauchen die Vermittlung der entsprechenden Informationen über die vorgeburtliche Entwicklung für beide werdenden Eltern bereits in den Geburtsvorbereitungskursen, ggf. sogar bereits bei den entsprechenden Inhalten in der Schule. Denn nach wie vor fehlen uns dafür Rollenvorbilder durch verloren gegangenes Wissen.

Besonders wichtig ist es, dass Eltern praktisch durch eigene körperliche Erfahrung lernen, ihren inneren Spannungszustand zu erspüren und gegenseitig sicherheitsstiftend zu regulieren. Es reicht nicht, nur kognitives Wissen aufnehmen. Diese Vorbereitung auf parasympathische Dominanz und das Erkennen der entsprechenden inneren Zustände hilft sehr bei der Geburt, vor allem aber auch nach der Geburt in der Interaktion mit dem Baby (Kapitel 8.2.9).

Was brauchen wir für eine ungestörte Geburt?
Je besser Floras oder Pauls Mutter bzw. beide Eltern sich selbst in einen Zustand tiefer Entspannung versetzen können, desto ungestörter kann auch der biologische Geburtsprozess ablaufen und desto aktiver können ihn Flora und Paul mitgestalten und sich selbstwirksam erleben. Flora und Paul brauchen die Erfahrung, selbst den Prozess mitzugestalten, indem sie mit eigener Aktivität durch den Geburtskanal drücken. Natürlich bleiben diese Erfahrungen unbewusst, aber sie prägen ein Gefühl von „Ich kann etwas" als Ersterfahrung in dieser Welt.
Das Geburtsereignis ist trotzdem eine große Veränderung, aber unter solchen Bedingungen ist es für Flora und Paul so wenig ängstigend wie möglich, abgemildert durch endogene Opioide, Dopamin, Oxytocin

und die sofortige Wiederanknüpfung an die vorgeburtlichen Erfahrungen von Sicherheit.

Je ungestörter der Geburtsablauf sein kann, desto wacher und glücklicher durch den hohen Oxytocinausstoss begegnen Flora bzw. Paul ihrer Mutter. Sie beruhigen sich rasch vor allem über die Stimme der Mutter, ihren Herzschlag, ganz schnell auch ihren Geruch, den Geruch der Muttermilch, ihre Bewegungen. Alles das löst die Ausschüttung des beruhigenden vertrauensstiftenden Oxytocin aus. Flora und Paul brauchen viel direkten körperlichen Kontakt.

Es ist wichtig, dass sie viel am Körper ihrer Mutter und der anderen Bindungspersonen getragen werden, so dass sie die warme Haut, viele ihrer Bewegungen erfahren und sie immer wieder spüren und riechen können. Alles das sorgt für einen beständigen Strom des Wohlfühl- und Liebeshormons Oxytocin und damit für Wohlbefinden und Zufriedenheit. Das sind die besten Lernbedingungen für das junge Gehirn von Flora und Paul.

Die Zeit der frühen Ersterfahrungen eines Babys nimmt eine Schlüsselstellung für das gesamte weitere Leben ein. Deshalb brauchen wir als Kultur in der Zukunft noch mehr Aufmerksamkeit dafür. Wir brauchen insbesondere in jeder Hinsicht Unterstützung für werdende Eltern. „Es kann nicht ausdrücklich genug darauf hingewiesen werden, daß der aktive Teil des Hirns während einer Entbindung und auch bei allen anderen sexuellen Erlebnissen der Teil ist, der sich früh im Leben eines Individuums entwickelt - während einer Zeitspanne, die ich als die „Primärphase" bezeichnet habe …Wenn man das Augenmerk auf diese frühe Entwicklung legt, kommt man zu der Annahme, dass sich jede ernsthafte Vorbereitung auf die Geburt (oder auf das Sexualleben) auf diese Zeitspanne konzentrieren sollte!" (2) Es ist eine gesellschaftliche Aufgabe, dieses Wissen zu verbreiten und dafür geeignete Bedingungen zu schaffen.

Kapitel 8.2.2 – Wie wird Sicherheit erlebt?

Mit der Kenntnis dieser Vorgänge können Eltern ihren Babys dabei helfen, eine gut funktionierende Vagusbremse, also eine gute eigene Beruhigung und damit eine Selbstwirksamkeitsüberzeugung zu entwickeln. Dann können diese auch später als Erwachsene auf hohe Spiegel der Neuromodulatoren zurückgreifen und sich gut regeln.

Die für das soziale Miteinander wichtigen Gesichts- und Kopfnerven des neuen parasympathischen beruhigenden Vagus sind in ihrer entwicklungsbezogenen Steigerung der Vagusaktivität ein halbes Jahr nach der Geburt etwa abgeschlossen war. (3) Der neue Vagus erlaubt schnelle Veränderungen der Stoffwechselaktivität sowie der Mimik und Gestik, je nach Situation. Er kann bremsen, so dass die Herzaktivität deutlich gesenkt wird und erlaubt dadurch mehr und mehr Selbstberuhigung bzw. Beruhigung durch Andere über das social engagement system. Diese Erfahrungen sind entscheidend für die spätere Funktionsfähigkeit zur Regulation als Vagusbremse zur Beruhigung und Erholung sowie für soziales Handeln. (4)

Sozial wichtige Aktivitäten erfordern erst eine gewisse Aktivierung, also Lösung der Vagusbremse als Motivation und Lenkung der Aufmerksamkeit dorthin, und daran anschließend eine Beruhigung. Die schon sehr früh entwickelte Fähigkeit zur Lösung und Wiedereinsetzung der Vagusbremse, also die innere Zustandsregulation zwischen Erregung und Beruhigung, wird als Marker für die weitere Entwicklung eines Kindes angesehen (5). Sie lässt sich bereits am Saugverhalten von Babys beurteilen und ggf. beeinflussen.

Flora und Paul brauchen mütterliche oder väterliche Hilfe, um sich zu beruhigen. Das erfolgt über die Stimme, eine ruhige für sie spürbare Atmung, über eine muskulär entspannte Haltung und Augenkontakt, in einem Tempo und in einer Reizmenge, die Flora und Paul jeweils verarbeiten können. In solch einer sicheren Interaktion lernen Paul und Flora so, sich gut zu regulieren, dass sie mit mehr und intensiveren Reizen zurechtkommen, ohne von Angst oder von der Reizmenge überflutet zu werden und sich zu sehr zu erregen.

Ihre Mutter wird eine vereinfachte, langsame Sprache mit viel Melodie verwenden, mit der sie erreicht, dass Flora und Paul länger und länger aufmerksam im Dialog mit ihr bleiben können. Die wechselweise Imitation zwischen Flora und Paul und ihren Bindungspersonen führt auf diese Weise zum Beginn des sozialen Lernens. (6) Wenn der neue Vagus mit den entsprechenden erfahrungsabhängigen Verknüpfungen genügend ausgreift ist, können Flora und Paul und ihre Bindungspersonen sich über gegenseitige soziale Kommunikation beruhigen. Dann funktioniert die Vagusbremse.

Durch die Signale der Neurozeption werden erfahrungsabhängig die entsprechenden Nervenbahnen im Schläfencortex des Großhirns aktiviert, die bei Sicherheit ein sympathisches Angstverhalten abschwächen und die Vagusbremse zur Beruhigung betätigen. Hier wird nochmals deutlich, dass Sicherheit aktiv hergestellt werden muss. Sie entsteht nicht automatisch bei Abwesenheit von Gefahr, sondern die Neurozeption, als unser Säugetiererbe, prüft unablässig, ob Gefahr besteht. Nur, wenn Gefahrenfreiheit aus der Mimik des Gegenübers gelesen wird, reduziert die Vagusbremse das sympathische Angstverhalten aktiv.

Der Vermittler für Vertrauen und Sicherheit und Wohlbefinden ist Oxytocin, das dann am Vagussystem wirkt und das sympathische Kampf-Flucht-Muster bremst. Oxytocin aktiviert das parasympathische Nervensystem, es aktiviert die Freisetzung von Serotonin, Opioiden und Dopamin. (7)

Ausgehend von solchen frühesten Erfahrungen bei der Geburt und vielen frühen Berührungen und sozialen Kontakten lernt ein Baby seine Oxytocinfreisetzung erfahrungsabhängig. Das sind Geruch und Stimme der Mutter und der anderen Bindungspartner, die immer wieder für die Ausschüttung von Oxytocin sorgen. Bei einer höheren Oxytocinkonzentration durch gute Bindung wird mehr Serotonin ausgeschüttet und führt durch seine beruhigende Wirkung gemeinsam mit Oxytocin zu einer besseren Gesichtswahrnehmung und besserer Interpretation der Signale des social engagement systems.

Dieser Vorgang ermöglicht, wenn er gut erfolgt, eine gute Stress-Resistenz im späteren Leben durch eine niedrige Cortisolausschüttung, gute Selbstberuhigung und Zustandsregulation sowie Stressdämpfung.

Kapitel 8.2.3 – Wie gelingen frühe Interaktionen am besten?

Emotionsausdruck, Kommunikation über Mimik, Stimme, Gestik und Körperempfindungen erfordern eine schnelle sympathische Anpassung und Erhöhung des Energieaufwands für die aktive Phase des Ausdrucks, also der Mitteilung und sofort danach ein schnelles parasympathisches Umschalten und Absenken der Aktivierung, um die Antwort des Gegenübers aufzunehmen und in seiner Bedeutung zu entschlüsseln. Diese vielen raschen Wechsel erfordern eine gut funktionierende ausgereifte Vagusbremse. Dieser Mechanismus findet bereits bei Babys von Beginn an beim Stillen statt. Sie brauchen mehr Energie für die Saugphasen und beruhigen sich in den Pausen. (8)

Was bedeutet Training der Vagusbremse?

In diesen abwechselnden rhythmischen Interaktionen mit den Bindungspersonen finden das Training und die Ausreifung des neuen Vagus statt. Immer wieder wechseln sich kurze Phasen von Aktivierung und Beruhigung ab: beim gegenseitigen Anschauen, beim Vokalisieren sowie bei mimischem Wechselspiel. Gerade der Austausch von mimischen Signalen, der im Dialog spontan bei den meisten Eltern vorkommt, ermöglicht Babys das Lernen von Emotionsausdruck. Es erlebt aber auch den Umgang und die Kontrolle von emotionaler Erregung. Unterschiedliche Emotionen, wie z.B. Freude, Übermut, Traurigkeit oder Ärger verändern die innere Erregung unterschiedlich stark und erfordern eine gute Regulation mit Hilfe der Vagusbremse.

Indem die Mutter und andere Bindungspersonen den inneren Spannungszustand und die kindlichen Emotionen aufgreifen spiegeln, kommentieren, benennen und ggf. beruhigend wirken, ermöglichen sie dem Baby und später dem Kleinkind, seine Körperempfindungen und Affekte kennen, regulieren und benennen zu lernen. Das stellt eine wesentliche Voraussetzung für die spätere Empathiefähigkeit und Selbstberuhigung dar. Die Spiegelung und Benennung emotionaler Zustände ist eine Hauptaufgabe der Primärperiode, wobei sich das Benennen und Spiegeln in der Kindheit fortsetzt.

So lernen Babys, dass eine ziemlich hohe Erregung möglich und gefahrlos ist. Dann wird auch später in ihrem Leben emotionale Erregung nicht zu schnell mit Gefahr assoziiert. Unterstützend für das Lernen der Zustandsregulation über die Vagusbremse wirkt das Oxytocin der Bindung. Es erzeugt Assoziationen von Bindungsverhalten mit Wohlbefinden und Zufriedenheit, also Belohnung.

Dementsprechend werden diese Körperempfindungen und Situationen bevorzugt mit „suchen" eingespeichert und danach immer wieder gesucht und auf andere Situationen und Personen übertragen. Endogene Opioide und gegebenenfalls Dopamin tragen dazu bei, wenn die Begegnung besonders lustvoll war. Oxytocin kann die Ausschüttung der Opioide um mehrere 100 % erhöhen. Es erhöht das Wohlgefühl und die

Einspeicherung des Erlebnisses und der auslösenden Person als besonders positiv. (9)

Langsames rhythmisches Wiegen des Babys beeinflusst den Vagus und wirkt daher beruhigend. Ähnlich wirken Wiegenlieder und einfache rhythmische Spiele. Auch die frühen Spiele zwischen den Bindungspersonen und Kindern folgen dem rhythmischen Muster von Aktivierung und Pause zur Beruhigung bzw. Selbstberuhigung. Soziale Spiele stellen ein unablässiges Trainieren der inneren Zustandsregulation über die Vagusbremse dar, oftmals verbunden mit rhythmischem Sprechgesang oder Abfolgen. Das spontane Mutter-Kind-Spiel (bzw. mit anderen Bindungspartnern) erfordert, dass beide Beteiligte völlig in der Gegenwart des gelebten körperlichen Tuns der Interaktion aufgehen. Die ersten gegenseitigen spielerischen Interaktionen der frühen Kindheit bilden die Basis für jedes weitere Spielverhalten im Leben bis hin zum Liebesspiel.

Jede weitere Kommunikation im Leben besteht aus rhythmisch wechselnder Interaktion von Reden und Zuhören mit den jeweils wechselnden Zuständen sympathischer Aktivierung beim Reden und parasympathischer Beruhigung beim Zuhören. Dieses Wechselspiel wird zuerst über den abwechselnden Blickkontakt gelernt. Vom Augenblick der Geburt an lernt und entwickelt das autonome Nervensystem die Gegenseitigkeit, einen rhythmischen Aufmerksamkeitswechsel und Zustandswechsel zwischen beiden Beteiligten.

Spiel erlaubt eine mehr oder weniger starke sympathische Mobilisierung bei gleichzeitiger Aktivität des neuen Vagus. Die Vagusbremse wird nur teilweise und abgestuft gelöst. Daher bleibt die Neurozeption für die Interpretation von Gesichtsausdrücken aktiv und vermittelt die positiven Absichten der Spielpartner, so dass hemmende Signale an die Kampf-Flucht-Reaktion gehen. (10)

Rhythmische Gegenseitigkeit ist das Kennzeichen aller Bindungen. Sie erfolgen wechselseitig und lösen so gegenseitig Wohlbefinden aus. Bei wechselseitiger Interaktion wird bei beiden Beteiligten mehr Oxytocin ausgeschüttet. (11) Durch diese biologische Belohnung erfolgt ihre Wiederholung. Sie umfasst jede wechselseitige Interaktion und jedes Spiel mit spontanem Tausch zwischen Geben und Nehmen, Senden und Empfangen, Reden und Hören. Das ist typisch für alle sozialen Bindungen. Auf dieser früh angelegten Basis wird Rhythmus und Gegenseitigkeit später auf andere soziale Situationen übertragen und erlaubt soziale Interaktionen.

Für diese spielerischen Regulationen als soziales Training der Vagusfunktion und für die nötigen Mutter-Baby- bzw. Baby-Vater-Spielerfahrungen der ersten Jahre reicht die Betreuungsfunktion einer KiTa nicht aus. Dort können nicht ausreichend viele intensive 1:1 Kontakte mit verlässlichen wenigen Bezugspersonen stattfinden, um dieses soziale Training zu gewährleisten. Zum einen reicht dazu der Personalschlüssel nicht aus, zum anderen erfolgen in einer größeren Gruppe von Kindern zu viele Reize. Dadurch ist die Aufmerksamkeit ständig nach außen verlagert und die Neurozeption untersucht die Umgebung auf Sicherheit hin. Durch diese sympathische Erregung und Aufmerksamkeitsverlagerung nach außen wird eine freie spielerische wechselseitige Interaktion und die Regulation des inneren Zustands über den neuen Vagus verhindert.

Wir brauchen eine Kindheit für Flora und Paul, die sehr reich an solchen sozialen Lern- und Bindungsgelegenheiten ist. Dafür brauchen sie vielfältige Erfahrungen mit verschiedenen Personen, aber innerhalb eine stabilen sozialen Systems und mit ausreichend Zeit für zweckfreies spielerisches Miteinander im Augenblick. Im sozialen Spiel übernehmen Kinder die Bewertungs- Einstellungs- und Wahrnehmungsmuster der Elterngeneration, indem sie sie immer wieder wiederholen und zunehmend weiter automatisieren. Deshalb ist es so wichtig, dass alle ihre Bindungspersonen sich dessen bewusst sind, welche Bewertungen sie vermitteln.

Flora und Paul regeln mit der Unterstützung der Umwelt ihre hormonelle Ausstattung für ihr zukünftiges Leben. Wir brauchen kulturelle Bedingungen, die es ermöglichen, dass sie als Erwachsene hohe Spiegel der Wohlbefinden fördernden Neuromodulatoren Oxytocin, Dopamin, Serotonin und von endogenen Opioiden haben. Damit einher geht eine ausgeprägte Fähigkeit zur Ko-Regulation eines sicheren entspannten Gefühls und eine ebenso ausgeprägte Liebes- und Bindungsfähigkeit. Das sind die Fähigkeiten, die unsere gesamte Kultur so dringend wieder braucht.

Wie bereits beschrieben: Noch fehlen unserer Kultur solche Fähigkeiten oftmals aus Mangel an Lerngelegenheiten. In diesen Fällen lassen bestimmte pädagogische Interventionen in verschiedenen Altersstufen ein Nachlernen zu. Aber auch den Erwachsenen fehlen diese Fähigkeiten oft (Kapitel 7.2.) Ein Nachlernen für spätere Elternschaft ist jedoch möglich. Kognitives Wissen um die Zusammenhänge ist zwar wichtig, reicht aber nicht aus. Ein solches Nachlernen muss die körperbasierten Erfahrungen vermitteln der wechselseitigen Zustandsregulation vermitteln. Auch wenn Eltern unsicher oder in ihrer eigenen Fürsorgefähigkeit und Zustandsregulation eingeschränkt sind, können sie nachlernen, was Babys brauchen.

Hier setzen Unterstützungsangebote an, die in den letzten Jahren auch verstärkt angenommen werden. Auf diese Weise lassen sich die frühen Prägungen von Eltern oder aber schwierige Geburtserlebnisse teilweise durch Nachlernen verändern, so dass sie nicht an folgende Generationen mehr weitergegeben werden. In der Entwicklungsbegleitung für Eltern und Baby lassen sich durch gezieltes praktisches Erfahrungslernen oftmals die Bindungsmodelle der Eltern noch verändern bzw. erlernen sie zumindest besser passende Verhaltensweisen und Selbstregulation (vgl. Anhang). (12)

Kapitel 8.2.4 – Lerne liebe, ehe Du erwachsen wirst

Insbesondere in der Familie erlernen Kinder ihr soziales und Rollenverhalten. Wir brauchen dafür genügend Gelegenheiten innerhalb der Familie, vor allem Zeit, die Eltern und Kinder miteinander verbringen. Durch vielfältige sicherheitsstiftende Erfahrungen wird ein Kind zunehmend unabhängiger in seiner Regulation der Vagusbremse und lernt immer besser abgestufte Mobilisierung.

Dafür brauchen die Kinder viele positive Lerngelegenheiten und Rollenvorbilder: für liebevolle Begegnungen von Frau und Mann, für die konstruktive Bewältigung von Konflikten mit Versöhnungsgesten, für die gegenseitige Regulation von Sicherheit und parasympathischer Dominanz, für männliche Fürsorge, für eine gelebte Gleichberechtigung von Frau und Mann, für einen liebevollen Umgang der Eltern miteinander als Paar, für Spiele um der Spielfreude willen bei Erwachsenen und Kindern, für gegenseitigen Respekt, Würde und Wertschätzung im Umgang mit allem Leben. Diese Fähigkeiten haben uns zu

Menschen gemacht. Es ist überlebensnotwendig, sie wieder in den Fokus des Lernens zu stellen.

Wir brauchen wieder eine sozial angemessene Regulation aggressiver Impulse mit Hilfe von Versöhnung, Fürsorge, Konfliktregulation und Friedfertigkeit. Wie bei unseren Vorfahren ist dazu soziales Spiel die ideale Lerngelegenheit. Diese Fertigkeiten können nicht kognitiv erworben werden, sondern die neuromodulatorischen Systeme dazu müssen in der Familie durch häufige Erfahrung und erfolgreiche Handlung erworben und gebahnt werden.

Wenn Kinder zu wenig soziale Kontakte haben, aber auch, wenn sie durch zu viele Personen oder Reize überflutet werden, wird die Regulation des neuen parasympathischen Beruhigungssystems, also der Vagusbremse, nicht genügend gelernt. Digitale Medien verhindern das rhythmische Wechselspiel zwischen sympathischer Aktivierung und parasympathischer Beruhigung des Spieles oder Gesprächs.

Kinder brauchen eine Reduktion der Umgebungsreize. Sie brauchen beständige überschaubare sichere Bedingungen und ein soziales Training für die Nutzung der mimischen, gestischen, sprachlichen Signale und für ihre innere Zustandsregulation. Soziale Isolation, wie sie noch zu oft geschieht, ist schmerzhaft und gefährdet die Gesundheit.

Daher brauchen wir eine Kultur, die die Bedingungen für vielfältige soziale Kontakte schafft und Kindern das notwendige soziale Training ermöglicht. Dazu zählen stabile soziale Bezüge, wenig Orts- und Schulwechsel, lange gemeinsame Klassen, konstantes Personal, wie auch freie, unverlangte Zeit ohne Medien und freies Spiel statt kognitiven Förderangeboten. Das erfordert Zeit, gute Personalschlüssel in der Kinderbetreuung sowie soziale Kompetenz und Wissen seitens der Erwachsenen.

Für die Anpassungsvorgänge der neuromodulatorischen Systeme ist die Bindungsfähigkeiten der Mutter und des Vaters entscheidend. Neben der Zeit, die sie mit Flora und Paul verbringen, ist es ihre Bindungs- und Spielfeinfühligkeit, die über den Aufbau einer guten Bindung entscheidet. Dazu gehört die Fähigkeit, sich sicher zu fühlen, den eigenen Stress zu regulieren und in einen guten lernbereiten inneren Zustand zu gelangen. Entscheidend seitens der Mutter sind ihre rasche Reaktion und die Fähigkeit zu wechselseitiger Interaktion. Entscheidend seitens des Vaters ist es, Herausforderungen abgestuft und im Kontext von Sicherheit zu stellen. Darin liegt der besondere Einfluss von Vätern auf ihre Kinder.

Eine oft übersehene Lernaufgabe der Kindheit ist ebenfalls die Entwicklung der eigenen Sexualität (Autoerotik) in der Kindheit. Das ist eine notwendige Voraussetzung, um später als Erwachsener Zugang zur eigenen inneren sexuellen Gefühls- und Empfindungswelt zu haben und sie selbst gestalten und verantworten zu können. (Kapitel 8.2.6).

Kapitel 8.2.5 – Welche pädagogischen Lernbedingungen brauchen wir?

Da sich das Gehirn immer in einem Ko-Konstruktionsprozess erfahrungsabhängig herausbildet, brauchen die Kinder für ihre kognitive Entwicklung reichhaltige für sie bedeutsame Lernangebote, anstelle der althergebrachten Instruktionen. (14)

In der aktuellen Pädagogik wird dem mittels anregender Umgebung, offenen Angeboten, Projektarbeit etc. in Ansätzen Rechnung getragen. Häufig treten jedoch noch auf Schwierigkeiten in der Umsetzung. Diese Ansätze brauchen vor allem bessere Personalschlüssel, als sie gegenwärtig festgesetzt wurden.

Wir Menschen lernen als soziale Wesen in Austausch mit anderen Menschen, wir ko-konstruieren unsere Welt. Das bedeutet für Lernen, Bildung und Schule, dass Pädagogen und Fachpersonal vornehmlich als Partner für solche Ko-Konstruktions- und Ko-Regulationsprozesse zur Verfügung stehen müssen. Es erfordert ein erhebliches Umdenken, weg vom reinen Wissensvermittler, hin zum Bindungs- und Kooperationspartner zu gelangen. Die systemisch-konstruktivistische Pädagogik als inzwischen allgemein anerkanntes Modell liefert hierzu sehr gute praktische und theoretische Beiträge.

Insbesondere bei Kindern, die als schwierig oder auffällig empfunden werden, geht es darum, deren Arbeits- und Beziehungsmodelle und ihre Erwartungen an die Welt, zu hinterfragen. Sie brauchen nach Möglichkeit bessere Bindungserfahrungen, als sie evtl. bisher kennengelernt haben. Das bedeutet, ihnen unterstützend bei der Regulation ihres Stresssystems beizustehen und ein Nachlernen, d.h. eine neue Ko-Konstruktions und Ko-Regulationserfahrung in Sicherheit zu ermöglichen. Lernen muss viel mehr als bisher noch soziales Lernen sein und das nicht nur als Randerscheinung neben dem Lehrplan. Das betrifft sowohl die Lerngelegenheiten in der Schule, im Hort oder der KiTa als auch die Lerngelegenheiten in den Familien.

Lernen erfordert Bindung, weil sie durch das ausgeschüttete Oxytocin Stress senkt und den Kindern ermöglicht, ein Erregungsniveau zu regulieren, in dem Lernen überhaupt gelingt. Daher ist die schulische kognitive Entwicklung immer an die Qualität der Bindung gebunden. (15)

Wir brauchen für erfolgreiches Lernen stabile, vorhersehbare und überschaubare (also sichere) Beziehungen zu Bindungspersonen. Das sind in den ersten Lebensjahren idealerweise die Familie, Verwandte, gut bekannte Erwachsene und einige Kinder. In Familien, in denen diese Bedingungen nicht gegeben sind, kann eine zeitige Fremdbetreuung sinnvoll sein. Je eher dann Prozesse der Veränderung, der Neukonstruktion von Bindungserfahrungen und Beziehungserwartungen möglich sind, desto bessere Entwicklungschancen hat das Kind.

Weil das Gehirn als sich selbst konstruierendes System arbeitet, braucht es Erfahrungen anstelle rein kognitiver Wissensvermittlung, also erfahrungsbasierte Lernformen. Damit kommen mehr Aufgaben auf Erzieher und Pädagogen zu, als nur Wissen zu vermitteln. Wobei gute Pädagogen rein intuitiv diese Funktionen auch in der Vergangenheit oftmals schon übernommen haben. Inzwischen haben wir mehr Kinder, die diese Zuwendungen intensiv brauchen, aber auch bessere Methoden und Kenntnisse.

Um dieses Wissen und Interaktionsmöglichkeiten geht es in entsprechenden Weiterbildungen „Wie Lernen gelingt". Im Verlauf der letzten 10 Jahre hat sich der Bedarf ständig vergrößert und wird auch zunehmend von Eltern angefragt (vgl. Anhang).

Zur Lernstruktur des Gehirns gehört Interesse und Neugier auf eine Tätigkeit oder ein Problem, weil es direkt lebenspraktische Bedeutung besitzt. Eine Aktivierung des Gehirns zum Lernen erfolgt dann, wenn die Aufmerksamkeit auf ein anstehendes Problem gelenkt wird, welches das innere Gleichgewicht infrage stellt oder aus Neugier auf unbekannte Reize oder aus dem Wunsch nach einer wiederkehrenden positiven Erfahrung. Das gilt es beim Lernen bzw. bei Bildungsangeboten zu berücksichtigen.

Dem tragen Lernformen, wie Projektarbeit, Montessori-Pädagogik, systemische Pädagogik, aber auch somatopsychische Lernmethoden (Kapitel 8.1.1.) Rechnung. Sie erlauben ein großes Maß an selbstbestimmtem Lernen sowie die Ko-Konstruktion von Wissen im Dialog mit der Bindungsperson bzw. dem Pädagogen bei gleichzeitigem Lernen der sozialen Regeln des Miteinanders.

Wir brauchen eine Kultur, in der Pädagogen als Unterstützer und Förderer fungieren, indem sie dort Anregungen geben, wo das Kind selbst nicht weiter kommt und gleichzeitig für eine nötige Begrenzung und Einhalten der Regeln sorgen, bis ein Kind das selbst kann. So viel Unterstützung bzw. Begrenzung wie nötig und so wenig, wie möglich. Das ermöglicht maximale Selbstwirksamkeitserfahrungen und das Lernen des Lernens bei sozial verträglichem Verhalten und Rücksicht auf die Anderen – alles Fähigkeiten, die für den weiteren Lebensverlauf unabdingbar sind.

Diese Fähigkeiten ermöglichen später den weiteren kognitiven Wissenserwerb, wenn ihre Basis in der Kindheit gut gelegt wurde. Dagegen ist ein späterer Wissenserwerb schwer bis unmöglich, wenn die Basis von Ko-Konstruktion und Ko-Regulation des inneren Spannungszustandes vorher nicht gelegt wurde.

Wir brauchen in unserer Zukunft das hier beschriebene Lernen, welches untrennbar verbunden sowohl somatopsychisches Lernen der Zustandsregulation (Spannung, Entspannung, Aufmerksamkeit, Befriedigung und Erfolg mit den entsprechenden Hormonen und Transmittern) als auch kognitives Lernen (der Austausch über Begriffe und Vorstellungen, abstraktes Wissen, Reflexion von Lernstrategien) umfasst. Dieses ganzheitliche Lernen entspricht der bereits dargestellten Erkenntnisweise unseres Gehirns.

Bildung über Erfahrungen ist körperbasiert, sie erfordert viele Wiederholungen, bis das Gehirn daraus eine Regel konstruiert hat. Wir brauchen dafür eine gewisse Reizreduktion, um die Aufmerksamkeit auf das aktuelle Problem zu fokussieren. Dieses erfahrungsbasierte Lernen lässt sich nicht abkürzen und findet deshalb schlechte Bedingungen in einer ungeduldigen reizüberfluteten Zeit. Und natürlich brauchen wir dafür mehr Personal in den Betreuungseinrichtungen und in Schulen sowie eine viel höhere gesellschaftliche Wertschätzung ihrer Tätigkeiten.

Wir verletzen das menschliche und biologische Bedürfnis nach sicheren und konstanten sozialen Bindungen durch zu große Gruppen und durch dauernde Wechsel von Bindungspersonen und sozialen Gruppen der Kinder in Kitas, bei Schulwechseln, Lehrerwechseln, Klassenaufteilungen etc. Wir brauchen dazu auch ein intensives Bemühen um stabilere soziale Bezüge im Alltag. Solche Überlegungen erfordern ein neues kulturelles Nachdenken über bessere Verbindungen von Wohnen, Leben und Arbeiten. Das umfasst z.B. gemischte Wohnviertel mit Arbeitsplätzen, home office-Lösungen, Coworking-Plätzen, Mehrgenerationenprojekten, mit Kindertagespflege im Wohnviertel, Picknickplätze und Spielgelegenheiten in öffentlichen Parks etc. Aber auch ein möglichst langer gemeinsamer Schulbesuch im Wohnviertel gehört zu stabilen sozialen Bezügen.

Eltern und insbesondere Alle, die professionell in der Bildung tätig sind, müssen sich immer wieder bewusst machen, welchen hohen Wert die lebendige direkte herzliche sicherheitsstiftende Interaktion für die Entwicklung der inneren Zustandsregulation hat. Daraus wird deutlich, wie stark wir darauf mit unserer eigenen Regulationsfähigkeit unterstützend Einfluss nehmen können. Das innere Gleichgewicht zwischen Erregung und Entspannung in Gegenwart Anderer zu regulieren und zu bewahren, ist die Voraussetzung für ein eng verbundenes soziales Leben. Es ist ebenso Voraussetzung für die spätere Liebesfähigkeit, den Genuss von Sexualität und die Fähigkeit zur Fürsorge als Eltern. Es ist elementar für das Überleben und für die Gesundheit.

Wenn wir uns verdeutlichen, wie wichtig der direkte Kontakt für das Herstellen von Sicherheit und damit Lernfähigkeit des Gehirns ist, müssen computerbasierte Lernformen neu durchdacht werden, denn sie verhindern diesen wichtigen Kontakt. Die Bedeutung der nonverbalen Anteile an einer Beziehung muss einen ganz anderen Stellenwert bekommen. Blicke, Stimme sowie körperliche Gesten, wie die Hand auf die Schulter eines Kindes zu legen, geben Sicherheit und ermöglichen oftmals erst Lernen. Allein die Abwesenheit von Gefahr reicht nicht zur Beruhigung aus.

Pädagogisches Handeln bedeutet in diesem Sinn, bewusst zuerst den neuen Vagus durch Signale von Sicherheit zu aktivieren, so dass die innere Erregung sinkt und dann erst den Lerninhalt in den Mittelpunkt zu stellen. Sonst bleibt das kindliche Nervensystem im Zustand äußerer Aufmerksamkeit und Gefahrenabschätzung bei einer hohen sympathischen Aktivierung (wie z.B. bei ADHS) gefangen. So gelingt eine praktische Umsetzung der Erfordernisse des Liebescodes.

Soziales Spiel übt die Regulation von hoher sympathischer Erregung ohne Angst. Dazu braucht es solche Spielgelegenheiten, die auch etwas wilder und risikoreicher sein müssen. Solche Gelegenheiten brauchen auch die Kinder innerhalb der Betreuung in Schule oder Ki-Ta. Und dazu brauchen die Kinder ihre Väter und unsere Gesellschaft Männer in der Bildung. Außerdem brauchen beide Geschlechter die Väter bzw. Männer als Rollenvorbilder, um im sozialen Kontext auch Wettbewerb, spielerisches Raufen und Vergleichen zu erlernen. Dazu brauchen sie Übungs- und Spielgelegenheiten. Bisher zu wenig berücksichtig sind auch die Geschlechtsunterschiede im Gehirn mit den unterschiedlichen Verhaltensweisen von Jungen und Mädchen und die Bedeutung der Männer als Rollenvorbilder sowohl in den Familien als auch in der öffentlichen Kinderbetreuung.

Die hier beschriebenen Prinzipien und Themen finden derzeit hauptsächlich Eingang in den Bereich der Kindheitspädagogik und dabei vor allem in vorschulisches Lernen, zunehmend auch in den Grundschulbereich. Wir brauchen diese Lernform ein Leben lang und sie ist auch bei Erwachsenen die Basis jeden Handelns und vor allem jeder Entwicklung und Veränderung. Es ist auch die pädagogische Grundlage für erfolgreiches elterliches Handeln.

Gleichzeitig brauchen Mädchen und Jungen Zugang zu allen ihren Körperempfindungen als Bewertungsgrundlage für ihr Handeln sowie zur Regulation ihrer inneren Befindlichkeit. Sie brauchen Erwachsene, die die Kinder ihre Zustandsregulation lehren, sie entspannen lehren, ihnen vorleben, wie sich parasympathische Dominanz anfühlt und wie sie sich herstellen lässt. Wenn das in Familien unserer Zeit nur mangelhaft gegeben ist, kommt dieser Fähigkeit bei Pädagogen umso größere Bedeutung zu.

Dazu sind körperbasierte erfahrungspädagogische Lernmethoden am besten geeignet. Eine davon ist die Feldenkraismethode, die in jeder Altersgruppe eine Körperwahrnehmung über Achtsamkeit und Aufmerksamkeitslenkung entwickelt. Damit haben Lehrer/Erzieher und Kinder gemeinsam die Möglichkeit, ihr Erregungsniveau in Richtung parasympathischer Dominanz zu steuern. Das wird angesichts der äußeren Informationsflut zu einer immer wichtigeren Aufgabe. In Weiterbildungen für Erzieher, Lehrer und Schulsozialarbeiter stoßen diese Zusammenhänge auf sehr großes Interesse (vgl. Anhang).

Die Kinder brauchen bereits frühzeitig gezielte Handlungsstrategien, um sich erholen und regulieren zu können für ihren weiteren Lebensverlauf. Hierzu zählen auch Phantasiereisen, gezielte Meditationen, Achtsamkeitsübungen, Atemwahrnehmungen etc. die allesamt positiv auf den neuen Vagus und damit die Fähigkeit zur Selbstberuhigung wirken. Auch Übungen des sozialen Spiels, die den Rhythmus gegenseitiger Interaktion entwickeln helfen, unterstützen die Regulierung des inneren Gleichgewichts.

Wenn Kinder dazu erfolgreich in der Lage sind, besitzen sie das biologische Fundament für Sicherheit und können die weiteren Entwicklungsschritte des Lebens bewältigen. Dazu sind sie lange auf die Hilfe durch Ko-Regulation angewiesen, ehe sie es selbständig können.

Kapitel 8.2.6 – Den Liebescode in der Pubertät begreifen

In der mittleren Kindheit und Pubertät steht die zunehmende Selbstregulation des inneren Zustands im Beisein Gleichaltriger oder anderer Erwachsener sowie Aufbau und Integration der geschlechtlichen Identität im Mittelpunkt.

Die Prinzipien des Bindungsaufbaus der Mutter-Kind-Bindung werden übertragen auf das soziale Spiel, auf Lerntätigkeiten und auf die Herstellung von Bindungen zu Anderen. Soziales Spiel übt, zwischen verschiedenen physiologischen Zuständen von Erregung und Entspannung hin und her zu wechseln und unterschiedliche Gefühle im Zusammensein mit Anderen kennen und regeln zu lernen.

Das ist eine wesentliche Lernaufgabe der Kindheit, die wir wieder stärker in den Vordergrund rücken müssen.

Wenn Paul sehr viele Erfahrungen von hoher innerer sympathischer Erregung und lustvoller Aufregung in sicherem sozialen Kontext gesammelt hat, fällt es Paul leichter, seine noch ungestümen Testosteronimpulse zu integrieren, ohne aggressiv zu werden. Pauls Aufgabe in der Pubertät ist es, den Umgang mit aggressiven Impulsen sowie geschlechtlichem Begehren zu lernen. Hier zeigt sich der wichtige Einfluss der frühen positiven Regulationserfahrungen mit Hilfe seiner Eltern. Sie unterstützen das Ausreifen der Impulskontrolle im Verlauf der Pubertät, so dass Paul mehr und mehr den bewussten limbischen Bereich des Großhirns mit den gesellschaftlichen Normen nutzen kann.

Paul orientiert sich an der männlichen sozialen Kultur und dort brauchen wir lebendige Vorbilder für Versöhnungsgesten und Konfliktbewältigung auf gleicher Augenhöhe anstelle von Rang, Über- und Unterordnung. Dann entwickelt sich bei ihm das Gefühl, sozial in seiner Familie vor allem aber unter den erwachsenen Männern anerkannt zu sein und das beziehungsstiftende Gefühl von Zugehörigkeit und Selbstvertrauen.

Unter diesen Bedingungen kann Paul seine biologischen Entwicklungsaufgaben zufriedenstellend bewältigen. Wir brauchen eine kulturelle Wertschätzung für die weicheren Regungen, für Pauls Sehnsucht nach Zärtlichkeit, für Werte wie Fürsorge, Mitgefühl, Trost, Gewaltlosigkeit und Konsensbestreben. Paul braucht die Erfahrungen von Fürsorge und Liebe, damit seine Netzwerke für mehr Oxytocin, Opioide und Serotonin gebahnt werden, statt für Cortisol.

Dabei hilft Paul die Fähigkeit, seinen inneren Zustand mit Hilfe fürsorglicher Interaktion mit Anderen zugunsten von Erholung und Entspannung regulieren zu können. Je besser Paul das gelingt, desto mehr Dopamin, Oxytocin, Opioide und Serotonin werden ausgeschüttet. Desto eher werden die Gefühle von Glück, Liebe, Erfolg und Selbstvertrauen gebahnt. Durch ihre innere Belohnung werden sie immer wieder von ihm gesucht. Wenn wir diese Bedingungen als Kultur wiederherstellen, wird ein Teil seines Testosterons in Beta-Östrogen der Fürsorge umgewandelt und reduziert damit seinen aggressiven Testosteronspiegel.

Die Fähigkeit zur Steuerung eines mittleren Erregungsniveaus mit einer für das Spiel typischen Balance von sympathischer Aktivität zugleich mit der Aktivität des neuen Vagussystems hilft Paul bei der Gestaltung seiner Beziehungen zu anderen Männern, aber auch zu Mädchen und Frauen mit seiner erwachenden Sexualität.

Flora lernt während der Pubertät, noch intensiver mit Sprache umzugehen und Sprache einzusetzen, um Konsens herzustellen. Dabei
bemüht Flora sich um minimale Konflikte und Differenzen sowie um
minimales Statusgehabe für bestmögliche für Absprachen und Arbeitsteilungen.

Flora braucht außerdem befriedigende Rollenvorbilder für weibliches Verhalten und erfolgreiche Beziehungsgestaltung. Davon hängt
ab, wie gut Flora ihre innere Befindlichkeit und Erregung steuern kann
und wie weit sie sich also selbst regulieren kann. Davon hängt auch ab,
wie weit Flora in Gegenwart Anderer Sicherheit spüren und herstellen
kann bzw. wie sie die Empfindlichkeit für die Signale von Babys und die
Gestaltung möglichst harmonischer Beziehungen der Menschen untereinander lernen kann.

Flora braucht ebenso die Unterstützung ihrer Eltern und der ganzen
Kultur, um einen guten Umgang mit ihren Impulsen zur Selbstbehauptung und ihrem sexuellen Begehren zu lernen. Auch sie schüttet eine
gewisse Menge Testosteron aus und empfindet Verlangen, findet dazu
aber häufig noch keine positiven Rollenvorbilder.

Sie braucht positive liebevolle Bilder vom anderen Geschlecht als
Bedingung für ihre Liebesfähigkeit sowie Modelle von Frauen, die sich
ihrer Tatkraft und ihrer sexuellen Aktivität bewusst und darauf stolz
sind.

Wir brauchen eine Kultur, in der Flora bereits mit ihren frühesten Erfahrungen von Sicherheit und Selbstwirksamkeit lernen kann, Wohlbefinden, Sicherheit und Vertrauen mit anderen Menschen zu erleben
und zu erwarten. Darauf kann sie dann in der Pubertät aufbauen, so
dass sie fähig ist, Nähe zuzulassen und hohe innere sympathische
Erregung mit Spiel und Lust zu verbinden. Dann kann Flora sich anvertrauen und Fürsorge geben, aber auch auf sich selbst und die Gemeinschaft der Anderen vertrauen.

So können die jungen Männer wie Paul lernen, aggressive Impulse
konstruktiv einzusetzen, ohne Angst positiv auf anstehende Herausforderungen zuzugehen, und sich Konflikten konstruktiv zu nähern unter
Vertrauen auf das Wohlwollen der Anderen. Sie können selbst fürsorglich sein, notfalls aber auch aggressiv ihre Familie beschützen.

So können die jungen Frauen lernen, ihre besonderen Fähigkeiten
zur emotionalen Feinfühligkeit und Fürsorge für kooperative Beziehungen zu nutzen, Konflikte möglichst zu entschärfen und Konsens
statt Konkurrenz zu suchen. Dazu brauchen wir eine Kultur, die diese

Fähigkeiten ausdrücklich wertschätzt und fördert und Familien, in denen Kooperation alltäglich gelebt wird. Aber Mädchen und junge Frauen können auch auf Herausforderungen zugehen und sich selbst als wirksam erleben, wenn ihr eigenständiges aktives Herangehen an die Welt gefördert wird, wie es in der Partnerschaftskultur beispielhaft geschehen ist. Wir brauchen Eltern, die davon wissen und kulturelle Werte, die die weiblichen Fähigkeiten würdigen.

Es ist eine biologische Notwendigkeit, in Kontakt zu gehen und darin unseren Zustand zu regulieren, um gesund zu bleiben. Noch sind jedoch sehr viele Menschen unserer Kultur unfähig, zu entspannen. Das zeigt die gesellschaftliche Dimension der sensorischen Amnesie. Zur Ruhe zu kommen und das sympathische Kampf-Flucht-System abzuschalten erlaubt die Wirkung des parasympathischen Systems zuzulassen. Das beruhigt uns allmählich und lässt tiefe Entspannung, Schlaf, aber eben auch Sexualität und Orgasmus erst geschehen.

Es ist notwendig, Sicherheit im eigenen Körper zu erleben und darauf aufbauend spontan und spielerisch in gegenseitige Interaktion gehen zu können. Wir brauchen kulturelle Bedingungen, die das ermöglichen.

Wir brauchen gelingende Rollenvorbilder für die Liebe und für erfüllende Sexualität. Beide, Flora und Paul müssen bis zum Ende der Pubertät Liebe und Sexualität lernen können. Jede menschliche Fähigkeit lernen sie durch üben und normalerweise durch Vorbilder, allerdings nicht für Liebe und Sexualität.

M. Feldenkrais schreibt zum Lernen der Sexualität: „In unserer Gesellschaft gibt es keine sexuelle Lehrzeit, kein praktisches Lernen vor der Feuerprobe. Der erste Geschlechtsverkehr findet statt, wenn die Person sich für erwachsen hält und von Anderen dafür gehalten wird. Es wird von ihr erwartet, daß sie einen angeborenen „Instinkt" habe, der für sie alles auf „natürlichem Weg" besorgen werde, während das einzige, was ihr natürlich, nämlich von Natur aus kommt, der Drang oder Trieb ist. Und selbst der nimmt bei jedem Menschen eine Form an, die so sehr von der individuellen Geschichte bestimmt ist, daß die Bezeichnung „natürlich" in diesem Kontext eher eine Redensart als Beschreibung einer Tatsache ist." (16)

Insofern ist es nicht verwunderlich, dass auch für erfüllende Liebe einiges gelernt werden muss. „Für alle menschlichen Funktionen gilt wie Liebe ... Gehen, Sitzen u.a.m., gilt: Es kann kein Teil und keine Phase des Lernprozesses übersprungen werden ohne nachteilige Folgen. ... Gewöhnlich aber ist das Tappen und Tasten, das Auskundschaften und Ausprobieren des vollen Umfangs jeder Funktion wesentlich für, sind Irrtum und Fehler unabdingbar für adäquates befriedigendes Handeln. Während der Lernzeit sind Fehler korrektes Handeln. Sie gehören dazu." (17) und „Für alle gelernten Handlungen, welche nicht das gewünschte Ergebnis bringen, gilt, daß ein Teil des Lernprozesses übersprungen und nur mental verstanden werden ist, statt durchgearbeitet worden zu sein. Je früher dem abgeholfen wird, desto besser." (18) Wir brauchen eine Kultur, in der dieser Lern- und Erfahrungsprozess möglichst gut stattfinden kann.

Alle Voraussetzungen für gelingende Liebe und Sexualität werden durch Lernen erworben: Tiefe parasympathische Dominanz und Entspannung in Sicherheit herzustellen erfordert über lange Zeit die soziale Interaktion und Ko-Regulation mit Hilfe der Bindungspersonen, wie bereits beschrieben. Erst dann kann ein Mensch sie allein aus sich selbst heraus herstellen, z.B. durch die Vorstellung eines geliebten Menschen oder einer sicheren Situation, durch die Fokussierung auf die vertrauten Körpergefühle der Sicherheit und Entspannung.

Auch das Oxytocinsystem braucht zuerst die Erfahrung liebevoller Begegnung, um auszureifen, steht dann aber auch ohne Bindungspartner zur Verfügung – wir haben gelernt, Oxytocin auch auszuschütten, wenn wir an unsere Liebsten denken. Erst, wenn beide Systeme ausgereift sind, können junge Menschen die eigenen Gefühle regulieren und verantworten. Erst dann sind sie in ihrer Regulation nicht vom Partner abhängig und bereit, für eine liebevolle zärtliche und sexuelle Interaktion.

Der normale physiologische Ablauf der Entwicklung der Sexualität als Lern- und Erfahrungsprozess wird im Folgenden beschrieben: Ein Kind lernt, wenn es Gelegenheit dazu hat, zuerst, seine innere Aufmerksamkeit auf sich selbst und die eigenen inneren Körperempfindungen zu lenken. Es lernt, sie auszudehnen und zu differenzieren, sie aufrecht zu erhalten in Gegenwart Anderer und sie zu teilen zwischen verschiedenen Personen und Aufgaben. Diese Gelegenheiten müssen Eltern, Verwandte und Kultur während der Kindheit ermöglichen.

Später in der kindlichen Entwicklung kommen sexuelle kindliche Gefühle dazu. Das Kind ist, wenn es sich sicher fühlt, auf diese eigenen Empfindungen fokussiert und spielt mit einen steigenden Niveau seiner sympathischen Erregung bei gleichzeitiger Aktivität der Vagusbremse. So lernt es immer mehr Erregung zu steuern und im Körper zu verteilen, ohne von den alten Kampf-Flucht-Mechanismen überwältigt zu werden. Autoerotik ermöglicht es, sich selbst zu beruhigen durch die damit verbundene Freisetzung von Serotonin und parasympathische Dominanz sowie die Glücksgefühle des Oxytocins.

Das Kind nimmt die eigenen erotischen Empfindungen wahr und muss sie gespiegelt bekommen und als richtig und wichtig und positiv bestätigt, um sie als einen positiven emotionalen Zustand einspeichern zu können. Anderenfalls wird es evtl. Ekel, Scham, Abscheu gespiegelt bekommen und als „meiden" einspeichern. Wenn die Erfahrungen jedoch positiv sind, lernt das Kind, seine Aufmerksamkeit auf die erotischen Empfindungen zu lenken, sie als lustvoll und mit der Oxytocinausschüttung als tief beglückend zu erleben. Dann kann es lernen, diese inneren Empfindungen näher kennenzulernen, sie zu differenzieren und sie in sich präsent zu erhalten.

Danach erst können Jugendliche in der Pubertät lernen, das auch allmählich Gegenwart einer anderen Person zu tun. Dafür übertragen sie ihre Spielerfahrungen des wechselseitigen Austauschs bei innerer Präsenz für die eigenen Körperempfindungen und Sicherheit auf das Liebesspiel mit einem Gegenüber. Dann mit gefestigter Autoerotik und mit der Fähigkeit, Sicherheit in Beziehungen zu finden sowie mit der Fähigkeit, ihre präsente Aufmerksamkeit wechselseitig zwischen sich und dem Anderen zu teilen, kann in der Pubertät der nächste Schritt zur Sexualität vollzogen werden.

Typisch für jedes Spiel, wie auch das Liebesspiel, sind ein gegenseitiges Miteinander und die abwechselnden inneren Zustände als fortlaufender Wechsel zwischen motorischer Bewegung und Mobilisierung einerseits und deren Hemmung mit Empfangsbereitschaft des neuen Vagus andererseits (Kapitel 8.2.13) Das Liebesspiel ist auch ein wechselseitiges Spiel mit Geben und Nehmen, Senden und Empfangen, Vorschlagen und Antworten. Es wird in der Pubertät und den frühen erwachsenen Jahren angelegt auf der Basis früherer wechselseitgier Spielerfahrungen und der gelernten Autoerotik. Das ist dann der Übergang von der Autoerotik zur Erotik mit jemandem Anderen. Es umfasst das Teilen von Aufmerksamkeit und von Empfindungen und von Erregung in Gegenseitigkeit, wobei jeder seine eigene innere Präsenz für die eigenen Empfindungen aufrecht erhält und verantwortet. Sonst entsteht Abhängigkeit von Anderen mit dem Fokus im Außen statt im eigenen Inneren.

Voraussetzung und Lernaufgabe ist es, den Fokus von außen wegzulenken auf das eigene Innere und den Partner, damit die kognitive Aktivität des Denkens beendet wird. Nur dann gelingt die gute Abstimmung zwischen neuem Vagus sowie einer erhöhten sympathischen Aktivität des wechselseitigen Liebesspiels.

Die sexuellen Gefühle der Kindheit als autoerotische Gefühle werden idealerweise ganz normal in das kindliche Gefühlsspektrum integriert und in der Pubertät weiter entwickelt. Auch hier ist ein junger Mensch erst fähig zur gegenseitigen sexuellen Begegnung, wenn er sein autoerotisches System genügend gut kennen und regulieren gelernt hat. Ansonsten bleibt er abhängig und gleichsam süchtig nach Befriedigung durch den Partner, wo es doch in Wirklichkeit zuallererst um seine eigene Lust- und Liebesfähigkeit geht.

Daher kommt insbesondere der Entwicklung der eigenen sexuellen Möglichkeiten, dem Kennenlernen des eigenen Körpers und der Regulation der eigenen inneren sexuellen Gefühle eine wichtige und zentrale Rolle in der Pubertät zu. Wenn dazu reichlich genug Gelegenheit war, kann ein junger Mensch dem Anderen frei begegnen, ohne in zu große Abhängigkeit oder Angst oder übergroße Nachgiebigkeit oder Ablehnung zu verfallen. Er strebt lustvolle gegenseitige Ergänzung an, statt sich unvollständig ohne den Anderen zu fühlen.

Zuerst ist es nötig, die eigene Erlebnisfähigkeit auf der Basis von Sicherheit, Zustandsregulation und Überwindung der sensorische Amnesie zu entwickeln.

Da früher, wie auch heute noch zu oft, die Kultur den Menschen die Autoerotik nahm bzw. ihre wirkliche Funktion nicht verdeutlicht, bleiben viele Menschen in kindlicher Abhängigkeit von der Erfüllung durch den Anderen und in ewiger Sehnsucht oder dem Gefühl selbst nicht vollständig zu sein ohne den Anderen.

Dann bleibt die Sexualität oft unbefriedigend, weil jeder die Erfüllung vom Anderen erwartet, statt sich für die eigenen Gefühle verantwortlich zu fühlen. Wenn die Wahrnehmung im Außen in der Erwartung von Gegenüber bleibt, anstelle im eigenen Inneren zu suchen und erspüren, bleibt die Erfüllung unvollständig. Demzufolge bleibt auch die Oxytocinausschüttung aus oder unvollständig und beide sind unbefriedigt und unzufrieden.

Wir brauchen kulturelle Bedingungen, unter denen der Zugang zu den eigenen Körperempfindungen, Autoerotik, wechselseitige spielerische Interaktion und erfüllende Sexualität gut gelernt werden kann. Defizite, wie eben beschrieben, machen spätere Beziehungen und Elternschaft unnötig schwierig. Noch ist das in unserer heutigen Kultur nicht gegeben. Hier setzt wiederum somatopsychisches Nachlernen an (vgl. Anhang). Denn Probleme mit prarasympathischer Entspannung und Immobilisierung ohne Furcht wie auch Probleme mit wechselseitigem Spiel sind Probleme der Vagusregulation. Solches Nachlernen grundlegender Zustandsregulierung erleichtert den Umgang mit den sexuellen Gefühlen und die Begegnung mit einem Partner. Dadurch wird es nachträglich möglich, den Liebescode zu begreifen.

Wir wissen nicht, wie diese Lernzeit in der neolithischen Kultur ablief, aber wir wissen, dass Sexualität hoch entwickelt und im sozialen Leben wichtig und nicht tabuisiert war. Unsere Aufgabe ist es, das wiederherzustellen, wenn wir als Art weiterleben, Kinder aufziehen und selbst gesund bleiben wollen.

Sexualität und Liebe ermöglichen es, Stress zu senken und gesund zu bleiben. Bei Präriewühlmäusen kann sich eine Maus nach der Stressexposition rasch beruhigen, wenn sie mit ihrem Partner zusammen sein kann. So findet die soziale Stressregulation durch enge Beziehungen statt, die wir wieder mehr brauchen. (19) Dann lassen sich sogar schwierige bis traumatische Erfahrungen der Vergangenheit, die zu epigenetischen Veränderungen des Stresssystems geführt haben, verändern, indem die epigenetischen Veränderungen „repariert werden. Das ist in einer angereicherten sozial sicheren stressfreien Umgebung möglich, wie experimentell belegt wurde. (20, 21)

Wir brauchen eine Kultur, die bereits in der Schule das Wissen über die Zustandsregulation und die Funktion des neuen Vagussystems vermittelt und die Kinder und Jugendlichen darin unterstützt, die noch vorhandene kulturelle sensorische Amnesie zu überwinden.

Wir brauchen Gelegenheiten, jungen Leuten schon lange bevor sie Eltern werden, zu vermitteln, dass und wie sie sich gegenseitig regulieren und damit regenerieren können, damit sie zu erfüllender Liebe und Sexualität gelangen. Aber auch, damit sie später ihren Kindern zur der Ko-Regulation zur Verfügung stehen können. Hier wird bestimmt, wie die nächsten Generationen mit dem bisherigen kulturellen Erbe umgehen, ob sie es weitergeben oder verändern können.

Was wollen wir als elterliche und gesellschaftliche Vorbilder vermitteln? Welche Rollenvorbilder beider Geschlechter zeigen die Unterschiede in einer fruchtbaren Ergänzung miteinander anstelle von Gegeneinander zeigen?
Junge Frauen und Männer brauchen vor allem die Vorbilder der Erwachsenen. Wir brauchen Vorbilder und soziale Trainingsgelegenheiten für lebendige reziproke wechselseitige Kommunikation, für die Entwicklung von Empathie, für die Wahrnehmung und den Ausdruck von Körperempfindungen und Gefühlen. Diese Fähigkeiten sind Voraussetzung für spätere Gesundheit, gelingende Partnerschaft und Elternschaft.

Für diese Veränderungen brauchen wir neben den o.g. besseren Bedingungen rund um Schwangerschaft, Geburt, Kindheit und Pubertät vor allem die Überwindung der gegenwärtigen sensorischen Amnesie über den Zugang zu Körperempfindungen. Wir brauchen wieder die Fähigkeit zur eigenen Spannungsregulation und zu einer spontanen wechselseitigen spielerischen Interaktion. Das ist nicht nur die Grundvoraussetzung für dauerhafte enge Beziehungen und Paarliebe, sondern auch unabdingbar für eine dauerhafte Gesundheit und erfüllende Sexualität.

Insbesondere während der Pubertät übernimmt das Großhirn die Rollenvorbilder der Kultur als Vorlage für anstehende soziale Regulationen. So kommt die Kultur ins Gehirn.

Dafür brauchen wir eine Kultur, in der beide Geschlechter ihre Realität jeweils geschlechtsabhängig unterschiedlich ko-konstruieren können. Wir brauchen vielfältige Beziehungspartner und Rollenvorbilder für das Verhalten beider Geschlechter und das jeweilige Bild vom anderen Geschlecht. Zum einen brauchen wir in allen Bildungseinrichtungen beide Geschlechter und nicht nur Frauen. Sicherlich müssen dafür soziale Berufe andere Wertigkeiten in unserer Gesellschaft bekommen.

Wir brauchen aber vor allem eine Kultur, in der wir den Umgang zwischen den Geschlechtern neu durchdenken und wirklich gleichberechtigt gestalten. Wie Frau und Mann voneinander denken, was sie von ihren jeweiligen Eltern und der Gesellschaft als Rollenvorbild erlernt haben, entscheidet über ihren Umgang mit Liebe, Sexualität und Elternschaft und insofern wieder über das Leben der nächsten Generation.

Kapitel 8.2.7 – Liebe und Sexualität als Überlebensbedingung?

Gelingende Liebe und Sexualität brauchen die wechselseitige Interaktion von Geben und Nehmen, Reden und Hören in einem unmittelbaren Dialog sowohl verbal, viel mehr aber noch nonverbal über den Körper. Das erfordert einerseits eine gute Fähigkeit zur inneren Zustandsregulation, aber andererseits auch eine gute Wahrnehmung der Körperempfindungen und Gefühle und Signale des social engagement systems. Es erfordert die Fähigkeit zur gegenseitigen Ko-Regulation von Sicherheit, gegenseitiges Einfühlen und Empathie, die Fähigkeit zu spielen und sich zu versöhnen. Beide Partner brauchen diese Fähigkeiten, die sich bereits als Baby im wechselseitigen Dialog mit der Mutter entwickeln.

Der wechselseitige körperliche Dialog im Liebesspiel erfordert die Fähigkeit zu spielen: also ganz unmittelbar in der Gegenwart entspannt präsent zu sein, gegenseitig Vorschläge im Sinne von Senden und Empfangen, Geben und Nehmen auszutauschen, spontan aufzugreifen und die entsprechenden Zustände von sympathischer Aktivierung und parasympathischer Entspannung abzuwechseln, ohne sich von abschweifenden Gedanken ablenken zu lassen – das würde dieses Wechselspiel sofort durch zusätzliche Aktivierung der Aufmerksamkeit nach außen verhindern. Diese Fähigkeit erfordert einen guten Zugang zu den eigenen inneren Körperempfindungen, zur Improvisation sowie zur Fokussierung der Aufmerksamkeit nach innen zu diesen Empfindungen anstelle nach außen. Wenn wir dafür die geeigneten kulturellen Bedingungen schaffen, können die Jugendlichen in der Pubertät erste Erfahrungen machen und ihre Liebesfähigkeit als Erwachsene weiter entwickeln.

„In einer Partnerschaft leben die Gehirne von Flora und Paul in unterschiedlichen Realitäten. Je mehr die beiden über die unterschiedliche emotionale Realität des männlichen und weiblichen Gehirns wissen, desto eher kann die Partnerschaft zu einer befriedigenden hilfreichen Beziehung und Familie werden, also zu dem Umfeld, welches Floras Muttergehirn braucht, um sich optimal zu entfalten." (22)
Wenn Flora und Paul in vielen liebevollen spielerischen Interaktionen ihrer Kindheit erfahren haben, wie sie ihre innere Erregung mobilisieren und wieder beruhigen können, ohne an Angst oder Gefahr erinnert zu werden, besitzen sie gute Voraussetzungen für eine Partnerschaft, dauerhafte Paarliebe und für erfüllende Sexualität. Wenn Flora und Paul mit dem Gefühl, immobil zu sein und sich dem Anderen hinzugeben, angenehme Erfahrungen abgespeichert haben, weil sie als Babys als erstes und zuverlässig immer, wenn sie es brauchten, die Liebe und Zärtlichkeit ihrer Mutter abgespeichert haben, dann suchen sie diesen Zustand immer wieder. Vasopressin übernimmt bei ihnen beiden die sexuelle Aktivierung und speichert die beglückenden Erlebnisse mit dem Partner tief im emotionalen Erfahrungsgedächtnis als „suchen" ein. Damit sorgt es für eine dauerhafte Bindung.

Was wir dafür in Zukunft brauchen, ist eine liebevolle Kultur. Eine Kultur mit hohen Oxyocin., Prolactin-, Serotonin-, Vasopressin- und Östrogenspiegeln durch häufigen zugewandten und zärtlichen sozialen Kontakt. Dann ist die Beziehung zu sich selbst vom Baby an über die Kindheit und Pubertät bis zum jungen Erwachsenen durchgängig positiv, wertschätzend und liebevoll, so wie Eltern und andere Bindungspersonen es vorgelebt haben.
Liebe ist ein biologisches Grundbedürfnis zur Arterhaltung in der Evolution. Erst, wenn oft genug Sicherheit erfahren wird und Vertrauen entsteht, ist eine Immobilisierung ohne Furcht möglich. Dann wurde der Liebescode geknackt. Dann beginnen wir, Zärtlichkeiten auszutauschen und erleben dabei allmählich immer mehr und öfter das wohlige liebevoll verbundene Gefühl, welches entsteht, wenn Oxytocin ausgeschüttet wird.

Oxytocin und Serotonin bewirken dann die Anregung der Produktion neuer Nervenzellen, damit wird Nach-Lernen möglich, so dass alte, ängstigende Erfahrungen allmählich abgemildert und teilweise ersetzt werden können. Ähnlich verhält es sich in anderen sozialen Bindungen: durch unser Miteinander regen wir die Oxytocinproduktion unserer Beziehungspartner an, so dass deren Systeme nachreifen können.

Bei gleichzeitiger Entspannungsfähigkeit und Sicherheit schaffen wir damit wieder gute Bedingungen für Liebe und erfüllende Sexualität und für unsere Gesundheit und unser Wohlbefinden, dem obersten Evolutionsziel. Dann kann auch die heilende Wirkung von Oxytocin der Liebe einsetzen (Kapitel 8.2.11). In ihrer Wirkung auf das innere Gleichgewicht und die Regenerationsfähigkeit beeinflussen Liebe und Sexualität ganz wesentlich unsere Gesundheit und damit unser Überleben.

Wenn wir dem wieder Bedeutung zumessen, leben wir wieder in Einklang mit den biologischen Notwendigkeiten der Evolution. Sicherheit und Sicherheitssignale brauchen Männer und Frauen gleichermaßen, denn die partnerschaftliche und fürsorgliche Kooperation ist das erfolgreiche Modell der Evolution. Erst, wenn das individuell vielen Menschen wieder gelingt, wird sich unsere Gesellschaft nachhaltig verändern lassen.

Kapitel 8.2.8 – Den Liebescode anwenden und Paarbindung entwickeln

Es wird noch einige Generationen dauern, die allgemeine sensorische Amnesie zu überwinden. Das geht beide Geschlechter in gleichem Maße an. Das Ergebnis könnte eine neue Übereinstimmung der persönlichen und gesellschaftlichen Ziele mit den biologischen Evolutionskriterien sein und dadurch Gesundheit und Lebensfreude.

Wenn Flora und Paul seit ihrer Kindheit an spielerische lustvolle Erregung und zärtliche Berührungen gewöhnt sind, haben sie gute Bedingungen für Sexualität und Orgasmus erlebt sowie auch dafür, dass der Liebescode funktioniert. So wird es beiden möglich, immobil zu sein, zu umarmen, zu liebkosen und einen tiefen entspannten Orgasmus zu erleben. Beim Orgasmus werden große Mengen Oxytocin, Serotonin und endogene Opioide ausgeschüttet, die bei Flora und Paul Glücksgefühle, tiefe Zufriedenheit und den Wunsch zu gegenseitigen Bindung auslösen. Der biologische Belohnungswert von Liebe und Sexualität über die entsprechenden Hormone ist sehr hoch. Flora und Paul haben nach einem Orgasmus hohe Spiegel von Prolactin, dem Nestbau- und Fürsorgehormon, damit legen sie die Basis für die Paarbindung sowie den Wunsch nach Kindern.

Um sich in die entstehende gegenseitige Abhängigkeit der Sexualität und Paarliebe begeben zu können, brauchen die jungen Erwachsenen die Fähigkeit, ihren inneren Zustand und das Erregungsniveau regulieren zu können und eine klare parasympathische Dominanz ermöglichen. Das ist die Voraussetzung für eine gelingende gegenseitige Begegnung, die mit Entspannung und Oxytocinausschüttung einhergeht. Dafür braucht unsere Kultur in Zukunft wieder genügend viele Lerngelegenheiten während der Kindheit.

Die laufende Aktivität der Neurozeption, also die unbewusste Aufmerksamkeit dafür, ob eine Situation sicher ist, findet auch beim Liebesspiel statt. Sie bezieht in den Abgleich Gehirnstrukturen ein, in denen unter Beteiligung von Oxytocin die Erinnerungen besonders lustvoller beglückender „suchen" Erlebnisse. (23) Wenn positive Erfahrungen überwiegen, wird der Gehirnbereich, der dem alten Zweig des Vagus die Erstarrungsreaktion vermittelt, der mit zahlreichen Oxytocinrezeptoren versehen ist, dominant und steuert eine tiefe Entspannung und Immobilisierung ohne Furcht. (24, 25)

Oxytocin erhöht das Vertrauen in den Partner. Die gleichzeitige Freisetzung von Oxytocin und Vasopressin, von denen Oxytocin beruhigend und Vasopressin aktivierend wirkt, können zur ungewöhnlichen Situation von gleichzeitiger sympathischer und parasympathischer Aktivität führen. Das erlaubt eine Immoblisierungsreaktion ohne Furcht mit gleichzeitiger sexueller Aktivität.

Den Liebescode begreifen:
Zuerst wird von der Neurozeption Sicherheit gemeldet, dann wird der neue Vagus dominant und dann erst erfolgt eine Annäherung, die die physiologischen Prozesse von Sexualität mit einer vertrauensvollen Immobilisierung und gegenseitigem Liebesspiel ohne Angst erlaubt. Dieser Ablauf ist die Voraussetzung für einen tiefen befriedigenden

Orgasmus. Die oxytocinbedingte Zufriedenheit und Erfüllung aus gelingender Sexualität und tiefer Paarliebe lässt andere Belohnungswerte wie Status oder Konsum in den Hintergrund treten. Sie ruft die nötige Sehnsucht und Energie für die anstehenden Veränderungsprozesse hervor.

Frauen und Männer haben in der jetzigen Zeit die Aufgabe, für mehr Liebe zueinander, zu Kindern, zu anderen Menschen und zur Natur zu sorgen. Oxytocin vermittelt durch seine parasympathische Wirkung eine erhöhte Fähigkeit, aus Gesichtsausdruck oder Stimme auf die Emotionen Anderer zu schließen und besitzt daher eine große Bedeutung für erfolgreiches soziales Miteinander. Bei ausreichendem Oxytocin in einer Kultur können die Regulation von Sicherheit und das Wachsen von Paarliebe gelingen. Dann werden wir wieder ein besseres Verhältnis der Geschlechter zueinander bekommen, so dass junge Frauen und Männer in liebevoller Verbundenheit der Paarliebe Kindern Bindungspersonen und Rollenvorbilder sein können und wollen. Wenn in den Familien Fürsorge und Liebe dominieren als bewusst gelebte Werte, wird sich das rasch im Umgang mit der Umwelt wiederspiegeln.

Kapitel 8.2.9 – Als Mutter den Liebescode begreifen

Geschlechtsverkehr, Geburt und Stillen werden von den gleichen Hirnstammregelkreisen ausgelöst. Insofern ist der Lernweg zur Regulation des inneren Zustands zugunsten von Entspannung wie auch die Überwindung der sensorischen Amnesie im Verlauf der Kindheit Voraussetzung für eine entspannte beglückende Sexualität. Gleichzeitig ist es der beste Weg, um einen ungestörten komplikationslosen Geburtsvorgang zu erleben, selbstverständlich zu stillen und fürsorglich als Mutter bzw. Vater reagieren zu können. Vollständige Entspannung selbst herzustellen gelingt erst, wenn der präfrontale Cortex zur Steuerung und Impulskontrolle sowie zur Erinnerung an vorherige sichere Situationen eine solche Selbststeuerung erlaubt und sich danach in Sicherheit zurückzieht, um die biologischen Abläufe geschehen zu lassen.

Über die Bedürfnisse von Babys während der Schwangerschaft und die besten Bedingungen für Flora als werdende Mutter wurde am Kapitelbeginn bereits geschrieben. Flora braucht kulturelle Bedingungen, in denen die Schwangerschaft und Geburt möglichst ungestört, bestmöglich unterstützt ablaufen können. Floras Beitrag zu einem ungestörten physiologischen Geburtsverlauf ist ihre Fähigkeit zur Zustandsregulation, also eine ausgereifte funktionstüchtige Vagusbremse als Form der Selbstberuhigung und Entspannung, verbunden mit Vertrauen in die biologischen Abläufe. Flora als junge Mutter braucht eine erlernte Fürsorgefähigkeit und Wissen über die Bedürfnisse ihres Babys, dann kann sie rasch auf die Signale ihres Babys reagieren.

Wir brauchen weitere Veränderungen im Geburtsablauf in Kliniken. „Wenn wir alle relevanten Forschungsbefunde zusammennehmen, wird deutlich, daß die Periode um die Geburt das kritische Glied in der Ereigniskette ist, an dem wir wirkungsvoll ansetzen können. Oberste Priorität muss heute haben, daß wir uns Gedanken über das Geschehen der Geburt machen, damit die Interaktion zwischen Müttern und ihren neugeborenen Babys in Zukunft so wenig wie möglich gestört wird." (26)

Es gibt zahlreihe Möglichkeiten, einen positiven Einfluss auf die Atmosphäre von Sicherheit und Ungestörtheit während der Geburt zu nehmen. Die Geburt kann besser den Bedürfnissen der Frauen angepasst werden durch kleine geschützte Räume in warmen Farben, keine Verlegungen mehr nach der Ankunft im Krankenhaus, keine elektronischen Geräte im Geburtszimmer, halbdunkles Licht, keine weiteren Beobachter, keine Störungen durch rationale Ansprachen. (27)

Eine weitere Aufgabe der Zukunft wird sein, Hausgeburten in unser modernes Leben zu integrieren und Hebammen diese Erfahrungen in ihrer Ausbildung zu ermöglichen. Eine andere Aufgabe ist es, Geburtshäuser zu gestalten und sie in Kooperation mit Krankenhäusern zu organisieren, aber auch, Personal auszubilden, das die Rolle der mütterlichen Familienmitglieder übernimmt, wie das in früheren Kulturen üblich war. (28) „Diese neuen Geburtsvorbereiterinnen bemühen sich, in einer Gesellschaft, die sich durch die Kleinfamilie und die Krankenhausgeburt auszeichnet, die sozialen Bedürfnisse schwangerer Frauen zu befriedigen. ... Durch das Weitergeben von Wissen und Erfahrung nehmen sie den Platz ein, den traditionellerweise Mütter, Tanten und andere Frauen der älteren Generation innehatten. Sie füllen eine Lücke, die typisch ist für unsere Gesellschaft, in der die Generationenfolge von Mutter zu Mutter häufig unterbrochen ist." (29)

Wie bereits dargestellt, beeinflusst das Ausmaß an mütterlicher Fürsorge die Menge der ausgebildeten Oxytocinrezeptoren bei jungen Ratten, so dass in deren gesamten weiteren Leben mehr Oxytocin ausgeschüttet wird. Positive Bindungserfahrungen werden also an die nächste Generation weitergeben. Das brauchen wir als Kultur dringend, um die immer noch prägenden Erfahrungen der Vergangenheit so schnell wie möglich hinter uns zu lassen. Mütter mit eigenen sicheren Bindungserfahrungen setzen mehr Oxytocin im Kontakt mit ihren Kindern frei und reagieren feinfühliger auf die Signale des Babys.

So bestimmt das Maß an elterlicher Fürsorge durch die unterschiedliche Entwicklung des Oxytocinsystems über eine spätere Motivation zu sozialer liebevoller Interaktion der Nachkommen sogar noch für die nächsten Generationen. Hier liegen Chancen, die negativen Prägungen der Vergangenheit durch Nachlernen zu überwinden und bereits erfolgte epigenetische Veränderungen rückgängig zu machen.

Kapitel 8.2.10 – Wenn Väter den Liebescode nutzen

Paul als fürsorglicher und wenig aggressiver Vater wird zum Rollenvorbild für seine Söhne und Töchter werden. Paul gibt jetzt als Vater weiter, was er selbst von den erfahreneren Männern gelernt hat: Fürsorge, Bindung und Liebesfähigkeit sowie sozial angemessene Lenkung der aggressiven Impulse.

Weil wir als Menschen Fürsorge zum Überleben brauchen, wird sie biologisch hoch belohnt, so dass die Mutter, aber auch der Vater, glücklich und zufrieden ist. Väter sind umso fürsorglicher, je mehr Oxytocin sie ausschütten können. Insbesondere spielt dabei eine häufige Stimulierung des Oxytocinsystems in ihrer eigenen Kindheit sowie die Qualität ihrer Paarliebe eine Rolle.

Die Verabreichung von Oxytocin als Nasenspray führte zu mehr Fürsorgeverhalten bei Vätern. Es beruhigte und aktivierte das parasympathische System und erhöhte liebevolles Verhalten. Dadurch trat auch bei den Babys eine Beruhigung auf. (30, 31) Frühere Erfahrungen mit Oxytocin bzw. Vasopressin beeinflussen die spätere Intensität und das Verhältnis beider Reaktionen zueinander. Studien konnten zeigen, dass Eltern mit hohen Oxytocinspiegeln der Paarliebe diese hohen Spiegel transgenerational weiter geben. (32)

Es ist wichtig für die werdenden Eltern, sich bestmöglich Unterstützung zu organisieren. Hier sind gesellschaftliche Angebote nötig. Außerdem spielt die Ko-Regulation des inneren Zustands der Mutter über ihren Partner eine wesentliche und bisher nicht genügend beachtete Rolle für ihre Fähigkeit zur Fürsorge. Wir brauchen eine Kultur, in der Mütter in dieser Zeit unterstützt werden durch Väter, Familie und Gesellschaft.

Flora als Mutter hat die Rolle als Bindungsperson nicht allein. Sie erhält die aktive Unterstützung von Paul als Vater und von anderen Bindungspersonen der Familie und der Gemeinschaft der Frauen. Da sie für die Ko-Regulation des Befindens ihres Babys zumindest am Beginn der Beziehung hauptsächlich verantwortlich ist, ist sie ihrerseits darauf angewiesen, dass sie ihr Befinden mithilfe des Vaters Paul in Sicherheit regulieren kann.

Diese Ko-Regulation von Flora und Paul gelingt normalerweise durch die hohen Konzentrationen von Oxytocin innerhalb der Paarliebe durch die häufig ausgetauschten Zärtlichkeiten, das Teilen von Nahrung sowie durch Sexualität. Alles das erlaubt Flora in der Schwangerschaft und der frühen Zeit danach in einem gut regulierten inneren entspannten und glücklichen Zustand zu sein. Damit kann sie diesen Zustand auch an ihr Baby weitergeben und es durch die hohen Spiegel von Oxytocin vor eventuellem Stress schützen. Gleichzeitig ermöglicht es Flora, sich selbst immer wieder zu erholen und zu regenerieren.

Säuglinge sind bereits im 1. Lebensjahr fähig, mehrere Bindungspersonen zu haben. Das hat sich in der Evolution als hilfreich erwiesen, um für eine zeitweilige Entlastung der Mutter für ihre Regeneration zu sorgen, aber auch, damit einige Frauen Nahrung sammeln konnten, während die Anderen auf den Nachwuchs achteten. Gerade dann, wenn die Mutter aus verschiedenen Gründen nicht optimal fürsorgefähig ist, kommt der zweiten Bindungsperson entscheidende Bedeutung zu.

Die Fürsorge durch andere konstante Bezugspersonen außer der Mutter mildert erheblich die Auswirkungen mangelnder mütterlicher Fürsorgefähigkeit und wirkt sich auf die nachfolgenden Generationen positiv aus. Das kann den Kreislauf der Weitergabe unterbrechen. (33,34) Studien zeigen, dass die bloße Anwesenheit eines Babys Oxytocin in Erwachsenen freisetzen kann, so dass andere Personen, wie z.B. auch Adoptiveltern zur Bindung fähig werden. (35,36)

Der Aufbau eines Unterstützungsnetzwerkes ist von Anfang an wichtig. Eine liebevolle fürsorgliche Mutter zu sein, schließt nicht gelegentliche Überforderung aus. Dieser Zustand dürfte sehr viel seltener sein, wenn die Mutter durch ihren Partner, durch andere Frauen, Verwandte und Freunde gut unterstützt ist und wenn ihr Partner und die gemeinsame Paarliebe ihr bei der Regulation und Regeneration helfen. Mütter brauchen genügend andere unterstützende Menschen, die ihr helfen und Liebe geben, die die Kinder gegenseitig betreuen. Es ist das Oxytocin, was im elterlichen Verhalten als Liebe fördernd gezeigt wurde. (37) Durch gelebtes liebevolles Verhalten können wir auch als Erwachsene noch bindungsfähig werden und vergangene Prägungen teilweise überwinden lernen.

Beide Elternteile regulieren gegenseitig ihr Wohlbefinden und haben dann den entsprechend entspannten Zustand für die Ko-Regulation für ihr Kind. Es besteht eine biologische Notwendigkeit von Koregulation von Sicherheit und Paarliebe im elterlichen Regulationssystem. Väter sind in ihrer Funktion als Schutz, als Bindungsperson für das Baby und als Partner zur Ko-Regulation der Befindlichkeit der Mütter gleich wichtig wie sie. So, wie Mütter ihrerseits das Baby nähren, nähren Väter die Mütter bzw. nähren sie sich als Paar gegenseitig emotional, um neue Kraft zu schöpfen.

Wenn wir kulturell diese väterlichen Qualitäten wieder mehr wertschätzen, können Männer warmherziger sein. Einerseits weil die liebevollen Bindungen ihren Oxytocinspiegel dauerhaft hochhalten und liebevolles Verhalten kulturell hoch angesehen mit einer Ausschüttung von Dopamin und endogenen Opioiden belohnt wird. Anderseits weil sie als aktive Väter weniger Testosteron produzieren und das vorhandenen Testosteron in Sexualität, Kreativität und Schutzverhalten lenken. Damit wären wir dem Überleben der Menschheit auf diesem Planeten einige wichtige Schritte näher.

Kapitel 8.2.11 – Liebe hat Heilkraft

Zu unserem Säugetiererbe gehört es, dass sich bei jedem äußeren Reiz die Aufmerksamkeit nach außen wendet. Durch eine rasche vorübergehende Verringerung des Tonus der zum Herzen führenden Bahnen des neuen Vagus kann dann die Herzleistung schnell erhöht werden, und so die für eine sofortige Mobilisation nötige Energie zur Verfügung stellen. Dabei kommt es zu einer entsprechenden Aktivierung des sympathischen Nervensystems bei gleichzeitiger Verringerung der Regenerationsprozesse. Der alte Vagus, der der Erholung und Energiebereitstellung für die inneren Organe dient, schaltet bei sympathischer Aktivierung ab und sorgt dann nicht mehr für eine Regeneration. (38)

Das führt bei der Menge aktivierender Reize in unserer Kultur zu einem hohen Ressourcenverbrauch sowie fehlender Erholung. Biologisch gesehen leben wir ununterbrochen im Kampf und auf der Flucht – im Notfallmodus. Normalerweise arbeitet der neue Vagus als Bremse, die den Stoffwechsel auf „Sparflamme" drosselt, vermittelt durch Oxytocin. Diese Vagusbremse reagiert sehr schnell, um den Energieaufwand an die aktuellen Erfordernisse anzupassen und uns reaktionsfähig zu machen. Das Lesen des Gefühlsausdrucks über Neurozeption wird sofort weitergeleitet an Herz und Kreislauf über den neuen Vagus. (39) Aber in unserer Zeit wirkt allein die Menge der Reize ununterbrochen aktivierend. In dieser ununterbrochenen Aktivierung mit Ressourcenverbrauch besteht eine Gefahr für die Gesundheit.

Wir sollten uns dieser Gefahr stärker bewusst werden und sie auch unseren Kindern deutlich machen. Wir brauchen dringend eine Reduktion der äußeren Reize beispielsweise durch medienfreie Zeiten, Rückzüge in die Stille der Natur, Vermeiden von passiver Beschallung, von Bildschirmen etc. Unser Nervensystem beruhigt sich jedoch nicht von allein nur durch die Abwesenheit von Reizen. Wir brauchen für die Erholungsfunktionen eine aktive Information über das social engagement system, dass wir in Sicherheit sind.

Dann kann durch die Vagusbremse die Erregung der zum Herzen führenden sympathischen Bahnen gehemmt und die Stoffwechselbelastung wieder reduziert werden. Die so eingeleitete Beruhigung bringt den Organismus wieder in eine ruhige Balance. (40) Sie wird von Oxytocin vermittelt, was den beruhigenden Vagus stimuliert und gleichzeitig als Gegenspieler zu Cortisol wirkt.

Positive soziale Interaktionen haben über den parasympathischen Vagus direkten Einfluss auf unsere Gesunderhaltung und das Überleben.

Oxytocin hat durch seine Regulationsfunktion am Vagussystem der Erholung gesundheitsfördernde Funktionen. Liebe heilt: Oxytocin wirkt entzündungshemmend und besitzt antioxidative Eigenschaften

(Kapitel 3.9.). Es beeinflusst Gesundheit und Wohlbefinden, indem die Nebennierenachse bei Stress so moduliert, dass der Cortisolspiegel sinkt. (44)

Langfristige stabile emotionale Beziehungen sind gesundheitsfördernd, indem sie die cortisolbedingte Stressreaktion herunter regulieren und damit einer Nebennierenerschöpfung entgegen wirken. Oxytocin koordiniert das innere Gleichgewicht als oberstes Ziel eines jeden biologischen Organismus.

Mit seiner parasympathischen Wirkung erhält es die Immunbalance. Durch Oxytocin wurden aus Herzstammzellen funktionstüchtige, schlagende Herzmuskelzellen gebildet, d.h. könnte das Herz heilen bzw. das Herz scheint durch Oxytocin in seiner Funktion geschützt zu werden. Deshalb sind Liebe, Bindung und Sexualität als Liebescode biologisch überlebensnotwendig.

Kapitel 8.3 – Zwischenfazit - Den Liebescode wiederentdecken

Wie konnten Menschen sich so weit entwickeln, wie es die partnerschaftliche Kultur geschafft hat?
Weil sie den Liebescode entdeckt haben: Sicherheit, Liebe, Bindung und Kooperation als Motor für einen gewaltigen Entwicklungsschub. Wir brauchen wieder genau diese Werte, die auch unseren Vorfahren den Entwicklungsschub ermöglicht haben.

Kapitel 8.3.1 – Welche Rolle werden Frauen haben?

Die Fähigkeit zum Erkennen und Spiegeln der emotionalen Zustände Anderer unterstützt wesentlich die friedliche Kooperation. In einem kulturellen Kontext, der diese Eigenschaften schätzt, ist das ein außerordentlich hoher Wert. Damit bringen Frauen ihre besonderen Fähigkeiten zur emotionalen Feinfühligkeit und Fürsorge für kooperative Beziehungen ein. Das hilft Allen, Konflikte möglichst zeitig zu entschärfen und Konsens statt Konkurrenz zu suchen.

Frauen können ebenso auch auf Herausforderungen zugehen und sich selbst als aktiv erleben. Wir brauchen als Kultur dafür noch mehr positive liebevolle Bilder vom anderen Geschlecht als Bedingung für Liebesfähigkeit sowie Rollenvorbilder.

Typisch weibliche Fähigkeiten haben uns als Menschen überhaupt erst entstehen lassen innerhalb der Evolution. Daraus können wir als Frauen unseren Stolz und Kraft beziehen, auf Veränderungen in der Kultur hinzuwirken. Und auch nur diese Werte werden uns weiter tragen in der Zukunft. Wobei Fürsorge, Liebesfähigkeit, Friedfertigkeit als zentrale kulturelle Werte nicht an Frauen allein gebunden sind. In der Evolution haben sie sich über die Fürsorge der Mütter entwickelt, wurden aber weitergegeben an Männer durch deren Fähigkeit, über Oxytocin eine Bindung zu regulieren.

Wir Menschen können über die Richtung unserer kulturellen Evolution entscheiden und damit diese Fähigkeiten besonders schätzen und erfahrungsabhängig bevorzugt bahnen. So ist es in der Partnerschaftskultur bereits erfolgreich geschehen.

Kapitel 8.3.2 – Wie wird Konfliktvermeidung und Stressregulation erreicht?

In Verlauf der Entwicklung haben Tiere und Menschen gelernt, Versöhnungsgesten gezielt einzusetzen. Die damit verbundene Oxytocinauschüttung vermindert Furcht und damit Aggressivität, verstärkt vor allem aber das Vertrauen in das Gegenüber.

Hilfreich dafür sind die Fähigkeiten, Emotionen des Gegenübers sehr genau spiegeln, zeitig sich anbahnende Konflikte wahrzunehmen und die Konfliktvermeidung sozial zu regulieren. Das ist der weiteren Entwicklung unserer Kultur und der ganzen Menschheit zuträglicher als aggressive Konfliktstrategien.

Wenn das Miteinander sozial gut reguliert wird über Freundlichkeit, Friedfertigkeit und Versöhnungsgesten, ist es nicht mehr nötig, sofort zu kämpfen. Genau das brauchen wir wieder, um die anstehenden Probleme individuell, aber auch global erfolgreich angehen zu können. Durch Friedfertigkeit und Konfliktreduktion erreichen wir optimale Bedingungen für unser weiteres Überleben und den Schutz der Umwelt.

Sicherheit und Freiheit von Stressaktivierung sind biologische Bedingungen für soziales Leben, Lernen und Gesundheit. Diese Fertigkeiten können nicht kognitiv erworben werden, sondern die neuromodulatorischen Systeme dazu müssen in der Familie und sozialen Umwelt durch häufige Erfahrung und erfolgreiche Handlung erworben und gebahnt werden.

Wenn wir als Art überleben wollen und die Natur um uns herum auch, müssen wir wieder die biologischen Gesetzmäßigkeiten berücksichtigen, die zur Aufrechterhaltung des Lebens gelten. Das ist die Ko-Regulation unseres psychophysiologischen Gleichgewichts. Nur das hält gesund.

Statt Leistung müsste Gesundheit unser oberstes Handlungsziel sein, statt materiellem Wohlstand brauchen wir inneres Wohlbefinden – und das erreichen wir nur in Ko-Regulation mit liebevollen Anderen, am besten in nahen sozialen Beziehungen und Paarbindung, die die nötige Stressregulation ermöglichen.

Kapitel 8.3.3 – Frauen, die teilen und sich mitteilen

Der Oxytocinausstoss, der eigentlich zum Stillen gehört, hat sich im Verlauf der Evolution auch auf andere soziale Tätigkeiten übertragen und stimuliert sie. Erfolgreiche Abstimmung und sozial friedliche Regulation durch Sprache führt zur Oxytocin-, Dopamin- und Opioidausschüttung und wird daher besonders gut gelernt und weitergegeben. Gleichzeitig wird durch die erfolgreiche Nutzung von Sprache zur Abstimmung wiederum bessere Konfliktvermeidung möglich und damit eine geringere Aggressivität.

Daraus lässt sich ableiten, dass Teilen und Kooperation Aller biologisch belohnt und ausgelesen wird, genau jene Eigenschaften und Fähigkeiten, die wir dringend in unserer Kultur wieder brauchen. Auch diese Fähigkeit entstand aus den fürsorglichen Handlungen der Mütter für ihren Nachwuchs, ist jedoch keinesfalls nur Frauen zugänglich.

Wir brauchen diese Fähigkeiten und ihre kulturelle Wertschätzung von Frauen und Männern als ethisches Prinzip unserer zukünftigen Kultur. Nur so lässt sich das weitere Überleben auf der Erde sichern.

Kapitel 8.3.4 – Kooperation, weil es sich gut anfühlt

Wir brauchen wieder viel mehr den alltäglichen Austausch von Freundlichkeit und Zuwendung bis hin zu gemeinsamem Essen u.a. zum Bindungsaufbau und zur Entwicklung von Kooperation durch die Ausschüttung von Oxytocin und endogenen Opioiden.

Oxytocin hilft dabei, Bindungen zu fremden Menschen herzustellen und zu kooperieren. Zustände der Sicherheit und Verbundenheit, wie sie durch Kooperation und Bindung ermöglicht werden, sind die wichtigste Voraussetzung nicht nur für soziales Verhalten, sondern auch für Kreativität und Produktivität.

Wir brauchen wieder ein Bewusstsein für den außerordentlichen Wert der Kooperation. Kooperation hat es ermöglicht, uns als biologische Art Mensch überhaupt erst zu entwickeln. Das ursprünglich für die Mutter-Kind-Bindung entstandene Oxytocinsystem hilft, Bindungen zu anderen Menschen herzustellen. Wir besitzen die hormonelle Ausstattung dafür, sobald wir der Basis von Kooperation, der Liebe und der Fürsorge, wieder Raum und Wert als Gesellschaft geben.

Anders, als in den Medien oft dargestellt, sind wir biologisch nicht auf Konkurrenz, sondern auf Konsens und Partnerschaftlichkeit hin angelegt. Soziale Kooperation wird durch hohe Freisetzungen von Oxytocin und Opioiden belohnt und damit als „suchen" zur Wiederholung gebahnt. Sie führt zu gegenseitigem sozialem Wohlbefinden. Wie in Kapitel 5.3 ausgeführt, lehnen Menschen normalerweise klare Übervorteilungen des Gegenübers ab und handeln nach einer sozialen Logik.

Wir brauchen hier dringend ein Umdenken zur Gestaltung unserer Beziehungen und zu anderen Werten bei der Erziehung unsrer Kinder.

Kapitel 8.3.5 – Evolutionsvorteil der fürsorglichen Männer

Das männliche Gehirn ist nicht so stark für Sprache und Kommunikation entwickelt. Seine Kommunikationsfähigkeit entwickelt sich abhängig von den Gelegenheiten zur frühen sprachlichen Interaktion.

Wichtig dafür ist die Fähigkeit der Männer, ihre aggressiven Impulse steuern zu lernen, sich also nicht zu schnell angegriffen zu fühlen und die Sicherheitssignale richtig zu interpretieren. Sie sind zu diesen Interpretationen jeweils besser in der Lage, wenn ihr Stress niedrig ist, wenn sie wenig Furchtkonditionierungen erlebt haben und wenn ihr Oxytocinspiegel hoch ist. Wir brauchen daher die entsprechenden Rahmenbedingungen für die Entwicklung dieser Fähigkeiten für ein gelingendes friedliches soziales Miteinander.

Männliche Nachkommen einer hoch entwickelten sozialen und friedlichen Kultur brauchen auch männliche Rollenvorbilder für dieses

Verhalten. Je mehr Gelegenheiten für soziales Verhalten sie in der Kindheit erleben, desto intensiver wird ihr Belohnungssystem solche Gelegenheiten suchen und desto intensiver wird Oxytocin, Vertrauen, Zufriedenheit, Bindung in ihrem Gehirn vernetzt. Das ermöglicht ihnen, selbst sehr liebesfähig zu sein und eine hohe Achtung vor Frauen zu haben. Gleichzeitig eröffnet es ihnen die Möglichkeit, über Liebe, Zärtlichkeit und Sexualität für eine gute Regulierung ihres inneren Zustandes zu Wohlbefinden und Zufriedenheit zu sorgen.

Dementsprechend brauchen wir in unserer Kultur zukünftig eine höhere allgemeine Wertschätzung und soziale Anerkennung männlicher fürsorglichen und konfliktmindernden Aktivitäten. Sie sorgen für ein höheres Wohlbefinden und Bindung in unserer Kultur.

Wir brauchen eine kulturelle Wertschätzung für männliche Sehnsucht nach Zärtlichkeit, für Werte wie Fürsorge, Mitgefühl, Trost, Gewaltlosigkeit und Konsensbestreben. Diese kulturellen Werte ermöglichen Männern ihren inneren Zustand mit Hilfe fürsorglicher Interaktion zugunsten von Erholung und Entspannung regulieren zu können. Das gelingt umso besser, je mehr es unter Männern als wünschenswerte und wichtige männliche Fähigkeit gilt.

Gleichzeitig ist eine wesentliche Aufgabe der Männer, die sich in ihrer Gehirnstruktur niedergeschlagen hat, der Schutz ihrer Nachkommen. Beschützen und Behüten, auch im Sinne von Ko-Regulation von Sicherheit, sind wichtige männliche Aufgaben, die in der Evolution den Fortschritt der Menschheit ermöglichten. Diese Funktion braucht eine größere Anerkennung innerhalb unserer Kultur.

Wir brauchen, um als Menschen in der Zukunft friedlich und ohne Kriege weiter zu leben, auch innerhalb der Gruppen der Männer ein friedliches kooperierendes statt konkurrierendes Verhalten. Je weiter entwickelt die soziale Kultur ist und je mehr Sicherheit die Aufzucht der Jungen erfordert, desto geeigneter sind friedliche Strategien und Impulskontrolle unter den männlichen Mitgliedern.

Kapitel 8.3.6 – Sexualität als soziale und kulturelle Funktion

Bei einem niedrigeren Testosteronspiegel und gleichzeitig höherem Oxytocinspiegel begegnen sich Männer und Frauen liebevoller.

Wir brauchen wirkliche Liebe zum jeweils anderen Geschlecht, die aus dem Bewusstsein der eigenen Fähigkeiten, aus gelebter Selbstwirksamkeit und Zufriedenheit mit dem eigenen Geschlecht und der eigenen Identität erwächst. Sie benötigt die persönlichen Voraussetzungen von innerer Regulation und wechselseitiger abgestimmter Interaktion ohne Furcht. Dafür braucht die gesamte Gesellschaft Beziehung, Berührung und Sicherheit – den Liebescode. Konsum ist nur Ersatz, weil fehlende Berührung und damit fehlendes Oxytocin uns unzufrieden und ungesättigt zurücklässt.

Menschen nutzen Sexualität nicht nur zur Fortpflanzung, sie nutzen sie für ihr Wohlbefinden. Liebevolle Sexualität ermöglicht eine tiefe parasympathische Dominanz und durch die Ausschüttung von endogenen Opioiden und Oxytocin das Gefühl von Glück, Zufriedenheit, Wohlbefinden und Liebe. Dafür brauchen wir in der jetzigen Kultur dringend wieder besseren Zugang zu unseren Körperempfindungen sowie zur Liebesfähigkeit.

Der hohe Belohnungswert von Paarliebe und Sexualität hilft beiden Geschlechtern, sich zu entspannen, wohl zu fühlen und wirkt stressmildernd. Diese Liebe, verbunden mit der Ausschüttung von Oxytocin, ist überlebensnotwendig: Oxytocin ist der wirksamste Gegenspieler zum Stresshormon Cortisol und wirkt über das parasympathische System auf den Organismus beruhigend und damit Regeneration und Gesundheit ermöglichend.

Wir brauchen eine Kultur, in der wir den Umgang zwischen den Geschlechtern neu durchdenken und wirklich gleichberechtigt gestalten. Wie Frau und Mann voneinander denken, was sie von ihren jeweiligen Eltern und der Gesellschaft als Rollenvorbild erlernt haben, entscheidet über ihren Umgang mit Liebe, Sexualität und Elternschaft und insofern wieder über das Leben der nächsten Generation. Wir erreichen diese Ethik der Verbindung nur, wenn wir den mehr oder weniger bewussten Kampf der Geschlechter gegeneinander aufgeben.

Weil Frauen auch beim Reden mit anderen Frauen, beim Streicheln, in der Nähe bei Frauen untereinander, bei Zärtlichkeiten, bei der Geburt, beim Stillen Oxytocin ausschütten, können sie oftmals leichter den Kontakt zu ihren Körperempfindungen herstellen und liebesfähig sein. Erlebnisse bei der Geburt und beim Stillen können einen orgasmischen Charakter haben. Daher können Frauen evtl. leichter wieder zum tiefen Wissen über die Wirkung von Oxytocin sowie von orgasmischen Erfahrungen zurückfinden. In den alten Kulturen wurde dieses Wissen entwickelt und weitergegeben, wie z.B. im Tantra und im Taoismus. Nicht umsonst entsteht daran wieder Interesse. Wir brauchen wieder eine Sexualität, die zu einem starken sozialen Mittel der Paarbindung und des Wohlbefindens wird.

Wenn Erwachsene Sicherheit herstellen können und eine gut entwickelte Regulation des inneren Zustands besitzen, erfüllen sie alle Voraussetzungen, um zu einer tiefen parasympathisch dominierten Orgasmuserfahrung zu gelangen. Sie können dann wegkommen vom schnellen Sex. In Sicherheit und gut mit dem neuen Vagus reguliert, können sie frei von Furcht immobil sein für lange Umarmungen, Liebkosungen, Küsse und Sexualität bis hin zum vollen Orgasmus, verbunden mit einer reichlichen Ausschüttung vom zufrieden machenden Oxytocin, von Serotonin, Opioiden und Dopamin.

Wenn Menschen genügend oft als Kinder, Jugendliche und Erwachsene das Gefühl der Sicherheit erfolgreich haben regulieren und reichlich und häufig haben Oxytocin ausschütten können, also den Liebescode begriffen haben, sind sie in der Lage, eine verbindliche Paarbeziehung aufrecht zu halten und später eigenen Kindern als Ko-Regulationspartner dasselbe zu ermöglichen.

Wir brauchen eine gesellschaftliche Wertschätzung der verschiedenen, aber gleich wertigen Eigenschaften von Männern und Frauen in ihrer jeweiligen Funktion. Alle diese Eigenschaften wurden in der Evolution ausgelesen, weil so der Nachwuchs die besten Chancen zum Leben hatte. Daher ist jede Über- oder Unterordnung eines Geschlechts unsinnig. Die biologische Funktion der Geschlechter ist das Überleben der Art durch die Aufzucht von Nachkommen. Die Motivation dazu kommt aus der Entwicklung der Bindungshormone Oxytocin, Opioide, Dopamin, Vasopressin und Östrogen mit den entsprechenden Belohnungsfunktionen, die zur Wiederholung drängen, also der Umsetzung des Liebescodes. Daraus hat sich Liebe, Paarliebe, Sexualität und Bindung in seiner biologischen Funktion entwickelt und beide Geschlechter mit den entsprechenden Fähigkeiten.

Das erfordert allerdings, genug Zeit zu direkter, reziproker sozialer Interaktion und genügend geeignete Rollenvorbilder im Umfeld der Kinder und Jugendlichen zu haben. Wenn wir solche Bedingungen wieder herstellen, werden die Unterschiede im Verhalten zwischen den Geschlechtern kulturell so beeinflusst, dass eine größere Harmonie erreicht wird. Die Männer werden fürsorglicher und friedfertiger wegen ihrer erfahrungsabhängigen hohen Spiegel an Östrogen, Prolactin und Oxytocin, die Frauen aktiver und selbstbewusster, weil sie ihr Testosteron in aktives Verhalten umsetzen können. Beide Geschlechter haben dann wenig ängstigende Erfahrungen, so dass ihr Verhältnis von Oxytocin zu Vasopressin zugunsten des Oxytocins entwickelt wird und ihnen damit auch eine sexuelle Annäherung ohne Furcht erlaubt.

In Sicherheit geschieht eine gewisse sympathische Aktivierung zur Mobilisierung von sexueller Energie, wie es für jedes spielerische Verhalten in der Kindheit gelernt wurde. Diese Aktivierung wird von Vasopressin über eine abgestimmte Ausschüttung von Adrenalin und Cortisol bei aktiver Vagusbremse ermöglicht, wenn keine alten Furchterfahrungen aufgerufen werden. Daher brauchen wir kulturelle Bedingungen, in denen feinfühlige Eltern in ihren Kindern reichhaltige angstfreie soziale Erfahrungen ermöglichen können.

Kapitel 8.3.7 – Gemeinsame Elternschaft

Die gemeinsame Sorge zweier in Liebe verbundener Eltern hat bessere Chancen für die Entwicklung der Nachkommen. Sie hilft, aggressive Impulse zu steuern und sorgt für eine reichliche Ausschüttung des glücklich und friedlich machenden Oxytocins. Säuger brauchen zur Ko-Regulation ihre Artgenossen und der engste Bindungspartner der Mutter innerhalb von Paarliebe ist der Vater des Kindes.

Der biologische Schlüssel erfolgreicher Elternschaft ist die Paarliebe, mit dem höchsten Belohnungswert in Form von Oxytocin und Opioiden als Basis der Monogamie. Väter sind fürsorglich und bindungsfähig, wenn unsere Kultur sie lässt und die gesellschaftliche Meinung das nicht mehr abwertet. Wir brauchen dafür als Kultur, aber auch jeder individuell, das Bewusstsein, die männliche Fähigkeit, die Familie zu beschützen und für sie sorgen zu wollen, wieder mehr anzuerkennen. Das Schutzbedürfnis ist genauso wichtig wie die Fähigkeit zur Fürsorge. Das Mutter- und das Vatergehirn haben einige gleiche, aber auch sehr verschiedene Funktionen und Fähigkeiten, für die wir wieder bessere Bedingungen brauchen.

Wir brauchen Väter, die durch ihre Paarbindung mit fortlaufender Oxytocinausschüttung besser gegen Cortisol und Stress geschützt sind. Vasopressin steht dann bei ihnen im Dienst der sexuellen Aktivierung, der Paarbindung und des Schutzes der eigenen Familie. Dann können Eltern gemeinsam positive Rollenvorbilder ihrer Kinder für die gegenseitige Regulation von Sicherheit und parasympathischer Dominanz für einen liebevollen Umgang der Eltern miteinander als Paar sowie für gegenseitigen Respekt, Würde und Wertschätzung im Umgang mit allem Leben sein. Diese Fähigkeiten haben uns zu Menschen gemacht, es ist überlebensnotwendig, sie wieder in den Fokus zu stellen.

Solche neuen kulturellen Traditionen gelangen durch die Erfahrungen des gelebten Alltags wiederum ins Gehirn zurück und formen es erfahrungsabhängig in gegenseitiger Verstärkung als Ko-Konstruktion der Realität. Unter diesen Bedingungen könnte das Miteinander liebevoll, freudvoll und lustvoll sein, so dass beide Geschlechter von Oxytocin, Serotonin, Prolactin und endogenen Opioiden gesättigt sind.

Sexuelle Erfüllung, Monogamie, enge Paarliebe und gemeinsame Elternschaft innerhalb einer friedfertigen Gemeinschaft sind die absolut besten Bedingungen für die Aufzucht von Nachkommen mit lange anpassungsfähigen Gehirnen.

Was lässt sich daraus schlussfolgern?
Veränderung ist nur möglich, wenn wir, jeder Einzelne, Frau und Mann, wieder Zugang zu unseren eigenen Gefühlen, Bedürfnissen und Körperempfindungen zurück gewinnen, zum psychobiologischen Wohlbefinden und Gleichgewicht als dem zentralen Kriterium der Evolution. Wenn wir Zugang bekommen zu unserem tiefen Wissen und Wunsch vom partnerschaftlichen Miteinander- die keine romantischen Ideale, sondern unser genetisches biologisches Erbe und Jahrtausende lang gelebte Wirklichkeit sind und die die Entwicklung unserer Art bis heute ermöglicht haben.

Wir brauchen Wissen und Möglichkeiten, wie man Liebes- und Fürsorgefähigkeit, aber auch innere Spannungsregulation und Sicherheit ganz praktisch lernen kann, wenn man das als Kind nicht erlernen durfte. Liebe hat immer einen Körper, der liebesfähig sein muss, damit sie gelingen kann.

Kapitel 9 – Zusammenfassung -
Wer leben will, muss lieben

Am Ende des Buches angekommen: Welche Antworten auf die Frage nach sinnvollem Lebengeben wir jetzt unseren Kindern?

Wir machen uns Gedanken über den Klimawandel und Energieressourcen, aber wir brauchen gar nicht so weit zu gehen: Wir werden in kürzester Zeit als Art aussterben, wenn die gegenwärtige Beschleunigung des Lebens mit ihrer Informationsüberflutung und Bindungsverluste ungehemmt weitergehen.

Andererseits weiß ich durch meine Arbeit, durch die vielen Jahre an Erfahrung mit Menschen aller Altersgruppen und durch die enorme Menge an neuem Wissen der letzten Jahre, dass wir als menschliche Art auf Liebe, Bindung, Kooperation und Fürsorge angelegt sind. Und das lässt mich zutiefst hoffen.

Es sind schon sehr viele Bücher über die Liebe geschrieben worden, wohl, weil wir spüren, wie wichtig sie für uns Menschen ist. Aber in der heutigen Zeit scheint sie an Bedeutung zu verlieren, zur netten Zugabe für Leistung abzusteigen. Dabei ist sie für uns Menschen so lebensnotwendig wie die Luft zum Atmen. Davon haben wir erst in den letzten 10 bis 20 Jahren ein ausreichendes Wissen gewonnen.

So kommt zu den vielen Büchern über die Liebe jetzt eines dazu, das die Grundlagen unserer Liebesfähigkeit und Liebesbedürftigkeit aus neurobiologischer Sicht beschreibt. Noch ist dieser Versuch nicht ganz und gar vollständig möglich. Aber allein aus dem bisher vorliegenden Erkenntnissen können wir schlussfolgern, dass wir alle die Lebe brauchen, um gesund und glücklich leben zu können und dass wir sie als Art Mensch brauchen, damit wir und mit uns diese Erde überleben.

Die Suche nach Liebe in Sicherheit ist eine biologische Notwendigkeit und begleitet uns tagtäglich. Sie ist überlebensnotwendig für das Aufwachsen eines Babys bis hin zum Alltag der Eltern und des Paares. Porges spricht dazu von einem „biologischen Imperativ". Die Fähigkeit, Sicherheit ko-regulieren zu können ist unverzichtbar und Voraussetzung für die Entstehung von Bindungen und Liebe.

Unsere Kultur trainiert immer noch grundsätzlich Menschen dahingehend, Ihre Körperempfindungen als Signale für „suchen" und „meiden" zu ignorieren und nur die kognitiv gelernten kulturellen Verhaltensgrundsätze auszuführen. „Sicherheit" und Kontrolle wird ein äußeres Thema in einer Kultur, wenn sie nicht innerlich gespürt werden kann, nicht innerlich vorhanden ist und nicht sozial reguliert und hergestellt wird. Dann wollen wir Andere und unsere Umwelt kontrollieren, um uns sicherer zu fühlen.

Wir unterdrücken und ignorieren sämtliche richtungsweisenden Informationen des autonomen Nervensystems, das für die Regulation des inneren Gleichgewichts zuständig ist durch die höheren Ebenen des Großhirns. Immer noch erfolgt eine Überbetonung des Denkens, des Geists über den scheinbar lästigen Körper und hebelt dadurch den inneren Mechanismus zur Gleichgewichtserhaltung, die Körperempfindungen, aus. Die Kognition schaltet die Biologie aus.

Alle gegenwärtigen Probleme haben dieselben Ursachen: Eine Entfremdung von den Körpergefühlen, die ursprünglich gewollt war, um die bestehende Dominanzverhältnisse zu sichern. Und wir werden nicht mit Veränderungen rechnen können, so lange, die Grundstruktur der Kultur auf Dominanz und Macht beruht. Diese Verhältnisse liegen jedoch nicht in der Natur den Menschen liegen, sondern sind kulturell entstanden.

Heute ist es ein gesamtgesellschaftliches Thema, zu fragen: Wie wichtig ist uns das Überleben als Art und welche Bedingungen brauchen wir dafür?
Notwendig dafür ist eine konsequente Re-Orientierung an den biologisch in der Evolution ausgelesenen Überlebensbedingungen der Art Mensch, den biologischen Evolutionskriterien. Das sind enge soziale Beziehungen mit Oxytocin, Serotonin u.a. im limbischen System der Hirnstammebene sowie gesellschaftlich positive Mythen auf der cortikalen Ebene des limbischen Systems. Dann arbeiten beide Ebenen

des limbischen Systems wieder in Einklang miteinander und unterstützend für das biologische Überleben unserer Art.

Wenn wir als Art überleben wollen und die Natur um uns herum auch, müssen wir wieder die biologischen Gesetzmäßigkeiten berücksichtigen, die zur Aufrechterhaltung des Lebens gelten. Die aktuelle neurobiologische Forschung zeigt klare biologische Bedingungen für das Gelingen von Gesundheit und Überleben auf. Bisher war das nicht bekannt, aber jetzt steht uns dieses neue Wissen zur Verfügung. So dass das erstmals möglich ist, gezielt diesen Liebescode zu beachten. Das ist die Ko-Regulation unseres psychophysiologischen Gleichgewichts. Nur das hält gesund. Statt Leistung müsste Gesundheit unser oberstes Handlungsziel sein, statt materiellem Wohlstand brauchen wir inneres Wohlbefinden – und das erreichen wir nur in Ko-Regulation mit liebevollen Anderen, am besten in nahen sozialen Beziehungen und Paarbindung. Wir sind zutiefst soziale Wesen und müssen dem wieder die entsprechende Priorität zuordnen.

love or fear?

Wir brauchen Berührung, weil sie Sicherheit und Zufriedenheit vermittelt. Fehlende Berührung bedeutet fehlendes Oxytocin, was uns als Menschen unzufrieden und ungesättigt zurücklässt. Änderung gelingt, indem wir den Liebescode begreifen und berücksichtigen und wieder in den Vordergrund stellen als Kultur. Grundgefühle sind dabei Liebe und Angst als die Qualitäten von „suchen" und „meiden". Wir brauchen wieder die Fähigkeit, unsere eigenen inneren Körperempfindungen wahrzunehmen und im zwischenmenschlichen Kontakt unseren Zustand zu regulieren für persönliches Wohlbefinden und daraus folgend gelingende soziale Beziehungen Aller.

Unsere Forschung und unsere wissenschaftliche Aufmerksamkeit haben sich bisher hauptsächlich auf das Gehirn konzentriert, als einer Nachwirkung der alten Körper-Geist-Trennung. Jedoch laufen alle Gehirnprozesse nur dann erfolgreich ab, wenn der parasympathische Zweig des autonomen Nervensystems Sicherheit signalisiert.

Es ist dringend notwendig, den biologischen Liebescode zu begreifen, wieder tiefe körperliche Liebe fühlen zu lernen und die noch vorhandene Gefühlsabspaltung und Körperentfremdung zu überwinden. Und das alles möglichst, bevor junge Menschen selbst Eltern werden.

Wenn Erwachsene durch Selbstliebe und daran anschließend Paarliebe wieder liebes- und fürsorgefähig werden, gelingt ihnen auch Elternschaft gut.

Wir brauchen positives soziales Miteinander im direkten Kontakt. Wir regulieren uns sozial gegenseitig in der Art unseres Miteinanders. Im Zustand des neuen Vagus, also bei parasympathischer Dominanz und Entspannung verringert sich der Ressourcenverbrauch zugunsten von Regeneration.

Dann kann Sexualität wieder als tiefe körperliche Liebe erfahren werden und tiefstes menschliches Glück und Vergnügen ermöglichen, aber auch Zufriedenheit und Regeneration schenken. Sie hat sich in der Evolution als höchster biosozialer und individueller Wert, als größte Belohnung ausgelesen, weil die körperliche Liebe eines Paares die besten Bedingungen für die Fortpflanzung der Art Mensch bietet. Kulturelle Riten für wirkliche tiefe körperliche Liebe gab es gibt es in vielen Kulturen. Sie wurden nicht überall so radikal ausgemerzt wie in Europa.

Wir sind nicht hilflos der Vergangenheit ausgeliefert. Neue praktische bessere Erfahrungen sind möglich, wenn Sehnsucht danach geweckt werden kann. Diese Veränderungen funktionieren nicht intellektuell. Sie betreffen die körperlich-emotionale Ebene. Liebe, Sicherheit, Wohlbefinden und Bindung sind nur körperlich erfahrbar, nur im Hier und jetzt, sie sind kein intellektuelles Konstrukt. Aber sie sind konkret erfahrbar und lernbar, denn die Anlagen zu diesem Lernen teilen wir mit allen Säugern und haben sie in uns. Sie brauchen eine stärkere Beachtung, bevor es gesellschaftlich und individuell zu spät ist. Wir brauchen Freude, Bindung, Liebe und Lust als elementare überlebensnotwendige Erfahrungen im Alltag. Diese Veränderungen sind unbedingt notwendig.

Wir können die Gesellschaft nicht wirklich liebevoller und fürsorglicher machen, solange jeder Einzelne noch unreflektiert die alten Wunden wiederaufruft und die alten Muster bedient. Daher kommt Beratungsangeboten, somatopsychischen Lernmethoden sowie den umfangreichen Therapieverfahren die in den letzten Jahren entwickelt wurden, eine große Bedeutung zu. Insbesondere Beratung und somatopsychisches, also erfahrungsbasiert körperliches Lernen, ermöglicht ein Nachlernen in diesem Bereich für jedermann. Das alles sind anscheinend kleine fast unwichtige Veränderungen. Es gelingen jedoch keine großen kulturellen Veränderungen, wenn immer noch das persönliche Denken eher dominatorisch ist, als partnerschaftlich. Jeder hat die volle persönliche wie gesellschaftliche Verantwortung für ein kognitives Umdenken sowie auch für den Erwerb der körperlichen Fähigkeit, in einen Zustand des Vertrauens, der Bindung und der Liebe gelangen zu können.

Das wiederum können wir dann an die nächste Generation weitergeben und wenn das den meisten Menschen möglich ist, wird auch der Umgang mit der Umwelt empathischer und liebevoller werden.

Erst, wenn der innere Mangel der Einzelnen geringer wird, ist die Möglichkeit zu mehr Mitgefühl für die äußere Umwelt möglich. Wenn das innere Klima empathisch und beschützend ist, gelingt das auch für das Klima. Liebe heilt.

Was brauchen wir als Kultur für uns alle?

Wir brauchen wieder eine Verstärkung der positiven und lebensförderlichen Eigenschaften innerhalb der kulturellen Evolution. Das beinhaltet eine Förderung von Kooperation, Sicherheit, Bindung, Liebe und Friedfertigkeit durch die ausdrückliche Bejahung und Verehrung des Schenkens und Erhaltens von Leben als unseren zentralen kulturellen Wert und eine entsprechende Vision Aller. Einen solchen Wertewandel brauchen wir in der gesamten Welt. Es ist nicht mehr möglich, in einem Land allein Veränderungen zu etablieren durch die engen Verflechtungen. Aber es ist möglich, an einem Punkt zu beginnen und für die Verbreitung des Wissens zu sorgen. Als gesellschaftliche wie auch individuelle Ziele brauchen wir ein Ende der sensorischen Amnesie.

Das Verhältnis zwischen Mann und Frau ist bestimmend für unsere gesamte Zukunft als Art Mensch. R. Eisler schreibt dazu sehr treffend: „Grundsätzlich gibt es nur zwei verschiedene Menschentypen: Mann und Frau. Die Beziehungen zwischen Mann und Frau sind daher das Grundmodell alle zwischenmenschliche Beziehungen überhaupt. Infolgedessen verinnerlicht jedes Kind, das in einer herkömmlichen vom Mann beherrschten Familie aufwächst, von Geburt an eine Beziehungsstruktur, in der es einen dominatorischen und eine dominierten Pol gibt". (1)

Alle die Gemeinsamkeiten und Unterschiede zwischen den beiden Geschlechtern haben sich im Verlauf von Hunderttausenden bis Millionen Jahren herausgebildet und wurden in der Evolution erfolgreich ausgelesen, weil diese Eigenschaften am dienlichsten für eine gemeinsame Elternschaft und damit das erfolgreiche Überleben von Nachkommen mit lernfähigen Gehirnen waren. Sie haben offensichtlich die besten Bedingungen für die volle Entfaltung des Potenzials des menschlichen Gehirns und seine fortwährende Weiterentwicklung geboten. Darin ist die enorme kognitive Revolution der frühen Menschheit begründet, in der es keine Über- oder Unterordnung eines Geschlechts gab. Und darin liegt auch eine mögliche Lösung für unsere kulturelle Weiterentwicklung begründet.

Die Verehrung des Lebens in der Form der Muttergöttin hat sich positiv auf die gesamte Lebensgestaltung der Partnerschaftskultur ausgewirkt und könnte eine Vision für unsere Zukunft sein: Es gab damals eine Arbeitsteilung zum Wohle Aller, keine Über- oder Unterordnung einzelner Mitglieder der Gesellschaft. Unter solchen Umständen ist keine Ausbeutung der Natur denkbar. Niemand wird wieder zur Verehrung der Muttergöttin in der Form der neolithischen Gesellschaft zurückkehren, aber die grundlegenden Werte der partnerschaftlichen Kultur sind absolut zeitgemäß.

Es ist dringend notwendig, so schreibt der Club of Rome in seinem Bericht, dass wir zur Vermeidung großer regionaler und letztlich globaler Katastrophen eine neue Weltordnung entwickeln müssen, „die von einem rationalen Plan für langfristiges organisches Wachstum geleitet" und von „einem Geist freier aufrichtiger, in freier Partnerschaft gestalteter Kooperation zusammengehalten werden muss-„ (2) und „die Zielrichtung unserer kulturellen Evolution – einschließlich der Frage, ob ein System kriegerisch oder friedliebend ist – hängt davon ab, ob unsere soziale Struktur auf Partnerschaft oder auf Herrschaft ausgerichtet ist." (3)

Es darf bei solchen Überlegungen nicht um einen Wechsel vom Patriarchat zum Matriarchat gehen, denn so lange weiterhin ein Kampf um Dominanz stattfindet, vergeuden beide Seiten ihre Energie und versäumen die Chancen zu wirklicher Veränderung. Ziel ist, dass Frauen, genauso wie Männer, sich aus der Gedankenwelt der bisherigen Kultur befreien, die so tief im Gehirn eingegraben ist, dass wir es kaum bemerken. Längst ist es zur Dominanz der Minderheit der Macht gegen die Mehrheit der Machtlosen gekommen, unabhängig vom Geschlecht.

Es kann im Prozess der Veränderung nicht um Schuldzuweisungen gehen, sondern um einen Diskurs über unsere gemeinsame Zukunft. Die jetzigen kulturellen Verhältnisse bereiten Frauen wie Männern die gleichen Schwierigkeiten bei der Gestaltung befriedigender Beziehungen und Bindungen und der Bewahrung ihres biologischen Gleichgewichts.

Dabei ist die Analyse und das Verstehen nur der Anfang, danach geht es um wirkliche Veränderungen im unmittelbaren Lebensumfeld. Diese Veränderungen werden jedoch nicht erreicht, indem wir gegen die jetzige Kultur ankämpfen. Das wäre wiederum Aggressivität, Kampf, Über- oder Unterordnung, also Dominanzkultur. Wir brauchen ein verändertes Denken und alternative Werte, Visionen und Wünsche, die in jedem Einzelnen wachsen müssen. Es müssen andere Werte etabliert werden, sonst ersetzt eine Dominanz die Andere.

Wenn neue Werte und kulturelle Ziele von vielen Menschen an der Basis anders gelebt und etabliert werden, dann werden Männer und Frauen sich in Familien und Partnerschaften gebunden fühlen. Das jedoch funktioniert nur, wenn allgemeine Werte und individuelle Gefühle von Liebe und Fürsorge erlebt und als Erfahrung verankert werden. Nur dann werden wir das Klima schützen und nachhaltig wirtschaften wollen etc. Es funktioniert nicht, wie wir gegenwärtig sehen, wenn das Motiv dazu nur auf rein rationaler Erkenntnis beruht, dass Veränderung nötig ist.

So könnte unsere zukünftige Kultur die biologischen Notwendigkeiten der menschlichen Entwicklung unterstützten durch die Berücksichtigung von Körperempfindungen und Gefühlen für stimmige Entscheidungen, so dass wir unser psychobiologisches Gleichgewicht und damit Gesundheit und Überleben bewahren können. Sie könnte ein positives Arbeitsmodell von der Welt und von liebevollen Beziehungen entwickeln und die Ko-Regulation des inneren Zustandes aufbauen. Diese Kultur würde erlauben, eine befriedigende geschlechtliche Identität zu entwickeln, auf deren Grundlage tragfähige soziale Bindungen für Kooperation, Fürsorge, Friedfertigkeit, Paarliebe und Elternschaft aufgebaut und Aggressivität bzw. Stress niedrig gehalten werden können.

Diese Vision weckt das Buch von R. Eisler. Dazu äußerte sich Marshall M. Rosenberg: „Kelch und Schwert verleiht einer konkreten Hoffnung Ausdruck, die viele von uns hegen dass es einen anderen Weg geben könnte, Beziehungen und Institutionen zu gestalten, und zwar auf eine Weise, die dem Leben und den Bedürfnissen der Menschen dient. Riane Eisler schöpft aus umfangreichen Forschungsergebnissen und ihrer eigenen Leidenschaft für die Transformation. Sie beschreibt im Detail Kulturen, in denen Frauen und Männer gleichermaßen gewürdigt werden. Als ich dieses Buch las, wurde ich erneut daran erinnert, dass eine andere Lebensweise nicht nur möglich ist, sondern erst vor wenigen Tausend Jahren für einen Großteil der Menschheit Wirklichkeit war. Riane Eisler inspiriert uns, die Arbeit zu tun, die notwendig ist, um diesen Traum erneut wahr werden zu lassen." (4)

Dafür brauchen wir eine Gestaltung unserer sozialen Beziehungen entsprechend der in Kapitel 8.1 entwickelten Ethik. Werte wie Fürsorge, Kooperation, Konfliktvermeidung und Versöhnung, die traditionell als eher weibliche Werte sind, haben die Evolution der Art Mensch erst ermöglicht. Genau diese Werte brauchen wir wieder als zentrale Werte unserer Kultur für beide Geschlechter. Beide Geschlechter sind gleichermaßen von der gegenwärtigen Entwicklung betroffen und in der Verantwortung für die nötigen Veränderungen im Umgang mit uns selbst und der Umwelt. Ein entsprechendes Wertesystem als Ethik kann durch kulturelle Sprachkopplung die nötige Ehrfurcht vor dem Leben vermitteln. Diese kulturelle Veränderung braucht Menschen mit Visionen, die eine emotionale Bewertung von „suchen" auslösen.

Eine solche Vision könnte eine Gesellschaft umfassen, die soziale Arbeit und Fürsorge schätzt, wo nachhaltig in Kreisläufen gewirtschaftet wird, wo Kinder im Mittelpunkt der Gesellschaft stehen, wir Alle auf die Erhaltung der Umwelt achten und einen Rahmen für erfolgreiche Bindung, Liebe und Erholung, also Gesundheit schaffen. Es geht darum, die biosozialen Lebensprozesse wieder stärker an den biologischen Notwendigkeiten auszurichten, für jeden Einzelnen und für die kulturelle Entwicklung insgesamt. Nur dann haben wir als Art Mensch eine langfristige Überlebenschance.

Daher brauchen wir die individuelle Energie für Veränderungen zu Partnerschaftlichkeit. Wir alle sind aufgefordert, unsere Kultur liebesund bindungsfähiger zu gestalten. Unsere jetzige Motivation könnte sein, dass wir unseren Kindern eine lebenswerte Welt und gelingende Beziehungsmodelle weitergeben oder dass wir selbst gesund bleiben und uns in unserem Umfeld wohlfühlen wollen oder dass wir wieder besser lieben lernen wollen.

Daraus lässt sich sehen, dass wir für sämtliche Veränderungen an den unmittelbaren Grundstrukturen, also an Bindungs- und Liebesfähigkeit überhaupt ansetzen müssen. Menschen, die einander liebesfähig und in Liebe verbunden sind, werden diese Liebe als tätige Fürsorge auch wieder auf die Natur und alle anderen Menschen sowie die Erde an sich ausweiten wollen und können.

Wir brauchen wieder das Primat der biologischen Evolutionsbedingungen über die kulturelle Evolution. Sonst sterben wir aus, sonst gibt es keine Zukunft. Das alles sind die Bedingungen für eine für Funktion des Liebescodes, die die Kultur zur Verfügung stellen muss.

Sie betreffen sowohl die persönliche als auch die gesellschaftliche Ebene. Wir alle machen die Kultur!

Anhang

Viele Jugendliche und Erwachsene haben gegenwärtig noch unzureichende Beziehungs- und Regulationserfahrungen, so dass das Nachlernen von Entspannung und Zustandsregulation oftmals notwendig ist. Sie brauchen Nachlerngelegenheiten dafür, ihren Körper und ihre Gefühle zu spüren, sich im Augenblick präsent zu entspannen und Sicherheit wahrzunehmen, um innerliche Entspanntheit und Gelassenheit im Beisein des Anderen zu spüren. Positive Erfahrungen von Sicherheit und Zustandsregulation lassen sich nachträglich vermitteln. Liebe und Sexualität sowie die Sicherheitserfahrungen dazu lassen sich nachlernen, bzw. müssen manchmal überhaupt erst gelernt werden. Dafür brauchen sie eine gute Gesprächsbegleitung und einen sicheren Erfahrungsraum. Hier setzen Workshops und Einzelarbeit „Den Liebescode begreifen" an: Somatopsychisches Lernen eröffnet eine effektive Möglichkeit, diese Fähigkeiten nachzulernen. Angebote zu den genannten Themen vermitteln sowohl kognitives Wissen, als auch praktische Möglichkeiten zur Veränderung. Sie erlauben es, die entsprechenden Fähigkeiten und das nötige Wissen wieder zu erlangen. Es geht darum, den Liebescode zu begreifen und praktisch umsetzen zu lernen, im weitesten Sinne darum, wieder liebesfähig zu werden. Die Liebe zu lernen, ohne alte negative Erfahrungen zu sehr wieder aufzurufen, ist möglich durch ein langsames, schrittweises Vorgehen, welches sich klar an den vorhandenen Ressourcen ausrichtet. Dieser Nach-Lernprozess ist heutzutage aufgrund der verbreiteten sensorischen Amnesie in allen Altersgruppen notwendig und möglich.

In meiner nunmehr 20 jährigen Praxis arbeite ich in den letzten Jahren verstärkt mit jungen Menschen, z.T. Schülern und Jugendlichen, die aufgrund des Alltagsstresses nicht mehr schlafen können bzw. andere somatische Krankheiten haben sowie mit jungen Erwachsenen in Hinblick auf eine bessere Regulation für die Liebe und Sexualität. In allen Fällen hat sich der Zugang über körperbasiertes Erfahrungslernen der Feldenkrais-Methode, kombiniert mit anderen Ansätzen wie z.B.: Achtsamkeit, Atemwahrnehmungen, speziellen Meditationen, Phantasiereisen und Trancen sehr bewährt. Das schafft die Voraussetzungen, um den eigenen inneren Zustand selbst und in Gegenwart Anderer steuern zu können und allmählich eine höhere innere Erregung mit der Sicherheit des neuen Vagus zu verbinden und für spätere Beziehungsfähigkeit. Gleichzeitig ist es außerordentlich hilfreich, so früh wie möglich alternative Strategien für den Umgang mit der steigenden Alltagsbelastung zu erlernen und sich dabei als selbstwirksam zu erleben.

Die gute Botschaft: Oxytocinrezeptoren und –freisetzung können lebenslang etwas verändert und gesteigert werden. Dieses Nachlernen eröffnet den Weg zu einer befriedigenderer Paarliebe und Sexualität, aber auch zu eigener Gesundheit und Regenerationsfähigkeit und es erleichtert Elternschaft.
Angeboten werden sowohl Workshops als auch Einzelcoaching. Für Pädagogen gibt es thematische Weiterbildungen „Wie Lernen gelingt".
Mehr Informationen zu den Angeboten:
www.karnahl-beratung-coaching.de/Liebescode

Mütter bzw. Eltern können im Rahmen von Sitzungen der Entwicklungsbegleitung lernen, sich und ihr Baby gegenseitig besser zu regulieren. Zuerst bedeutet das, ihre eigene Spannung zu spüren und zu regulieren, z.B. ihren eigenen Herzschlag und ihre Atmung. Beides lässt sich relativ leicht lernen. Darauf aufbauend lernen die Eltern bei der Entwicklungsbegleitung, Körpersignale des Kindes wahrzunehmen und zu interpretieren. Sie beginnen in einem Nachlernprozess die Signale des social engagement systems, den Liebescode, zu begreifen und umzusetzen und dann ihre Babys in der Regulation zu unterstützen. Wiederum wirkt das auf ihre eigenen Beziehungs- und Liebesfähigkeit positiv zurück. Diese Lernerfahrungen bilden die Basis von Selbstwirksamkeit als Fähigkeit, wirksam zu werden: sich selbst zu beruhigen und befriedigende soziale Beziehungen zu gestalten. Es lässt sich in Workshops, besser noch Einzelunterricht nachlernen. Dazu wurden verschiedenen Methoden und Übungen entwickelt.
Mehr Informationen zu den Angeboten:
www.karnahl-beratung-coaching.de/Entwicklungsbegleitung

Wenn Sie Fragen haben: info@ute-karnahl.com

Quellenverzeichnis

Kapitel 2

1   Porges, S. W. (1995): Orienting in a defensive world: Mammalian modifications of our evolutionary heritage. A Polyvagal Theory, Psychophysiology 32, 301-318

2   Strauch, B. (2004) Warum sie so seltsam sind, Taschenbuch Verlag, Berlin 113

3   Prüfer, K. Munch, K. Pääbo, S. et al (2012): The bonobo genome compared with the chimpanzee and human genomes, Nature 486, 527-531, doi:10.1038/nature11128

4   Hohmann, G. & B. Fruth (2003): Intra- and inter-sexual aggression by bonobos in the context of mating, Behaviour 140, 1389–1413

5   Boesch, C., Hohmann, G. & L. Marchant (2002): Behavioural Diversity in Chimpanzees and Bonobos, Univ. Press, Cambridge

6   Hare, B., Wobber, V. & R. Wrangham (2012): The self-domestication hypothesis: evolution of bonobo psychology is due to selection against aggression, Anim. Behav. 83, 573–585

7   Kano, T. (1992): The Last Ape: Pygmy Chimpanzee Behavior and Ecology Stanford Univ. Press

8   Schadwinkel, A. (2015): Raus aus Afrika und dann wohin? Zeit online https://www.zeit.de/wissen/2015-10 /homo-sapiens-palaeoanthropologie-europa-asien/komplettansicht#hominid-affe-info-2-tab, aufgerufen 25.12.18

9   Schadwinkel, A. (2015): Raus aus Afrika und dann wohin? Zeit online https://www.zeit.de/wissen/2015-10/homo-sapiens-palaeoanthropologie-europa-asien/komplettansicht#hominid-affe-info-2-tab, aufgerufen 25.12.18

10   Schadwinkel, A. (2015): Raus aus Afrika und dann wohin? Zeit online https://www.zeit.de/wissen/2015-10/homo-sapiens-palaeoanthropologie-europa-asien/komplettansicht#hominid-affe-info-2-tab, aufgerufen 25.12.18

11   Schadwinkel, A. (2015): Raus aus Afrika und dann wohin? Zeit online https://www.zeit.de/wissen/2015-10/homo-sapiens-palaeoanthropologie-europa-asien/komplettansicht#hominid-affe-info-2-tab, aufgerufen 25.12.18

12   Schadwinkel, A. (2015): Raus aus Afrika und dann wohin?, Zeit online https://www.zeit.de/wissen/2015-10/homo-sapiens-palaeoanthropologie-europa-asien/komplettansicht#hominid-affe-info-2-tab, aufgerufen 25.12.18

13   Hatakeyama, S. (2016): Der Geist des Menschen formte ich vermutlich auf dem afrikanischen Kontinent, Zeit 39 https://www.zeit.de/wissen/2015-10/homo-sapiens-palaeoanthropologie-europa-asien/komplettansicht#hominid-affe-info-3-tab, aufgerufen 25.12.18

14   Hatakeyama, S. (2016): Der Geist des Menschen formte ich vermutlich auf dem afrikanischen Kontinent, Zeit 39 https://www.zeit.de/wissen/2015-10/homo-sapiens-palaeoanthropologie-europa-asien/komplettansicht#hominid-affe-info-3-tab, aufgerufen 25.12.18

15   Hatakeyama, S. (2016): Der Geist des Menschen formte ich vermutlich auf dem afrikanischen Kontinent, Zeit 39 https://www.zeit.de/wissen/2015-10/homo-

sapiens-palaeoanthropologie-europa-asien/komplettansicht#hominid-affe-info-3-tab, aufgerufen 25.12.18
16 Tan, J. & B. Hare Bonobos share with Strangers (2013):
    https://journals.plos.org/plosone/article?id=10.1371/journal.pone.0051922
17 Strauch, B. (2004) Warum sie so seltsam sind, Taschenbuch Verlag, Berlin, 113
18 Hatakeyama, S. (2016): Der Geist des Menschen formte ich vermutlich auf dem
    afrikanischen Kontinent, Zeit 39 https://www.zeit.de/wissen/2015-10/homo-
    sapiens-palaeoanthropologie-europa-asien/komplettansicht#hominid-affe-info-3-
    tab, aufgerufen 25.12.18
19 Hatakeyama, S. (2016): Der Geist des Menschen formte ich vermutlich auf dem
    afrikanischen Kontinent, Zeit 39 https://www.zeit.de/wissen/2015-10/homo-
    sapiens-palaeoanthropologie-europa-asien/komplettansicht#hominid-affe-info-3-
    tab, aufgerufen 25.12.18

Kapitel 3

1   Maturana H. & F. Varela (1987): Der Baum der Erkenntnis. Die biologischen
    Wurzeln menschlichen Erkennens, Goldmann, 1987
2   Porges, S. W. (1995): Orienting in a defensive world: Mammalian modifications
    of our evolutionary heritage. A Polyvagal Theory, Psychophysiology, 32, 301-318
3   Porges, S. W. (1995): Orienting in a defensive world: Mammalian modifications
    of our evolutionary heritage. A Polyvagal Theory, Psychophysiology, 32, 301-318
4   Greenfield, S., A. (1997): Reiseführer Gehirn, Spektrum, Heidelberg-Berlin, 106
5   Greenfield, S., A. (1997): Reiseführer Gehirn, Spektrum, Heidelberg-Berlin, 105
6   Damasio, A. (2001): Ich fühle, also bin ich. Die Entschlüsselung des Bewusst-
    seins. List, München, 110)
7   Le Doux, J. (2001): Das Netz der Gefühle. Wie Emotionen entstehen, DTV, Mün-
    chen, 229
8   Porges, S. W. (1995): Orienting in a defensive world: Mammalian modifications
    of our evolutionary heritage. A Polyvagal Theory, Psychophysiology, 32, 301-318
9   Greenfield, S., A. (1997): Reiseführer Gehirn, Spektrum, Heidelberg-Berlin, 76
10 Greenfield, S., A. (1997): Reiseführer Gehirn, Spektrum, Heidelberg-Berlin, 122
11 Greenfield, S., A. (1997): Reiseführer Gehirn, Spektrum, Heidelberg-Berlin, 129
12 Greenfield, S., A. (1997): Reiseführer Gehirn, Spektrum, Heidelberg-Berlin, 130
13 Porges, S. W. (2010): Die Polyvagal-Theorie. Neurophysiologische Grundlagen
    der Therapie, Junfermann, Paderborn, 129
14 Damasio, A. (2001): Ich fühle, also bin ich. Die Entschlüsselung des Bewusst-
    seins. List, München
15 Porges, S. W. (1997): Emotion: An evolutionary by-product of the neural regulati-
    on of the autonomic nervous system. In: C. S. Carter, B. Kirkpatrick & L. L.
    Lederhendler (Eds.) The integrative Neurobiology of Affiliation, Annals of the
    New York Academy of Sciences, 807, 62-77
16 Zhang, T. Y. & M. J. Meaney (2010): Epigenetics and the environmental regulati-
    on of the genome and its function, Annu. Rev. Psychology 61, 439-466 [PubMed]
    [Google Scholar]

17   Zhang,T. Y. & M. J. Meaney (2010): Epigenetics and the environmental regulati-
     on of the genome and its function, Annu. Rev. Psychology 61, 439-466 [PubMed]
     [Google Scholar]
18   Diass, B. G. & K. J. Ressler (2014): Parental olfactory experience influences
     behavior and neural structure in subsequent generations, Nature neurosciences 17,
     89-96
19   Weaver, I. C., N. Cervoni, F. A. Champagne, … , & M. J. Meaney (2004):
     Epigenetic programming by maternal behavior, Nature neurosciences 7, 847-854
20   Koepp, M. J. et al., (1998): Evidence for striatal dopamine release during a video
     game, Nature 393, 266-268
21   Strauch, B. (2004): Warum sie so seltsam sind, Taschenbuch Verlag, Berlin, 137-
     140
22   Porges, S. W. & C. S. Carter (2009): Neurobiology and evolution: Mechanisms,
     mediators and adaptive consequences of caregiving, In: S. L. Brown, R. M. Brown
     & l. A. Penner (Eds.): Self Interest and Beyond: Toward a New Understanding of
     Human Caregiving, Oxford University Press, New York
23   Carter, C. S., A. C. De Vries, S. E. Taymans, R. L. Roberts, J. R. Williams & L. L.
     Getz (1997): Peptides, steroids and pair bonding. In: Carter, C. S., I. I.
     Lederhendler & B. Kirkpatrick (Eds.): The Integrative Neurobiology of Affiliati-
     on, Annals of the New York Academy of Sciences
24   Uvnäs-Moberg, K. (1997): Physiological and endocrine effects of social contact.
     In: Carter, C. S., I. I. Lederhendler & B. Kirkpatrick (Eds.): The Integrative
     Neurobiology of Affiliation, Ann. of the New York Academy of Sciences, 46-163
25   Carter, C. S. (2017): Oxytocin and human evolution, Curr. Top. Behav. Neurosci.,
     doi:10.007/7854_2017_18
26   Carter, C. S. (1998): Neuroendocrine perspectives on social attachment and love,
     Psychoneuroendocrinology 23, 779-818
27   Pournajafi, H., Bales, K. H., Boone, E. H. & S. C. Carter (2009): Consequences of
     Early Experiences and Exposure to Oxytocin and Vasopressin Are Sexually
     Dimorphic, Developmental Neuroscience 31, 332-341
28   Kenkel, W. M. J. Paredes, J. R. Yee, H. Pourmajafi-Nazarloo, K. L. Bales & C. S.
     Carter (2012): Exposure to an infant releases oxytocin and facilitates pair-bonding
     in prairie voles. Journal of Neuroendocrinology 24, 874-886
29   Song, Z., K. E. McCann, J. K. T. McNeil, T. E. Larkin, K. L. Huhman & H. E.
     Albers (2014): Oxytocin induces social communication by activating arginine-
     vasopressin V 1a receptors and not oxytocin receptors, Psychoneuroendocrinology
     50, 9-14
30   Meyer-Lindenberg, A., G. Domes, P. Kirsch & M. Heinrichs (2011): Oxytocin
     and vasopressin in the human brain: social neuropeptides for translational medici-
     ne, Nature: Reviews in Neuroscience 12, 524-538
31   Porges, S. W. (1998): Love: An emergent property of the mammalian autonomic
     nervous system. Psychoneuroendocrinology 23, 837-861
32   Szeto, A., D. A. Nation, A. J. Mendez, J. Dominguez-Bendala, L. G. Brooks, N.
     Schneiderman & P. McCabe (2008): Oxytocin attenuates NADPH-dependent
     superoxide activity and IL-6 secretation in macrophages and vascular cells, Ame-
     rican Journal of Physiology, Endocrinology and Metabolism 295, 1495-1501

33   Rogers, R. C. & G. E. Herrmann (1992): Central regulation of brainstem gastric vago-vagal control circuits, In: Ritter, S, R., C. Ritter & C. D. Barnes (Eds.), Neuroanatomy and Physiology of Abdominal Vagus Effects, CRC Press, Boca Raton, Fl., 99-134

34   Conelly, J., W. Kenkeln, E. Erickson & C. S. Carter (2011): Are birth and oxytocin epigenetic events, Society for Neuroscience Abstracts 388.10

35   Albers, H. E. (2012): The regulation of social recognition, social communication and aggression: vasopressin in the social behavior neural network, Hormones and Behavior 261-283

36   Porges, S. W. & C. S. Carter (2009): Neurobiology and evolution: Mechanisms, mediators and adaptive consequences of caregiving, In: S. L. Brown, R. M. Brown & l .A. Penner (Eds.): Self Interest and Beyond: Toward a New Understanding of Human Caregiving, Oxford University Press, New York

37   Ophir, A. G. (2017): Navigating monogamy: nonapeptide sensitivity in a memory neural circuit may shape social behavior and mating decisions, Front. Neurosci. 11, 397

38   Albers, H. E., (2012): The regulation of social recognition, social communication and aggression: vasopressin in the social behavior neural network, Hormones and Behavior 261-283

39   Carter, C. S. (1998): Neuroendocrine perspectives on social attachment and love, Psychoneuroendocrinology 23, 779-818

40   Ferris, C. F. (2008): Functional magnetic resonance imaging and the neurobiology of vasopressin and oxytocin, Progress in Brain Research 170, 305-320

41   Bosch, O. J. & I. D. Neumann (2012): Both oxytocin and vasopressin are mediators of maternal care and aggression in rodents: from central release to sites of action, Hormones and Behavior 61, 293-303

42   Porges, S. W. (1998): Love: An emergent property of the mammalian autonomic nervous system. Psychoneuroendocrinology 23, 837-861

43   Carter, C. S. (1998): Neuroendocrine perspectives on social attachment and love, Psychoneuroendocrinology 23, 779-818

44   Bales, K. L., A. J. Kim, A. D. Lewis-Reese & C. S. Carter (2004): Both oxytocin and vasopressin may influence alloparental care in male prairie voles, Hormones and Behavior, 44, 454-461

45   De Dreu, C. K. W. (2012): Oxytocin modulates cooperation within and competition between groups: an integrative review and research agenda. Hormones and Behavior 61, 419-428

46   Kenkel, W. W., J. Paredes, G. F. Lewis, J. R. Yee, H. Poumajafi-Nazarloo, A. J. Grippo, S. W. Porges & C. S. Carter (2013): Autonomic substrates of the response to pubs in male prairie voles, PlosOne Aug :8(8):e69965. Doi:10.1371journal.pone.0069965

47   De Wied, D., (1971): Long term effect of vasopressin on the maintainance of a conditioned avoidance response in rats. Nature 232, 58-60

48   Dantzer, R. (1998): Vasopressin, gonadal steroids and social recognition, Prog. Brain Research 119, 409-414

49   Dantzer, R., R. M. Bluthe, G. F. Koob & M. Le Moal (1987): Modulation of social memory in male rats by neurohypophyseal peptides, Psychopharmacology (Berl) 91, 363-368

50   Hung, L. W., S. Neuner, J. S. Pollepalli, K. T. Beier, M. Wright, ... J. J. Walsh (2017): gating of social reward by oxytocin in the ventral tegmental area, Science 357, 1406-1411

51   Xiao, L., M. F. Priest, J. Nasenbeny, T. Lu & Y. Kozorovitzkyiy (2017): Biased oxytocinergic modulation of midbrain dopamine systems, Neuron 95, 368-384

52   Carter, C. S. (2017): The Oxytocin-Vasopressin Pathway in the Context of Love and Fear, Front. Endocrinol. 8, 356, Übersetzung der Autorin

53   Strauch, B. (2004) Warum sie so seltsam sind, Taschenbuch Verlag, Berlin, 186

54   Strauch, B. (2004) Warum sie so seltsam sind, Taschenbuch Verlag, Berlin, 202

55   Le Doux, J., E. & J.-M. Fellous (1994): Emotion, Memory and the Brain, Scientific American, 270, 32-39

56   Porges, S. W. (2004): Neuroception: a subconcious system detecting for threat and safety. Zero to three: The Bulletin of the National Center for Clinical Infant Programs 24, 19-24

57   Adolphs, R. (2002): Trust in the brain, Nature Neurosciences 5, 192-193

58   Porges, S. W. (1995): Orienting in a defensive world: Mammalian modifications of our evolutionary heritage. A Polyvagal Theory, Psychophysiology 32, 301-318

59   Pessoa, L, M. McKenna, E. Guiterrez & L. G. Ungerleider (2002): Neural processing of emotional faces requires attention, PNAS USA 99, 1458-1463

60   Porges, S. W. (2004): Neuroception: a subconcious system detecting for threat and safety. Zero to three: The Bulletin of the National Center for Clinical Infant Programs 24, 19-24

61   Porges, S. W. (1992): Vagal Tone: A physiological marker of stress vulnerability. Pediatrics 90, 458-504

62   Porges, S. W. (1998): Love: An emergent property of the mammalian autonomic nervous system. Psychoneuroendocrinology 23, 837-861

63   Porges, S. W. (1995): Orienting in a defensive world: Mammalian modifications of our evolutionary heritage. A Polyvagal Theory, Psychophysiology 32, 301-318

64   Carter, C. S. (1998): Neuroendocrine perspectives on social attachment and love, Psychoneuroendocrinology 23, 779-818

65   Carter, C. S. & E. B. Keverne (2002): The neurobiology of social affiliation and pair bonding, In: Pfaff, D. W. et al. (Eds), Hormones, Brain and Behavior, Academic Press, San Diego, 299-337

66   Porges, S. W. (1995): Orienting in a defensive world: Mammalian modifications of our evolutionary heritage. A Polyvagal Theory, Psychophysiology 32, 301-318

67   Porges, S. W. (2004): Neuroception: a subconcious system detecting for threat and safety. Zero to three: The Bulletin of the National Center for Clinical Infant Programs 24, 19-24

Kapitel 4

1   Csontos, K, M. Rust et al. (1979): Elevated plasma beta endorphin levels in pregnant women and their neonates, Life Sci. 25, 835-844

2   Odent, M. (1987): The fetus ejection reflex, Birth, 14, 104-105

3   Odent, M. (1994): Geburt und Stillen. Über die Natur elementarer Erfahrungen, Beck, München, 60

4   Odent, M. (1994): Geburt und Stillen. Über die Natur elementarer Erfahrungen, Beck, München, 29

5   Moss, I. R., H. Conner er al. (1982): Human beta endorphine-like immunoreactivity in the perinatal/neonatal period, Jour. of Pediatrics 101, 443-446

6   Odent, M. (1994): Geburt und Stillen. Über die Natur elementarer Erfahrungen, Beck, München, 29

7   Odent, M. (1994): Geburt und Stillen. Über die Natur elementarer Erfahrungen, Beck, München, 30

8   Porges, S. W., J. A. Doussard-Roosevelt, A. L. Portales & S. I. Greenspan (1996): Infant regulation of the vagal "brake" predicts child behavior problems: A psychobiological model of social behavior, Develop. Psychobiol. 29, 697-712

9   Porges, S. W., J. A. Doussard-Roosevelt, A. L. Portales & S. I. Greenspan (1996): Infant regulation of the vagal "brake" predicts child behavior problems: A psychobiological model of social behavior, Develop. Psychobiol. 29, 697-712

10   Porges, S. W., J. A. Doussard-Roosevelt, A. L. Portales & S. I. Greenspan (1996): Infant regulation of the vagal "brake" predicts child behavior problems: A psychobiological model of social behavior, Develop. psychobiol 29, 697-712

11   Odent, M. (2001): Die Wurzeln der Liebe. Wie unsere wichtigste Emotion entsteht, Walter, Düsseldorf, 127

12   Brizendine, L. (2010): Das männliche Gehirn. Warum Männer anders sind, als Frauen. Hoffmann und Campe, Hamburg, 32

13   Brizendine, L. (2010): Das männliche Gehirn. Warum Männer anders sind, als Frauen. Hoffmann und Campe, Hamburg, 31

14   Brizendine, L. (2010): Das männliche Gehirn. Warum Männer anders sind, als Frauen. Hoffmann und Campe, Hamburg, 31

15   Brizendine, L. (2010): Das männliche Gehirn. Warum Männer anders sind, als Frauen. Hoffmann und Campe, Hamburg, 31

16   Brizendine, L. (2006): Das weibliche Gehirn. Warum Frauen anders sind als Männer, Goldmann, München, 35

17   Brizendine, L. (2006): Das weibliche Gehirn. Warum Frauen anders sind als Männer, Goldmann, München, 35

18   Brizendine, L. (2006): Das weibliche Gehirn. Warum Frauen anders sind als Männer, Goldmann, München, 39

19   Brizendine, L. (2010): Das männliche Gehirn. Warum Männer anders sind, als Frauen. Hoffmann und Campe, Hamburg, 28

20   Brizendine, L. (2006): Das weibliche Gehirn. Warum Frauen anders sind als Männer, Goldmann, München, 36

21   Brizendine, L. (2010): Das männliche Gehirn. Warum Männer anders sind, als Frauen. Hoffmann und Campe, Hamburg, 28

22   Brizendine, L. (2010): Das männliche Gehirn. Warum Männer anders sind, als Frauen. Hoffmann und Campe, Hamburg, 28

23   Brizendine, L. (2010): Das männliche Gehirn. Warum Männer anders sind, als Frauen. Hoffmann und Campe, Hamburg, 37

24 Brizendine, L. (2010): Das männliche Gehirn. Warum Männer anders sind, als Frauen. Hoffmann und Campe, Hamburg, 38

25 Brizendine, L. (2010): Das männliche Gehirn. Warum Männer anders sind, als Frauen. Hoffmann und Campe, Hamburg, 61

26 Brizendine, L. (2010): Das männliche Gehirn. Warum Männer anders sind, als Frauen. Hoffmann und Campe, Hamburg, 31

27 Brizendine, L. (2010): Das männliche Gehirn. Warum Männer anders sind, als Frauen. Hoffmann und Campe, Hamburg, 33

28 Brizendine, L. (2006): Das weibliche Gehirn. Warum Frauen anders sind als Männer, Goldmann, München, 46

29 Brizendine, L. (2006): Das weibliche Gehirn. Warum Frauen anders sind als Männer, Goldmann, München, 47

30 Brizendine, L. (2006): Das weibliche Gehirn. Warum Frauen anders sind als Männer, Goldmann, München, 47

31 Sowell, E., R. et al. In vivo evidence for post-adolescent brain maturation in frontal and striatal regions, Nature Neuroscienc, 2, 859-861

32 Strauch, B. (2004) Warum sie so seltsam sind, Taschenbuch Verlag, Berlin, 112

33 Strauch, B. (2004) Warum sie so seltsam sind, Taschenbuch Verlag, Berlin, 113

34 Strauch, B. (2004) Warum sie so seltsam sind, Taschenbuch Verlag, Berlin, 197

35 Strauch, B. (2004) Warum sie so seltsam sind, Taschenbuch Verlag, Berlin, 197

36 Strauch, B. (2004) Warum sie so seltsam sind, Taschenbuch Verlag, Berlin, 68)

37 Strauch, B. (2004) Warum sie so seltsam sind, Taschenbuch Verlag, Berlin, 72

38 Brizendine, L. (2006): Das weibliche Gehirn. Warum Frauen anders sind als Männer, Goldmann, München, 147

39 Brizendine, L. (2006): Das weibliche Gehirn. Warum Frauen anders sind als Männer, Goldmann, München, 54

40 Brizendine, L. (2006): Das weibliche Gehirn. Warum Frauen anders sind als Männer, Goldmann, München, 147

41 Brizendine, L. (2006): Das weibliche Gehirn. Warum Frauen anders sind als Männer, Goldmann, München, 64

42 Brizendine, L. (2006): Das weibliche Gehirn. Warum Frauen anders sind als Männer, Goldmann, München, 65

43 Brizendine, L. (2006): Das weibliche Gehirn. Warum Frauen anders sind als Männer, Goldmann, München, 65

44 Strauch, B. (2004) Warum sie so seltsam sind, Taschenbuch Verlag, Berlin, 204

45 Brizendine, L. (2006): Das weibliche Gehirn. Warum Frauen anders sind als Männer, Goldmann, München, 66

46 Brizendine, L. (2006): Das weibliche Gehirn. Warum Frauen anders sind als Männer, Goldmann, München, 16

47 Brizendine, L. (2006): Das weibliche Gehirn. Warum Frauen anders sind als Männer, Goldmann, München, 16

48 Brizendine, L. (2006): Das weibliche Gehirn. Warum Frauen anders sind als Männer, Goldmann, München, 199

49 Brizendine, L. (2006): Das weibliche Gehirn. Warum Frauen anders sind als Männer, Goldmann, München, 200

50 Brizendine, L. (2006): Das weibliche Gehirn. Warum Frauen anders sind als Männer, Goldmann, München, 200

51 Crockford, C.; Wittig, R.; Langergraber, K.; Ziegler, T.; Zuberbuhler, K.; Deschner, T. (2013): Oxytocin and social bonding in unrelated chimpanzees Proceedings of the Royal Society B 280: 20122765, DOI http://dx.doi.org/10.1098/rspb.2012.2765

52 Wittig, R. M., C. Crockford, T. Deschner, K. E. Langergraber, T. E. Ziegler & K Zuberbühler (2014) Food sharing is linked to urinary oxytocin levels and bonding in related and unrelated wild chimpanzees Proceedings of the Royal Society B DOI: http://dx.doi.org/10.1098/rspb.2013.3096

53 Carter, C. S. (2014) Oxytocin pathways and the evolution of human behavior, Annual Review of Psychology 65, 1-23

54 Porges, S. W. (1998): Love: An emergent property of the mammalian autonomic nervous system. Psychoneuroendocrinology 23, 837-861

55 Strauch, B. (2004) Warum sie so seltsam sind, Taschenbuch Verlag, Berlin, 211

56 Strauch, B. (2004) Warum sie so seltsam sind, Taschenbuch Verlag, Berlin, 187

57 Porges, S. W. (1998): Love: An emergent property oft he mammalian autonomic nervous system. Psychoneuroendocrinology 23, 837-861

58 Brizendine, L. (2010): Das männliche Gehirn. Warum Männer anders sind, als Frauen. Hoffmann und Campe, Hamburg, 100

59 Brizendine, L. (2010): Das männliche Gehirn. Warum Männer anders sind, als Frauen. Hoffmann und Campe, Hamburg, 88

60 Brizendine, L. (2006): Das weibliche Gehirn. Warum Frauen anders sind als Männer, Goldmann, München, 113

61 Albers, H. E., (2012): The regulation of social recognition, social communication and aggression: vasopressin in the social behavior neural network, Hormones and Behavior 261-283

62 Albers, H. E., (2012): The regulation of social recognition, social communication and aggression: vasopressin in the social behavior neural network, Hormones and Behavior 261-283

63 Porges, S. W. (1998): Love: An emergent property of the mammalian autonomic nervous system. Psychoneuroendocrinology 23, 837-861

64 Porges, S. W. (1998): Love: An emergent property of the mammalian autonomic nervous system. Psychoneuroendocrinology 23, 837-861

65 Carter, C. S. (1998): Neuroendocrine perspectives on social attachment and love, Psychoneuroendocrinology 23, 779-818

66 Porges, S. W. (1998): Love: An emergent property of the mammalian autonomic nervous system. Psychoneuroendocrinology 23, 837-861

67 Porges, S. W. (1998): Love: An emergent property of the mammalian autonomic nervous system. Psychoneuroendocrinology, 23, 837-861

68 Carter, C. S., A. C. DeVries & L. L. Getz (1995): Physiological substrates of mammalian monogamy: the prairie vole model, Neuroscience Biobehavioral Review 19, 303-314

69 Carter, C. S. (1998): Neuroendocrine perspectives on social attachment and love, Psychoneuroendocrinology 23, 779-818

70   Porges, S. W. & C. S. Carter (2009): Neurobiology and evolution: Mechanisms, mediators and adaptive consequences of caregiving, In: S. L. Brown, R. M. Brown & l. A. Penner (Eds.): Self Interest and Beyond: Toward a New Understanding of Human Caregiving, Oxford University Press, New York

71   Sharaf, H., H., H. D. Foda, S. I. Said & M. Bodansky (1992): Oxytocin and related peptides elicit concentration of prostate and seminal vesicle, In: C. A. Pedersen (Ed.), Oxytocin in maternal, sexual and social behavior, Annals of the New York Academy of Science 652, 474-477

72   Strauch, B. (2004) Warum sie so seltsam sind, Taschenbuch Verlag, Berlin, 202

73   Strauch, B. (2004) Warum sie so seltsam sind, Taschenbuch Verlag, Berlin, 202

74   Surbeck, M., T. Deschner, G. Schubert, A. Weltring & G. Hohmann (2011): Male competition, testosterone and intersexual relationships in bonobos (Pan paniscus) Animal Behavior 85, 659-669

75   Odent, M. (1994) Geburt und Stillen. Über die Natur elementarer Erfahrungen, Beck, München, 17

76   Brizendine, L. (2006): Das weibliche Gehirn. Warum Frauen anders sind als Männer, Goldmann, München, 160

77   Brizendine, L. (2006): Das weibliche Gehirn. Warum Frauen anders sind als Männer, Goldmann, München, 164

78   Brizendine, L. (2006): Das weibliche Gehirn. Warum Frauen anders sind als Männer, Goldmann, München, 164

79   Odent, M. (1994) Geburt und Stillen. Über die Natur elementarer Erfahrungen, Beck, München, 67

80   Francescini, R, P. L. Venturini et al. (1989): Plasma beta-endorphins concentrations during suckling in lactating women, British Journal of Obstethric Gyneacology 96, 711-713

81   Herbert, J. (1977): Hormones and behavior, Proceedings Royal Society 199, London, Series B, Biological Sciences, 423-433

82   Uvnäs-Moberg, K. (1989): Hormone release in relation to physiological and psychological changes in pregnant and breastfeeding women, In: The free woman, Parthenon , Carnforth, Lancs. 316-325

83   Odent, M. (2001): Die Wurzeln der Liebe. Wie unsere wichtigste Emotion entsteht, Walter, Düsseldorf, 63

84   Odent, M. (2001): Die Wurzeln der Liebe. Wie unsere wichtigste Emotion entsteht, Walter, Düsseldorf 63

85   Brizendine, L. (2006): Das weibliche Gehirn. Warum Frauen anders sind als Männer, Goldmann, München, 51

86   Brizendine, L. (2010): Das männliche Gehirn. Warum Männer anders sind, als Frauen. Hoffmann und Campe, Hamburg 208

87   Brizendine, L. (2010): Das männliche Gehirn. Warum Männer anders sind, als Frauen. Hoffmann und Campe, Hamburg 109

88   Brizendine, L. (2006): Das weibliche Gehirn. Warum Frauen anders sind als Männer, Goldmann, München, 165

89   Gettler, L. T., T. W. McDade, A. B. Feranil & C. W. Kuzawa (2011): Longitudinal evidence that fatherhood decreases testosterone in human males, PNAS 108, 16194-16199

90 Gettler, L. T., J. J. McKenna, T. W. McDade, S. S. Augustin & C. W. Kuzawa
    (2012): Does cosleeping contribute to lower testosterone levels in fathers?
    Evidence from the Philippines, PloS one, 7, e41559
91 Rilling, J. K. & L. J. Young (2014): The biology of mammalian parenting and its
    effect on offspring social development, Science 345, 771-776

Kapitel 5

1   Eisler, R. (2005): Kelch & Schwert. Unsere Geschichte, unsere Zukunft, Arbor
    Verlag, Freiamt im Schwarzwald
2   Montagu, A. Umschlagrückseite von:Eisler, R. (2005): Kelch & Schwert. Unsere
    Geschichte, unsere Zukunft, Arbor Verlag, Freiamt im Schwarzwald
3   Hatakeyama, S. (2016): Der Geist des Menschen formte ich vermutlich auf dem
    afrikanischen Kontinent, Zeit 39 https://www.zeit.de/wissen/2015-10/homo-
    sapiens-palaeoanthropologie-europa-asien/komplettansicht#hominid-affe-info-3-
    tab ,aufgerufen 25.12.18
4   Parzinger, H. (2015): Erst mal auf den Hund und die Flöte kommen, Zeit 9/2015,
    aufgerufen 25.12.18
5   Hatakeyama, S. (2016): Der Geist des Menschen formte ich vermutlich auf dem
    afrikanischen Kontinent, Zeit 39 https://www.zeit.de/wissen/2015-10/homo-
    sapiens-palaeoanthropologie-europa-asien/komplettansicht#hominid-affe-info-3-
    tab ,aufgerufen 25.12.18
6   Hatakeyama, S. (2016): Der Geist des Menschen formte ich vermutlich auf dem
    afrikanischen Kontinent, Zeit 39 https://www.zeit.de/wissen/2015-10/homo-
    sapiens-palaeoanthropologie-europa-asien/komplettansicht#hominid-affe-info-3-
    tab, aufgerufen 25.12.18
7   Eisler, R. (2005): Kelch & Schwert. Unsere Geschichte, unsere Zukunft, Arbor
    Verlag, Freiamt im Schwarzwald, 29
8   Eisler, R. (2005): Kelch & Schwert. Unsere Geschichte, unsere Zukunft, Arbor
    Verlag, Freiamt im Schwarzwald, 31
9   Eisler, R. (2005): Kelch & Schwert. Unsere Geschichte, unsere Zukunft, Arbor
    Verlag, Freiamt im Schwarzwald, 31
10 Eisler, R. (2005): Kelch & Schwert. Unsere Geschichte, unsere Zukunft, Arbor
    Verlag, Freiamt im Schwarzwald, 31
11 Eisler, R. (2005): Kelch & Schwert. Unsere Geschichte, unsere Zukunft, Arbor
    Verlag, Freiamt im Schwarzwald, 35
12 Eisler, R. (2005): Kelch & Schwert. Unsere Geschichte, unsere Zukunft, Arbor
    Verlag, Freiamt im Schwarzwald, 39-43
13 Mellaart, J. (1967) Catal Hüyuk, New York
14 Göttner-Abendroth, H., Rullmann, M & A. Stopczyk (2007) Was Philosophinnen
    über die GÖTTIN denken, Göttert Verlag, Rüsselsheim, 59
15 Eisler, R. (2005): Kelch & Schwert. Unsere Geschichte, unsere Zukunft, Arbor
    Verlag, Freiamt im Schwarzwald, 62
16 Eisler, R. (2005): Kelch & Schwert. Unsere Geschichte, unsere Zukunft, Arbor
    Verlag, Freiamt im Schwarzwald

17   Eisler, R. (2005): Kelch & Schwert. Unsere Geschichte, unsere Zukunft, Arbor Verlag, Freiamt im Schwarzwald,

18   Eisler, R. (2005): Kelch & Schwert. Unsere Geschichte, unsere Zukunft, Arbor Verlag, Freiamt im Schwarzwald, 38

19   Eisler, R. (2005): Kelch & Schwert. Unsere Geschichte, unsere Zukunft, Arbor Verlag, Freiamt im Schwarzwald, 88

20   Eisler, R. (2005): Kelch & Schwert. Unsere Geschichte, unsere Zukunft, Arbor Verlag, Freiamt im Schwarzwald, 39

21   Eisler, R. (2005): Kelch & Schwert. Unsere Geschichte, unsere Zukunft, Arbor Verlag, Freiamt im Schwarzwald, 43

22   Eisler, R. (2005): Kelch & Schwert. Unsere Geschichte, unsere Zukunft, Arbor Verlag, Freiamt im Schwarzwald, 45

23   Eisler, R. (2005): Kelch & Schwert. Unsere Geschichte, unsere Zukunft, Arbor Verlag, Freiamt im Schwarzwald, 45

24   Eisler, R. (2005): Kelch & Schwert. Unsere Geschichte, unsere Zukunft, Arbor Verlag, Freiamt im Schwarzwald, 45

25   Eisler, R. (2005): Kelch & Schwert. Unsere Geschichte, unsere Zukunft, Arbor Verlag, Freiamt im Schwarzwald, 39

26   Eisler, R. (2005): Kelch & Schwert. Unsere Geschichte, unsere Zukunft, Arbor Verlag, Freiamt im Schwarzwald, 66

27   Eisler, R. (2005): Kelch & Schwert. Unsere Geschichte, unsere Zukunft, Arbor Verlag, Freiamt im Schwarzwald, 67

28   Eisler, R. (2005): Kelch & Schwert. Unsere Geschichte, unsere Zukunft, Arbor Verlag, Freiamt im Schwarzwald, 71

29   Eisler, R. (2005): Kelch & Schwert. Unsere Geschichte, unsere Zukunft, Arbor Verlag, Freiamt im Schwarzwald, 77

30   Eisler, R. (2005): Kelch & Schwert. Unsere Geschichte, unsere Zukunft, Arbor Verlag, Freiamt im Schwarzwald, 68

31   Göttner-Abendroth, H., Rullmann, M & A. Stopczyk (2007) Was Philosophinnen über die GÖTTIN denken, Göttert Verlag, Rüsselsheim, 54

32   Göttner-Abendroth, H., Rullmann, M & A. Stopczyk (2007) Was Philosophinnen über die GÖTTIN denken, Göttert Verlag, Rüsselsheim, 53

33   Göttner-Abendroth, H., Rullmann, M & A. Stopczyk (2007) Was Philosophinnen über die GÖTTIN denken, Göttert Verlag, Rüsselsheim, 55

34   Eisler, R. (2005): Kelch & Schwert. Unsere Geschichte, unsere Zukunft, Arbor Verlag, Freiamt im Schwarzwald, 50

35   Eisler, R. (2005): Kelch & Schwert. Unsere Geschichte, unsere Zukunft, Arbor Verlag, Freiamt im Schwarzwald, 54

36   Eisler, R. (2005): Kelch & Schwert. Unsere Geschichte, unsere Zukunft, Arbor Verlag, Freiamt im Schwarzwald, 36

37   Eisler, R. (2005): Kelch & Schwert. Unsere Geschichte, unsere Zukunft, Arbor Verlag, Freiamt im Schwarzwald, 17

38   Göttner-Abendroth, H., Rullmann, M & A. Stopczyk (2007) Was Philosophinnen über die GÖTTIN denken, Göttert Verlag, Rüsselsheim, 38

39   Göttner-Abendroth, H., Rullmann, M & A. Stopczyk (2007) Was Philosophinnen über die GÖTTIN denken, Göttert Verlag, Rüsselsheim, 39

40   Göttner-Abendroth, H., Rullmann, M & A. Stopczyk (2007) Was Philosophinnen über die GÖTTIN denken, Göttert Verlag, Rüsselsheim, 40
41   Eisler, R. (2005): Kelch & Schwert. Unsere Geschichte, unsere Zukunft, Arbor Verlag, Freiamt im Schwarzwald, 36
42   Göttner-Abendroth, H., Rullmann, M & A. Stopczyk (2007) Was Philosophinnen über die GÖTTIN denken, Göttert Verlag, Rüsselsheim, 41
43   Eisler, R. (2005): Kelch & Schwert. Unsere Geschichte, unsere Zukunft, Arbor Verlag, Freiamt im Schwarzwald, 17

Kapitel 5.1

1   Eisler, R. (2005): Kelch & Schwert. Unsere Geschichte, unsere Zukunft, Arbor Verlag, Freiamt im Schwarzwald, 52
2   Eisler, R. (2005): Kelch & Schwert. Unsere Geschichte, unsere Zukunft, Arbor Verlag, Freiamt im Schwarzwald, 67
3   Göttner-Abendroth, H., Rullmann, M & A. Stopczyk (2007) Was Philosophinnen über die GÖTTIN denken, Göttert Verlag, Rüsselsheim, 51
4   Göttner-Abendroth, H., Rullmann, M & A. Stopczyk (2007) Was Philosophinnen über die GÖTTIN denken, Göttert Verlag, Rüsselsheim, 51
5   Eisler, R. (2005): Kelch & Schwert. Unsere Geschichte, unsere Zukunft, Arbor Verlag, Freiamt im Schwarzwald, 115
6   Stopczyk, A. (1998): Sophias Leib. Entfesselung der Weisheit. Ein philosophischer Aufbruch, Carl Auer, Heidelberg, 300
7   Stopczyk, A. (1998): Sophias Leib. Entfesselung der Weisheit. Ein philosophischer Aufbruch, Carl Auer, Heidelberg, 300
8   Stopczyk, A. (1998): Sophias Leib. Entfesselung der Weisheit. Ein philosophischer Aufbruch, Carl Auer, Heidelberg, 329
9   Stopczyk, A. (1998): Sophias Leib. Entfesselung der Weisheit. Ein philosophischer Aufbruch, Carl Auer, Heidelberg, 334
10   Eisler, R. (2005): Kelch & Schwert. Unsere Geschichte, unsere Zukunft, Arbor Verlag, Freiamt im Schwarzwald, 49
11   Eisler, R. (2005): Kelch & Schwert. Unsere Geschichte, unsere Zukunft, Arbor Verlag, Freiamt im Schwarzwald, 116
12   Eisler, R. (2005): Kelch & Schwert. Unsere Geschichte, unsere Zukunft, Arbor Verlag, Freiamt im Schwarzwald, 53

Kapitel 5.2

1   Schmidt, N. (2015): Artgerecht. Das andere Babybuch, Kösel, München, 230
2   Schmidt, N. (2015): Artgerecht. Das andere Babybuch, Kösel, München, 98
3   Hunziker, U. A. & R. G. Barr (1986): Increased Carrying Reduces Infant Crying. A Randomized Controlled Trial, Pediatrics 77, 641-648
4   Schmidt, N. (2015): Artgerecht. Das andere Babybuch, Kösel, München, 184
5   Strauch, B. (2004) Warum sie so seltsam sind, Taschenbuch Verlag, Berlin, 114
6   Strauch, B. (2004) Warum sie so seltsam sind, Taschenbuch Verlag, Berlin, 142
7   Strauch, B. (2004) Warum sie so seltsam sind, Taschenbuch Verlag, Berlin, 143
8   Strauch, B. (2004) Warum sie so seltsam sind, Taschenbuch Verlag, Berlin, 116

9   Strauch, B. (2004) Warum sie so seltsam sind, Taschenbuch Verlag, Berlin, 116

10   Strauch, B. (2004) Warum sie so seltsam sind, Taschenbuch Verlag, Berlin, 119

11   Brizendine, L. (2010): Das männliche Gehirn. Warum Männer anders sind als Frauen. Hoffmann und Campe, Hamburg, 62

12   De Waal, F. B. M. (1993): Reconciliation among primates: a review of empirical evidence and unresolved issues. In: Mason, W. A. & S. P. Mendoza (Eds.): Primate Social Conflict, State University Press, New York, 111-144

13   Eisler, R. (2005): Kelch & Schwert. Unsere Geschichte, unsere Zukunft, Arbor Verlag, Freiamt im Schwarzwald, 18

14   Surbeck, M.; Deschner, T.; Schubert, G.; Weltring, A. , Hohmann, G. (2012): Male competition, testosterone and intersexual relationships in bonobos, Pan paniscus Animal Behaviour 83, 659–669

15   Douglas, P. H. & L. R. Moscovice (2015): Pointing and pantomime in wild apes? Female bonobos use referential and iconic gestures to request genito-genital rubbing, Scientific Reports 11 (DOI: 10.1038/srep13999)

16   Brizendine, L. (2006): Das weibliche Gehirn. Warum Frauen anders sind als Männer, Goldmann, München, 68

17   Brizendine, L. (2006): Das weibliche Gehirn. Warum Frauen anders sind als Männer, Goldmann, München, 68

18   Behringer, V., T. Deschner, C. Deimel, J. M. G. Stevens, G. Hohmann (2014): Age-related changes in urinary testosterone levels suggest differences in puberty onset and divergent life history strategies in bonobos and chimpanzees, Hormones and Behavior, DOI: 10.1016/j.yhbeh.2014.07.011

19   Eisler, R. (2005): Kelch & Schwert. Unsere Geschichte, unsere Zukunft, Arbor Verlag, Freiamt im Schwarzwald, 79

20   Bahnsen, U. (2016): Evolution Mensch, Zeit 39

21   Odent, M. (2001): Die Wurzeln der Liebe. Wie unsere wichtigste Emotion entsteht, Walter, Düsseldorf, 95

22   Brizendine, L. (2006): Das weibliche Gehirn. Warum Frauen anders sind als Männer, Goldmann, München, 120

23   Uvnäs-Mobeg, K., B. Johansson et al. (2001): Oxytocin facilitates behavioral, metabolic and physiological adaptations during lactation, Appl. Anim. Behav. Sci. 72, 225-284

24   Uvnäs-Moberg, K. & M. Petersson (2004): Oxytocin-biochemical link for human relations: Mediator of anti-stress, well-being, social interaction, growth, healing, Lakartidningen 101, 2634-2639

25   Young, L. J., M. M: Lim et al. (2001): Cellular mechanisms of social attachment, Hormones and Behavior 40, 133-138

26   Hammock, E., A. & L. J. Young (2005): Microsatellite instability generates diversity in brain and sociobehavioral traits, Science 308, 1630-1634

27   Hammock, E., A. & L. J. Young (2005): Microsatellite instability generates diversity in brain and sociobehavioral traits, Science, 308, 1630-1634

28   De Waal, F. B. (2005): A century of getting to know the chimpanzee, Nature 437, 56-59

29   De Waal, F. B. (2005): A century of getting to know the chimpanzee, Nature 437, 56-59

30 Odent, M. (1994): Geburt und Stillen. Über die Natur elementarer Erfahrungen, Beck, München, 31

31 Odent, M. (1994): Geburt und Stillen. Über die Natur elementarer Erfahrungen, Beck, München, 31

32 Odent, M. (1994): Geburt und Stillen. Über die Natur elementarer Erfahrungen, Beck, München, 46

33 Odent, M. (1994): Geburt und Stillen. Über die Natur elementarer Erfahrungen, Beck, München, 31

34 Odent, M. (1994): Geburt und Stillen. Über die Natur elementarer Erfahrungen, Beck, München, 80

35 Odent, M. (1994): Geburt und Stillen. Über die Natur elementarer Erfahrungen, Beck, München, 80

36 Göttner-Abendroth, H., Rullmann, M & A. Stopczyk (2007) Was Philosophinnen über die GÖTTIN denken, Göttert Verlag, Rüsselsheim

37 Brizendine, L. (2006): Das weibliche Gehirn. Warum Frauen anders sind als Männer, Goldmann, München, 77

38 Schmidt, N. (2015): Artgerecht. Das andere Babybuch, Kösel, München, 226

39 Brizendine, L. (2010): Das männliche Gehirn. Warum Männer anders sind, als Frauen. Hoffmann und Campe, Hamburg, 113

40 Brizendine, L. (2010): Das männliche Gehirn. Warum Männer anders sind, als Frauen. Hoffmann und Campe, Hamburg, 113

41 Brizendine, L. (2010): Das männliche Gehirn. Warum Männer anders sind, als Frauen. Hoffmann und Campe, Hamburg, 110

42 Brizendine, L. (2010): Das männliche Gehirn. Warum Männer anders sind, als Frauen. Hoffmann und Campe, Hamburg, 110

Kapitel 5.3

1 Eisler, R. (2005): Kelch & Schwert. Unsere Geschichte, unsere Zukunft, Arbor Verlag, Freiamt im Schwarzwald, 62

2 Eisler, R. (2005): Kelch & Schwert. Unsere Geschichte, unsere Zukunft, Arbor Verlag, Freiamt im Schwarzwald, 63

3 McComb K., Moss, C., Durant, S. M., Baker, L. & S. Sayialel (2001): Matriarchs as repositories of social knowledge in African elephants, Science 5516, 491-494

4 Wittig, R. M., Crockford, C., Deschner, T., Langergraber, K. E., Ziegler, T. E. & K. Zuberbühler (2014): Food sharing is linked to urinary oxytocin levels and bonding in related and unrelated wild chimpanzees Proceedings of the Royal Society B, 15, DOI: http://dx.doi.org/10.1098/rspb.2013.3096

5 https://www.zeit.de/wissen/umwelt/2013-01/bonobos-sozialverhalten-primaten-kongo?print

6 Douglas, P. H. & L. R. Moscovice (2015): Pointing and pantomime in wild apes? Female bonobos use referential and iconic gestures to request genito-genital rubbing, Scientific Reports 11 (DOI: 10.1038/srep13999)

7 Kosfeld, M., Heinrichs, M., Zak, P. J., Fischbacher, U., Fehr, E. (2005): Oxytocin increases trust in humans Nature 435, 673–676

8   Brosnan, S. F. & F. B. M. De Waal (2003); Monkeys reject unequal Payment, Nature 425, 297-299

9   Dreher, J. C., Dunne, S., Pazderska, A. et al. (2016): Testosterone causes both social and antisocial status-enhancing behaviors in human males, Proc. Nat. Acad. of Sci. 113

10   Boksem, M. A. S., van den Bergh, B., van Son, V. & P. Mehta (2013): Testosterone Inhibits Trust but Promotes Reciprocity, Psychological Science 24

11   Hohmann, G & B. Fruth (2003): Intra- and inter-sexual aggression by bonobos in the context of mating, Behavior 140, 1389–1413

12   Surbeck, M., T. Deschner, G. Schubert, A. Weltring & G. Hohmann (2012): Male competition, testosterone and intersexual relationships in bonobos, Pan paniscus Animal Behavior 83, 659–669

13   Surbeck, M, R. Mundry & G. Hohmann (2011): Mothers matter! Maternal support, dominance status and mating success in male bonobos (Pan paniscus) Proceedings of the Royal Society B 278, 590–598

14   BMC Evolutionary Biology, DOI: 10.1186/s12862-016-0691-3

15   Göttner-Abendroth, H., Rullmann, M & A. Stopczyk (2007) Was Philosophinnen über die GÖTTIN denken, Göttert Verlag, Rüsselsheim, 61

Kapitel 6

1   Eisler, R. (2005): Kelch & Schwert. Unsere Geschichte, unsere Zukunft, Arbor Verlag, Freiamt im Schwarzwald, 84

2   Eisler, R. (2005): Kelch & Schwert. Unsere Geschichte, unsere Zukunft, Arbor Verlag, Freiamt im Schwarzwald, 85

3   Eisler, R. (2005): Kelch & Schwert. Unsere Geschichte, unsere Zukunft, Arbor Verlag, Freiamt im Schwarzwald, 85

4   Eisler, R. (2005): Kelch & Schwert. Unsere Geschichte, unsere Zukunft, Arbor Verlag, Freiamt im Schwarzwald, 93

5   Eisler, R. (2005): Kelch & Schwert. Unsere Geschichte, unsere Zukunft, Arbor Verlag, Freiamt im Schwarzwald, 89

6   Eisler, R. (2005): Kelch & Schwert. Unsere Geschichte, unsere Zukunft, Arbor Verlag, Freiamt im Schwarzwald, 87

7   Eisler, R. (2005): Kelch & Schwert. Unsere Geschichte, unsere Zukunft, Arbor Verlag, Freiamt im Schwarzwald, 90

8   Eisler, R. (2005): Kelch & Schwert. Unsere Geschichte, unsere Zukunft, Arbor Verlag, Freiamt im Schwarzwald, 92

9   Eisler, R. (2005): Kelch & Schwert. Unsere Geschichte, unsere Zukunft, Arbor Verlag, Freiamt im Schwarzwald, 93

10   Eisler, R. (2005): Kelch & Schwert. Unsere Geschichte, unsere Zukunft, Arbor Verlag, Freiamt im Schwarzwald, 96-97

11   Eisler, R. (2005): Kelch & Schwert. Unsere Geschichte, unsere Zukunft, Arbor Verlag, Freiamt im Schwarzwald, 97

12   Eisler, R. (2005): Kelch & Schwert. Unsere Geschichte, unsere Zukunft, Arbor Verlag, Freiamt im Schwarzwald, 98

13 Eisler, R. (2005): Kelch & Schwert. Unsere Geschichte, unsere Zukunft, Arbor Verlag, Freiamt im Schwarzwald, 98

14 Eisler, R. (2005): Kelch & Schwert. Unsere Geschichte, unsere Zukunft, Arbor Verlag, Freiamt im Schwarzwald 99

15 Eisler, R. (2005): Kelch & Schwert. Unsere Geschichte, unsere Zukunft, Arbor Verlag, Freiamt im Schwarzwald, 137

16 Göttner-Abendroth, H., Rullmann, M & A. Stopczyk (2007) Was Philosophinnen über die GÖTTIN denken, Göttert Verlag, Rüsselsheim, 60

17 Eisler, R. (2005): Kelch & Schwert. Unsere Geschichte, unsere Zukunft, Arbor Verlag, Freiamt im Schwarzwald, 152,9)

18 Eisler, R. (2005): Kelch & Schwert. Unsere Geschichte, unsere Zukunft, Arbor Verlag, Freiamt im Schwarzwald, 152,9)

19 Eisler, R. (2005): Kelch & Schwert. Unsere Geschichte, unsere Zukunft, Arbor Verlag, Freiamt im Schwarzwald, 169

20 Stopczyk, A. (1998): Sophias Leib. Entfesselung der Weisheit. Ein philosophischer Aufbruch, Carl Auer, Heidelberg, 300

21 Eisler, R. (2005): Kelch & Schwert. Unsere Geschichte, unsere Zukunft, Arbor Verlag, Freiamt im Schwarzwald, 159-160

22 Eisler, R. (2005): Kelch & Schwert. Unsere Geschichte, unsere Zukunft, Arbor Verlag, Freiamt im Schwarzwald, 187

23 Eisler, R. (2005): Kelch & Schwert. Unsere Geschichte, unsere Zukunft, Arbor Verlag, Freiamt im Schwarzwald, 202

24 Göttner-Abendroth, H., Rullmann, M & A. Stopczyk (2007) Was Philosophinnen über die GÖTTIN denken, Göttert Verlag, Rüsselsheim, 44

Kapitel 6.1

1 Stopczyk, A. (1998): Sophias Leib. Entfesselung der Weisheit. Ein philosophischer Aufbruch, Carl Auer, Heidelberg, 29

2 Stopczyk, A. (1998): Sophias Leib. Entfesselung der Weisheit. Ein philosophischer Aufbruch, Carl Auer, Heidelberg, 85

3 Stopczyk, A. (1998): Sophias Leib. Entfesselung der Weisheit. Ein philosophischer Aufbruch, Carl Auer, Heidelberg, 42

4 Stopczyk, A. (1998): Sophias Leib. Entfesselung der Weisheit. Ein philosophischer Aufbruch, Carl Auer, Heidelberg, 87

5 Stopczyk, A. (1998): Sophias Leib. Entfesselung der Weisheit. Ein philosophischer Aufbruch, Carl Auer, Heidelberg, 66

6 Stopczyk, A. (1998): Sophias Leib. Entfesselung der Weisheit. Ein philosophischer Aufbruch, Carl Auer, Heidelberg, 137

7 Stopczyk, A. (1998): Sophias Leib. Entfesselung der Weisheit. Ein philosophischer Aufbruch, Carl Auer, Heidelberg, 122

8 Eisler, R. (2005): Kelch & Schwert. Unsere Geschichte, unsere Zukunft, Arbor Verlag, Freiamt im Schwarzwald, 170f

9 Göttner-Abendroth, H., Rullmann, M & A. Stopczyk (2007) Was Philosophinnen über die GÖTTIN denken, Göttert Verlag, Rüsselsheim, 60

10   Göttner-Abendroth, H., Rullmann, M & A. Stopczyk (2007) Was Philosophinnen
     über die GÖTTIN denken, Göttert Verlag, Rüsselsheim, 63
11   Stopczyk, A. (1998): Sophias Leib. Entfesselung der Weisheit. Ein philosophi-
     scher Aufbruch, Carl Auer, Heidelberg, 282
12   Stopczyk, A. (1998): Sophias Leib. Entfesselung der Weisheit. Ein philosophi-
     scher Aufbruch, Carl Auer, Heidelberg, 291
13   Stopczyk, A. (1998): Sophias Leib. Entfesselung der Weisheit. Ein philosophi-
     scher Aufbruch, Carl Auer, Heidelberg, 283
14   Stopczyk, A. (1998): Sophias Leib. Entfesselung der Weisheit. Ein philosophi-
     scher Aufbruch, Carl Auer, Heidelberg, 284
15   Stopczyk, A. (1998): Sophias Leib. Entfesselung der Weisheit. Ein philosophi-
     scher Aufbruch, Carl Auer, Heidelberg, 285
16   Stopczyk, A. (1998): Sophias Leib. Entfesselung der Weisheit. Ein philosophi-
     scher Aufbruch, Carl Auer, Heidelberg, 286
17   Stopczyk, A. (1998): Sophias Leib. Entfesselung der Weisheit. Ein philosophi-
     scher Aufbruch, Carl Auer, Heidelberg, 288
18   Stopczyk, A. (1998): Sophias Leib. Entfesselung der Weisheit. Ein philosophi-
     scher Aufbruch, Carl Auer, Heidelberg, 289
19   Stopczyk, A. (1998): Sophias Leib. Entfesselung der Weisheit. Ein philosophi-
     scher Aufbruch, Carl Auer, Heidelberg, 289
20   Stopczyk, A. (1998): Sophias Leib. Entfesselung der Weisheit. Ein philosophi-
     scher Aufbruch, Carl Auer, Heidelberg, 26
21   Stopczyk, A. (1998): Sophias Leib. Entfesselung der Weisheit. Ein philosophi-
     scher Aufbruch, Carl Auer, Heidelberg, 24
22   Stopczyk, A. (1998): Sophias Leib. Entfesselung der Weisheit. Ein philosophi-
     scher Aufbruch, Carl Auer, Heidelberg, 27
23   Stopczyk, A. (1998): Sophias Leib. Entfesselung der Weisheit. Ein philosophi-
     scher Aufbruch, Carl Auer, Heidelberg, 27
24   Stopczyk, A. (1998): Sophias Leib. Entfesselung der Weisheit. Ein philosophi-
     scher Aufbruch, Carl Auer, Heidelberg, 295
25   Stopczyk, A. (1998): Sophias Leib. Entfesselung der Weisheit. Ein philosophi-
     scher Aufbruch, Carl Auer, Heidelberg, 288ff
26   Stopczyk, A. (1998): Sophias Leib. Entfesselung der Weisheit. Ein philosophi-
     scher Aufbruch, Carl Auer, Heidelberg, 288ff
27   Medina, John: Am Tor zur Hölle Die Biologie der sieben Todsünden, Spektrum
     2002, 216
28   https://de.wikipedia.org/wiki/Frauenwahlrecht, aufgreufen 20.1.19
29   https://de.wikipedia.org/wiki/Frauenwahlrecht, , aufgreufen 20.1.19
30   https://de.wikipedia.org/wiki/Frauenwahlrecht, , aufgreufen 20.1.19
31   https://www.sueddeutsche.de/politik/frauen-das-kleine-bisschen-glueck-
     1.2468158, , aufgreufen 20.1.19
32   https://www.lpb-bw.de/12_november.html, , aufgreufen 20.1.19
33   https://www.sueddeutsche.de/politik/frauen-das-kleine-bisschen-glueck-
     1.2468158, , aufgreufen 20.1.19

Kapitel 6.2

1 Odent, M. (2010): Die Natur des Orgasmus .Über elementare Erfahrungen, Beck, München 25

2 Odent, M. (1994): Geburt und Stillen. Über die Natur elementarer Erfahrungen, Beck, München, 55

3 Odent, M. (2001): Die Wurzeln der Liebe. Wie unsere wichtigste Emotion entsteht, Walter, Düsseldorf , 43

4 Odent, M. (2001): Die Wurzeln der Liebe. Wie unsere wichtigste Emotion entsteht, Walter, Düsseldorf , 43

5 Odent, M. (2001): Die Wurzeln der Liebe. Wie unsere wichtigste Emotion entsteht, Walter, Düsseldorf, 118

6 Canli, T & K.-P. Lesch (2007): Long story short: The serotonin transporter in emotion regulation and social cognition, Nature Neuroscience 10, 1103-1109

7 Unternaehrer, E., A. H. Meyer, S. C. Burghardt ... & G. Meinschmidt (2015): Childhood maternal care is associated with DNA methylation of the genes for brain-derived neurotrophic factor (BDNF) and oxytocin receptor (OXTR) in peripherals blood cells in adult men and women, Stress 18, 451-461

8 Weiner, H. (1989): The dynamics of the organism: Implications of recent biological thought for psychosomatic theory and research, Psychosomatic medicine 51, 608-635

9 Braun, K. E., M. Lange & G. Poeggel (2000): Maternal separation followed by early social deprivation affects the development of monoaminergic fiber systems in the prefrontal cortex of Octodon degus, Neuroscience 95, 309-318

10 DeYoung, C., G., D. Cicchetti, F. A. Rogosch, J. R. Gray, M. Eastman & E. L. Grigorenko (2011): Sources of cognitive exploration: genetic variation in the prefrontal dopamine system predicts Openess/Intellect, Journal of Research in Personality 45, 364-371

11 Suomi, S. J. (1991): Early stress and adult emotional reactivity in rhesus monkeys. Child environment adult disease, In: Symposium 156 (Eds.: CIBA Foundation Symposium Staff), Wiley, Cichester, NJ, 171-188

12 Eisler, R. (2005): Kelch & Schwert. Unsere Geschichte, unsere Zukunft, Arbor Verlag, Freiamt im Schwarzwald, 139

13 https://de.wikipedia.org/wiki/Schwarze_P%C3%A4dagogik, aufgerufe n 19.1.19

14 https://de.wikipedia.org/wiki/Johann_Georg_Sulzer, aufgerufen 19.1.19

15 https://de.wikipedia.org/wiki/Johann_Georg_Sulzer, aufgerufen 19.1.19

16 Klingsiek, D. (1984): Die Frau im NS-Staat. **Deutsche Verlagsanstalt**, Stuttgart, 90

17 Johanna Haarer: Die deutsche Mutter und ihr erstes Kind. J. F. Lehmanns, München, 1936, S. 173

18 Johanna Haarer: Die deutsche Mutter und ihr erstes Kind. J. F. Lehmanns, München, 1936, S. 173

19 Kratzer, A. (2019): Erziehung für den Führer, https://www.spektrum.de/news/paedagogik-die-folgen-der-ns-erziehung/1555862, aufgerufen 20.1.19

20 Strauch, B. (2004) Warum sie so seltsam sind, Taschenbuch Verlag, Berlin, 113

21 Strauch, B. (2004) Warum sie so seltsam sind, Taschenbuch Verlag, Berlin, 116
22 https://de.wikipedia.org/wiki/Simon_Baron-Cohen#cite_note-1, aufgerufen 20.2.19
23 https://de.wikipedia.org/wiki/Simon_Baron-Cohen#cite_note-2, aufgerufen 20.2.19
24 Strauch, B. (2004) Warum sie so seltsam sind, Taschenbuch Verlag, Berlin, 116
25 Strauch, B. (2004) Warum sie so seltsam sind, Taschenbuch Verlag, Berlin, 117
26 Strauch, B. (2004) Warum sie so seltsam sind, Taschenbuch Verlag, Berlin, 117
27 Bradley, R. G., E. B. Binder, M. P. Epstein, … & Z. N. Stowe (2008): Influence of child abuse on adult depression: moderation by the corticotropin-releasing hormone receptor gene, Archives of general psychiatry 65, 190-200
28 Kumsta, R., S. Entringer, J. W. Koper, E. F. C. van Rossum, D. H. Hellhammer & S. Wüst (2008): Glucocorticoid receptor gene polymorphisms and glucocorticoid sensitivity of subdermal blood vessels and leukocytes, Biological Psychology 79, 179-184
29 Binder, E. B., R. G. Bradley, W. Liu, … & K. J. Ressler (2008): Association of FKBP5 polymorphisms and childhood abuse with risk of PTBS symptoms in adults, JAMA 299, 1291-1305
30 Brizendine, L. (2010): Das männliche Gehirn. Warum Männer anders sind, als Frauen. Hoffmann und Campe, Hamburg, 62
31 Brizendine, L. (2010): Das männliche Gehirn. Warum Männer anders sind, als Frauen. Hoffmann und Campe, Hamburg , 139
32 Roth, G. (2001): Fühlen, Denken, Handeln. Wie das Gehirn unser Verhalten steuert. Suhrkamp, Frankfurt 373
33 Porges, S. (2017): Die Polyvagaltheorie und die Suche nach Sicherheit, Probst, Lichtenau, 134
34 Odent, M. (2010): Die Natur des Orgasmus. Über elementare Erfahrungen, Beck, München, 45
35 Odent, M. (2010): Die Natur des Orgasmus. Über elementare Erfahrungen, Beck, München , 53-56
36 Odent, M. (2001): Die Wurzeln der Liebe. Wie unsere wichtigste Emotion entsteht, Walter, Düsseldorf, 43
37 Odent, M. (2001): Die Wurzeln der Liebe. Wie unsere wichtigste Emotion entsteht, Walter, Düsseldorf, 43
38 Odent, M. (2001): Die Wurzeln der Liebe. Wie unsere wichtigste Emotion entsteht, Walter, Düsseldorf, 52
39 Odent, M. (2001): Die Wurzeln der Liebe Wie unsere wichtigste Emotion entsteht, Walter, Düsseldorf, 52
40 Odent, M. (2010): Die Natur des Orgasmus. Über elementare Erfahrungen, Beck, München, 24f
41 Odent, M. (1994): Geburt und Stillen. Über die Natur elementarer Erfahrungen, Beck, München, 31
42 Odent, M. (1994): Geburt und Stillen. Über die Natur elementarer Erfahrungen, Beck, München, 35f
43 Stopczyk, A. (1998): Sophias Leib. Entfesselung der Weisheit. Ein philosophischer Aufbruch, Carl Auer, Heidelberg, 283

44 Odent, M. (1994): Geburt und Stillen. Über die Natur elementarer Erfahrungen, Beck, München, 94

45 Odent, M. (2001): Die Wurzeln der Liebe. Wie unsere wichtigste Emotion entsteht, Walter, Düsseldorf, 22

46 Odent, M. (2001): Die Wurzeln der Liebe. Wie unsere wichtigste Emotion entsteht, Walter, Düsseldorf, 22

47 Brizendine, L. (2006): Das weibliche Gehirn. Warum Frauen anders sind als Männer, Goldmann, München, 162

48 Brizendine, L. (2006): Das weibliche Gehirn. Warum Frauen anders sind als Männer, Goldmann, München, 12

49 Brizendine, L. (2006): Das weibliche Gehirn. Warum Frauen anders sind als Männer, Goldmann, München, 44

50 Brizendine, L. (2006): Das weibliche Gehirn. Warum Frauen anders sind als Männer, Goldmann, München, 46

51 Brizendine, L. (2006): Das weibliche Gehirn. Warum Frauen anders sind als Männer, Goldmann, München, 174

52 Brizendine, L. (2006): Das weibliche Gehirn. Warum Frauen anders sind als Männer, Goldmann, München, 175

53 Brizendine, L. (2006): Das weibliche Gehirn. Warum Frauen anders sind als Männer, Goldmann, München, 176

54 Odent, M. (1994): Geburt und Stillen. Über die Natur elementarer Erfahrungen, Beck, München 88

Kapitel 6.3

1 Eisler, R. (2005): Kelch & Schwert. Unsere Geschichte, unsere Zukunft, Arbor Verlag, Freiamt im Schwarzwald, 368

2 Odent, M. (2010): Die Natur des Orgasmus. Über elementare Erfahrungen, Beck, München, 81

3 Odent, M. (1994): Geburt und Stillen. Über die Natur elementarer Erfahrungen, Beck, München, 95

4 Eisler, R. (2005): Kelch & Schwert. Unsere Geschichte, unsere Zukunft, Arbor Verlag, Freiamt im Schwarzwald, 87

Kapitel 6.4

1 Odent, M. (1994): Geburt und Stillen. Über die Natur elementarer Erfahrungen, Beck, München, 93

Kapitel 7.1

1 Stopczyk, A. (1998): Sophias Leib. Entfesselung der Weisheit. Ein philosophischer Aufbruch, Carl Auer, Heidelberg, 42

2 Maturana H.& F. Varela (1987): Der Baum der Erkenntnis. Die biologischen Wurzeln menschlichen Erkennens, Goldmann

3 Damasio, A. (1994): Descartes Irrtum. Fühlen, Denken und das menschliche Gehirn. List, München

4   Porges, S. (2017): Die Polyvagaltheorie und die Suche nach Sicherheit, Probst, Lichtenau, 163

5   Porges, S. (2017): Die Polyvagaltheorie und die Suche nach Sicherheit, Probst, Lichtenau, 163

6   Hanna, T (1990): Beweglich ein Leben lang. Die heilsame Wirkung körperlicher Bewußtheit, Kösel München, 9

Kapitel 7.2

1   Renggli, F. (2018): Früheste Erfahrungen – ein Schlüssel zum Leben, Psychosozial-Verlag, Gießen, 67

2   Odent, M. (2013): Childbirth and the evolution of homo sapiens, Pinter & Martin, London, 106

3   Anand, K. J. S. & F. M. Scalzo (2000): Can adverse neonatal experiences alter brain development and subsequent behavior? Biology of the neonate 77, 69-82

4   https://de.wikipedia.org/wiki/K%C3%A4nguru-Methode, aufgerufen 20.2.19

5   Odent, M. (2010): If I were a baby. Qustioning the widespread use of synthetic oxytocin, Midwifery Today, 94, 22-30

6   Odent, M. (2011): Childbirth in the age of plastics, Pinter & Martin, London

7   Fernandez, O., M. Gabriel, et al. (2012): Newborn feeding behavior depressed by intrapartum oxytocin. A pilot study, Acta Pediatr. 101, 749-754

8   Bell, A. F., R. White-Traut K. Rankin (2012): Fetal exposure to synthetic oxytocin and the relationship with prefeeding cues within one hour postbirth, Early Human Development 3780-3782

9   Odent, M. (2013): Childbirth and the evolution of homo sapiens, Pinter & Martin, London, 65

10   Odent, M. (2004): Childbirth and the evolution of homo sapiens, Pinter&Martin London, 89

11   Odent, M. (2004): Childbirth and the evolution of homo sapiens, Pinter&Martin London, 88

12   Odent, M. (2004): Childbirth and the evolution of homo sapiens, Pinter&Martin London, 21

13   GBE KOMPAKT Gesund aufwachsen – Welche Bedeutung kommt dem sozialen Status zu? 1/2015, 6. Jahrgang Zahlen und Trends aus der Gesundheitsberichterstattung des Bundes)

14   Krol, K. M., P. Rajhans, M. Missana & T. Grossmann (2015): Duration of exclusive breastfeeding is associated with differences in infants brain responses to emotional body responses, Frontiers in behavioral Neurosciences 8, 459

15   Beijers, R. J. M. Riksen-Walraven & C. de Weerth (2013): Cortisol regulation in 12-month-old infants: Associations with the infants early history of breastfeeding and co-sleeping, Stress 16, 267-277

16   Odent, M. (2001): Die Wurzeln der Liebe. Wie unsere wichtigste Emotion entsteht, Walter, Düsseldorf, 111

17   Papousek, H., M. Papousek & G. Kestermann (2000): Preverbal communication: Emergence of representative symbols, In: N. Budwig, I. C: Uzgiris und J. V.

Wertsch (Eds.): Communication: An arena of development, Alex Publishing Corporation, Stanford, 81-107

18 Christakis, D. A., J. Gilkerson, J. A. Richards, F. J. Zimmermann, M. M. Garrison, D. Xu, S. Gray & U. Yapanel (2009): Audible television and decreased adult words, infant vocalization and conversational turns: a population-based study, Arch. Pediatr. Adolesc. Medicine 163, 554-558

19 Porges, S. W. & G. F. Lewis (2010): The polyvagal hypothesis: Common mechanisms mediating autonomous regulation, vocalization and listening. In: S. M. Brudzynski (Ed.) Handbok of Mammalian Vocalisations: An Integrative Neuroscience Approach, Academic Press, Amsterdam

20 Porges, S. W. & G. F. Lewis (2010): The polyvagal hypothesis: Common mechanisms mediating autonomous regulation, vocalization and listening. In: S. M. Brudzynski (Ed.) Handbok of Mammalian Vocalisations: An Integrative Neuroscience Approach, Academic Press, Amsterdam

21 Quelle GBE KOMPAKT Zahlen und Trends aus der Gesundheitsberichterstattung des Bundes, RKI, 20 Jahre Deutsche Einheit: Gibt es noch Ost-West-Unterschiede in der Gesundheit von Kindern und Jugendlichen?

22 GBE KOMPAKT Gesund aufwachsen – Welche Bedeutung kommt dem sozialen Status zu? 1/2015 6. Jahrgang Zahlen und Trends aus der Gesundheitsberichterstattung des Bundes

23 https://www.zeit.de/2015/52/beruehrung-koerperkontakt-gesundheit-massage, aufgerufen 17.3.19

24 GBE KOMPAKT Zahlen und Trends aus der Gesundheitsberichterstattung des Bundes, RKI, 20 Jahre Deutsche Einheit: Gibt es noch Ost-West-Unterschiede in der Gesundheit von Kindern und Jugendlichen?

25 Porges, S. (2017): Die Polyvagaltheorie und die Suche nach Sicherheit, Probst, Lichtenau, 129

26 Eisenberger, N. I., S. E. Taylor, S. L. Gable, C. J. Hilmert & M. D. Liebermann (2007): Neural pathways link social support to attenuated neuroendocrine stress responses, Neuroimage 35, 1601-1612

27 Grippo. J., D. M. Trahanas, R. R. Zimmeman, S. W. Porges & C. S. Carter (2009): oxytocin protects against negative behavioral and autonomic consequences of long-term social isolation, Psychoneuroendocrinolog, 34, 1542-1553

28 Carter, C. S., E. M. Boone, H. Pourjanafi-Nazarloo & K. L. Bales (2009): The consequences of early experiences and exposure to oxytocin and vasopressin are sexually-dimorphic, Developmental Neuroscience 31, 332-341

29 Porges, S. (2017): Die Polyvagaltheorie und die Suche nach Sicherheit, Probst, Lichtenau, 63

30 Spitzer, M. (2018): Einsamkeit, Droemer, München, 122

31 Frisson, E. & S Eggermont (2016): Exploring the relationships between different types of facebook use, perceived online social support, and adolescent depressive mood. Social Science Computer Review 34, 153-171

32 Spitzer, M. (2018): Einsamkeit, Droemer, München, 134

33 Spitzer, M. (2018): Einsamkeit, Droemer, München, 122

34 Spitzer, M. (2002): Lernen. Gehirnforschung und die Schule des Lebens, Spektrum, Heidelberg, 364

35   Spitzer, M. (2002): Lernen. Gehirnforschung und die Schule des Lebens, Spektrum, Heidelberg, 366

36   Spitzer, M. (2002): Lernen. Gehirnforschung und die Schule des Lebens, Spektrum, Heidelberg, 374

37   GBE KOMPAKT Gesund aufwachsen – Welche Bedeutung kommt dem sozialen Status zu? 1/2015 6. Jahrgang Zahlen und Trends aus der Gesundheitsberichterstattung des Bundes

38   Brizendine, L. (2010): Das männliche Gehirn. Warum Männer anders sind, als Frauen. Hoffmann und Campe, Hamburg , 17

39   Brizendine, L. (2006): Das weibliche Gehirn. Warum Frauen anders sind als Männer, Goldmann, München, 15

40   Uvnäs-Moberg, K. & M.Peterson (2005): Oxytocin, a mediator of antistress, wellbeing, social interaction, growth and healing, Z. Psychosom. Med. Psychother. 51, 57-80

41   Dluzen, D. E. (2005): Unconventional effects of estrogen uncovered, Trends Pharmacol. Sciences 26, 485-487

42   Porges, S. (2017): Die Polyvagaltheorie und die Suche nach Sicherheit, Probst, Lichtenau, 134

43   Brizendine, L. (2010): Das männliche Gehirn. Warum Männer anders sind, als Frauen. Hoffmann und Campe, Hamburg , 132

44   Porges, S. W. (1998): Love: An emergent property of the mammalian autonomic nervous system. Psychoneuroendocrinology 23, 837-861

45   Porges, S. W. (1998): Love: An emergent property of the mammalian autonomic nervous system. Psychoneuroendocrinology 23, 837-861

46   Odent, M. (2001): Die Wurzeln der Liebe. Wie unsere wichtigste Emotion entsteht, Walter, Düsseldorf, 63

47   Odent, M. (2010): Die Natur des Orgasmus . Über elementare Erfahrungen, Beck, München , 45

48   Porges, S. (2017): Die Polyvagaltheorie und die Suche nach Sicherheit, Probst, Lichtenau, 54

49   Homberg, C., Schröttle, M., Bohne, S. et al. (2008): Gesundheitliche Folgen von Gewalt unter besonderer Berücksichtigung von häuslicher Gewalt gegen Frauen. Herausgeber: Robert Koch-Institut Berlin, Gesundheitsberichterstattung des Bundes Robert Koch-Institut in Zusammenarbeit mit dem Statistischen Bundesamt, Gesundheitliche Folgen von Gewalt, Berlin: Robert Koch-Institut, ISBN 978-3-89606-190-4

50   Robert Koch-Institut (Hrsg) (2015) Gesundheit in Deutschland. Gesundheitsberichterstattung des Bundes. Gemeinsam getragen von RKI und Destatis. RKI, Berlin), 103

51   Robert Koch-Institut (Hrsg) (2015) Gesundheit in Deutschland. Gesundheitsberichterstattung des Bundes. Gemeinsam getragen von RKI und Destatis. RKI, Berlin), 104

52   Papousek, M, M. Schieche & H. Wurmser (2004): Regulationsstörungen in der frühen Kindheit, Huber

53   Odent, M. (2001): Die Wurzeln der Liebe. Wie unsere wichtigste Emotion entsteht, Walter, Düsseldorf, 39

54 Odent, M. (1994) Geburt und Stillen. Über die Natur elementarer Erfahrungen, Beck, München, 23

55 Odent, M. (1994) Geburt und Stillen. Über die Natur elementarer Erfahrungen, Beck, München, 60

56 Odent, M. (2013): Childbirth and the evolution of homo sapiens, Pinter & Martin, London

57 Robert Koch-Institut (Hrsg) (2015) Gesundheit in Deutschland. Gesundheitsberichterstattung des Bundes. Gemeinsam getragen von RKI und Destatis. RKI, Berlin), 102

58 Robert Koch-Institut (Hrsg) (2015) Gesundheit in Deutschland. Gesundheitsberichterstattung des Bundes. Gemeinsam getragen von RKI und Destatis. RKI, Berlin), 108

59 https://www.welt.de/vermischtes/article181555812/Statistik-zu-Entbindungen-So-viele-Frauen-entscheiden-sich-fuer-einen-Kaiserschnitt.htm, aufgerufen 19.1.19)

60 Robert Koch-Institut (Hrsg) (2015) Gesundheit in Deutschland. Gesundheitsberichterstattung des Bundes. Gemeinsam getragen von RKI und Destatis. RKI, Berlin), 106ff

61 Odent, M. (2001): Die Wurzeln der Liebe. Wie unsere wichtigste Emotion entsteht, Walter, Düsseldorf, 61

62 https://www.hs-gesundheit.de/forschung/abgeschlossene-projekte, aufgerufen 19.1.19

63 https://www.hs-osnabrueck.de/wiso/, aufgerufen 19.1.19ll

64 https://www.zeit.de/wissen/gesundheit/2011-04/hebammen-geburt aufgerufen 13.1.19

65 Odent, M. (2001): Die Wurzeln der Liebe. Wie unsere wichtigste Emotion entsteht, Walter, Düsseldorf 24

66 Odent, M. (2001): Die Wurzeln der Liebe. Wie unsere wichtigste Emotion entsteht, Walter, Düsseldorf 24

67 Odent, M. (2001): Die Wurzeln der Liebe. Wie unsere wichtigste Emotion entsteht, Walter, Düsseldorf 24

68 Odent, M. (2001): Die Wurzeln der Liebe. Wie unsere wichtigste Emotion entsteht, Walter, Düsseldorf, 36f

69 Odent, M. (2001): Die Wurzeln der Liebe. Wie unsere wichtigste Emotion entsteht, Walter, Düsseldorf, 47

70 Odent, M. (2001): Die Wurzeln der Liebe. Wie unsere wichtigste Emotion entsteht, Walter, Düsseldorf, 36

71 Odent, M. (2001): Die Wurzeln der Liebe. Wie unsere wichtigste Emotion entsteht, Walter, Düsseldorf, 37

72 Porges, S. (2017): Die Polyvagaltheorie und die Suche nach Sicherheit, Probst, Lichtenau, 153

73 Grossmann, K. (1988): maternal attachment representations as related to patterns of infant-mother attachment and maternal care during the first year. In: Hinde, R. H. & j Stevenson-Hinde, (Eds.): relationships within families, Oxford Science Publications, Oxford, 241-260 Bielefelder Studie

74 Grossmann, K. (1988): maternal attachment representations as related to patterns of infant-mother attachment and maternal care during the first year. In: Hinde, R.

H. & j Stevenson-Hinde, (Eds.): relationships within families, Oxford Science Publications, Oxford, 241-260 Bielefelder Studie

75 Bakkum, L., C. Schuengel, R. Duschinsky ... M. Verhage (2017): Attachment and the transgenerational effects of loss and trauma, DOI 10.17605/OSF.10/F8NPG

76 Van Ijzendoorn, M. H. & M. J. Bakermans-Kranenburg (1997): Intergenerational transmission of attachment: A move to the contextual level. In: Atkinson, L. & K. J. Zucker (Eds.): Attachment and psychopathology, The Guilford Press, New York/London, 135-170

77 Palma-Gudiel, H., A. Chordova-Palomera, E. Eixarch, M. Deuschle & L. Fananas (2015): Maternal psychosocial stress during pregnancy alters the epigenetic signature of the glucocorticoid receptor gene promoter in their offspring: a meta-analysis , Epigenetics 10, 893-902

78 Oberlaender, TT. F., J. Weinberg, M. Papsdorf, R. Grunau, S. Misri & A. M. Devlin (2008): Prenatal exposure to maternal depression, neonatal methylation of human glucocorticoid receptor gene (NR3C1) and infant cortisol stress responses, Epigenetics, 3, 97-106

79 Bakermans-Kranenburg, M. J. & M. H. Van Ijzendoorn (2006): Gene-environment interaction of the dopamine D4 receptor (DRD4) and observed maternal insensitivity predicting externalizing behavior in preschoolers, Develomental psychobiology 48, 406-409

80 Feldman, R., I. Gordon, M. Influs, T. Gutbir & R. P. Ebstein (2013): Parental oxytocin and early caregiving jointly shape childrens oxytocin response and social reciprocity, Neuropsychopharmacology 38, 1154-1162

81 Porges, S. W. & G. F. Lewis (2010): The polyvagal hypothesis: Common mechanisms mediating autonomous regulation, vocalization and listening. In: S. M. Brudzynski (Ed.) Handbok of Mammalian Vocalisations: An Integrative Neuroscience Approach, Academic Press Amsterdam, 35

82 Papousek, M. (1994): Vom ersten Schrei zum ersten Wort: Anfänge der Sprachentwicklung in der vorsprachlichen Kommunikation, Huber, Bern

83 Van Ijzendoorn, M.H. & M S, De Wolff (1997b): In search of the absent father – Meta-analysis of infant-father-attachment: A rejoinder to our discussants, Child Development 68, 604-609

84 Gettler, L. T. (2014): Applying socialendocrinology to evolutionary models: fatherhood and physiology. Evolutionary Anthropology: Issues, News and Reviews 23, 140-160

85 Grossmann, K., K.-E. Grossmann, E. Fremmer-Bondik, H. Kindler & H. Scheuerer-Englisch (2002): the uniqueness of child-father attachment relationship: Father´s sensitive and challenging play as a pivotal variable in a 16-yar longitudinal study, Social development 11, 301-337

86 Ergebnisse der Studie »Gesundheit in Deutschland aktuell« (GDA) 2009 zum Zusammenhang zwischen psychischer Gesundheit und gesunder Lebensweise bei Erwachsenen in Deutschland vorgestellt: RKI 2011

87 Robert Koch-Institut (Hrsg) (2015) Gesundheit in Deutschland. Gesundheitsberichterstattung des Bundes. Gemeinsam getragen von RKI und Destatis. RKI, Berlin, 76

88   Robert Koch-Institut (Hrsg) (2015) Gesundheit in Deutschland. Gesundheitsberichterstattung des Bundes. Gemeinsam getragen von RKI und Destatis. RKI, Berlin, 115

89   Robert Koch-Institut (Hrsg) (2015) Gesundheit in Deutschland. Gesundheitsberichterstattung des Bundes. Gemeinsam getragen von RKI und Destatis. RKI, Berlin, 117

90   Robert Koch-Institut (Hrsg) (2015) Gesundheit in Deutschland. Gesundheitsberichterstattung des Bundes. Gemeinsam getragen von RKI und Destatis. RKI, Berlin, 15

91   Robert Koch-Institut (Hrsg) (2016) Gesundheit in Deutschland. Gesundheitsberichterstattung des Bundes. Gemeinsam getragen von RKI und Destatis. RKI, Berlin.16

Kapitel 7.3

1   Odent, M. (1994): Geburt und Stillen. Über die Natur elementarer Erfahrungen, Beck, München, 123

2   https://www.zeit.de/2015/52/beruehrung-koerperkontakt-gesundheit-massage, aufgerufen 19.1.19

3   Odent, M. (1994) Geburt und Stillen. Über die Natur elementarer Erfahrungen, Beck, München, 93

Kapitel 8

1   Hawking, S (2018): Kurze Antworten auf große Fragen, Klett Cotta

Kapitel8.1

1   Stopczyk, A. (1998): Sophias Leib. Entfesselung der Weisheit. Ein philosophischer Aufbruch, Carl Auer, Heidelberg, 42

2   Stopczyk, A. (1998): Sophias Leib. Entfesselung der Weisheit. Ein philosophischer Aufbruch, Carl Auer, Heidelberg, 43

3   Stopczyk, A. (1998): Sophias Leib. Entfesselung der Weisheit. Ein philosophischer Aufbruch, Carl Auer, Heidelberg, 44

4   Ciompi, L. (1997): Zu den affektiven Grundlagen des Denkens* Fraktale Affektlogik und affektive Kommunikation, System Familie 10, 128–134

5   Edelman, Gerald (2004): Das Licht des Geistes; Wie das Bewusstsein entsteht, Patmos, 145

6   Maturana H. & F. Varela (1987): Der Baum der Erkenntnis. Die biologischen Wurzeln menschlichen Erkennens, Goldmann, 261

7   Maturana H. & F. Varela (1987): Der Baum der Erkenntnis. Die biologischen Wurzeln menschlichen Erkennens, Goldmann, 14

8   Maturana H. & F. Varela (1987): Der Baum der Erkenntnis. Die biologischen Wurzeln menschlichen Erkennens, Goldmann, 253

9   Maturana H. & F. Varela (1987): Der Baum der Erkenntnis. Die biologischen Wurzeln menschlichen Erkennens, Goldmann, 263

10   Maturana H. & F. Varela (1987): Der Baum der Erkenntnis. Die biologischen Wurzeln menschlichen Erkennens, Goldmann, 265

11   Maturana H. & F. Varela (1987): Der Baum der Erkenntnis. Die biologischen Wurzeln menschlichen Erkennens, Goldmann, 265

Kapitel 8.2

1   Gapp, K., J. Bohacek, Brunner, A. M., Manuella, F., Nanni, P. & Mansuy, I. M. (2016): Potential of Environmental Enrichment to Prevent Transgenerationale Effects of Paternal Trauma, Neuropsychopharmacology 41, 2749-2758

2   Odent, M. (1994): Geburt und Stillen. Über die Natur elementarer Erfahrungen, Beck, München, 68

3   Porges, S.W. (2010): Die Polyvagal-Theorie. Neurophysiologische Grundlagen der Therapie, Junfermann, Paderborn, 146

4   Porges, S. W. (2010): Die Polyvagal-Theorie. Neurophysiologische Grundlagen der Therapie, Junfermann, Paderborn, 135

5   Porges, S. W. (2010): Die Polyvagal-Theorie. Neurophysiologische Grundlagen der Therapie, Junfermann, Paderborn, 129

6   Porges, S. (2017): Die Polyvagaltheorie und die Suche nach Sicherheit, Probst, Lichtenau, 200

7   Uvnäs-Moberg, K. (1998): Antistress pattern induced by oxytocin. Physiology 13, 22-25

8   Porges, S. W. (2010): Die Polyvagal-Theorie. Neurophysiologische Grundlagen der Therapie, Junfermann, Paderborn, 167

9   Baribeau, D. A. & E. Anagnostou (2015): Oxytocin and Vasopressin: linking pituitary neuropeptides and their receptors to social neurocirciuts. Frontiers in Neuroscience,9

10   Porges, S. W. (2010): Die Polyvagal-Theorie. Neurophysiologische Grundlagen der Therapie, Junfermann, Paderborn, 297

11   Feldman, R., I. Gordon & O. Zagoory-Sharon (2010): The cross-generation transmission of oxytocin in humans. Hormones and Behavior 58, 669-676

12   Brisch, K. H. (2014): Säuglings- und Kleinkindalter: Bindungspsychotherapie – Bindungsbasierte Beratung und Psychotherapie. Klett-Cotta

13   Drieschner, E. (2011): Bindung und kognitive Entwicklung– Ein Zusammenspiel, Deutsches Jugendinstitut e.V., Frankfurt a.M., 14

14   Drieschner, E. (2011): Bindung und kognitive Entwicklung– Ein Zusammenspiel, Deutsches Jugendinstitut e.V., Frankfurt a.M., 14

15   Feldenkrais, M. Das starke Selbst. Anleitung zur Spontaneität. Suhrkamp, 239

16   Feldenkrais, M. Das starke Selbst. Anleitung zur Spontaneität. Suhrkamp, 235

17   Feldenkrais, M. Das starke Selbst. Anleitung zur Spontaneität. Suhrkamp, 237

18   eldenkrais, M. Das starke Selbst. Anleitung zur Spontaneität. Suhrkamp, 237

19   Smith, A. S. & Z. Wang (2014): Hypothalamic oxytocin mediates social buffering of the stress response. Biological psychiatry 76, 281-288

20   Roberts, S., K.J. Lester, J. L. Hudson, … & T. C. Eley (2014): Serotonin transporter corrected methylation and responses to cognitive therapy in children with anxiety disorders. Transl. Psychiatry 4, 444

21 Ziegler, C., J. Richter, M. Mahr, … & K. Domschke (2016): MAOA gene hypomethylation in panic disorder – reversibility of an epigenetic risk pattern by psychotherapy. Transl. Psychiatry 6, 773

22 Brizendine, L. (2006): Das weibliche Gehirn. Warum Frauen anders sind als Männer, Goldmann, München, 183

23 Porges, S. W. (1995): Orienting in a defensive world: Mammalian modifications of our evolutionary heritage. A Polyvagal Theory, Psychophysiology, 32, 301-318

24 Porges, S.W. (2009): Reciprocal influences between body and brain in the perception and expression of affect: A polyvagal perspective. In: D. Fosha, D. Siegel and M. Solomon (Eds). The healing Power of Emotion: Affective Neuroscience. Development and Clinical Practice, Norton & Co New York

25 Porges, S.W. (2009): Reciprocal influences between body and brain in the perception and expression of affect: A polyvagal perspective. In: D. Fosha, D. Siegel and M. Solomon (Eds). The healing Power of Emotion: Affective Neuroscience. Development and Clinical Practice, Norton & Co New York

26 Odent, M. (2001): Die Wurzeln der Liebe. Wie unsere wichtigste Emotion entsteht, Walter, Düsseldorf 154

27 Odent, M. (1994): Geburt und Stillen. Über die Natur elementarer Erfahrungen, Beck, München, 30-33

28 Odent, M. (1994): Geburt und Stillen. Über die Natur elementarer Erfahrungen, Beck, München, 61

29 Odent, M. (1994): Geburt und Stillen. Über die Natur elementarer Erfahrungen, Beck, München, 19

30 Weisman, O., O. Zagoory-Sharon & R. Feldman (2012): Oxytocin administration to parent enhances infant physiological and behavioral readiness for social engagement. Biological psychiatry 722, 982-989

31 Kenkel, W. M., Paredes, J. Yee, J.R., Pornajafi-Nazarloo, H., Bales, K. L. & C. S. Carter (2012): Exposure to an infant releases oxytocin and facilitates pair-bonding in male prairie voles. Journ. Neuroendocrinology 24, 874-886

32 Feldmann, R. I. Gordon & O. Zagory-Sharon (2010): The cross-generation transmission of oxytocin in humans. Hormones and Behavior 58, 669-676

33 Francis, D. D., L. J. Young, M. J. Meaney & T. R. Insel (2002): Naturally occurring differences in maternal care are associated with the expression of oxytocin and vasopressin (V1A) receptors: Gender differences. Journal of Neuroendocrinology 14, 349-353

34 Feldman, R., A. Weller, O. Zagoory-Sharon & M. M. Steiner (2007): Evidence for a neuroendocrinological foundation of human affiliation plasma oxytocin levels across pregnancy and the postpartum period predict mother-infant bonding. Psychological Science 18, 965-970

35 Feldmann, R. (2012): Oxytocin and social affiliation in humans. Hormones and Behavior 61, 380-391

36 Kenkel, W. M., Paredes, J., Yee, J.R., Pornajafi-Nazarloo, H., Bales, K.L. & C.S. Carter (2012): Exposure to an infant releases oxytocin and facilitates pair-bonding in male prairie voles. Journ. Neuroendocrin. 24, 874-886

37 Feldmann, R. (2012): Oxytocin and social affiliation in humans. Hormones and Behavior 61, 380-391

38   Porges, S. W. (1998): Love: An emergent property of the mammalian autonomic nervous system. Psychoneuroendocrinology 23, 837-861

39   Porges, S. W (1997): Emotion. An evolutionary by-product of the neural regulation of the autonomic nervous system. In: C. S. Carter, B. Kirckpatrick & I. I. Lederhendler (Eds.) The Integrative Neurobiology of Affiliation, Annals of the New York Academy of Sciences 807, 62-77

40   Porges, S. W (1997): Emotion. An evolutionary by-product of the neural regulation of the autonomic nervous system. In: C. S. Carter, B. Kirckpatrick & I. I. Lederhendler (Eds.) The Integrative Neurobiology of Affiliation, Annals of the New York Academy of Sciences 807, 62-77

41   Carter, C. S. (1998): Neuroendocrine perspectives on social attachment and love. Psychoneuroendocrinology 23, 779-818

Kapitel 9

1   Eisler, R. (2005): Kelch & Schwert. Unsere Geschichte, unsere Zukunft, Arbor Verlag, Freiamt im Schwarzwald, 251

2   Eisler, R. (2005): Kelch & Schwert. Unsere Geschichte, unsere Zukunft, Arbor Verlag, Freiamt im Schwarzwald, 289

3   Eisler, R. (2005): Kelch & Schwert. Unsere Geschichte, unsere Zukunft, Arbor Verlag, Freiamt im Schwarzwald, 64

4   Eisler, R. (2005): Kelch & Schwert. Unsere Geschichte, unsere Zukunft, Arbor Verlag, Freiamt im Schwarzwald, eisler klappentext Rosenberg